沙区木本植物繁殖技术

江泽平　李慧卿　李清河　孟　平 等　编著

科 学 出 版 社

北　京

内 容 简 介

本书分为总论和各论两部分。总论论述了沙区植物繁殖的原理和方法，突出了苗木质量调控与评价的重要性。在详细阐述植物繁殖生物学基础及繁殖环境管理的理论基础上，介绍了植物繁殖的各种方法及管理过程，包括播种、扦插、嫁接、压条、组培等育苗技术，并介绍了移植苗培育及出圃的过程。各论在对我国沙区木本植物概述的基础上，介绍了沙区近 100 余种重要木本植物的繁殖技术，主要包括乔木、灌木和经济林木。

本书可作为林业基层技术人员、院校师生、科研人员和业余爱好者作为学习和实践的参考用书。

图书在版编目(CIP)数据

沙区木本植物繁殖技术/江泽平，李慧卿，李清河等编著. —北京：科学出版社，2016. 1

ISBN 978-7-03-040717-7

Ⅰ. ①沙… Ⅱ. ①江… ②李… ③李… Ⅲ. ①沙区-木本植物-繁殖 Ⅳ. ①Q949.4

中国版本图书馆 CIP 数据核字(2014)第 107871 号

责任编辑：张会格 / 责任校对：何艳萍

责任印制：赵 博 / 封面设计：北京铭轩堂广告设计公司

科 学 出 版 社 出版

北京东黄城根北街 16 号

邮政编码：100717

http://www.sciencep.com

北京中石油彩色印刷有限责任公司印刷

科学出版社发行 各地新华书店经销

*

2016 年 1 月第 一 版 开本：787×1092 1/16

2025 年 1 月第二次印刷 印张：21 1/2

字数：513 000

定价：128.00 元

（如有印装质量问题，我社负责调换）

《沙区木本植物繁殖技术》编辑委员会

主　编：　江泽平　李慧卿　李清河　孟　平

编著者：

第一章：　江泽平　李清河　孟　平

第二章：　李清河　江泽平　孟　平

第三章：　张川红　史胜青　李清河

第四章：　成铁龙　刘建锋　赵秀莲

第五章：　李慧卿　李庆梅　魏　远

第六章：　成铁龙　魏　远　李清河

第七章：　许　洋　刘建锋　李慧卿

第八章：　成铁龙　史胜青　李慧卿

第九章：　李慧卿　刘建锋

第十章：　李慧卿　王葆芳

第十一章：　李慧卿　李清河　常二梅　赵秀莲　成铁龙　王葆芳　郑勇奇

第十二章：　李慧卿　李清河　赵秀莲　常二梅　王葆芳

第十三章：　李慧卿　赵秀莲　李清河　常二梅　褚建民

附　录：　邓　楠　李慧卿

统　稿：　江泽平　李慧卿　李清河　赵秀莲　褚建民

前　言

苗木培育是林业的基础工作。木本植物繁殖是指根据生物学原理，利用繁殖体（propagule）来扩繁、生产人类所需的苗木（seedling）。这些木本植物往往具有独特的优良特性，如速生、高产、质优、高抗逆等。繁殖体是指任何可用于繁殖目的之植物材料，如种子、插穗、芽、接穗、外植体（explant）、鳞茎等。木本植物繁殖既可指人工的，也可指天然的。人工木本植物繁殖又称为林木育苗。

植物繁殖历史悠久。黄帝“时播百谷草木”，表明 5 000 多年前即已掌握了一些植物的繁殖方法。自欧洲工业革命以来，植物繁殖技术迅速发展并日渐成熟，现代化苗圃不断涌现。至 20 世纪末期，欧美国家认为植物繁殖的理论和技术体系已基本建立，因而政府不再继续资助此类研究，相关工作主要由企业等社会力量承担。但在中国，木本植物繁殖试验研究依然任重而道远，特别需要政府继续扶持，一是由于相关研究工作起步晚，基础薄弱；二是木本植物种类繁多，约 9 000 余种（是陆地面积相近的美国的 2 倍、欧洲大陆的 4 倍），但大部分种类尚未开展过繁殖技术的研究；三是中国是世界上人工造林面积最大的国家，而且大部分是生态造林，涉及的造林树种多种多样。

涉及木本植物繁殖的专著很多，如国家林业局的《中国木本植物种子》（2001）、孙时轩和刘勇的《林木育苗技术》（2009）、沈海龙主编的《苗木培育学》（2009）等，美国 Thomas D. Landis 等的 *The container tree nursery manual*（林木容器育苗手册）（共 7 卷）（1993～2010）、Michael A. Dirr & C.W. Heuser Jr.的 *The reference manual of woody plant propagation: From seed to tissue culture*（木本植物繁殖参考手册，第 2 版）（2006）、Franklin T. Bonner & R.P. Karrfalt 的 *The woody plant seed manual*（美国木本植物种子手册）（2008）、Hudson T. Hartmann 等的 *Plant propagation: Principles and practices*（植物繁殖原理与实践，第 8 版）（2011）。为什么我们还要编著本书呢？理由有如下 4 个。

第一，目前还没有一部关于沙区木本植物繁殖技术的专著。我国沙生植物开展过育苗技术试验的不足 15%。《中国主要树种造林技术》（郑万钧，1978）涉及沙区木本植物 40 余种，《治沙造林学》（高尚武，1981）涉及木本植物不足 20 种。由于繁殖技术落后，沙区许多林木遗传资源得不到有效利用，导致优良种植材料贫乏，造林树种单一，严重制约了国家防沙治沙工程的顺利实施，不少重要种类的育苗技术仍然是个难题；例如，许多沙生灌木的扦插成活率低而不稳，通常不足 70%，时常低到 30%甚至更低。在“三北”地区，良种使用率通常低于 20%，一些地区甚至仅有 5%。

第二，育苗观念发生了很大变化。优良苗木至少应同时满足 4 个条件：①生产的苗木必须符合最终用户的要求，即要培育高质量的定向苗（target seedling）；②繁殖体必须是遗传上优良的，一定要避免“见种就采，有种就育”的情况；没有遗传品质作保证，再健壮的苗木也不是优良的；③壮苗不仅表现在形态特征上，也要体现在生理指标上，苗木质量（seedling quality）调控应当贯穿整个繁殖过程；④苗木生产过程不能造成环境污染，应控制使用化肥、农药、除草剂，以及其他化学品。这需要重新审视植物繁殖的理论和实践。

第三，育苗新技术、新装备不断涌现。全光喷雾扦插育苗、容器育苗、组培育苗、菌根化育苗、稀土育苗、配方施肥及精准灌溉等技术的发展非常迅速，育苗设备不断更新换代，繁殖效率不断提高，需要及时在沙区加以推广和应用。例如，与木本植物繁殖技术有关的、获得国家科技进步奖的成果有：ABT 生根粉系列的推广（特等奖，王涛等，1996）、林木菌根化生物技术的研究（二等奖，花晓梅等，2001）、绿色植物生长调节剂（GGR）的研究开发与应用（二等奖，王涛等，2002）、林木育苗新技术（二等奖，张建国等，2012）等。

第四，最近十多年来，我们针对“三北”地区，尤其是沙区的木本植物开展了大量的繁殖技术试验，这些研究成果需要加以整理、总结。例如，对于扦插难生根树种，单一的植物生长物质处理或生根抑制物去除处理，扦插效率往往不佳，而根据植物生长物质、生根抑制物、营养物质三者的平衡关系进行复合处理往往能有效解决这个问题。种子繁殖的核心是催芽，对于温带树种而言，主要是种子休眠的解除。已有许多解除种子休眠的方法，如酸蚀破皮、层积催芽等，具体选用取决于成本与效率。一般而言，层积处理可打破多种不同类型的休眠，但需时较长；其他方法通常只对某种特定类型的休眠有效。例如，椴树属（*Tilia*）的种子通常采用“高温－低温”或“高温－低温－高温”的变温层积方式催芽 3~6 个月甚至更长。

扦插、组培等繁殖的关键是植物细胞全能性的利用。通过脱分化（dedifferentiation），恢复细胞全能性，诱导愈伤组织（callus）的形成和繁殖体极性的建立，再通过一系列的组合措施促进根系的发生。这些组合措施包括植物生长物质、生根抑制物、营养物质、生态环境等的优化。不同植物繁殖所需的组合措施不同，处理强度、处理时间等都不一样。

本着实用、系统、简明的原则，本书力求全面反映当代国内外沙区植物繁殖的先进经验。从内容上，全书分为两部分。第一部分为总论，包括第 1 章至第 9 章，以苗木质量调控为主线，论述了植物繁殖的一般原理和方法，突出了繁殖生物学、繁殖环境调控的重要性，系统阐述了播种育苗、扦插育苗、嫁接、组培、大苗培育、苗木出圃等生产过程。第二部分为各论，包括第 10 章至第 13 章，介绍了近 100 余种沙区重要木本植物的繁殖技术，主要涉及中国北方沙区的乔木和灌木，在地域上大致覆盖东北西部、华北北部和西北地区。我们认为，防沙治沙不能只局限于沙生植物，而是要把沙地、沙漠、绿洲及山区作为一个整体来看待，合理布局和配置沙区植被生态系统。没有山地的水源涵养林，绿洲生态系统的稳定性就会受到威胁；不重视经济果木和绿化观赏树种，沙区人民的生活质量就难以提高，防沙治沙就不可能实现。

本书是科技部社会公益专项资金项目“防沙治沙林木优良品种快繁技术研究（2000DIB50159）”、国家 863 计划项目“抗旱节水林草新品种筛选与利用（2002AA2Z4011-2）”、国家科技攻关项目“沿黄灌区绿洲型防沙治沙综合技术体系研究（2002BA517A09-2）”和国家科技支撑计划“干旱区绿洲边缘退化植被修复与绿洲防护体系构建技术研究与试验示范（2006BAD26B08）”的部分成果汇集，同时吸收了八

五、九五期间国家科技攻关课题的一些成果，如“毛乌素沙地立地分类评价和适地适树研究”、“沙区优良抗逆性植物种选繁及产业化技术研究”等。书中还引用了相关科研机构、高等院校和相关省份的许多研究成果。

编著过程中，有幸得到国家林业局科技司、国有林场和林木种苗工作总站，陕西林业厅等单位的大力支持，并得到盛炜彤研究员、蒋有绪院士、张守攻研究员、王豁然研究员、陈晓阳教授、李吉跃教授、孙振元研究员、裴东研究员、齐力旺研究员、李潞滨研究员、雷静品研究员、李三原厅长等专家的建议或指点；得到了中国林业科学研究院沙漠林业实验中心郝玉光研究员、刘明虎高工、肖彩虹高工、刘芳高工、徐军工程师、张景波工程师、赵英铭工程师、张国庆高工、苏智高工，内蒙古林业科学研究院李爱平研究员，西北农林科技大学林学院董丽芬教授，新疆林业科学研究院刘钰华研究员、韩宏伟副研究员，内蒙古鄂尔多斯市林业治沙科学研究院冯祥工程师、鄂尔多斯市林业种苗站昭日格图高工，中国林业科学研究院宁超技术员、王利兵副研究员、马庆华副研究员等的帮助；得到了刘艳、薛海霞、周建、谢允惠、许晨璐、姚侠妹、施翔、杨文娟、庞晓瑜等研究生的帮助，在此致以衷心的感谢。

希望本书的出版仅仅是中国沙区木本植物繁殖技术研究的开始，而不是结束。通过开展更加深入的试验研究，补充更多的研究成果，本书得以不断地修订、完善、再版。

本书可供林业基层技术人员、高等院校师生、科研人员和业余爱好者作为学习和实践的参考用书。由于作者水平有限，书稿虽经多次修改、补充，仍难免有疏漏之处，恳请读者批评指正。

江泽平　孟　平　研究员

2014 年秋于北京香山·中国林业科学研究院

目　　录

总　　论

各 论

总　　论

第一章 绪 论

苗木（seedling，或 planting stock）是林业生产、果树生产和生态建设的物质基础。造林使用的苗木，其质量都应当是最好的，这非常重要。只有培育出品质优良、生长健壮、规格一致、数量充足、符合生产需要的良种壮苗，才能实现林业生产的预期目标。

植物繁殖（plant propagation）是指通过有性或无性方式生产出新的植物个体，这些新个体能够保持植物种的重要遗传性状。繁殖材料（propagule）是指用于繁殖新个体的植物器官，如种子、插穗、芽等。

第一节 林木育苗发展简史

一、国外植物繁殖发展简史

繁殖植物历史悠久。远古以来，人类就不断探索植物栽培的技术与方法。最早得到驯化栽培的是那些经济价值高、易于种子繁殖的植物，而苹果、梨、桃、杏等果树的大发展则得益于嫁接方法的出现。到人类有文字记载的年代，大多数基本的植物繁殖方法就已经出现，如播种育苗、嫁接、压条等。观赏园艺植物和造林树种的繁殖栽培也有悠久历史，中国、古希腊、古罗马对此做出了重要贡献。随着植物繁殖、驯化和栽培的发展，彻底改变了人与环境的关系，创造了世界的古代文明。古代的世界三大植物栽培中心是古巴比伦和古埃及、中国、中南美洲的玛雅帝国。

专业性苗圃出现于 16 世纪。例如，法国 16～17 世纪产生了一些著名苗圃，比利时 1598 年建立了世界上第一个玻璃温室（Hartmann *et al.*，2011）。18～19 世纪是苗圃快速发展的时期。早期的苗圃侧重果树选优和嫁接，有时也繁殖观赏和造林苗木。商业性苗圃则是到 20 世纪才出现的（Davidson *et al.*，1994）。随着各国交往和植物材料交换的日益频繁，一些用于植物贮藏和长途运输、作业机械、容器育苗的技术和设备也逐步被发明出来。

19 世纪末 20 世纪初，达尔文进化论和孟德尔遗传学说的提出，奠定了现代生物学的基础，从而建立起当代植物繁殖的理论框架。

西方国家的第一部育苗专著，是 C. Estienne 于 1530 年发表的 *Seminarium*（《苗圃》）。此后发表了许多重要专著，例如，英国 C. Baltet 的 *Grafting and Budding*（《嫁接和芽接》）（1821 年，描述了 180 种不同嫁接方法）；英国 A.J. Fuller 的 *Propagation of Plants*（《植物繁殖》）（1885 年）；美国 M.G. Kains 的 *Propagation of Plants*（《植物繁殖》）（1916 年，曾多次再版，长期用作美国的教科书）；美国 H. Davidson 等的 *Nursery Management*（《苗圃管理》）（1994 年第三版）；美国 H.T. Hartmann 等的 *Plant Propagation: principles and practices*（《植物繁殖原理与实践》）（1959 年初版，2011 年第八版；目前美国的教科书）。

二、当代芬兰和美国林木育苗特点

芬兰和美国在林木育苗方面的技术非常先进，下面简述之。

1. 芬兰林木育苗的主要特点

芬兰的育苗技术，特别是容器育苗技术处于国际领先水平。芬兰生产的苗木86%以上为容器苗，苗木生产以商业性专业苗圃为主，家庭育苗为辅。

芬兰非常重视良种壮苗，将50%的造林资金用于种苗培育。通过采用良种、容器育苗、科学施肥、改良土壤等措施培育壮苗。育苗用种已全部良种化，这主要得益于国家的良种鼓励和补贴政策。种子园和采种林生产的育苗用种子，都必须经过芬兰林业科学研究所审批。约 54%欧洲赤松种子、60%欧洲云杉种子、84%欧洲白桦种子产自种子园（陈京华等，1998）。繁殖材料分为种子园种子、优良林分种子、优良无性系等 3 类 11 级。造林用的苗木，裸根苗主要是 2 年生以上移植苗、P+1 苗①和 2 年生截根苗，其中 P+1 苗在逐年增加；容器苗多用 1 年生苗，有时用 2 年生苗。容器苗在冬季前露天炼苗。

普遍采用的育苗容器是纸杯和生态杯②（芬兰 Lannen Tehtaat 公司生产），两者约占70%。但是，具数条气槽的方形硬塑容器（如芬兰 Lannen Tehtaat 公司的 Plantek 系列育苗产品）的使用量增长很快，这些气槽有利于空气截根和防止根系扭曲变形③。圆形硬塑容器和塑料薄膜袋的使用已不多见。容器育苗的基质以泥炭土为主，芬兰非常重视基质的研究和生产。

苗木培育实现工厂化，育苗专业化、机械化程度很高。从容器、育苗基质、肥料、灌溉设备，到容器苗生产设备都是商品化和专业化生产，并有专门的研究队伍。从采种、分级、施肥、除草、灌溉、苗木移植和针叶树容器苗的播种作业全部实现了机械化。一般 20～33hm^2 的苗圃只需要 3～5 个管理人员，忙季只需要雇佣 20～30 个临时工。

注重苗木质量管理，从繁殖材料到苗木都有质量控制。苗木质量由芬兰农林部监督检查，其依据是 1979 年的《林木繁殖材料贸易法》和 1992 年的《农林部决议 1533/92号》，后者规定，每批苗木中的不合格苗数量不应超过 5%。容器苗根据育苗密度规定苗木高度，不仅有最低高度要求，而且规定不能超过的高度。

种苗的生产与供应衔接紧密，凭订单生产，避免盲目生产而造成浪费。

2. 美国林木育苗的主要特点

美国的苗木生产主要由森工企业苗圃、州立苗圃、私营苗圃、联邦苗圃等完成。其

---

① 即 plug+1 苗，首先培育容器苗，然后移入苗床作裸根苗培育一年。

② 生态杯以纸为原料，有 63F、81F、121F 三种规格，即在 40cm×60cm×60cm 的硬塑料盘内放入相互连接在一起的分别为 63 个、81 个、121 个纸容器。硬塑容器的单个容器上口径 3.6cm×3.6cm，底径 2.5cm×2.5cm，高约 7cm；11×11 个容器连成一体，每组平面面积 40cm×40cm；每个容器底部有一圆孔，每一壁开 3 条缝，缝宽 1～2cm，壁里面共有竖棱线 12 条。还有一种使用较多的规格：单个容器上口径 8cm×8cm，底径 6.5cm×6.5cm，高 10cm，底网状具 25 眼；5×5 个容器连成一体，每组平面面积 40cm×40cm；每个容器都有一竖棱线。各种容器的规格可根据用户的要求特制。

③ 提出的所谓 Vapo 法，目的就是截根和防止根系扭曲变形（Parviaainen and Tervo, 1989），但目前此法的应用并不多。

中，森工企业苗圃产苗量约占一半，私营苗圃不足20%，且逐年下降。虽然各类苗圃的所有制不同，但都有以下特点。

一是苗圃规模大。平均每个苗圃年产合格苗数量为580万株。有些大型苗圃，如美国林务局在俄勒冈州的J. Herbert Stone林业苗圃，惠好公司在俄勒冈州的Aurora苗圃和在华盛顿州的Mima苗圃，占地80～125hm^2，苗木年产量为2 500～5 100万株（彭南轩，1997）。

二是机械化水平极高。无论是大田育苗还是工厂化育苗，从采种、种子处理、整地作床、播种、施肥、病虫防治、切根、灌溉到起苗、苗木分级、包装、贮藏、运输全部实现了机械化作业（由于受环境法规等的限制，苗床除草基本不使用除草剂，仍以手工除草为主）。如一台播种机每天可播种6～10hm^2，同时兼有施底肥的功能。灌溉用水要进行消毒处理，以防止苗木各种根腐病的发生。许多大中型容器苗苗圃几乎完全自动化，从育苗容器的清洗、消毒、基质的装填、播种到换盆移栽都实现了流水线作业。每个苗圃都有苗木包装生产线。大多数大中型苗圃建有大型冷库，用于起苗后至造林前的苗木贮存。例如，J. Herbert Stone苗圃有6个大型冷库，可同时贮存数百万株包装好的苗木。

三是重视苗木质量。苗圃必须按用户的要求提供苗木。田间作业时要对生长过快的苗木及时截顶，对生长过缓的苗木及时追施肥料。起苗时要及时用湿麻袋布包裹好，苗木根系的暴露时间一般不超过5min。为保护苗木根系的活力，起苗后普遍采用切断主根、化学蘸根、保鲜包装、低温冷藏、冷藏车运输技术，以保证苗木活力和造林成活率（Wilkinson，2009）。苗木分拣是苗木质量控制最关键的一环。从育苗成本中也可看出对苗木质量的重视，如J. Herbert Stone苗圃的起苗、分拣、贮存的成本占育苗总成本65%，而分拣又占起苗和分拣总成本的3/5左右。分拣必须严格按种批进行，即使是合格苗，超过用户需要量的多余苗也全部丢弃，而不能代替其他种批苗木使用。

四是种子采集加工手段先进，贮藏方法得当，种子发芽率有保证。为使采种时间准确，先到采种林取样，测定种子成熟后再采种；贮藏前，用X射线测试，使饱满种子达到90%。贮藏35年的花旗松种子，其发芽率仍达85%。一些大型苗圃还建有自动化的种子贮存冷库和层积催芽室。

五是重视苗圃使用新技术的推广。美国的种苗行业是一个产业，苗圃为了占领市场、获取更多利益，对新技术的采用十分重视。如湿地松、火炬松的苗木截顶技术、秋季施肥技术、种子处理技术、苗圃轮作休闲制度、容器苗空气修根等新技术都被广泛采用（刘勇等，2013）。

三、中国林木育苗发展简史

据《史记·五帝本纪》载，黄帝轩辕“时播百谷草木……”，表明4000多年前就已掌握了植物播种繁殖的一些规律。春秋战国时种桑已相当普遍（熊大桐，1995）。战国末期《韩非子·说林上》记载了杨树的埋干、扦插繁殖，表明2300多年前已发现一些树种可以无性繁殖。北魏贾思勰《齐民要术》（约533年）记述了黄河中下游主要林木果树的采种、育苗、培育技术。元代司农司《农桑辑要》（1273年）、《王祯农书》（1313年）、《农桑衣食撮要》（1314年）都有林木果树育苗的内容，当时在世界上是很先进的。明代俞贞木《种树书》（1379年）、王象晋《群芳谱》（1621年）、徐光启《农政全书》（1627年）等的出版，标志着古代林业科技的成熟。清末民初，包世成《齐民四术》（1846年）、陈嵘《造林学各论》（1933年）记述的关于育苗和造林的技术，至今仍有参考价值。

树木种子的采集和处理。《齐民要术》强调“熟、淘、干”，即必须采集成熟的种子，然后水洗选种，晒干后贮藏，以免生虫；涉及花椒、柘、构、槐等不同树种。关于核桃、松树等富含油脂之种子的贮藏，北宋苏轼《格物粗谈》道：“以粗布袋盛，挂当风处不油。”对于易遭虫蛀的板栗之贮藏，《格物粗谈》记述了盐水浸种杀虫之法，宋寇宗奭《本草衍义》（1116年）载：“栗欲干收，莫如曝之；欲生收，莫如润沙藏之，至夏初尚如新也。”

播种育苗。战国《尹文子·四符》指出“果之有核，必待水、火、土三者具备，然后相生无穷”，这是早期关于种子发芽的重要论述。西汉张骞等从西域引进石榴、核桃、葡萄等树种，唐朝段成式《酉阳杂记》（863年）记载引入阿月浑子等树种，说明当时已掌握这些树种的播种育苗技术。《齐民要术》记述了槐树的浸种催芽和板栗的湿土催芽法，花椒、槐、榆、构、梧桐、枣、君迁子、板栗、榛、桃、梅、杏、梨、柿、木瓜、杜梨等的播种育苗技术，并指出果树种子繁殖容易发生变异；其中，浸种催芽法与今日的大体相同，湿土催芽法与现代混湿沙层积催芽法类似，构、槐混播育苗是中国最早利用种间竞争来培育苗木的做法。隋唐以后，林木育苗技术有了新发展，开始注意选用良种和培育壮苗，如五代末韩鄂《四时纂要》（约945～960年）载：“欲种（枸杞），取甘者种之，或种根叶厚大无刺者。”宋代以后，针叶树采种育苗开始有较详细的记述，如陈敷《农书》（1149年）提出一套较完善的松柏壮苗精耕细作培育技术。《农桑辑要》、《王祯农书》、《群芳谱》（1621年）等都记载了松、柏的播种育苗法，强调适时播种，要根据纬度、地势等具体条件灵活掌握。枸杞因种子小，《四时纂要》记载了一种独特的枸杞育苗法①。

无性繁殖。《齐民要术》记述了果树压条、分蘖、埋条、扦插、嫁接等繁殖方法，如梨树嫁接用杜梨或豆梨或褐梨做砧木②；还记载了杨柳的埋条和扦插方法，楸树和泡桐的根蘖育苗方法，提出扦插柳树、梨树时，用火烧下端以防树液流出和抗菌防腐；认为扦插石榴应注意两点：一是用短枝繁殖要多枝环状埋植，用长枝繁殖则弯成环状埋土，二是坑内要放些枯骨等多钙物质；指出桑树压条苗造林比播种苗造林要长得快，李树用扦插苗栽植比用播种苗的结实期提早2年。宋陈翥《桐谱》（1049年）记载了泡桐的压条、留根繁殖法，今普遍采用的泡桐埋根育苗法是由留根法发展而来。《四时纂要》详细记载了果树的嫁接技术，比以往农书的经验进步很多。宋《博闻录》（1208～1224年）记有枣树嫁接葡萄的方法，并有杉木扦插繁殖的记载。《农桑辑要》、《王祯农书》、

---

① 候春，先熟地作畦。畦中去却五寸土，匀作五垄。垄中缚草把子如臂，长短如畦，即以泥涂草把子上，裹令遍通。即以枸杞子布于泥上，令稀稠得所。即以细土盖一重，令遍，又以烂牛粪一重，又以一重土，令畦平。待苗出时，以水浇之。

② 要点是：a. 选择适当的砧木和接穗；b. 掌握最适宜的嫁接时期；c. 注意不损伤“青皮”（形成层），并做到接穗木质部与砧木木质部结合，接穗皮层（形成层）与砧木皮层结合；d. 防止嫁接部干枯和劈裂；e. 及时摘除砧木上的萌芽。这几点直到今天仍然是提高嫁接成活率的关键。

《群芳谱》等记载了圆柏、杉木的扦插技术，枸杞埋条繁殖，栎树嫩枝扦插；元初《士农必用》记载了桑树和果树的4种嫁接方法：插接、劈接、芽接和搭接，《王祯农书》还补充了根接和枝接法。

苗圃管理。《齐民要术》记述了圃地除草、灌溉、施肥、间苗、防寒等技术，已达到相当的精耕细作水平；其中，榆树播种育苗的“施种肥”是中国早期的基肥施肥法。《农桑辑要》、《王祯农书》、《农政全书》等都记述了苗圃的灌溉、遮荫、防寒措施。其中，《群芳谱》的带土坨大苗移植技术有独到之处。此外，金元之际《务本新书》指出，如果路远，用苗又多，则运苗前要包装。以桑苗为例，每10余株成一捆，根部蘸稀泥，泥上再撒土，外面用草（席、蒲包）包裹，包内再填湿土。苗包顺放车厢中间，用席或草覆盖。车厢两头用席、箔堵塞，以防透风。

最近几十年来，我国在林木育苗方面取得了一系列的新成果，先后出版了一批专著，例如1996年刘德先等的《果树林木育苗大全》、2007年张建国等的《网袋容器育苗新技术》、2009年孙时轩等的《林木育苗技术》等。

四、中国林木育苗现状

我国的林木苗圃主要出现在新中国成立之后，国有苗圃曾长期独领风骚，近年来非公有制苗圃发展迅速。

早期林木育苗是以群众林场或林农采种、育苗为主。20世纪60年代初，各地相继开展了良种基地建设工作，每个县（市）建设1～2处示范苗圃，但在“文革”期间停滞。自1979年起，国家将林木种苗生产建设纳入基本建设计划，林木种苗基地得到快速发展①。2013年全国共采收林木种子2 670万kg，其中种苗基地生产种子仅占6.2%；穗条42亿根，其中良种繁殖圃生产穗条仅占14.3%。先后推广了塑料大棚育苗、地膜覆盖、全光喷雾扦插、组织培养、化学除草、根外施肥、ABT生根粉、无性系繁殖、嫩枝扦插、细根段育苗、芽苗截根移栽、菌根施肥、容器育苗、松针叶束嫁接、油茶芽苗嫁接等一批育苗新技术。特别是塑料棚育苗、容器育苗和工厂化育苗发展迅速。

1994年，原林业部成立了林木良种审定委员会，各省（市、自治区）相继成立了相应的机构。从1996年起，原林业部正式启动22处林木良种繁育中心。1997年，林木种苗被纳入国家技术监督局国家产品质量监督抽查项目，对保证种子苗木质量起到了保证作用。已颁布实施了以《中华人民共和国种子法》（2000年颁布，2004年修订）为主的，包括种苗生产、经营管理、基地建设、质量监测、良种审定与推广等一系列相配套的法规，以及涉及种苗基因资源收集、引种、选育、繁殖、产品质量、贮藏和流通等环节的30多项国家和行业标准②，各省市区还制定和实施了相应的地方行业标准（其中有些标准正在更新当中）。

---

① 2009年国家林业局公布了第一批国家重点林木良种基地131个，2012年公布了第二批95个。至2013年，全国林木良种基地建设面积23.78万hm^2，其中：种子园2.1万hm^2、母树林15.08万hm^2、采穗圃0.78万hm^2、良种繁殖圃0.55万hm^2、测定林0.9万hm^2、收集区0.35万hm^2、良种示范林3.32万hm^2、其它0.69万hm^2。

② 如GB7908林木种子质量分级、GB6000主要造林树种苗木质量分级、GB/T6001育苗技术规程等。省际间种子调拨和使用则依据《中国林木种子区》国家标准。

2013 年全国共完成林木育苗面积 107.1 万 hm^2，其中国有、乡村集体和个体育苗面积分别占育苗总面积的 10.61%、4.8%和 84.59%，个体育苗面积比重仍在提高。2013 年育苗总量为 600 亿株，其中容器苗产量占 16.2%，良种苗产量占 27.5%。到 2013 年底，全国共有林木苗圃 43.45 万个，国有、乡村集体和个体所占比例分别为 1.69%、1.4%和 96.91%。在国有苗圃中，林业系统的苗圃 5493 个。但是，苗圃面积一般都比较小，平均仅 5～10hm^2，经营水平差异很大，育苗技术参差不齐。除育苗外，还兼营他业，实际育苗面积便更小了①。

虽然建立了一批良种基地，推广了大量良种、优良种源和新品系，但育苗所用的大部分种子仍然来自市场收购，种源不清，质量很差。不规范的育苗现象仍然比较普遍，见种就采，见种就育，种子等繁殖材料常不经检验就直接投入生产，其播种品质和遗传品质无法保障，种苗生产中的负向选择问题依然比较突出。选育时间过短，未经严格区域化试验，盲目推广新品种的事，时有发生。对于外来树种，不要以为“只要是引进的都是良种”，反对大量用于生态环境建设，在园林绿化中应用也要适度，否则可能造成不可挽回的生态灾难。

普及推广育苗新技术的成效虽然很显著，但总体而言，我国的苗木生产技术还比较落后，经营管理粗放。社会上培育的苗木合格率低，许多村级苗圃和家庭苗圃即使采用高质量种子，但仍然采用传统的育苗方式，留苗过密，苗木大小不一、良莠不分，常因施肥过量而导致地上部分过度生长、根系发育不良。

种苗生产与造林供需脱节，也是亟待解决的重要问题。目前全国一半左右的造林苗木是靠社会育苗，一些苗木生产者只看重赢利，并不注重苗木的自身价值，粗制滥造，不仅造成了供需脱节，而且大大降低了苗木质量和人工林质量，浪费严重。十多年前杨树苗的炒作就是一个惨痛的教训。

与全国相比，沙区的育苗工作更加落后。西北 6 省份的育苗面积和产苗产量约占全国的 20%，但良种基地面积只占 5.6%，个别省份不合格苗在 20%以上②；杨、柳等苗木过剩，而大量优良种质资源却得不到有效利用。

为此，必须加强种苗生产与造林计划的衔接，认真抓好种苗基地建设，大力开展育苗新技术、新设备的研究，以及育苗基础知识和新技术的普及推广，不断提高苗木生产水平，真正把苗木生产纳入依靠科技进步和提高劳动者素质的轨道上来。

第二节　林木育苗技术进展和趋势

播种育苗和无性繁殖是目前沙区木本植物繁殖的主要方法。

---

① 平均而言，每个国有苗圃可育苗面积约 10hm^2（总经营面积 50hm^2），集体骨干苗圃 1.2hm^2，个体苗圃 0.33hm^2。根据国家林业局的规划，1999～2003 年将建设现代化示范苗圃 70 个，平均面积 32.7hm^2；中心苗圃 360 个，平均 23.5hm^2；标准化苗圃 180 个，平均 25.9hm^2。

② 以内蒙古为例，“十一五”期间全区年均生产林木种子 220 万 kg，其中：良种基地产种 8.6 万 kg、穗条 933 万条，采种基地产种 80 万 kg。年均育苗面积 13.6 万亩，在圃苗木 23 亿株。但是苗木树种结构不合理，乡土树种、经济林树种苗木培育相对较少。

随着无性系林业的快速发展，无性繁殖越来越受到重视，许多育苗新技术、新设备也围绕它而应运而生。20世纪70年代中期以来，高湿度条件下的嫩枝扦插在许多树种获得成功，由于这一技术突破而发展起来的无性系快速繁殖技术，解决了多种难生根树种或老化材料的幼化技术和繁殖方法，现已被许多国家所采用①。当前对于扦插的研究主要集中在难以生根树种的生根障碍机制等方面，嫁接则仍然集中在嫁接不亲和性问题上。

塑料薄膜覆盖、全光自动喷雾育苗、容器育苗、植物生长调节剂应用、菌根应用、微体快繁、机械化育苗等技术将被广泛应用。同时，围绕育苗环境调控，高效药剂应用，新的无性繁殖方法与设备，脱毒苗和无菌苗培育技术，苗木保护与处理技术等方面，也将有更大的发展。

对那些不能进行无性繁殖的树种，还必须采用有性繁殖。防护林、森林公园、自然保护区及游憩林等的人工造林，仍然以实生苗造林为主。在生产实践中，究竟采用哪种繁殖方式，依树种生物学特性和培育目标而定。

下面讨论的几种繁殖方式（育苗技术），也可参见第四章和第七章的有关内容。

一、菌根化育苗技术

菌根是真菌与植物根部相结合形成的共生体，是植物和微生物他感作用及营养关系的体现。这种真菌则称之为菌根菌（杨雪等，2001）。菌根的应用价值极大（花晓梅，1995）。20世纪60年代开始试验，目前美国在该领域处于领先地位，特别是外生菌根真菌制剂和内生型VA菌根（泡囊丛枝菌根）制剂的研究与应用方面相当出色。近20年来，我国在林业菌根应用技术，尤其是在外生菌根应用方面获得一批重要成果，技术水平已跃居世界前列②。中国林业科学研究院研制的Pt（彩色豆马勃 *Pisolithus tinctorius*）菌根制剂和截根菌根化育苗造林技术，在国家造林项目应用中取得了明显成效。同时，我国在VA菌根应用方面也取得了显著进展（琚淑明和王斐，2010）。

菌根对植物作用机制的研究主要集中在菌根与植物养分关系上（胡志宏等，2010），其中，菌根对磷吸收机制的研究最为引人注目。研究表明，菌根能显著改善土壤，尤其是低磷土壤中的植物磷营养效率。对于菌根与氮素的吸收和代谢关系，目前仍不清楚。近年来，菌根与植物吸收和利用微量元素之关系的研究也颇受重视，但进展不大。试验表明，VA菌根在植物微量元素营养作用中对锌和铜的促进吸收最为普遍。菌根与植物水分关系的研究近年在国外受到重视（贺学礼等，2011）。一般认为，菌根在土壤—植物—大气连续系统中，对水分的传导起着相当重要的作用，尤其是在水分胁迫情况下，菌根的形成可增加根系的生理活性和吸收面积，提高寄主的抗旱能力。

---

① 巴西、南非已建成年产800万株桉树无性系扦插苗的生产线，实现了育苗工厂化；新西兰的辐射松扦插育苗也很成功。这一方法在中国南方的桉树和相思树上被广泛地采用，在杉木上的应用也已取得成功，落叶松和刺槐等其他树种的嫩枝扦插也取得了一定的进展。

② 我国首条菌根制剂生产线于2001年在中国林业科学研究院自行研制成功并投产，年生产能力达1000t。国际上菌根制剂的研究和生产也是一个新领域，尚无一个国家真正实现大规模生产。与植物生长调节剂、化肥、农药等单一作用的化学制剂不同，菌根生物制剂具有多元化作用，一次施用使树木形成菌根终身受益，可同时起到富根、自肥、促生、丰产、防病和改良土壤等多种作用，而且没有环境污染问题，并能维护地力，维护生态平衡。

菌根与植物抗逆性关系的研究也不断深入。例如，菌根的普遍性、固氮植物联合共生的增效作用及逆境条件下菌根技术在固氮植物上的应用前景、联合共生体中菌根菌促进固氮植物结瘤固氮的机制等多项研究。菌根可明显改善植物的抗逆能力，包括抗旱、耐盐、抗病等方面（贺学礼等，2011；胡志宏等，2010；湛蔚等，2010）。菌根化苗的特点是苗木质量高、抗逆性强，尤其在干旱地区和工矿污染区使用，能显著提高造林成活率。研究表明，截根与人工接种结合，可促进菌根真菌的侵染和菌根的形成，明显促进苗木根系发育及其菌根化。

关于 VA 菌根，目前仍处于试验阶段，在优良菌株的筛选和发酵工艺方面进展缓慢。由于 VA 菌根的寄主范围广，一旦取得突破，其应用前景将可能超过外生菌根。

二、容器育苗技术

工厂化容器育苗是林业先进国家苗木生产规模化、集约化经营的一种新发展，也是各国容器育苗的发展方向。与裸根苗比较，容器苗有许多优点，如造林时苗木根系未受损伤，抗逆性强，造林后没有缓苗期，成活率高，生长快，成林时间缩短等。同时，应用容器苗造林还不受季节限制。世界各国都非常重视容器苗的生产，尤其是那些高纬度高寒地区和干旱地区的国家。加拿大、瑞典、芬兰、挪威等国目前造林均以容器苗为主。我国从 20 世纪 60 年代开始进行容器苗生产，但长期以来未受到足够的重视，目前，在高寒和干旱地区也仍以裸根苗造林为主，造林成活率受到显著影响。榆林市林木种苗工作站人员在沙区用容器苗培育樟子松，成活率达到 98%（张巧芬和温利芳，2013）。容器育苗的关键是选择合适的育苗容器和生长基质（Landis，1990）。容器苗存在的主要问题是：根系盘根扭曲变形，影响造林后的生长；育苗和造林成本高，运输费用大，特别是偏远山地造林；而且以聚乙烯塑料为材料的容器苗，易造成环境污染。目前，人们正在积极研究可迅速降解的、无污染的材料作为容器的材料，如纸杯、草炭杯等。

容器苗根系质量的调控技术，主要包括容器与生长基质的改进、苗型设计和化学修根。由于造成根系扭曲变形的主要原因是容器的体积和基质，为此人们还在不断研究新的容器类型和基质材料。同时，人们也在探索苗型设计；如 P+1 型苗，此方式曾在世界上广为采用，但是否适合我国育苗情况有待进一步研究。北京林业大学宋廷茂等提出了移植容器苗的新类型，具体是，先培育 1 年生或苗龄更小的裸根苗，然后移入容器培育成苗；由于苗木在容器中培育的时间短（1～4 个月），根系扭曲少。至于化学修根方法，主要是根据某些重金属离子对苗木根尖伸长有阻滞作用，通过在容器壁涂抹一层重金属离子以达到修根的目的，如铜。

三、稀土育苗技术

稀土①在农林上的应用研究始于 20 世纪 30 年代初的苏联，60 年代罗马尼亚也进行

① 稀土是周期表中的一组元素，由镧、铈、镨等 15 种镧系元素及性质相似的钪、钇共 17 种元素组成。据国务院新闻办 2012 年发布的《中国的稀土状况与政策》白皮书显示，我国拥有较为丰富的稀土资源，稀土储量约占世界总储量的 23%。从某种意义上讲，稀土育苗实际上是一种微量元素施肥法。

了这方面的试验。我国从70年代后期开始进行研究，迄今为止，已在30多种农作物上获得明显增产效果，并在生理作用机制、毒素卫生和生产工艺方面取得显著进展（连友钦等，1995；余海兵等，2011），目前，我国稀土应用技术位居世界领先地位。

在育苗上的应用主要包括两个方面：一是稀土浸种可提高林木种子发芽率；二是喷施稀土可促进苗木生长，提高苗木质量。

稀土对苗木的生理作用机制，主要表现在3个方面：①增强苗木根系的生物活性。在根系生长环境中加入适当浓度的稀土，可促进苗木根系的生长，其机制是稀土改变了根组织内的过氧化物酶和脂酶活性。②提高苗木叶绿素含量和光合作用强度。③促进苗木对矿质元素的吸收，稀土作用在农作物上已得到普遍证明，但林业上的相关研究还不多见。

四、苗木施肥技术

苗木施肥是提高苗木产量和质量的一项关键技术。林木苗期营养诊断与施肥研究对于指导培育壮苗、提高苗木质量和造林成活率至关重要。国外从20世纪30年代初就开始了苗木施肥研究，60年代后转向苗木矿质营养理论研究，现已取得显著进展。我国的相关研究始于60年代，如对杉木、马尾松、杨树、落叶松、油松、侧柏等主要造林树种的苗期营养研究，近年来，开展了大量关于林木苗期配方施肥的研究（李贻铨，1992；梁坤南等，2005；陈琳等，2012），获得了可以应用的成果。但与国外相比仍有差距，尤其是在苗木矿质营养理论上鲜有涉足。另外，我国关于施肥量的研究亦主要集中在N和P两种元素上。值得注意的是，国内外苗圃施肥的目的性都不是很明确，主要原因是对苗木质量的研究不够，不明确什么样的造林立地需要什么样的苗木，导致施肥的浪费比较严重。

苗木对施肥的肥效反应。苗木对N、P、K的肥效反应随树种、土壤的不同而不同。对油松而言，N是苗木施肥的主要元素。大量试验表明，N、P、K三种元素对苗木生长有明显的交互作用，这表明苗木平衡施肥的重要性，单一的元素有可能无效甚至产生负效应。在这一领域研究最多的主要有美国、澳大利亚等国。

营养诊断是施肥中的关键技术。早期主要采用叶片形态（主要是颜色变化）和“临界值法”进行叶片营养诊断。20世纪70年代，Beaufils引入养分平衡和平衡施肥原理，提出“综合诊断法”（DRIS法），使营养诊断技术取得了长足进步。DRIS法的优点是能判别养分需求顺序，缺点是诊断结果有可能是低水平的平衡。因此，人们常把临界值法和DRIS法并用，以提高确诊率（姜继元等，2013）。此外，还有土壤营养诊断技术，但其诊断结果可靠性较差，应用范围很有限。

稳态矿质营养理论是瑞典学者Ingested在20世纪70年代提出的。与传统矿质营养不同，该理论以营养物相对供应速率为处理变量，外界营养物浓度降为次要变量，这种研究能客观地反映植物生长与营养之间的关系（郑槐明和贾慧君，1999）。目前，稳态矿质营养的研究仍停留在实验室阶段，应用到大田苗木施肥还有相当距离。

关于施肥模型，一般分为经验模型和机理模型。目前，大多数机理模型仍难以在施肥方面发挥作用。今后在相当长的时期内，经验模型仍将在生产宏观施肥决策方面发挥重大作用。

五、植物组织培养技术

植物组织培养是 20 世纪之初，以植物细胞全能性为理论基础发展起来的一门新兴技术，是指在无菌条件下，将离体的植物器官、组织 、细胞以及原生质体，在人工配制的环境里培养成完整的植株，也称离体培养或植物克隆（石晓东和高润梅，2009; Hartmann *et al*., 2011; Phulwaria *et al*., 2013）。 自 1902 年德国科学家提出植物细胞具有全能性理论以来，植物离体培养技术在基础理论和应用研究有了很大发展。目前，组培育苗、体细胞胚胎发生、花药培养、原生质体培养、细胞培养等技术已广泛应用于植物的快速繁殖、品种改良、基因工程育种、种质资源保存、次生代谢产物生产等方面，产生了巨大的经济效益和社会效益，对现代农林业和医药等领域产生了深刻影响。

随着科学技术的不断发展，该领域的研究重点由器官及细胞水平向分子及基因方向转移。然而对于木本植物而言，突出的问题仍是培养材料的生根问题。因此要建立不同类型植物组织培养快繁技术体系，需要针对不同类型的植物展开大规模的基础理论和应用基础研究。

第三节　苗木生产系统

为了培育优质苗木，必须做到两点：一是确保只采用优良的遗传材料，诸如采用精选母树或种源（最好是无性系种子园）的种子或穗条进行育苗；二是选用恰当的育苗生产体系，这种体系应当是技术上合理、经济上可行、社会上可接受的。

生产实践与科学试验表明，培育壮苗的丰产技术主要包括：①选择适宜圃地，实行科学耕作、轮作制度。②选用良种，保证播种质量。③按苗木生长规律进行管理，如精准播种，适时间苗、定苗，以保持合理密度；合理施肥、灌溉与中耕。④防治病虫鸟害及其他自然灾害。⑤保证起苗质量，做到根系长度合格，不伤苗。

一、植物繁殖方法（育苗方法）

植物繁殖一般分为有性繁殖（种子繁殖）和无性繁殖（营养繁殖）。

1. 种子繁殖（播种育苗）

繁殖苗木的最主要方法，指由种子（包括合子胚与不定胚种子）培育成合格苗木的育苗方法。针叶树种、阔叶树种绝大部分都采用该法育苗，如油松、樟子松、侧柏、刺槐、沙枣核桃、平榛等。

2. 扦插繁殖（扦插育苗）

生产应用中最为广泛和成效最为显著的无性繁殖方式。它是利用植物营养器官根、茎、叶、枝、芽等育苗的方法，枝插是常用的扦插方法，包括嫩枝扦插、硬枝扦插等。该法适用于种子繁殖技术比较复杂，扦插繁殖比较容易的树种，如杨、柳、白蜡、葡萄、叉子圆柏等，以及一些种源不足，母树较少的树种。

3. 嫁接繁殖（嫁接育苗）

一般是由种子繁殖砧木，然后将具有优良性状母树上的枝条或芽（称为接穗）用人工方法与砧木相结合。该法主要适用于果树及一些优良稀少的林木树种的繁殖。如阿月浑子、梨等。

4. 压条繁殖

林业上除了少数扦插不易生根成活的树种外，很少大规模应用。

5. 微体繁殖

利用植物组织培养技术，选取植物体上分生能力强的薄壁细胞组织（如茎尖、茎段、形成层、叶、根、胚、胚轴、花药、雌配子体等）作繁殖材料，在适宜生长的培养基上进行培养、繁殖，再经过大田炼苗，培育成合格苗木的育苗方法。

几种植物繁殖方法的优缺点见表 1-1。

表 1-1 各种繁殖方法的优缺点

繁殖方法	优点	缺点
种子繁殖	产量高、成本低；苗木具有完整的根系和顶芽；对外界条件的适应性强	有的树种种子难于发芽或成熟慢；不能很好地保持母树的特性
扦插繁殖	苗木变异性小，能保持母树优良性状	扦插苗的抗逆性比播种苗的差
嫁接繁殖	既利用了砧木抗逆性强的特点，又保持了接穗母本的优良性状	技术要求高，人力成本高
压条繁殖	生根过程中仍能得到母株养分，成活率高，能保持母树的优良性状	成本高；繁殖速度比扦插和嫁接慢，繁殖系数比较低
微体繁殖	繁殖系数高	技术要求高，成本高，需要炼苗

另外，除了上述常见方法，植物还可通过无土及水培繁殖。

无土育苗。利用沙、珍珠岩、炉灰、营养液等作为培养基育苗，苗木长出后，定期浇灌含有各种营养元素的溶液。此法多用于研究各种无机营养物质对苗木生理的影响。

水培育苗（溶液培养育苗）。无土育苗的一种，用含有某些营养元素的溶液进行育苗。在林业上多用于嫩枝扦插前促进生根或研究各种幼苗缺乏矿质元素的症状特点。

二、裸根苗与容器苗

裸根苗培育方式是繁殖材料在常规育苗土壤上培育，苗根无固定容器包被，是树木苗圃中最早使用的育苗方式。而容器苗培育方式是繁殖材料在固定单个容器中培育成合格苗木的育苗方式。

两种苗木培育方式的优劣对比见表 1-2。

表 1-2　裸根苗与容器苗的优劣对比

项目	容器苗	裸根苗
材料	容器和营养土	需要立地好的苗圃地
投劳	费工，尤其在填土、播种、移栽等工序中	起苗和包装时劳动强度较大
运输	由于带土移栽体积和重量增大，运输费用增高	易于长途运输，但需要保护根系
造林	栽后成活率高；容易窝根，影响后期生长	成活率取决于起苗和栽植的时机，一般不如容器苗。气候不适宜，栽植的效果也不好
管理	栽后抚育管理简单，但也应注意旱涝、遮荫等问题	管理要及时，抚育的时间性比较强
成本	成本较高，但造林成活率高	人力成本较低
适宜范围	适于所有小型苗圃，尤其在干旱区；希望造林成活率高时，当培育多种类型的苗木时，公共林地造林或造林后不可能有较好的抚育管理时	育苗量大，品种单一时；培育大苗及一些耐病品种时

三、育苗作业方式（育苗方式）

育苗方式是育苗方法和技术措施的统称，分露天育苗和温室育苗两大类型。前者是苗木的全部培育过程基本上都是在自然气候条件下完成的育苗方式，后者是全部培育过程或重要培育过程是在人工温室条件下完成的育苗方式。露天育苗又分苗床和大田两种育苗形式。苗床育苗（高床、低床和平床）经营管理较细，一般苗木产量较高，适于培育要细致管理的针叶树和珍贵树种的苗木，但不利于机械化生产，用工较多。大田育苗包括垄作（高垄、低垄）和平作，此法便于全面机械或用畜力耕作代替人力劳动，省工，能降低成本，但苗木产量常比苗床育苗的低。

温室育苗又分地膜覆盖、简易温棚和塑料大棚等 3 种育苗形式。

全光育苗是指播种后不采取遮荫措施的育苗方法。有些需要遮荫的树种，由于多数苗圃采用人工降雨设备进行灌溉，以调节育苗区的温度和湿度，保证了苗木所需的温、湿条件。因此，一般不用遮荫设备，实现全光育苗。

四、农业式育苗与工厂化育苗

农业式育苗方式是苗木全部培育过程的作业组合受制于自然环境如气象、土壤和自然灾害，苗木产量、品质与预计目标常有较大的差距。

工厂化育苗方式是苗木全部培育过程的作业组合在人工控制环境条件下的固定流水线中完成，苗木产量、品质与预计目标差距很小。

五、育苗作业程序

苗圃育苗生产作业程序受树种种类、苗木类型和苗木品质指标要求的制约，同时受地域和育苗的传统经验的影响。许多情况下，对于同一个树种、苗木类型和相同的品质指标，且在同一个苗圃里，可供选择的育苗生产作业程序不止一个。尽管如此，根据育苗生产实践，归纳出基本作业环节，排列出顺序，再按一定类型提出典型的育苗生产作业程序仍是可行的。这无疑对于提高苗木培育技术也是有益的。

1. 露天—裸根—播种苗作业程序

1 年生苗生产作业程序要点：种子预处理结束时间必须与设计播种期配合一致。长休眠期种子常出现播种期已到，种子预处理未完成，造成“生种子”下地，当年出苗不齐，甚至不出苗；短休眠期种子则易出现种子预处理结束，种子发芽，而播种期未到，造成“过劲种子”下地，降低出苗率，甚至绝大部分种苗死亡。

2 年生换床苗（1-1①）的生产作业程序要点：不使用或谨慎使用尿素、硝铵、硫铵、碳酸铵、过磷酸钙等化肥作基肥。按苗木等级分别换床。换床密度（每平方米苗木株数）严格执行规程或标准，允许少许降低，不得提高密度。换床后与第一次灌水不隔午，且保证灌透。

2 年生及 2 年生以上留床苗（2-0、3-0 等）的生产作业程序要点：撤防寒土时，应选择无大风、不特别干燥的天气撤土。切忌在空气相对湿度低于 20%～30%的条件下撤土，否则，露土的树叶、芽会严重受害。注意调整苗木密度，根据苗床现实密度、苗期生物学特性、圃地栽培条件和苗木的栽培品质要求，确定调减量。也可截根留植，注意截根次数、时间。

2. 露天—裸根—营养苗作业程序

休眠枝扦插苗作业程序要点：种穗扦插前预处理方法适当，处理时间准确，确保催根效果好。按种穗等级分别扦插。扦插后立即充分灌水。

非休眠枝扦插苗作业程序要点：确定扦插日期，必须在最易生根、成活的季节扦插。采穗条、穗（条）预处理和扦插工序要连贯，做到随采、随处理、随扦插。

嫁接苗作业程序要点：确保砧木健壮，营养空间充分，嫁接前营养状态良好。接穗母株生长健壮、枝条发育良好，接穗保鲜贮藏条件规范。

3. 温室—容器—播种苗生产作业程序

1 年生苗生产作业程序要点：确定育苗播种期，适时早播，既可减少出苗期病害，又可延长当年播种苗生长期。营养土的制备，保证营养土养分充足，含大量杂草种子的土壤不能用作营养土。

2 年生以上苗作业程序：无特殊要求，只是 1 年生苗的时间连续延长。

---

① 用数字表示苗木年龄，第一个数字表示播种苗或无性繁殖苗在原地的苗龄，第二个数字表示移植后培植的年数，第三个数字表示再移植后培植的年数，各数之和为苗木的年龄。例如，落叶松 2-1-2 苗，即 5 年生播种苗，移植 2 次，第一次培育 1 年，第二次培育 2 年。其中，扦插苗在原地的年龄用分数表示，分子是苗干的年龄，分母是根的年龄。例如，杨树 1/2-1 苗，即 2 年干 3 年根扦插苗，移植 1 次。

第四节　植物繁殖必需的知识

当代的植物繁殖行业是一个庞大的综合性的复杂行业，包括苗木生产、销售、技术咨询、科研等方面的从业人员，其中最关键的是那些具有专业知识和技能的苗木生产和管理人员。

从事植物繁殖所必需的知识领域包括 3 个方面。第一，需要具备一定的植物繁殖专业技能、实践和经验，例如，懂得如何嫁接，如何准备穗条，如何进行组培等。第二，需要具备一定的植物繁殖生物学和生态学知识。第三，需要具备针对繁殖对象的植物学知识和繁殖技术，以便选择具有针对性的育苗方法和繁殖环境管理方法。

一、林木繁殖的国家级相关机构

国家林业局国有林场和林木种苗工作总站。地址邮编：北京市和平里，100714，电话 010-84238811。

国家林业局北方林木种子检验中心。地址邮编：北京市中国林业科学研究院林业所，100091，电话 010-62889646，传真 010-62872015。

国家林业局南方林木种子检验中心。地址邮编：南京市龙蟠路南京林业大学，210037，电话 025-5427402、025-5427403，传真 025-5419682。

二、植物繁殖的国际相关机构

国际植物繁殖学会（International Plant Propagators’ Society，IPPS），成立于 1951 年，成员来自美国、英国、澳大利亚、新西兰、丹麦、南美洲、日本。IPPS 网址：http://www.ipps.org。地址：174 Crestview Drive, Bellefonte, PA 16823, USA。

国际种子检验协会（International Seed Testing Association，ISTA）为官方种子检验协会，成立于 1924 年。截至 2012 底，ISTA 会员包括来自 77 个国家或地区的 202 个会员检验室，42 个个人会员以及 43 个准会员，其中 120 个会员检验室被 ISTA 授予国际种子分析证书。出版刊物 *Seed Science and Technology*。ISTA 网址：http://www.seedtest.org。地址：Zürichstrasse 50，8303 Bassersdorf，CH - Switzerland。

国际园艺学会（International Society for Horticultural Science，ISHS），成立于 1959 年法国巴黎，每 4 年举办一次国际园艺学大会，出版杂志 *Acta Horticulture*。ISHS 网址：http://www.ishs.org。地址：ISHS Secretariat，PO Box 500，3001 Leuven 1, Belgium。

国际植物生物技术协会（International Association of Plant Biotechnology, IAPB），曾称 International Association of Plant Tissue Culture（IAPTC）和 International Association for Plant Tissue Culture and Biotechnology（IAPTC & B），成立于 1970 年。出版刊物 In Vitro Cellular and Developmental Biology - Plant。IAPB 一直致力于全球植物组培与生物技术事业的发展，对任何感兴趣的人开放。每四年组织一次全球会议。网址：http://www.iapb2014.org。

美国园艺会（AmericanHort）由美国苗圃与景观协会（American Nursery and Landscape

Association，ANLA）与专业园艺协会（OFA-The Association of Horticultural Professionals）联合而成，成立于2014年1月，其历史可追溯到1876年。出版半月刊 *American Nurserymen*。网址： http://americanhort.org。

美国园艺学会（American Society for Horticultural Science，ASHS），成立于1903年，出版刊物：*Journal of ASHS*、*HortScience* 及 *HortTechnology*。ASHS 网址：http://www.ashs.org。地址：Business Office，ASHS，1018 Duke Street，Alexandria, VA 22314，USA。

参考文献

陈琳, 曾杰, 贾宏炎, 等. 2012. 林木苗期营养诊断与施肥研究进展. 世界林业研究, 25(3): 26～31

辜夕容, 石大兴. 2000. 圆柏组织培养繁殖研究. 亚热带植物通讯, 29(2): 40～42

贺学礼, 高露, 赵丽莉. 2011. 水分胁迫下丛枝菌根 AM 真菌对民勤绢蒿生长与抗旱性的影响. 生态学报， 31(4):1029～1037

胡志宏, 黄晶心, 杜书佳, 等. 2010. 盐胁迫下丛枝菌根对植物幼苗生长和营养元素吸收的影响. 上海师范大学学报(自然科学版), 39(3): 309～314

花晓梅. 1995. 林木菌根研究. 北京: 中国科学技术出版社

姜继元, 李铭, 郭绍杰, 等. 2013. 焉耆垦区克瑞森葡萄叶片营养 DRIS 标准研究. 干旱区资源与环境, 27(12): 142～146

琚淑明, 王斐. 2010. 北美红杉 VA 菌根自然侵染率和侵染强度的研究. 林业实用技术, (12): 10～11

李贻铨. 1992. 林木施肥是短轮伐期工业用材林的基础技术措施. 林业科学研究, 5(2): 214～218

连友钦, 郑槐明, 邓明全. 1995. 林业应用稀土的技术与效果. 林业科学, 31(5): 453～459

梁坤南, 潘一峰, 刘文明. 2005. 柚木苗期多因素施肥试验. 林业科学研究, 2005, 18(5): 535～540

刘德先, 吴秉均, 余志敏, 等. 1996. 果树林木育苗大全. 北京: 中国农业出版社

刘红, 李世峰, 肖望兴. 2006. 借鉴芬兰经验 推进我国林木种苗持续发展. 中国林业, (18): 30～31

刘勇, 李国雷, 祝燕. 2013. 美国林木种苗培育技术现状及启示. 世界林业研究, 26(4): 75～80

彭南轩. 1997. 美国的苗木生产情况. 林业科技通讯, (11): 34～35

石晓东, 高润梅. 2009. 植物组织培养. 北京: 中国农业科学技术出版社(第1版)

孙时轩, 刘勇. 2009. 林木育苗技术. 北京: 金盾出版社

熊大桐. 1995. 中国林业科学技术史. 北京: 中国林业出版社

杨雪, 张龄祺, 刘吉开. 2001. 菌根研究进展简述. 云南大学学报(自然科学版), 23: 85～87

余海兵, 刘正, 王波. 2011. 农用稀土对糯玉米幼苗光合变化和生理指标的分析. 中国稀土学报, 29(1): 119～124

湛蔚, 刘洪光, 唐明. 2010. 菌根真菌提高杨树抗溃疡病生理生化机制的研究. 西北植物学报, 30(12): 2437～2443

张建国, 王军辉, 许洋, 等. 2007. 网袋容器育苗新技术. 北京: 科学出版社

张普照. 2012. 林业苗圃机械化现状与发展趋势. 农村实用科技信息, (4): 69

张巧芬, 温利芳. 2013. 榆林沙区樟子松容器育苗技术. 科技创新与应用, (20): 264

郑槐明, 贾慧君. 1999. 植物稳态矿质营养理论与技术研究及展望. 林业科学, 35(1): 94～103

Davidson H, Peterson C , Mecklenburg R.1994. Nursery management (3rd ed.). Englewood Cliffs, New Jersey: Prentice Hall

Hartmann HT, Kester DE,Davis FT Jr, *et al.* 2011. Plant propagation: principles and practices (8th ed.). New Jersey: Prentice Hall

Landis TD. 1990. The Container Tree Nursery Manual. Washington, DC, USA: US Department of Agriculture, Forest Service

Moulton RJ, Hernandez G. 2000. Tree planting in the United States-1998. Tree Planters' Notes, 49(2):23～36

Parviainen J, Tervo Linn 1989. A new approach for production of containerised coniferous seedlings using peat sheets coupled with root pruning. Producing uniform conifer planting stock, Forestry Supplement 62: 87～94

Phulwaria M, Rai MK, Shekhawat NS. 2013. An improved micropropagation of *Arnebia hispidissima* (Lehm.) DC. and assessment of genetic fidelity of micropropagated plants using DNA-based molecular markers. Applied Biochemistry and Biotechnology, 170(5):1163～1173.

Wilkinson KM. 2009. 16: Nursery management. In: Dumroese RK, Luna T, Landis TD, editors. Nursery manual for native plants: A guide for tribal nurseries - Volume 1: Nursery management. Agriculture Handbook 730. Washington, D.C.: U.S. Department of Agriculture, Forest Service. 277～289

第二章　苗木质量调控与评价

苗木的优劣直接关系到造林的成败和成林后的生产力，用劣质苗木造林是对财力、土地等资源的巨大浪费。但是，究竟什么是优质苗木？如何生产优质苗木？这是人们必须首先弄清楚的问题。这也是本章将要回答的两个问题。

第一节　苗 木 质 量

用户及造林地情况决定培育什么样的苗木。苗圃必须了解用苗单位或农民的期望，以便生产符合要求的苗木。许多国家十分强调培育“定向苗”（target seedling）。所谓定向苗，是指根据造林地立地条件和用户要求而生产的苗木，又称为目标苗（Mexal and Landis，1990；邢世岩，2011）。

据国际林业研究组织联盟 1979 年定义，苗木质量（seedling quality）是指在育苗成本最低的前提下，苗木对实现营林目标（轮伐期或某种特定效益）的符合程度；质量是相对于目标而言的。造林目标不同，对苗木质量的要求也不一样。例如，科学试验所需的苗木，要求育苗条件一致，以免苗木差异影响研究结果；干旱贫瘠等恶劣生境造林，需要采用抗逆性强、根系较发达的苗木；在杂草多的地方，采用大苗造林效果好。因此，大苗未必就比小苗的造林效果好，容器苗并不一定优于裸根苗。

苗木质量决定于 3 个基本因素：遗传品质（genetic quality）、形态特征（morphological trait）和生理状态（physiological condition）。这些因素相互关联并共同作用，用单一的指标无法准确地评价苗木的优劣。繁殖材料的遗传品质改良需要长期育种策略，而苗木形态和生理质量的提高，则在 1～2 个生长季便可实现。提高苗木质量的流程如图 2-1 所示。

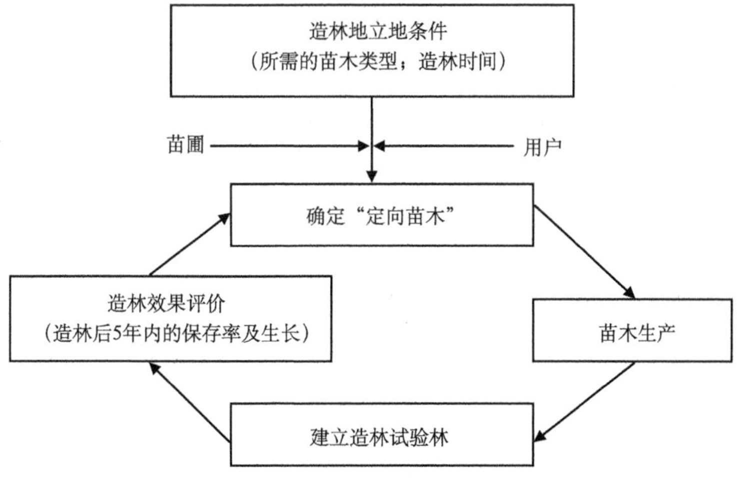

图 2-1　提高苗木质量的流程图（Jaenicke, 1999）

壮苗（healthy seedling），即优质苗，是指用良种培育的合格苗，通常指移植和造林成活率高、生长快的健康苗木。一般而言，优质苗应具有以下特征：①优良的遗传品质。②健康，生长旺盛，无病虫害。③苗茎无畸形，木质化良好。④地径粗壮，合理的茎根比。⑤苗冠对称，疏密适中，树叶健康，颜色正常。⑥根系发达，无畸形，侧根和须根多且末端白色。⑦能迅速形成新根，栽植后很快固定并开始同化作用和生长。⑧重量大，合适的矿质营养含量。⑨抗性强，能适应短期缺水、全光照的环境。⑩有菌根或根瘤菌。

需要对苗木质量进行跟踪。要收集长期性科学试验的结果、造林后的生长表现等反馈信息，以便提高今后的苗木质量。

在造林后数年内，应到造林地和试验区调查，以了解特定育苗措施的效果。此外，还可定期收集有关的信息，以评价和改进育苗技术和措施。

第二节　苗木质量调控

苗木质量调控是指通过采用优良繁殖材料，在苗木生产各个环节实施具有针对性的育苗技术和措施，使生产的苗木在形态、生理及抗逆性等方面都达到培育目标。

根据造林地立地条件和用户要求，定向培育苗木是成功生产壮苗的第一步。采用改进的、标准化的育苗技术和措施，有助于生产更加均匀一致的苗木。

近年来，有关育苗措施对苗木形态、生理、活力、抗逆性及造林效果影响的研究十分活跃，涉及种子处理、播种、苗木密度、接种菌根、遮荫、灌溉、施肥、截根、拱顶①、移植②、起苗、贮藏运输等苗木质量控制的常用重要措施。

一、繁殖材料的质量控制

首先，要精选繁殖材料。采用优质种子（种条）育苗，对于生产壮苗极其重要。研究表明，优质种子（种条）能够提高造林成活率、木材和果品质量，并且可缩短采伐期或收获时间。一定要避免见种就采、有种就育的现象。

其次，苗圃要尽量采用较多的种源，以增加苗木的遗传多样性。选择繁殖材料时，应向林业技术人员和农民咨询，因为农民更熟知林木的一些其他优良特性。

再次，要选择适宜的地理种源区，然后优先选择使用种子园、采穗圃、母树林或优良种源区的种子（种条）育苗。营造速生丰产用材林、经济林必须使用经过审定或认定的良种，一定要做到定点采种、定点育苗、定点供应。工程造林要使用优良种源区或优良林分的种子，禁止使用劣质种源种子。飞播或直播造林要使用合格种子，禁止使用等外种子。

最后，采种母树的选择很重要。母树选定后，要精心管护，以保证生产充足的优质

① 在生长季或休眠期，对苗木进行截顶（或称打尖），有利于控制苗木地上部分的株形结构，特别是用于培育恶劣生境造林的苗木。常用方法有抹芽、打尖、截干、疏叶、短截等。

② 移植（pricking out）因为降低了育苗密度，使苗木具有更大生长空间，有利于培育粗壮苗木；又因为起苗过程中切断了过长主根，移植后可促进侧根和须根生长，形成根系发达的苗木。与相同年龄的原床苗相比，移植苗的地径、苗高、根和茎的干重等都能得到显著改善。

种子（种条）。从采种林采种时，每批采种母树的数目要大于 30 株，母树之间要相隔 100m 以上。要保证采收成熟的种子。应当详细记载种名、种子产地、采收日期、生产单位、活力等。采收种子的加工、贮藏对保证种子活力非常关键。

对于繁殖材料和苗圃中的幼苗来说，育苗设备和程序都是为了使幼苗在生长过程中能够最充分地利用环境资源，如光照、水分、温度、大气和矿质营养。同时，需要防治病虫危害，要采取保护措施，控制苗床的盐分含量。

（1）光照。光照对植物光合作用至关重要。光照强度必须进行调控，如果光照太强，会引起高温危害，使幼苗脱水甚至死亡。对光照的调控通常包括光照强度、光照时间（光周期）、光质（波长）。

（2）温度。温度可以从多个方面影响植物的繁殖。有些树木的种子需要一定的低温条件处理，才能打破休眠，促进萌发。

（3）大气和气体交换。种子的萌发和幼苗生长会使呼吸作用增强。这个过程需要消耗氧气并释放二氧化碳。如果种皮太硬，会阻碍气体交换，影响种子萌发。干旱条件下，幼苗叶片气孔呈关闭状态，气体交换受阻，影响光合作用效率。

（4）矿质营养。为了培育健壮的苗木，应为其提供优良的营养条件。在幼苗期，矿质营养主要是通过灌溉、施肥相结合的方式进行补充，在沙区可优先考虑滴灌施肥方式。

另外，温室的条件及繁育容器的种类都会影响到幼苗的质量。

二、不同育苗阶段的质量控制

不同的树种或品种，其生长过程中对光照、温度、水分、肥料的要求不同，应根据苗木的生长规律，控制其生长所需的各环境因子，以达到良种壮苗的目的（刘勇, 1999, 2000；孙时轩等，2009）。

针对不同树种不同生长阶段，积极选用育苗新技术，也是苗木质量控制的必然要求。这些新技术包括：芽苗切根移栽、生根调节剂、地膜覆盖、全光喷雾扦插育苗、塑料大棚育苗、容器育苗、组培育苗等。

1. 出苗期的质量控制

这个时期的首要任务是出苗早、多而均匀，促进生根。

繁殖材料的精心预处理非常重要，包括种子催芽、种条的生根制剂处理等。繁殖季节和时间的适宜与否对苗木的质量和产量影响较大；如果春季播种，应适时早播。

合理的育苗密度对保证苗木质量十分关键。可适当降低播种密度，或采用芽苗移栽技术。对多数树种而言，芽苗移栽是一项好技术，但如果操作不当，很容易造成根系变形。

接种菌根菌能提高种子发芽率或扦插生根率，亦可提高苗木的抗病虫害能力，促进对水分和养分的吸收。这对于那些混农林业树种尤其重要。

对培育的苗木，在各育苗小区两端都应认真仔细地建立标签，这大有好处。标签的内容包括：树种名称、编号、播种（或扦插）日期、各种育苗处理等。

2. 幼苗期的质量控制

这个时期的苗木抵抗自然灾害能力弱，死亡率高。因此，护苗工作一定要细致。需要在保苗的基础上，适当灌水蹲苗。尽可能采用截根技术，促进根系生长，提高吸收水分和营养的能力。

苗木生长初期，根系生长加快，地上部分开始生长。此时期的苗木对水、肥、光照比较敏感，要依树种不同合理地增加水、肥的供给量，并要适时间苗、除草、松土。

3. 速生期的质量控制

速生期是决定苗木质量的关键时期。此时期的苗木生长很快，需水、需肥量大。确定施肥的配方和施肥的时机，对控制苗木质量和提高苗木抗逆性非常重要。一般以磷、氮肥为主，要控制苗木过快生长，提高其抗逆性。

控制苗木质量的关键措施是截根，主要方法有平截、扭根、侧方修根和盒式修根。发育良好的根系，应当是不弯曲、不交叉、没有机械损伤的。

根系变形是许多造林失败的主要原因（图 2-2）。根系变形的主要成因有 2 个，一是苗木移植时的不良操作，二是育苗容器的窝根。

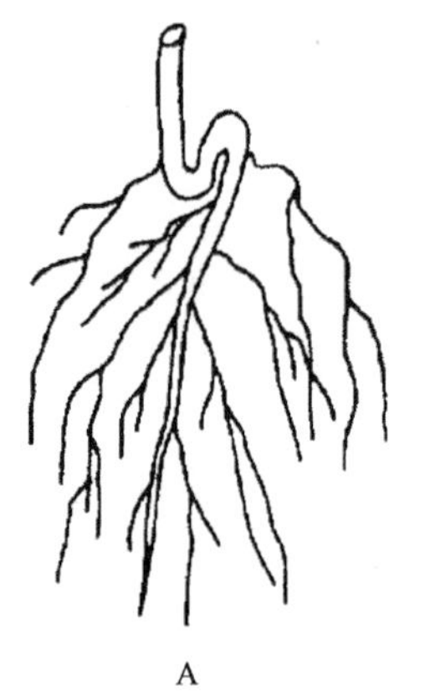

A

B

C

图 2-2　苗木根系

A, B. 变形根系；C. 发育良好的根系

4. 硬化期的质量控制

这个时期主要是促进苗木木质化，防止徒长，提高对低温和干旱的抗性。切根是这个时期的主要工作。这样可避免主根过长、根系过于发达。

徒长苗木的根系发育不良，造林后生长缓慢，容易遭受病虫鼠害、旱害和风倒。徒长苗木的特征：树叶数量少；幼根和细根不发达；主根较长；根系扭曲变形；全株未木质化；苗木细长，但苗茎上部的节间距极短。

生长达到一定标准的苗木，应及时出圃造林。一般苗高 15～30cm 即可出圃。对于生长缓慢的树种，或将在杂草多的立地造林，则需要培育较大的苗木。

水分的控制也要做好，为起苗做准备。在起苗前 4～6 周，逐渐减少或停止灌溉、施肥，去掉遮荫。

5. 苗木出圃后的质量控制

起苗、分级、包装、贮藏、运输等出圃工作要注意苗木根系的保护。如果造成苗根劈裂、侧根须根损失过多，苗木根系失水等而降低苗木质量，就会使育苗前功尽弃。

从出圃到栽植前是影响苗木活力的关键时期，特别是在包装、运输及越冬贮藏过程中，周围环境变化频繁，很容易导致苗木质量下降。目前，许多苗圃对起苗季节、时间、方法及起苗后苗木的保护认识不够，致使水分大量蒸发损失，苗木活力迅速下降。

苗木贮藏前的含水量与其造林后的生长表现关系密切。研究表明，贮藏对苗木的根生长潜力、碳水化合物含量、休眠状况、矿物质储量等有显著影响，贮藏期间苗木的耐寒性会逐渐下降。包装和运输对苗木的水分状况及根系活力有较大影响。包装、贮藏和运输都明显地影响苗木定植后的造林成活率及初期生长量。

晾晒、贮藏等都可导致苗木脱水，失水后的苗木物候期拖后，生长量减少，造林成活率降低（Radoglou and Raftoyannis, 2001；臧敬艳，2002）。

我国对起苗后的苗木水分生理、根系生理、贮藏期间的生理活动等进行了大量研究，开发研制出一些适宜苗木活力保护的产品和方法，例如，黑龙江省林业科学研究所研制的 HRC 苗木根系保护剂可使苗木在造林后处于有较好的水分营养微环境中，保持并提高了苗木活力，促使根系生长发育①。此外，还研制了不同类型的运苗箱，对运输过程中苗木活力的保护有积极作用。

每批苗木总有一些优质苗和劣质苗。通常有 20%～30%（甚至高达 50%）的苗属于劣质苗。因此，育苗单位必须明白，丢弃一些苗木是十分正常的。遗憾的是，许多人不愿意这么做，不愿看见辛勤的劳动成果被丢掉，或认为那些差苗也能被育成好苗。这些观点是非常错误的。

必须强调，一旦发现劣质苗木，就应立即丢弃。否则，这些苗木不仅会浪费苗圃的空间和资源，而且还可能成为病源、虫源。去除劣苗、病苗或徒长苗的工作叫做去劣留优（culling），它有助于培育规格均匀一致的苗木（表 2-1）。

表 2-1 一些常见的苗木质量问题及其解决方案（Wightman, 1999）

问题	解决方案
由于移植时操作不善，导致根系盘绕或扭曲	立即丢弃这样的苗木。下次改成直播育苗，或改善苗木移植的操作技术
育苗容器袋内的窝根	栽植前修剪根系。及时从苗圃除去此类苗木
根系穿过育苗容器袋伸入土壤	经常提起容器袋，并修剪根系。及时从苗圃除去此类苗木
育苗容器袋内有多株苗木	尽早去掉多余苗木

① HRC 制剂是一种营养型苗木根系保护剂，它是在吸水剂的基础上，加入营养元素和植物生长激素等成分的复合材料。

续表

问题	解决方案
苗木具多茎	丢弃。很可能是遗传品质差所致
有病害或虫害	隔离或烧掉感染植株。制订虫害防治方案
树叶黄色或白色；或叶脉暗绿色或紫色，叶脉之间具亮斑	施肥或替换为更肥沃土壤
同一批苗木的大小变异很大	检查苗床和整个苗圃是否为遮荫或灌溉不均匀所致
苗木生长缓慢	调节光照，改善施肥或替换为更肥沃土壤

在苗木培育过程中，通过定期的质量监测与评价，及时处理出现的问题。这样才能保证苗木的质量及合格苗的产量。

三、苗木抗逆性的调控

干旱或高寒地区造林，必须采用质量高、抗逆性强的苗木。近年来，苗木抗逆性调控技术的研究受到特别关注。

研究表明，育苗密度、水分胁迫处理、种子抗旱锻炼、截根、光周期处理、化学调控、生物调控等方法对苗木抗逆性有显著影响（刘勇，1999；张建国等，2007）。

1. 抗旱锻炼

据研究，在仲夏给苗木中度的水分胁迫，可提前形成芽，诱导苗木较早休眠，提高苗木耐寒性，增强苗木在起苗、贮藏和运输过程中的抗逆性，提高造林成活率。

2. 截根

适度截根可增加输送到苗木根系中碳水化合物的总量（刘勇，1999）。

经截根处理的苗木，造林后比未截根苗木具有更高的吸收和转化能力。尤其是在干旱时期，截根苗能保持更高的渗透调节能力及更加活跃的根系生长。

3. 化学调控

施肥能提高苗木的抗旱能力。但是，氮、磷、钾的作用机制和功能各不同。

植物生长调节剂能提高苗木抗旱性。苗木培育中应用的主要是植物生长抑制剂和延缓剂，包括ABA（脱落酸）、CCC（短壮素）、抗生素、整形素等。

抗旱剂可增强苗木的抗旱性，包括代谢型抗蒸腾剂，如PMA（苯汞乙酸）、乙氯苯-4,6-二硝基酚、甲草胺等，高分子吸水树脂（俗称保水剂）等。

需要注意的是：①除无机营养元素外，其他化学调控物质的作用十分有限，通常只作为辅助性措施。②各种化学调控一般只在生长季的某一或某几个阶段起作用，如在植物需水关键期（水分临界期）或干旱严重期施用抗蒸腾剂才可发挥良好作用。③大部分化学调控物质都有发挥作用的最适浓度范围，过高的浓度不利于成苗。

4. 生物调控

林业上应用较多的生物制剂主要是菌根菌。菌根菌通过促进寄主对水分和养分的吸收，从而提高寄主的抗旱能力，这在水分胁迫的情况下尤其明显。

外生菌根菌处理的方法有很多，主要有浸种处理、浸根处理和喷叶处理。

综上所述，苗木质量决定于两个方面：繁殖材料的遗传基础，苗木的形态和生理特征。苗木生产者必须为用户提供最优质的苗木。

一些正确做法：①根据造林地立地条件和用户要求，培育“定向苗”。②精心选择繁殖材料。选取最佳的种源；对预先选定采种母树精心管护，确保种子生产；从至少30株母树采集种子。③对培育的苗木，认真仔细地建立标签。④采用多个指标综合评价苗木质量。⑤通过定期监测苗木质量，改进不合适的育苗技术和措施。⑥一旦发现劣质苗（差苗、病苗、徒长苗等），就立即丢弃。

一些错误做法：①见种就采、有种就育，如只从苗圃附近的少数几株大树上采种。②选择最好的苗木造林，把劣质苗留在苗圃；这些劣质苗留给其他用户。③把没有用完的苗木留到第二个苗木生产年；这些苗木都是徒长苗，根系严重变形。

第三节　苗木质量评价

苗木质量评价（seedling quality testing；或称苗木检验）的目的是为用户提供苗木野外生长表现潜力的信息，以保证造林质量[①]。在苗木培育、起苗、分级等不同阶段都需进行苗木质量评价（图2-3）。

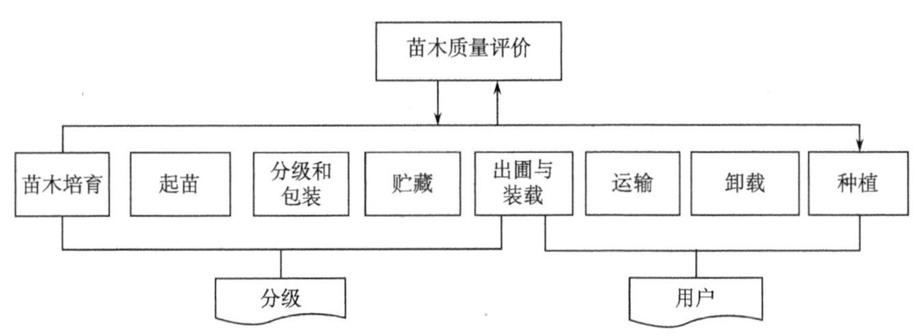

图2-3　不同阶段的苗木质量评价

苗木质量评价最常用的指标有：芽休眠、形态特征、抗逆性、根生长潜力、抗寒性等。评价苗圃中和森林中的苗木质量标准是不同的。

质量评价并不需要特殊设备，也并不费时。当苗高达15cm时，随机抽取20株以上的植株，选用恰当的指标，对其进行质量评价。当合格率超过80%时，该批苗木是合格

① 有人认为，苗木田间表现潜力（field performance potential）比苗木质量的概念更确切（Grossnickle and Folk，2007；Puttonen, 1989）。

的。在苗木出圃前的 1 个月内，至少要进行 2 次质量评价。

早期的苗木质量评价主要是依据形态指标，但效果并不理想，经常出现“栽死苗”的现象。20 世纪 50 年代（我国 20 世纪 80 年代）以来，生理指标逐渐受到重视。90 年代后，鉴于以往的质量评价只是对生产出的成苗进行评估，是一种消极的质量管理对策，于是，近年来提出了“苗木质量调控”（或称苗木质量分阶段目标管理）的概念，从而使苗木质量评价由被动的检验评价进入主动调控的时代（刘勇等，1999；Conrad，2001；李国雷等，2011）。

当前苗木质量管理的特点和趋势：育苗目标由追求单位面积产苗量向生产优质苗木（确保造林成活和林分高产）转变，降低播种密度是重要措施；由形态分级向以形态和生理特性相结合的综合评价转变，由个体淘汰向整个苗批淘汰转变；由单纯的成苗质量评价向苗木生产全过程的分阶段质量监控转变，由静态评价向动态评价转变（表 2-2）。

表 2-2　苗木质量评价的实践

评价指标	中国	欧美
1.遗传品质	研究试验阶段	研究试验阶段
2.苗高	GB 6000；LY 1000	1920 年至今
3.地径	GB 6000；LY 1000	1920 年至今
4.根系长度	GB 6000	1920 年至今
5.侧根数目	GB 6000	1920 年至今
6.根茎比	研究试验阶段	1920 年至今
7.有无机械损伤、有无病虫害	GB 6000；LY 1000	1920 年至今
8.根生长潜力	GB 6000	1955 年至今
9.抗寒性（电导率法）	研究试验阶段	1955 年至今
10.水势（P-V 测定技术）	研究试验阶段	研究试验阶段
11.叶绿素荧光强度	研究试验阶段	研究试验阶段

注：苗木质量评价的具体指标和标准，依树种不同而异，但都要求根系发达、具有快速生根能力。除国家标准和行业标准外，还有许多地方标准，其中许多标准需要修订。在美国，一些苗圃和大学设有从事苗木质量评价的服务机构。测定内容包括：苗高、地径、根系长、侧根数目、、芽长度、根茎比等形态指标，以及根生长潜力、打破休眠天数、抗寒性等生理指标等。并对各种指标的测定结果进行分析、解释。

苗木的生长发育既受苗木本身的生物学特性影响，又受外部环境条件的控制。科学地评定苗木质量必须同时考虑这两个因素，必须坚持采用多指标、动态评定的原则。在苗木培育、起苗、包装、贮藏、运输等不同阶段应有不同的侧重面和不同的评定标准。简单地对一批苗木进行所有指标测定，既不现实，也不科学；应选择能代表某一时期苗木质量的指标，进行合理搭配，综合评定。

以下是进行苗木质量评价的一些重要指标。

一、苗木质量的遗传品质

评定苗木质量时，要审查它是否来源于遗传品质优良的繁殖材料（种子或种条），这一条非常重要。没有遗传品质做保证，再健壮的苗木也不是优良的。

苗木遗传品质主要是指种子（也包括无性繁殖材料）的遗传品质，是指苗木在某一个或多个遗传性状上的特殊性，如速生、抗旱、抗病或抗虫等。对于林木种子而言，遗传品质取决于起源（种源）和遗传多样性，因此，在购买种子时要特别关注种子的遗传品质（沈永宝和高红芽，2005）。

种源之所以重要，是因为大多数树种都存在相当大的种内遗传变异，不同的种源，其生长表现差异极大；对于特定的造林目的，选择最佳的种源极其关键。遗传基础尤其重要，较宽的遗传基础不仅能够满足用户的不同要求和多种立地条件，而且有助于遗传多样性保护和遗传改良，避免基因损失。

所谓良种是指遗传品质、播种品质良好的繁殖材料。遗传品质决定于母树的遗传性。播种品质除遗传影响外，与母树的环境条件、繁殖材料生产过程和经营水平有关。

采种母树选择：①树冠大、发育好、健康。②生长快，树干长而直、分枝少。③材质优良，如木材密度大，纤维长等。④如做饲料，要叶子味好，易于消化。⑤果树要求树冠要低，易于采摘，果实质量好（维生素、矿物质、糖等含量高）。⑥抗病、抗虫。

根据来源，良种可分为以下 3 大类。

（1）种子园种子。种子园是用经过严格选择的多个优良无性系或家系建立的，用于生产优良遗传品质和播种品质种子的特用林。种子园生产的种子，其遗传增益通常大于母树林或一般的种子生产基地。

（2）优良无性系。采穗圃是用经过选择的优良繁殖材料营建的，以生产无性繁殖材料为目的的良种繁育场所，其生产的种条或种根用作穗条。

（3）母树林种子。母树林又称种子林，是为生产遗传品质较好的林木种子而建立的采种林分，是为大面积造林提供良种的重要途径之一。它是在天然林或人工林优良林分的基础上，经过留优去劣的疏伐改造，或人工建立的初级遗传改良的林分。依据采种延续年限的长短，分为临时性母树林和永久性母树林 2 种。

二、苗木质量的形态指标

苗木形态特征在一定程度上反映了苗木质量。研究表明，苗茎粗壮、根系发达匀称、大小适中（高 15～30cm）的苗木，其造林成活率高，早期生长快。但是必须强调，只有当苗木内在生理学特征无明显差异时，用形态指标来评价苗木质量才有实用价值（Lindqvist and Ong，2005）。

形态指标直观，容易测定，便于生产上应用。通常用苗高、地径、根系状况、苗木质量、冠根比等指标来评价苗木质量。其中前 3 项指标为国家标准 GB 6000《主要造林树种苗木质量分级》所采用。

目前应用较多的指标如下。

1. 苗木地径

苗木地径是指苗木主干靠近地面处的粗度，是苗木地上与地下部分的分界线。播种苗、移植苗为苗干基部土痕处的直径，扦插苗为萌发主干基部处的直径，嫁接苗为接口以上正常粗度处的直径。大量经验表明，地径粗细与造林成活率成正相关，在其他条件相同的情况下，地径粗的苗木造林成活率高；地径与根系相关显著，地径越粗，根系越发达，生活力越旺盛。与此相反，细高的苗木不具备这种优点。所以“矮胖苗”是优良苗。当地径增大到一定程度后，它就不再是影响成活的限制因子，过分粗大的苗木也不利于起苗、包装、贮藏、运输和栽植，同时成本也更高。因此，地径应有一个适宜范围。同一造林地，苗木地径一致更好。

地径能否反映苗木综合质量，采用地径单一指标能否精准预测造林效果至今仍有争议。许多研究表明，仅依靠地径单一指标来预测苗木造林效果是有风险的。

2. 苗木根系

主要是指侧根和须根，也包括主根。侧根和须根多、有一定根系长度的苗木，造林成活率高，生长也快。主根实际上只起支撑作用，吸收养分、水分主要靠须根。苗木栽植后的成活与否，决定于根系吸收水分的多少。因此，根的数量与长度是影响造林成活率的主要条件。

研究证明，长度大于 5cm 的 I 级侧根数能较好地反映苗木须根状况和造林保存率，并且简便易行，应作为苗木质量评价的重要指标。尤其适用于一些根系萌生能力弱、造林成活率低的针叶树种。

3. 根体积

根体积一般用排水法来测定，该方法不破坏根系的完整性，其缺点是不能分辨细根和粗根，无法获得根系的组成结构，也不易大批量操作。20世纪80年代逐渐将其作为评价苗木质量的指标。很多研究发现，根体积与造林成活率或生长呈正相关。最近一些研究正在探索根体积是否比其他指标更能预测造林效果。

4. 根表面积和长度

利用根系扫描系统，可以同时获得根系表面积和不同径级侧根的长度。根系长度也可用直尺进行测量。一些研究表明，根系表面积（或长度）与造林效果相关。

5. 苗木高度

地茎到顶芽的苗木长度为苗木的高度。许多试验表明，林木生长与造林所用的苗木高度有一定相关关系。一般而言，矮小的苗木品质差，抗逆性弱，缓苗期长。但苗木并非越高越好，优良苗木达到一般高度即可。要求高径比值较小，苗干通直而匀称。细高的苗木造林成活率低。

苗木高度与造林效果的关系较为复杂，受立地条件的影响较大。在较好立地条件下，初始苗高（造林时的苗高）与造林效果的关系并不密切；而在灌草丛生、竞争激烈的立地中，个体小的苗木受灌草影响较为严重，在栽植后1年内尤其明显。因此，选用初始高度大的苗木有利于提高造林效果。

6. 苗木生物量

苗木生物量是植物物质和能量积累的基本体现，通常用干重表示，能比较确切地反映苗木质量。因其测定需要破坏性取样，故多用于科学试验，生产上并不常用。

7. 苗木茎根比

苗木茎根比是指苗木地上部和地下部的生物量之比，通常用干重表示。它与水分运输面积（茎）和吸收面积（根）相关，茎根比反映了地上部分蒸腾面积和地下部分水分吸收面积的关系。一般而言，裸根苗茎根比不超过3∶1，容器苗茎根比不超过2∶1。茎根比是苗木造林成活率的重要指标，但其测定不容易，需要破坏性取样。苗木茎根比以0.5～1.0为宜；比值太大的苗木，根量少；比值太小，说明地上部分生长细弱。

合适的茎根比与苗龄有关。例如，落叶松苗的茎根比（湿重），1年生播种苗以1.4～2.0为好，2年生移植苗以2～3为宜。

8. 苗木高径比

苗木高径比是指苗高（cm）与地径（mm）之比，反映苗木是否粗壮，它在质量评价中的重要性不如茎根比。高径比以不超过 6.0 为宜。一般来说，育苗密度适宜的苗木粗而壮，高径比小，苗木质量好。育苗过密的苗木细而高，高径比大。育苗过稀，虽然苗木的高径比值小，但苗木产量太低，不符合成本－效益原则。

除上述指标外①，壮苗还要求叶面积较大，叶片较厚；针叶树苗要有饱满的顶芽，无双顶芽和明显的秋生长现象。顶芽的有无与饱满程度对生根和萌芽能力弱的树种影响很大，如樟子松、油松无顶芽的苗木，其生根能力大大降低。凡不符合壮苗条件的苗木，如根系过短或侧根、须根太少、有病虫害和严重机械损伤、受冻害的都属废苗。

三、苗木质量的生理指标

造林效果在很大程度上取决于造林时苗木的生理状态，如水分状况、根系活力、矿质营养、木质化程度、碳水化合物含量、生长调节物质等。木质化程度的好坏，直接影响苗木质量和造林成活率（表 2-3）。

表 2-3 苗木质量的生理指标

生理状况	指标
水分状况	苗木水势
根系状况	根生长潜力
耐寒性	苗木电导率；叶绿素含量；游离脯氨酸含量
耐旱性	苗木电导率；可溶性糖含量；游离脯氨酸含量

① 美国学者 Dickson 曾于 1960 年为针叶树苗提出过苗木质量指数的概念。其表达式为苗木质量指数=苗木干重/(高径比+茎根比)。

续表

生理状况	指标
休眠状态	打破芽休眠天数；休眠解除指数；有丝分裂指数
矿质营养	氮；磷；钾；微量元素
碳水化合物	淀粉含量；糖含量
植物生长调节物质	细胞激动素、赤霉素、脱落酸、乙烯等的含量及其变化
物理损伤	空气中乙烯、乙烷、乙醇、乙醛等挥发性物质含量

注：植物生长调节物质可用于估测苗木活力，但它们在苗木体内含量少、作用机制复杂，实际应用时难度较大；其中脱落酸是最有前途的苗木质量估测因子。

苗木活力（seedling vitality，或称苗木生理质量）是指苗木栽植在最适生长环境条件下成活和初期生长的潜力，它能比较全面地反映苗木质量。苗木活力的减弱是造林成活率低的主要原因，因此必须采取有效的措施保护苗木的活力，包括从起苗、包装、运输、贮藏直到定植造林的整个过程。

变质苗木的常见特征：有腐臭味；针叶变黄；植株发热；根皮易剥落；形成层变黄或褐色等。其中，形成层变色是一个很好的判别指标。

苗木质量的生理指标很多，如何选出简单、适宜、可操作性强的指标是生产上急需的。目前应用较多的指标如下。

1. 根生长潜力（root growth potential，RGP）

苗木栽植后成活的关键，在于根系能否迅速发出新根。尤其是在干旱、洪涝、盐碱、贫瘠、高寒等造林困难地区，生根的快慢对造林效果的影响极大。

根生长潜力是指苗木在适宜环境条件下，新根发生和生长的能力，这是评定苗木质量的最可靠方法。在生产上因苗木质量发生纠纷时作为仲裁手段是非常有用的；而且，它能指示不同季节苗木活力的变化情况，这对了解苗木活力大小、抗逆性强弱，选择最佳起苗和造林时间具有重要意义。该指标最早是美国学者 Ed Stone 于 1955 年提出的，目前在美国和加拿大已成为造林前检测苗木质量的常规指标（Corpuz, 2012；Griffiths, 2013）。

目前应用较多的是 Burdett 提出的“计数>1cm 长之新根数目”方法。具体做法是，起苗后去掉根系上面的所有白根尖，将苗木放入适合于根系生长的环境中，培养一定天数后，取出并统计其新根数量。测试条件已由早期的盆栽土培法发展到目前的水培法和气培法，尤其以气培法为多。测试需要 21d，样本数 50 株，湿润小室中测试。可测定保存率、打破芽休眠的天数、新根生长等项目。其特点是所需样本少、结果可靠（Landis and Skakel, 1990）。不足之处在于其测定所需时间较长（2～4 周），测定方法有待标准化。

还有一些替代方法。如用四唑还原法（triphenyl tetrazolium chloride，TTC）测定植物组织的生活力（郑坚等，2010），该法实际上是测定根的呼吸活性。

2. 苗木水势（water potential）

水分是苗木体内变化最大，最易丧失，且对苗木活力有重大影响的因子之一。苗木含水量指标通常有绝对含水量、相对含水量、水分亏缺、水势等，其中水势的测定简便易行，且能较好地反映苗木体内水分状况，可作为间接反映苗木活力的重要指标。在一定范围内，苗木水分状况与造林成活率是一种线性关系，随着苗木体内水分逐渐丧失，造林成活率呈下降趋势。

在生产上，压力室测定苗木水势简便、快速、可靠，是目前通过苗木水势检验其活力的快速有效办法。测定样品时，将苗木的茎切断，切口向外插入压力室，然后用压力瓶内的氮或空气对其加压，当切口出现水泡时的压力，就得到了苗木的水势。

但仅用压力室测定水势与测定失水率、含水量一样，都可能把吸足水的死苗评定为好苗，而压力-容积（P-V）技术则可解决这个问题（沈国舫等, 1990）。采用压力室法在苗木逐渐失水过程中建立 P-V 曲线，对研究苗木体内水分动态变化规律十分有益。用 P-V 曲线还能明显地鉴别出重新吸足水分的死苗，用压力室测定水势与测定失水率、含水量一样，都可能把吸足水的死苗评定为好苗，而 P-V 技术则可解决这个问题。把细胞初始质壁分离时的水势作为造林苗木质量评价中的警觉临界水势是有积极意义的。

此外，还可用红外自动温度计（infrared thermography）测定苗木体表的温度变化，以估测苗木水分状况。因为苗木叶片的温度变化与气孔张开度密切相关，而后者又与苗木水分状况有关。

3. 耐寒性（cold hardiness）

耐寒性是指苗木所能忍受的最低温度。通常用 50%苗木致死的温度（LT_{50}）来表示苗木的耐寒力。起苗时的 LT_{50} 与造林当年的成活率和生长量密切相关。苗木的耐寒性与其 RGP、芽休眠、其他抗逆性等高度相关，是影响造林成活率的一个重要因素，是表达苗木质量的一个重要因子。苗木耐寒性的测定在生产中应用日益普遍，用于确定起苗、包装、贮藏等的时间，以及是否需要防寒保护。

苗木耐寒性的测定方法很多。目前常用的抗寒性测定方法有全株冰冻测试法、电解质渗出率法、叶绿素荧光法、热分析法、差热分析法和电阻抗图谱法等。Bigras 等（2001）在其专著《Conifer Cold Hardiness》中对耐寒性测定方法及针叶树木的耐寒性进行了系统论述。耐寒性测定通常利用程控降温仪对植物材料进行冷冻处理。一般从 2~4℃开始，温度下降的幅度一般为 2~6℃/h，最常用的为 5℃/h。降到一定温度时，一般持续 30~60 min，最常用的为 30min（Fløistad and Kohmann, 2004; Islam *et al.*, 2009）。

另外，运用电导率（freeze-induced electrolyte leakage）法进行苗木耐寒性测定也较常见。先用低温处理苗木，然后测定苗木（或某器官）的电导率，以评价苗木受冻害的情况。另一种方法是变色检验法（或称全苗检验法），它是将低温处理后的苗木放入适合生长的环境中 3～10d，统计受害情况。电导率法的原理是（干旱或其他环境胁迫造成）植物组织受损伤后，细胞膜的完整性被破坏，细胞内的溶质溢出，使细胞外溶液的电解质浓度增大，电导率增加；其增加量与组织受伤的程度成正比，与组织生活力成反比。即苗木木质化程度越高，电阻率越大，受冻害越轻。目前对导电能力的测定主要采取两种方法：一种是测定植物组织外渗液的导电率；另一种是将电极插入植物组织，测定其电阻率。其中，我国研制的一种仪器可适合苗木的任何组织，具有快速、精确和成本低等优点，可在 3～5d 完成测试[①]，最小测定样本数为 12 株。缺点是为有损检测、测定基准因季节而变化。目前，电导率法还被改作测定苗木抗旱性（McKay and White, 1997）。

4. 叶绿素荧光强度（chlorophyll fluorescence）

叶绿素荧光反应是植物光合系统 II 的指示物，受热量、寒冷、干旱、杀虫剂等多种因素影响。近 15 年来，测定叶绿素荧光来反映苗木生理状况的研究很多，包括评价苗木的休眠状况、抗寒性等（Fisker *et al.*, 1995；Binder *et al.*, 1997）。

叶绿素荧光测定苗木胁迫情况下的生理反应，具有快速、准确、无损的优点，利用便携式设备可在几分钟内完成测试，它是补充甚至取代传统苗木质量测定方法的最有潜力的方法之一。但在推广此法之前，在仪器选用、参数标定及测定程序标准化等方面还有很多工作要做。

该法还能与电导率测定、根生长潜力测定及胁迫诱导挥发性物质（stress induced volatile emission）测定等生理评价方法结合应用。

5. 打破芽休眠天数（days to bud break，DBB）

苗木质量受其年发育周期，即生长和休眠状态的控制。随着休眠程度的加深，苗木的抗寒性、抗旱性和根生长潜力都在发生变化，这些都影响着合理起苗期及贮藏条件的确定和质量评价的有效性。休眠期间的表现是苗木质量评价的重点。

DBB 可用于估测苗木的休眠程度（Ritchie, 1984）。打破芽休眠的时间越长，休眠的程度越深[②]。DBB 的测定与 RGP 的测定类似，是将苗木置于类似春天的标准测定环境中（如光照 12~14 h，空气温度 20℃），在所有苗木的顶芽都开放后，计算顶芽开放所需的平均天数。该法是一种简便、直接、低廉的测定方法，但其测定时间较长。

此外，还有有丝分裂指数（mitotic index）、电导率、植物激素分析、干重比等测定苗木休眠程度的方法。有丝分裂指数通常从秋季开始减少，到冬季降到最低，直至为零。研究表明，有丝分裂指数与其他苗木抗性测定结合使用，在起苗到栽植期间，对苗木质量的评价将起重要作用。

6. 矿质营养（mineral element）

矿质营养元素在苗木生理过程中起着举足轻重的作用。研究苗木体内矿质元素对造林后苗木初期生长、成活及苗木抗性的影响极有意义。萌芽过程中需要一定矿质营养，但用量不大，不像碳水化合物那样变化剧烈。苗木体内矿质营养状况对造林后初期生长非常重要。

---

① 尹伟伦等（1992）研制的 BLY 型植物活力测定仪，数秒就可测出苗木的导电生理指标。用这种仪器可测定春季前须根的导电能力，还可以对越冬贮藏苗木进行病腐和死活的鉴定。

② 为定量表达芽休眠解除的程度，Ritchie 提出了休眠解除指数（dormancy release index，DRI），即 DRI = DBBr / DBB。式中：DBBr 为完全满足低温需要（低温处理）后，苗木在最适宜环境中达到芽开放的日数；DBB 为某一取样测定期，从入室到芽开放所实际经历的日数。DRI 为 0~1，数值越小，休眠程度越低。由于抗寒性及水分胁迫与休眠状况有关，故可以从 DRI 预测苗木的抗寒性、抗逆性及根生长潜力。

矿质营养与苗木抗逆性密切相关。秋季适度施肥可提高苗木抗寒力，但过量施肥会降低其抗寒性。K 被认为在植物耐旱性方面有重要的作用。除可降低细胞渗透、促进水分吸收，还参与将水分输入木质部导管的活动。高水平的 K 能提高苗木耐旱性。

7. 碳水化合物储量

碳水化合物是苗木质量的生理指标之一，在维持苗木生命活动、促进苗木根和茎的生长、保证造林成活等方面具有重要作用。

根据苗木生根时所需要的碳水化合物的主要来源，可将苗木大致分为 3 类：第一种类型是贮藏碳水化合物生根型，如侧柏；第二种类型是新生光合产物生根型，如油松；第三种类型是混合生根型，如落叶松。

参 考 文 献

李国雷, 刘勇, 祝燕, 等. 2011. 国外苗木质量研究进展. 世界林业研究, 24(2): 27～35

刘勇. 1999. 苗木质量调控理论与技术. 北京: 中国林业出版社

刘勇, 2000. 我国苗木培育理论与技术进展.世界林业研究, 13(5): 45～49

刘勇, 宋廷茂. 1993. 我国北方针叶树主要造林树种苗木质量研究(II)－碳水化合物在苗木生根过程中的作用. 北京林业大学学报, 15(增刊): 76～83

沈永宝, 高红芽. 2005. 关于苗木质量问题的一些思考. 林业科技开发, 19(2): 6～9

王印肖, 田冬. 2005. 苗木质量分级与检测方法. 河北林业科技, (4): 61～62

邢世岩. 2011. 国外林木种苗生产的理念及关键技术. 林业科技开发, 25(2): 1～5

尹伟伦, 王沙生, 谢虎风, 等. 1992. 评论苗木质量的生理指标研究及植物活力测定仪的研制. 北京林业大学研究报告

臧敬艳, 2002. 谈失水对苗木生理指标的影响. 林业勘查设计, (2): 37～38

张建国, 彭祚登, 丛日春, 等. 1998. 林木育苗技术研究. 北京: 中国林业出版社

郑坚, 陈秋夏, 李效文. 2010. 无柄小叶榕容器苗形态和生理质量评价指标筛选. 中国农学通报, 26(15): 141～148

中国标准出版社. 1998.中国林业标准汇编（种苗卷）. 北京: 中国标准出版社

Bigras FJ, Colombo SJ. 2001. Conifer cold hardiness. Netherlands: Kluwer Academic Publishers

Binder WD, Fielder P, Mohammed GH, *et al*. 1997. Applications of chlorophyll fluorescence for stock quality assessment with different types of fluorometers. New Forests, 13(1～3): 63～89

Conrad R. 2001. Method for determining seedling quality: United States, US6236739 B1

Corpuz OS, Carandang WM. 2012. Effect of root growth potential, planting distance and provenance on the growth and survival of Gmelina arborea Roxb. Asia life sciences, 21(1): 231～248

Fisker SE, Rose R, Haase DL. 1995. Chlorophyll Fluorescence as a measure of cold hardiness and freezing stress in 1+1 Douglas-fir seedlings. Forest Science, 41(3): 564～575

Fløistad IS, Kohmann K. 2004. Influence of nutrient supply on spring frost hardiness and time of bud break in Norway spruce (*Picea abies* (L.) Karst.) seedlings. New Forests, 27: 1～11

Griffiths E, Stevens J. 2013. Managing nutrient regimes improves seedling root growth potential of framework Banksia woodland species. Australian Journal of Botany, 61(8): 600～610

Grossnickle S, Folk R. 2007. Field performance potential of a somatic interior spruce seedlot. New Forests, 34(1): 51～72

Islam MA, Apostol KG, Jacobs DF, *et al*. 2009.Fall fertilization of *Pinus resinosa* seedlings: nutrient uptake, cold hardiness, and morphological development. Annals of Forest Science, 66(7): 704

Jaenicke H. 1999. Good tree nursery practices –Practical guidelines for research nurseries. International Centre for Research in Agroforestry (ICRAF). Nairobi (Kenya): Majestic Printing Works

Landis TD, Skakel SG. 1990. Root growth potential as an indicator of outplanting performance: problems and perspectives. USDA Forest Service General Tech. Report RM, 167: 106～110

Lindqvist H, Ong C. 2005. Using morphological characteristics for assessing seedling vitality in small-scale tree nurseries in Kenya. Agroforestry Systems, 64(2): 89～98

McKay HM, White MS. 1997. Fine root electrolyte leakage and moisture content: indices of Sitka spruce and Douglas fir seedling performance after desiccation. New Forests, 13: 139～162

Mexal JG, Landis TD. 1990. Target seedling concepts: height and diameter. *In*: Proceedings of Target Seedling Symposium. USDA Forest Service General Tech. Report RM, 200: 17～35

Puttonen P. 1989. Criteria for using seedling performance potential tests. New Forests, 3(1): 67～87

Radoglou K, Raftoyannis Y. 2001. Effects of desiccation and freezing on vitality and field performance of broadleaved tree species. Ann For Sci, 58: 59～68

Ritchie GA. 1984. Assessing seedling quality. *In*: Duryea ML, Landis TD. Forest nursery manual: production of bare-root seedlings. The Hague/Boston/Lancaster: Martinus Nijhoff/Dr W Junk Publishers: 243～259

Wightman KE. 1999. Good tree nursery practices–Practical guidelines for community nurseries. International Centre for Research in Agroforestry (ICRAF). Nairobi (Kenya): Majestic Printing Works

第三章　植物繁殖生物学基础

繁殖作为所有生命的基本现象之一，保证了生物世代延续。而生物物种的保存和进化、遗传特性的保持和改良等都与繁殖方式有着紧密的联系。植物繁殖可分为有性繁殖（sexual propagation）和无性繁殖（asexual propagation）。有性繁殖产生的个体，其遗传组成通常是不同的，这是由于基因重组、基因突变（极小概率）的结果。而无性繁殖产生的后代，由于没有基因重组的过程，其遗传组成与母体植株几乎完全相同，但是也有极少数营养体发生变异。

第一节　植物生活周期

植物生活周期是指植物完成从种子萌发，经过生长、开花结实、种子传播，直到衰老死亡的整个生命过程。根据植物寿命和繁殖式样，可将植物分为 1 年生植物、2 年生植物和多年生植物。木本植物多属于多年生植物。

1 年生植物是指在一个生长季节内完成整个生活周期的植物。2 年生植物是在两个生长季内完成生活周期的植物，这类植物存在冬季休眠现象，其生殖阶段的启动通常需要一定的低温累积。多年生植物的寿命在 2 年以上，成熟植株每年或每 2 年（稀 3 年）经历一次营养阶段和生殖阶段。多年生植物的生长和休眠的循环交替，与气候的冷暖、干湿变化有关。

植物的生活周期可分为 4 个阶段：胚胎阶段、幼龄阶段、过渡阶段和成熟阶段，最后形成花和性细胞以繁殖下一代，许多植物还存在出芽生长阶段（图 3-1）。

胚胎阶段开始于精、卵结合形成受精卵（合子），此后，合子开始生长发育并形成种子。

幼龄阶段始于种子萌发，是胚长成幼龄植物的过程。种子萌发是从胚胎阶段向幼龄阶段转变的关键点。幼龄植株的顶端分生组织一般有较强的营养体再生能力，这种特性在植物的无性繁殖中有重要价值。例如，许多树种在幼龄阶段，枝条扦插容易生根，而随年龄增大，枝条生根能力下降或丧失。

过渡阶段是从幼龄阶段向成熟阶段转变的重要时期。在这一转变过程中，虽然植物外部仍表现为营养生长，但内部却在向生殖生长转变。

成熟阶段开始于花芽分化，进入了开花、结实为主的时期，开花是此阶段转换最明显的特征。从幼龄阶段向成熟阶段转换过程中，往往会出现形态和生理上的变化，如叶形的变化，营养体再生能力的丧失，对成花刺激反应能力的增加等。这些变化，在一些植物中发生得突然而迅速，而在另外一些植物中发生得缓慢。有些植物两种状态同时并存于同一株植物体上。植物达到成熟阶段所需的时间长短受遗传特性控制，但是在一定程度上可以通过环境调控和特殊措施来调节。开花年龄在不同植物之间存在差异，有的

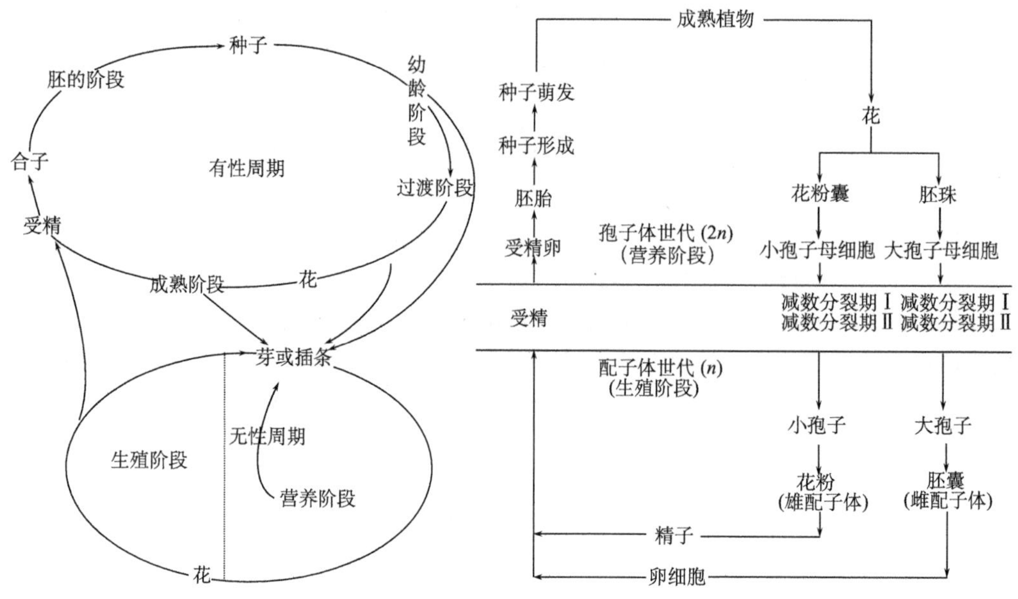

图 3-1　多年生植物的生活周期

植物当年就可以开花结实，有些树木则需要 25～50 年时间才能开花。

植物还存在无性繁殖方式，即由植物体的器官或组织产生新植株的过程。胚胎阶段、幼龄阶段、过渡阶段或成熟阶段植株的任何部分都可以用作繁殖的起始供体。

第二节　植物繁殖遗传学基础

了解植物的遗传学基础是开展植物繁殖工作的前提。植物的生命周期开始于受精卵，通过细胞分裂，遗传信息从一个细胞传递到另一个细胞，经过繁殖、扩增、发育，形成植物体。

一、细胞分裂

植物细胞分裂包括有丝分裂（mitosis）和减数分裂（meiosis）两种方式（图 3-2）。植物在营养生长阶段通过有丝分裂进行生长和发育，而在有性繁殖阶段，则通过减数分裂产生配子体。

1. 有丝分裂

有丝分裂是无性繁殖的基础，是真核细胞将其细胞核中的染色体分配到两个子核之中的过程，具有高度的复杂性和规律性。其过程分为间期、前期、前中期、中期、后期和末期六个互相联系的时期。在有丝分裂期间，染色质形成染色体对，由纺锤丝将姊妹染色单体拖至细胞两极，从而产生两个基因组成相同的细胞。

有丝分裂是真核细胞分裂产生体细胞的过程，细胞核中的染色质复制后平均分配到两个子核中。其特点是有纺锤体染色体出现。细胞核分裂后通常伴随着细胞质分裂，

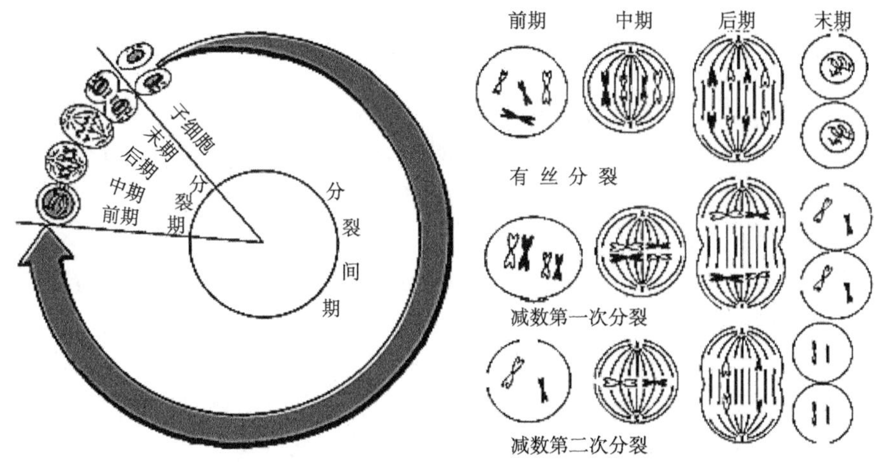

图 3-2　植物细胞的有丝分裂与减数分裂

将细胞质、细胞器与细胞膜等平均分配至子细胞中，该过程产生两个与母细胞基因相同的子细胞。

有丝分裂是植物正常营养生长的基础，也是其再生和伤口愈合的基本过程，除了再生和生长产生新个体外，有丝分裂还发生在受伤部位形成的愈伤组织上及根、茎上新长出的生长点上，使扦插、嫁接、压条、分株等无性繁殖技术成为可能。无性繁殖的每一单株既是母株的拷贝，又互为拷贝，可以准确地复制每个植物个体的遗传特性。在生产实践中，优良的遗传资源（品种或无性系）可通过无性繁殖大量生产。

2. 减数分裂

减数分裂是有性繁殖的基础，指有性生殖生物性成熟以后，母细胞经减数分裂形成孢子的过程，它是生物细胞核分裂的主要机制之一。减数分裂由两次分裂组成，分别为减数分裂 I 和减数分裂 II，在分裂过程中染色体仅复制一次，细胞连续分裂两次，使最终形成的配子中染色体仅为母细胞的一半。

在减数分裂过程中，非同源染色体自由重组、独立分配，同源染色体间的部分交换，从而使配子的遗传基础多样化。因此，减数分裂是生物有性生殖的基础，是生物遗传、进化和生物多样性的前提和物质基础。

植物的大孢子母细胞、小孢子母细胞通过减数分裂分别产生雌配子体（胚囊）和雄配子体（花粉）。受精时雌雄配子结合，恢复亲代染色体数，使物种染色体数目恒定，从而保证了物种的相对稳定性。

二、遗　　传

自然界中，因为存在有性繁殖，自然选择才有可能，植物经过长期适应特定环境而产生新的基因型并且固定下来，这种基因型与环境的相互作用是“种”产生的基础。

1. 有性繁殖

大多数情况下，有性繁殖获得的每粒种子的遗传组成是不同的，这是胚珠和花粉形成过程中通过性细胞染色体重组、母体遗传物质的交换，受精时配子的自由组合，以及减数分裂过程中染色体的变异和极小概率的基因突变的结果。由于经过了减数分裂，种子繁殖的群体内会存在大量遗传变异。

植物的表型和生理特性是受染色体上的基因型所控制，而基因的基因型决定于该基因所拥有的一对等位基因。有性繁殖产生的植株个体之间的遗传变异程度，取决于染色体上等位基因的异质性，主要包括 2 个方面：①等位基因的杂合性水平；②等位基因的显性与隐性的相对性。如果一对等位基因完全相同，那么该个体控制此性状的基因型是纯合的（同源的），子代中该基因控制的表型与母本相同；如果一对等位基因不同，基因型则是杂合性的（异源的），在子代中这该基因分离重组后的控制的表型与母本不同。因此，父本、母本基因型决定了植株子代群体的遗传多样性（Sambamurty, 2007; Hartmann *et al*., 2011）。

1）基因重组

基因重组是指控制不同性状的基因重新组合，即由于不同 DNA 链的断裂和连接而产生 DNA 片段的交换和重新组合，形成新 DNA 分子的过程。基因的交换或重新组合，包括同源重组、位点特异性重组、转座作用和异常重组四大类，是生物遗传变异的一种机制，这个过程中通常不产生新的基因，但能产生大量的变异类型。基因重组发生在减数分裂 I 期中（即四分体时期），同源染色体的非姊妹染色单体之间发生节段交叉互换，以及减数第一次分裂后期，非等位基因随着非同源染色体的自由组合而自由组合（苏明学，2006）。

2）染色体变异

染色体变异主要包括结构变异和数目变异。染色体数目是物种的重要特征，保持相对恒定,轻易不会改变。在一些生物学或非生物学等强烈因素处理、离体培养以及有性和无性杂交等情况下，也能产生一定的变异：即染色体结构变异，主要包括缺失、重复、倒位和异位；以及染色体数目变化，主要包括整倍性和非整倍性变异。染色体变异引起植物表型变异，对保持物种遗传多样性，促进物种进化具有重要意义。

3）基因突变

基因突变是指染色体上某一基因位点由于 DNA 分子中发生碱基对的插入、缺失或置换发生了分子结构的改变而与原基因形成变异。基因突变不是随机的，受到一定的内在和外界条件的制约。基因突变发生在生物个体发育的任何时期，但是由于性细胞在减数分裂末期对外界环境敏感性高，性细胞突变频率比体细胞高，因此通常基因突变发生在 DNA 复制时期，即细胞分裂间期。大多数基因突变对生物是有害的，但有害性是相对的，在一定条件下可以转化，其不仅是生物进化的重要因素之一，也为遗传育种工作提供了突变材料。

2. 无性繁殖

无性繁殖后代的遗传组成与母株相同，遗传多样性几乎为零，也有极少数营养体发生变异，导致无性系内也可能存在遗传变异，例如，环境导致表型的变异、个体发育物候相变异以及转座子导致的遗传变异等，但是这些变异的发生概率都极小。因此，在实际林业操作过程中一般认为无性繁殖所获得的无性系内部无差异。

三、基因结构与表达调控

1. 基因结构

基因是遗传的结构单位，具有双重作用：一是通过种子或无性繁殖将个体的性状和特征从一代传递给下一代；二是通过调节形态和生理活动来决定表型的特殊性状和特征。

基因的载体是DNA，其结构单位是核苷酸，由4种含氮碱基（胸腺嘧啶、腺嘌呤、鸟嘌呤和胞嘧啶）与脱氧核糖和磷酸构成。一个基因通常包括以下结构：①外显子为编码区，包含遗传信息；②内含子为非编码区；③启动子；④终止子；⑤调控序列，邻近5′端。好的性状启动，不好性状抑制，转录后的加工，激素各种物理措施（低温、辐射）对表达等。

2. 基因的表达调控

植物基因表达调控能在特定时间和特定的细胞中激活特定的基因，从而实现有序、不可逆的分化和发育过程，并使植物的组织和器官在一定环境条件下保持正常的生理功能。激素水平和发育阶段是基因表达调控的主要手段，营养和环境因素则为次要因素。

植物基因表达调控根据其性质可分为两大类：第一类是瞬时调控（可逆调控），相当于原核生物对环境条件变化所做出的反应。瞬时调控包括某种代谢物浓度、激素水平、酶活性及其浓度调节等。第二类是发育调节（不可逆调控），这是植物基因表达调控的精髓，因为它决定了植物细胞分化，生长和发育的全过程。根据基因调控发生的先后次序，又可将其分为转录水平调控，转录后水平调控，翻译水平调控和翻译后调控。

第三节　植物激素与植物发育

植物激素是指在植物体内合成，并经常从产生之处运送到其他部位，对生长发育产生显著作用的微量有机物（潘瑞炽, 2012）。尽管激素在植物不同部位都有合成，但最主要的合成来源还是顶端分生组织和叶片。此外，根尖也是产生激素的重要场所。

目前人们熟识而广泛应用的有5大类激素：生长素类、赤霉素类、细胞分裂素类、脱落酸类和乙烯类。其中，前3类都是能显著地促进生长发育的物质，脱落酸是生长抑制物质，乙烯是促进器官成熟的物质。70年代又确定了油菜素内酯为第6大植物激素，2000年之后独脚金内酯（strigolactone, SL）也被证明为一种植物中普遍存在的新型植物激素。此外，茉莉酮酸酯、水杨酸、酚类化合物、多胺等，对植物的生长发育有促进或抑制作用（许智宏和薛红卫，2012）。

一、植物激素的主要类型

1. 生长素类

生长素是首先被发现的植物激素。最早观察到的激素响应是在幼苗胚芽鞘向光性试验中。Kögl 等（1934）从植物分离纯化出吲哚-3-乙酸（IAA），确定其是一种天然的生长素。植物组织中游离 IAA 的含量一般为 1～100μg/kg 鲜重。IAA 合成部位在分生组织和正在生长的幼嫩部分，特别是叶原基、幼叶和发育的种子中。IAA 在细胞间的运输是极性运输，即从植物学的形态学上端运向基端，并能逆浓度梯度进行运输。

生长素参与许多植物活动，如促进细胞膨大、细胞分裂、维管组织分化、生根、顶端优势、向光性、衰老、叶片和果实脱落、水化合物分配、开花和果实成熟等。

由于 IAA 易于被氧化分解，目前生产上广泛使用的是人工合成的类生长素物质：吲哚-4-丁酸（IBA）、α-萘乙酸（NAA）和 2,4-D。人工合成的生长素类物质与植物体内的 IAA 具有相同的功能，但应用于活组织后不易分解。最实用的人工合成生长素发现于 1935 年，是吲哚-4-丁酸（IBA）和 α-萘乙酸（NAA）。其他可用于植物繁殖的见表 3-1。

表 3-1 重要植物激素和植物生长调节剂及其特征

缩写	化学名称	分子质量/(g/mol)	用法	溶剂	灭菌方式	贮存方式	
						固体粉末	液体
生长素类							
IAA	吲哚-3-乙酸	175.2	CM; D, S	EtOH; 1 mol/L	CA\F	0℃	0℃
IBA	吲哚-3-丁酸	203.2	CM; D, S	NaOH	CA\F	0~5℃	0℃
KIBA	吲哚-3-丁酸钾盐	241.3	CM; D, S	EtOH; 1 mol/L	CA\F	0~5℃	0℃
NAA	萘乙酸	186.2	CM; D, S	NaOH	CA	RT	0~5℃
2,4-D	2,4-二氯苯氧乙酸	221.0	CM; Ap	水	CA	RT	0~5℃
2,4,5-T	2,4,5-三氯苯氧乙酸	255.5	Ap	1 mol/L NaOH EtOH; 1 mol/L NaOH EtOH	CA	RT	0~5℃
细胞分裂素类							
BA	6-卞基腺嘌呤	225.3	CM	1 mol/L NaOH	CA\F	RT	0~5℃
4CPPU	氯吡苯脲	247.7	CM	DMSO	F	0~5℃	0~5 ℃
2iP	异戊烯腺嘌呤	203.2	CM	1 mol/L NaOH	CA\F	0℃	0℃
KT	激动素	215.2	CM; D, S	1 mol/L NaOH	CA\F	0℃	0℃
TDZ	噻苯隆	220.2	CM	DMSO; EtOH	CA	RT	0~5 ℃
Z	玉米素	219.2	CM	1 mol/L NaOH	CA\F	0℃	0℃
赤霉素类							
GA_3	赤霉素	346.4	CM;D, S; A; Ap	EtOH	CA\F	RT	0~5℃
KGA_3	赤霉素钾盐	384.5	CM;D, S; A; Ap	水	CA/F	0~5℃	0℃
抑制剂类							
ABA	脱落酸	264.3	CM; D, S; Ap	1 mol/L NaOH	CA\F	0℃	0℃

注：EtOH，乙醇，天然的；CM，培养基；D，蘸；S，浸；Ap，植物使用；CA，与其他一起灭菌；F，过滤灭菌；CA/F，与其他一起灭菌会失去部分活性；A，高温灭菌；DMSO，二甲基亚砜；RT，室温。

此表摘自 Sigma 化学公司植物细胞培养 1993 年的目录。

生长素类在植物繁殖中最广泛的用途是诱导插穗（条）不定根的形成和微体繁殖中控制形态建成，使用生长素能使细胞脱分化，继续细胞分裂。生长素类对不定根的诱导作用最大，是根原基形成的“触发器”，可以使一些难生根的植物插穗顺利生根。插穗生根过程一般伴随着IAA含量的升高，即使具有生根原基的树种插穗（如杨树）也呈现类似的变化；生根愈快，IAA活性愈强。^{14}C示踪研究表明，IAA主要通过维管束的极性运输积累到根发端区诱导生根。生长素促进插穗生根的方式，首先表现在对插穗内部养分分配的调节作用，使根原基发生区成为体内养分的吸收中心，这可能是由于生长素处理增加了细胞壁的透性，从而，促进糖等代谢产物向插穗基部的运输和代谢。IAA处理常导致某些酶活性加强和产生，如能诱发茎组织内形成淀粉水解酶，促进磷酸激酶的活性，从而推动呼吸链的快速运转，为生根提供能量和代谢产物。分子研究显示，IAA对基因表达的影响是调控生根的基础（Haissig, 1982；Zhang *et al*., 1995；Zhang *et al*., 2014）。至于使用何种生长素与浓度，因植物种类和方法而异。

2. 细胞分裂素类

细胞分裂素（CTK）是一种促进细胞生长与分裂的植物激素，是一类具有腺嘌呤环的激素。

其合成部位主要是根，特别是有分裂活性的根尖。幼叶、芽、幼果和正在发育的单株种子也能形成CTK。细胞分裂素的核苷是运输形态，而葡萄糖苷是贮藏形态。类似的天然物质还有玉米素、异戊烯基腺苷（IPA）和人工合成的6-卞基腺嘌呤（BA）。其他具有细胞分裂素活性的物质有硫脲、二苯脲和TDZ等。

CTK的生理功能主要是促进细胞分裂、诱导芽形成及克服顶端优势。生长素类与细胞分裂素类比值高有利于植物生根，反之促进芽的形成，两者浓度都高则促进愈伤组织发育。进行植物细胞及组织培养时，培养基中必须有适当比例配合的生长素类与细胞分裂素类才能既生根又发芽，成为完整植株，充分发挥细胞的全能性。在体细胞胚胎发生过程中，胚性培养物的诱导一般需要在含有较高浓度的生长素（如10mg/L 2, 4-D）和较高浓度的细胞分裂素（如5mg/L BA）的固体培养基上进行。细胞分裂素与生长素在控制植物器官发育方向上存在着一种复杂的、有时甚至是相互制约的关系。一般来说，单独使用细胞分裂素对生根没有或很少有促进作用。

3. 赤霉素

赤霉素（GA）是一类双萜化合物，其合成的直接前体是贝壳杉烯。它是从赤霉菌中提取的具有化学结构和活性的物质成分。植物中已发现赤霉素有100多种，但只有少数几种具有生理活性，如GA3、GA4、GA1等。GA在茎尖，尤其是叶原基、根、果实和块茎中含量很高，种子和果实的GA含量比营养器官高大约2个数量级，在未成熟的种子内含量可高达16mg/kg鲜重。GA在植物木质部和韧皮部之间互相运输，无明显极性。除游离态外，还有结合态，主要是GA葡萄糖苷、GA葡萄糖酯及束缚态GA。结合态GA和束缚态GA都有较强的极性，有利于在植物体内运输。GA的合成部位主要是顶芽、根尖、未成熟种子和果实。

GA 的作用主要是通过增加细胞分裂和细胞伸长，促进植物茎的伸长。GA 不仅能调节谷类植物种子内的酶合成，刺激长日照植物和多年生植物的开花；而且能解除种子的休眠，促进种子萌发，提高发芽率。

研究表明，赤霉素对插穗生根阶段的影响较明显：在根原基发生时期使用赤霉素有很强的促进生根效果，在此时期前、后则都有抑制作用。GA 能调节核酸和蛋白质的合成，对根发生的抑制作用可能是通过调节核酸和蛋白质的形成，并通过干扰这些过程来实现的。一般降低插穗组织中天然赤霉素的水平会刺激不定根的产生，可以通过使用赤霉素抑制剂如阿拉（Alar）、脱落酸、促性腺激素等来促进生根。

4. 脱落酸

脱落酸（ABA）是植物生长抑制剂，是倍半萜结构的植物激素，由类萜途径产生。许多器官中都有 ABA 存在，其含量一般为 0.03～4.0mg/kg 鲜重，其中，叶片、芽、果实、种子中 ABA 含量最高。ABA 主要在根尖的根冠中合成后通过木质部向上运输，也可以在成熟叶片中合成后通过韧皮部运往根尖。

与其他植物激素一样，ABA 调控多种植物组织的生理过程。其主要作用是通过介导细胞缺水信号而调节气孔关闭，控制根系水和离子吸收，促进叶的衰老与脱落，提高植物对逆境的抗性。大多数情况为抑制生长，促进衰老，但低浓度时，ABA 能刺激细胞伸长。。

生产上，常用 ABA 来控制芽和种子的休眠，促进果实和种子的脱落。微体繁殖中，ABA 对针叶树胚状体的后期发育具有促进作用，加入适量的 ABA 可明显提高体细胞胚发生的频率和质量。一般认为，ABA 的作用是防止裂生多胚的发生，因而可以促进单个体细胞胚的进一步发育和成熟（康月惠，2008）。Roberts（1991）发现云杉体细胞胚发育的程度依赖于培养基中 ABA 的浓度，而在体细胞胚胎发生和形成种子的过程中，ABA 促进针叶树种体细胞胚的成熟（唐巍等，1997）。

5. 乙烯

乙烯是一种化学结构简单的不饱和烃，是目前所知唯一的气态植物激素，是调控植物生长发育激素复合体中重要的组成成分。乙烯合成的直接前体是 1-氨基环丙烷基羧酸（ACC），合成途径：蛋氨酸→腺苷蛋氨酸（SAM）→1-氨基环丙烷羧酸（ACC）→乙烯。催化 SAM 形成 ACC 的 ACC 合成酶是乙烯生成的主要限速因素。乙烯广布于植物体，根、茎、叶、芽、花、果实和种子都能产生乙烯。许多植物组织在正常生长条件下乙烯含量很低甚至不含乙烯，当受到干旱、低温、机械损伤、病虫害等逆境胁迫时则大量合成乙烯，故称为“逆境乙烯”。乙烯调控多种植物生理反应，包括种子萌发、落叶、顶端优势、分枝角度、芽生长、偏上性生长、组织增生、开花、果实成熟等。乙烯对植物生长的影响比较复杂。乙烯高浓度时，造成幼苗水平生长或引起叶片偏上生长，调控叶和果实的衰老与脱落，促进开花，刺激侧芽生长，促进次生物质的排出，诱导雌花形成。

二、其他天然植物生长物质

其他天然植物生长物质包括油菜素内酯、茉莉酮酸酯、水杨酸、酚类化合物、多胺等化合物。它们的存在部位和主要功能见表 3-2。

表 3-2　其他天然植物生长物质的存在部位及主要功能

名称	类型	存在部位	主要功能
油菜素内酯（BR）	一类具有生长调节活性功能的甾类植物激素	花粉、叶片、花、枝条、茎，以及双子叶、单子叶和裸子植物的虫瘿	影响维管束分化、生殖发育、对病原体及生物、非生物胁迫的耐受性、木质部导管分子的分化，抑制落叶、落果和减缓不定根发育
茉莉酮酸酯（MJ）	由环戊烯酮环在若干部位经不同取代基取代形成的一类化合物	茎尖、幼叶、根尖和未成熟果实中	调控叶片衰老（与叶绿素降解，二磷酸核酮糖羧化酶分解和抑制、加快呼吸作用及抑制光合作用有关）
水杨酸（SA）	由反式肉桂酸经脱羧作用转化为苯甲酸，并在苯环上加一个羟基基团形成的	花、叶片	花器官中产热活性物质，在叶片衰老过程中起作用，参与抗病
酚类化合物	包括酚酸及其衍生物	叶子，种子	参与代谢直接影响植物的生理过程和生长发育
多胺	多胺包括腐胺、精胺和亚精胺	植物细胞中分布普遍的细胞组分	以不同的方式参与多种植物生理反应，包括细胞分裂、果实发育、打破休眠、根形成等

三、激素的作用机理

内源植物激素影响植物生长的方式比较复杂，影响许多生理过程，包括酶活性、膜通透性、细胞壁松弛、细胞分裂和伸长，以及组织与器官的衰老。许多证据都表明植物的生长发育更多地受到激素相互作用的控制，因此激素之间的相对浓度较之单个激素的浓度更为重要。激素之间的互相调控作用有 4 种：①激素之间的平衡态与浓度比值；②激素之间的相反效果；③一种激素对另一种激素有效浓度的改变；④激素的顺序作用。

植物激素分子必须与作用位点相结合才能发挥作用。激素与其受体结合后形成复合体，启动信号转导途径，如受体磷酸化（初级反应），从而引起一系列生理生化途径的改变。最终导致植物生长发育变化。在敏感组织中，激素可能通过“第二信使”启动生物级联反应。不同目标细胞可能具有相似的感知和诱导方式，但是由于其信号网络组成和状态存在差异，导致它们对于相同信号的响应（生理反应）各不相同（许智宏和薛红卫，2012）。

第四节　种子繁殖生物学

种子是种子植物特有的繁殖器官，是种子植物经过开花、传粉和受精等一系列过程后由胚珠发育而成。同时，子房壁发育成果皮，果皮和种子构成果实。有些植物，花的其他部分甚至花以外的结构也都参与了果皮（果实）的形成。深入了解种子发育过程可以更好地认识种子的形态、结构及种子的生活史，有助于研究种子的休眠机制及其破除方法，促进种子萌发，提高种子繁殖成活率。

一、种子发育过程

1. 被子植物种子发育过程

被子植物双受精后，形成一个单细胞的受精卵（或称为合子），合子是新世代的起点。合子发育成胚，受精的极核发育成胚乳，珠被发育成种皮。胚、胚乳（或无）、种皮共同构成种子，多数情况下珠心退化不发育。极少数种类未发现双受精。高等植物在有性繁殖过程中，卵细胞在受精前代谢上处于相对静止的状态，与精子融合之后受到激活，启动了胚胎发育过程。早期胚胎发育涉及的重要生物学过程包括合子激活、极性建立、模式形成和器官发生等。而胚胎发育后期主要是贮藏物质的累积，是种子能够进行长期干燥贮藏的物质基础。

1）胚的发育

被子植物的卵细胞在受精之后形成二倍体的合子，在此后的几小时内合子细胞伸长，随后进行第一次分裂。几乎所有高等植物的合子第一次分裂均为横向不均等分裂，产生大小不同的顶细胞和基细胞。顶细胞通常较小，发育形成胚的主要部分；基细胞细长且含有较大的液泡，参与胚根的形成，有时则完全不参与。

胚的分化发育模式因植物种类不同而异。根据形态和生理生化变化，一般可将被子植物由合子到胚形成的过程分成 4 个发育时期：①原胚期，合子经过一个短暂的静止期（少数植物没有静止期）之后发育，此时期以细胞快速分裂和 DNA 复制为特征。②胚分化期，此时期胚的生物量增长较快，淀粉、蛋白质和 RNA 合成迅速，以胚器官原基的分化、细胞快速分裂和生长、DNA 加速复制为特征。原胚期和胚分化期可以合称为组织分化期。③成熟期，此时期细胞分裂停止，以贮藏组织的细胞扩展和蛋白质、脂类、淀粉等贮藏物质积累为特征。淀粉类种子在成熟过程中，可溶性糖浓度逐渐降低，而淀粉含量不断升高（刘德瑞和蔡秀玲，2011）。④脱水休止期，此时期种子脱水显著，代谢活动下降。最后，种子含水量降至 10%～20%，种子进入休眠状态。蛋白体因其他细胞器的挤压及脱水而变形。在种子成熟期，胚乳细胞中的蛋白体往往被充实的淀粉体挤压，只能存在于淀粉体之间的空隙中（胡晋，2006）。

2）胚乳的发育

在合子发育形成胚的同时，受精后的极核逐步发育形成胚乳（三倍体）。胚乳的生长发育，开始于合子第一次分裂之前。与胚发育不同，受精极核的细胞核每次分裂后，并未进行相应的细胞质分裂，而是先进行连续多次核分裂，再进行细胞质分裂形成胚乳细胞。一般在胚处于组织分化期时，除位于合点端的胚乳核外，其他胚乳核则完成了细胞化过程（颜启传，2001）。

3）种皮的形成

在胚与胚乳发育过程中，胚珠的珠被发育成种皮，胚珠的珠孔形成种子的珠孔，倒生胚珠的珠柄与外珠被的愈合处形成种子的种脊。在不同的植物中种皮发育情况不相同，种皮的结构和特点也各有不同。

2. 裸子植物种子发育过程

与被子植物的种子发育过程有所不同，裸子植物的胚珠外面没有子房壁包被，受精后不形成果实，种子呈裸露状态。花粉成熟后，借风力传播到胚珠的珠孔处，并萌发产生花粉管，花粉管中的生殖细胞分裂成 2 个精子，经过非双受精过程，即其中 1 个精子与成熟的卵受精，发育成具有胚芽、胚根、胚轴和子叶的胚。原雌配子体的一部分则发育成胚乳，单层珠被发育成种皮，形成成熟的种子。

二、种 子 休 眠

种子休眠是指具有生活力的种子在适宜的环境（温度、水分、气体等）条件下不能萌发的现象（Baskin & Baskin, 2004）。种子休眠是植物在长期演化过程中获得的对环境条件及季节性变化的适应性，是种子调节自身以获得萌发的最佳时间和空间分布的一种对策，对物种的保存、繁衍十分有利。除顽拗性种子外，大多数植物的种子具有不同程度的休眠特性，在寒带和温带的植物中尤其明显。同一树种种子的休眠强度因种源、年份而异。

1. 种子休眠类型

休眠类型的分类方案很多，本书参考 Hartmann *et al.*（2011）的方案（表 3-3），将休眠分为原生休眠和次生休眠两大类，原生休眠较常见。原生休眠根据休眠诱因的发生部位，分为内源性休眠（endogenous）和外源性休眠（exogenous）。内源性休眠是由于胚的一些特性抑制了种子的萌发；外源性休眠是由于一些非胚的因素，包括种皮不透气或种皮抑制物等因素抑制了种子的萌发。有些树种往往存在复合性休眠。

表 3-3　植物种子的休眠类型（Hartmann *et al.*, 2011）

休眠类型				休眠原因	代表性植物
Ⅰ. 原生休眠				种子发育末期休眠	
	a. 外源性休眠			非胚的因素导致休眠	
		i. 物理		种皮不透性	皂荚属、漆树科、刺槐属
		ii.化学		种皮抑制物	鸢尾属
	b. 内源性休眠			胚的因素导致休眠	
		i. 生理		胚内抑制物	
			1. 浅休眠	胚的生长不能突破种皮障碍。光敏感型	报春花属
			2. 中度休眠	胚的生长不能突破种皮障碍。如果去除种皮则能发芽	温带木本植物，如松属、紫荆属、山茱萸属

续表

休眠类型	休眠原因	代表性植物
3. 深休眠	去除种皮不能发芽或生理发育迟缓胚的因素导致休眠	李属、卫矛属
ii. 形态	种子脱离母体时未发育完全	银杏和松柏类，荚蒾属
iii.生理形态	种胚未发育完全和生理休眠	木兰属、冬青属、芍药属
c. 复合性休眠	外源和内源因素综合导致休眠。例如，坚硬种皮和生理休眠	椴树属
Ⅱ. 次生休眠	原来无休眠或解除休眠后的种子由于不适宜环境条件的影响诱发的休眠	
a. 热休眠	原生休眠解除后，高温导致休眠	堇菜属
b. 条件休眠	发芽能力随季节变化	胡桃属

2. 种子休眠的因素

1）种皮机械障碍

种子的透性是导致种子外源性休眠的重要因素。种子透水性和透气性的强弱决定种子休眠的深浅。主要有以下几种类型：①有些种子往往既不透气也不透水，如刺槐、火炬树等硬粒种子的休眠是由于种皮坚硬而很难进行吸胀萌发；②有的种子透水好但是透气性差，如大果冬青；③有些种子的种皮不会限制水分的吸收，但外种皮吸水膨胀，阻碍了胚对氧气和水分的吸收，所以必须去种皮后才能发芽（程喜梅等，2008）；④种皮对萌发的机械阻碍作用，即种子透水性良好，但吸水的种子由于包被结构太强，胚根或胚芽的生长力不足以穿透种壳，造成萌发停滞，只有种胚的扩展力大于种皮的阻碍力，种子休眠的打破才有可能实现，如胡桃科青钱柳。

2）抑制物及生长调节物质

种子中存在抑制物是造成种子休眠的重要因素之一。抑制物的种类多种多样，有脱落酸、有机酸、酚类、醛类、香豆素、芥子油、氢氰酸等，存在于果皮、种皮、胚乳和胚中，其具体作用机制目前还不是十分清楚。

Khan（1982）提出了著名的“三因子假说”，即在种子休眠解除中，GA 起“原初作用”，抑制物起“抑制作用”（如 ABA），CK 起“解抑作用”，其中 GA 是主要的调节因子。种子休眠不仅是因为抑制物的存在，也可能是由于 GA 和 CK 的缺乏。

有些研究发现，种子休眠和萌发主要由 ABA 和 GA 的平衡和拮抗来调控。种子中的某些激素，包括 GA、CK、ETH、IAA 等具有不同程度解除休眠的效应，用这些激素处理种子，能使种子内部发生一系列生理生化变化，缩短休眠期，促进萌发。这些激素与抑制物在种子中的含量及比例直接影响种子的休眠与否及休眠程度。对华山松、白皮松、黑松等树种的研究发现，外种皮所含的萌发抑制物对种子休眠起主要作用，其次是胚乳、内种皮； ABA 类物质是引起种子休眠的主要抑制剂，ABA/GA3 比值与种子休眠程度存在正相关关系（智信，2008）。

3）光敏素

光是影响种子休眠的重要生态因子，它通过光敏素发挥作用。一些植物的种子需要一定的光照条件才能萌发，这类种子称为喜光种子或需光种子；相反，有些植物的种子在光照下反而受到抑制，只有在相对长的黑暗条件下才能萌发，这类种子称为喜暗种子或需暗种子。还有一类种子，有无光照存在都可以顺利萌发，为光不敏感种子或光中性种子。臭椿种子在自然光照条件下发芽率、发芽势最高，自然光的光暗交替更能促进其种子的萌发，但在全光照条件下却不能萌发（郑健等, 2007）。

4）形态休眠

在散种期后，有些种子由于胚未完全发育成熟而不能萌发，即形态休眠。如果种子需要 30d 以上才能发芽或者胚所占胚腔空间不足 1/2，一般会存在形态休眠。胚的后熟通常需要温暖的条件，但有些种子在凉爽的条件下也可以继续发育。具有形态休眠种子的胚表现形式多样，或线型、匙型，或未分化，或退化。银杏、苏铁等植物的种子存在形态休眠。

三、种 子 萌 发

种子萌发是指种胚开始生长，胚根、胚芽突破种皮向外生长的现象，实质上是胚的生理从休眠状态恢复到活跃状态的生命活动。在萌发过程中，种子不仅在外部形态结构上发生多种变化，在内部也进行着一系列复杂的生理生化变化，该时期对外界环境条件高度敏感。种子萌发经过 3 个主要过程：①吸水膨胀，最终导致种皮破裂；②酶活化，呼吸和同化速率加强，标志着营养物质的利用和向生长区域转运；③细胞增大并分裂，胚根萌出，种子发芽。

1. 吸水膨胀

种子萌发的前提是种子吸水膨胀。有生活力能萌发的种子具有三段式吸水特点：

（1）急剧吸水期。是一个物理过程，种子急剧吸水，与种子代谢无关。干燥种子内不具液泡，是靠种子内有机物质亲水胶体的吸胀作用吸收水分。无论种子是否休眠，是否有生命力都能进行吸水膨胀。

（2）吸水停滞期。由于吸进了大量水分，种子的细胞水势迅速提高，此阶段吸水缓慢甚至停止，代谢活动增强。

（3）重新急剧吸水期。胚根露出后的迅速吸水阶段，吸水主要靠渗透作用，与种子代谢活动密切相关。胚根突破种皮，代谢增强，因而吸水增多，鲜重增加。

死种子与活种子相比，吸水常有“水肿”现象发生，这与蛋白质变性和细胞膜遭到破坏有关。吸胀后的种子，种皮软化，水分更容易进入，并且增加了对氧气和二氧化碳的透性，促进了气体交换，提高了种子的呼吸水平，有利于物质的转化和能量的供给。柔软了的种皮也有利于胚根的萌出。

2. 种子萌动

萌动是种子萌发的第二阶段，也称生化阶段。种子萌动是指吸水膨胀后，内部生理代谢过程开始加强，胚细胞分裂、伸长，胚的体积增大到一定程度时，胚根突破种皮的现象，此现象也称为“露白”，露白标志着萌动阶段的结束。主要表现在 3 方面：

（1）物质转化。主要指种子内贮藏物质的分解、运输、合成。在胚中以物质合成占优势，种子其他部分则以分解为主。种子中贮藏着大量的淀粉、脂肪和蛋白质，不同树木的种子中，这 3 种有机物含量差异很大。例如，栎类种子含淀粉多，豆类种子含有大量蛋白质，松类种子属高油脂种子。在种子萌发过程中，胚乳或子叶中贮藏的淀粉、脂肪、蛋白质等物质经酶类催化最终转化为蔗糖、酰胺等形式运输到正在生长的胚中，满足胚的各种需要。

（2）呼吸作用加强。此阶段的呼吸与线粒体结构变化和有关酶活性增强有关。呼吸作用产生的能量一部分用于新细胞建成，一部分用于生长，其余能量以热能形式散失；呼吸作用的许多中间代谢产物又可成为建造新细胞的原料。种子萌发完全依靠胚乳或子叶中贮藏的养料。因此，大粒饱满的种子具有较强的萌发能力。

（3）植物激素发生变化。种子萌发需要的激素种类因物种不同而异。未萌发的种子通常不含生长素。种子萌发时，内源激素开始形成并不断变化，调节着胚的萌发和生长。经层积处理后，种子的生长抑制物含量逐渐下降，而赤霉素含量逐渐增高，从而促进萌发。细胞分裂素、生长素对种子萌发也起着重要调节作用。

3. 种子发芽

种子发芽是指种子在萌动后的加速生长，幼苗基本结构全部出现的现象。发芽过程中，种子内部新陈代谢特别旺盛，呼吸作用很强，对外界环境高度敏感，抵抗不良环境的能力下降，因此应特别注意提供优良环境条件，尤其是保证氧气的供应，防止缺氧呼吸发生。

第五节　无性繁殖生物学

下面主要论述扦插、嫁接繁殖的生物学基础。

一、扦插的解剖学基础

1. 扦插的解剖学基础

插穗由根原基发育形成不定根，有皮部生根和愈伤生根两种基本方式。根据来源，不定根可分为先成根（preformed root）和诱生根（wound-induced roots）（Hartman *et al.*, 2011）。

1）先成根

先成根由先成根原基（preformed root initials 或 latent root initials）生长发育而来。

先成根原基是指在树木生长期内枝条中就已存在的根原基，在扦插以前形成，因通常处于潜伏状态又称潜伏根原基。扦插后，在适宜条件下，该根原基分化发育形成不定根。先成根原基是一团特殊的薄壁细胞群，其细胞质较浓，排列较紧密，一般位于枝条宽髓射线与形成层的结合点上。一般在苗干的皮内可见到一些突起，特别是芽的附近较多，这就是先成根原基的痕迹。先成根原基形成的时间，主要取决于树种的生物学特性，但与环境条件也有一定的关系，即同一树种，在不同条件下，先成根原基形成早晚会有差异。

一般来讲，扦插容易生根的树种，其枝条具有先成根原基，且数量多分布广，如杨属、柳属、李属等，1 年生苗的先成根原基数量多，分布范围广，分布高度可占苗高的80%～90%。

2）诱生根

诱生根来源于诱生根原基。诱生根原基是指插穗经损伤刺激和环境诱导而产生的根原基。从细胞全能性来看，有分生能力的薄壁组织，在一定条件下，能够分化形成根原基。扦插以后，诱生根原基主要在插穗（条）的愈伤组织细胞、形成层细胞、射线细胞、韧皮部薄壁细胞等部位产生。通过对油茶插穗不定根发育的解剖学观察，发现当年生插穗上无先成根原基，扦插生根时间较长，其不定根主要由诱生根原基发育形成，只有极少数不定根由愈伤组织长出（叶小萍等，2013）。凡难生根的树种，其插穗不定根绝大多数是愈伤部位生根。

诱生根原基发育大体经过 4 个阶段：特定分化细胞的脱分化，维管束附近的细胞形成根原基发端，并继续发育形成根原基，然后是根原基的突出与生长，最后形成愈伤根（Hartmann *et al*., 2011）。首先，幼嫩愈伤组织内薄壁细胞的细胞质变浓，细胞核增大，这种脱分化的薄壁细胞称为根原基发端细胞。很多根原基发端细胞经过一系列的分裂和发育，形成根原基。根原基外形最初呈卵形，随后中心和外围细胞不断分裂，逐步形成根原基形成层、基本分生组织、原表皮等，最后形成一个外形似指状的突起、组织上完善的根原基。根原基经过细胞分裂和伸长生长，突破愈伤组织，成为愈伤根。

树种不同，根原基的形成方式有差异。有些树种，其愈伤根原基发端的位置靠近愈伤组织的内侧，如刺槐、白榆、毛白杨等，有的树种则是在愈伤组织外侧形成根原基，如木槿。对于前者，如果愈伤组织过量生长，将不利于根原基的扩大和伸长。愈伤根原基发端的大小，也因树种而异。白榆组成根原基发端的细胞较多，分布的范围较大，刺槐、毛白杨则细胞数量少，且分布范围较小。

幼嫩愈伤组织细胞分化诱生根原基是较普遍的现象，这种根原基可称为愈伤根原基，如云杉、侧柏、银杏、毛白杨、白榆、刺槐等树种。幼嫩愈伤组织除了能形成诱生根原基之外，它还能保护插穗免于腐烂并利于吸水。一般来讲，愈伤组织与插穗生根有着很密切的关系。

2. 插穗的生根类型

插穗上的不定根发生在皮部和愈伤部位分别形成皮部根和愈伤根。插穗生根的数量及各部位根所占的比例相对稳定，与树种遗传特性、组织结构和生理功能的关系较密切，而受土壤条件和栽培技术的影响较小。根据皮部根和愈伤根占总根数的百分比，可将插穗生根分为 3 类：①愈伤部位生根型，即愈伤根占总根数的 70%以上，皮部根较少，甚至没有，这种生根类型的植物扦插生根难，生根需要时间长；②皮部生根型，即皮部根占总根数的 70%以上，而愈伤根较少，甚至没有，这种生根类型的植物扦插成活率通常较高。③中间生根型，即愈伤根和皮部根的数量相差较小，扦插成活率居于前两者之间。

根据对 143 种树木的调查发现（梁玉堂和龙庄如，1993），在裸子植物中，愈伤部位生根型 占 73.9%，中间生根型占 10.8%，皮部生根型占 15.3%；在双子叶植物中，愈伤部位生根型占 58.8%，中间生根型占 24.8%，皮部生根型占 16.4%。银杏科、松科、杉科、罗汉松科、三尖杉科、红豆杉科为愈伤部位生根型，柏科则 3 种生根类型都有。木兰科、腊梅科、悬铃木科、壳斗科、胡桃科、桑科、瑞香科、黄杨科、苦木科、楝科、玄参科、豆科、榆科、木犀科多为愈伤部位生根型；葡萄科、夹竹桃科多为中间生根型；山茱萸科、柽柳科、漆树科、五加科及茜草科多为皮部生根型。杨柳科和虎儿草科既有中间生根型，又有皮部生根型；蔷薇科、卫矛科有些为中间生根型，有些为愈伤部位生根型；豆科、忍冬科及木犀科兼有 3 种生根类型。

3. 插穗不定根的排列方式

1）皮部根

皮部根在插穗上的排列方式，因树种而异。可分为散生、簇生、轮生和纵列 4 种。

①散生：皮部根在茎节和节间都有生长，不规则散布在整个插穗上。大多数皮部及中间生根型树种属此种排列方式，如杨树等。

②簇生：皮部根在插穗上呈簇状或集中分布，如针叶树、桑树的皮部根多属此种。

③轮生：皮部根主要成轮状着生在各个节上，节间只有零星分布。有的树种皮部根主要着生于叶痕、腋芽及副芽附近，排列成不规则的轮状。

④纵列：皮部根沿插穗纵轴排成纵列，如大叶黄杨等。

通过了解不同树种插穗不定根的排列方式，对插穗的切制有指导意义。如轮生排列的树种应选用节间短的枝条做插穗，并使下切口位于节稍下处等。

2）愈伤根

愈伤根的排列方式取决于愈伤组织的特性和形状。而愈伤组织的形状因树种、插穗的粗细而异。一般有以下 3 种情况。

①愈伤组织长满整个下切面，呈圆球形或扁球状，愈伤根在整个愈伤组织上呈须状或簇状。针叶树中愈伤部位生根型大多数属此类。

②愈伤组织只在下切口的形成层周围形成瘤状环，愈伤根从环的边缘长出，呈轮状，插穗的髓心部分并未被愈伤组织所覆盖。

③除下切面形成愈伤组织外，在下切口向上 3cm 范围内，由于受到刺激，促使薄壁组织迅速分裂，形成了明显肥大的所谓“次生愈伤组织”。愈伤根大多由“次生愈伤组织”长出，少数由愈伤组织形成。

二、扦插的生理基础

影响插穗生根的物质很多，主要有以下几类：植物激素（见本章第三节）、生根辅助因子、内源生根抑制物、代谢产物等。

1. 生根辅助因子

生根辅助因子（Rooting co-factors）又叫生长素增效剂，是指能够提高生长素生根功效的非生长素类生化物质，单独使用对生根没有影响，如儿茶酚、绿原酸等。槭树插穗内含有生根辅助因子（Kling *et al.*，1988）。

研究发现，儿茶酚对 IAA 促进生根有显著增效作用（Hess，1962）；酚类生根辅助因子促进生根的作用机理，可能是减弱了吲哚乙酸氧化酶对内源生长素的破坏作用。也有人认为，生根辅助因子促进了生长素的合成，或者对生长素的增效有直接作用。例如，Bouillenne 和 Bouillenne-walrand（1955）发现，当有酶存在时，邻二羟酚可与生长素反应产生一种叫做成根素（rhizocaline）的复合物，并认为它是导致根发端的因素之一（图 3-3）。

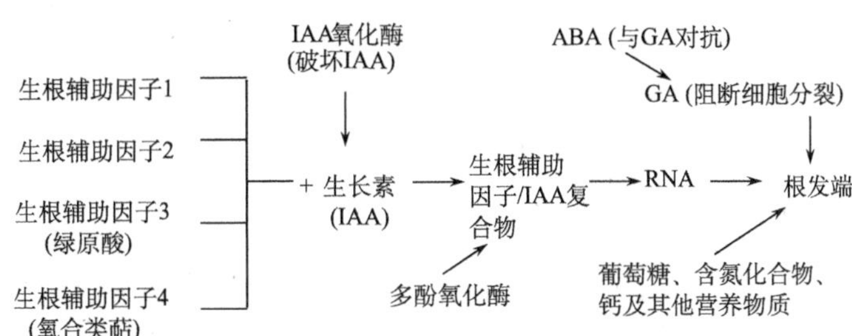

图 3-3　导致不定根发端的各种可能原因

2. 内源生根抑制物

一些树种扦插后不能生根，与插穗内含有内源生根抑制物有关。生根抑制物的含量不仅随年龄变化，也随季节发生变化。例如，刺槐和白榆插穗一般在秋末比春季难生根，因为秋末枝条的内源抑制物含量很高，而春季则基本消失，生长物质含量则大大提高。插穗的生根能力受内源抑制物和生长物质比例的消长变化所控制。

实践中，常采取休眠枝条冬藏法、休眠枝条扦插基部加热法（枝条上部裸露部分仍保持低温状态）、初春扦插前浸水处理等措施，以降低枝条内抑制物含量，增加内源生长物质含量，达到提高扦插生根率的目的。

3. 代谢产物

切制插穗使植物组织受到的刺激，插穗脱离母体后内外条件的改变，会使插穗组织生理生化反应发生变化，促使愈伤组织形成和不定根产生。代谢和生长发育互为因果关系。

1）碳水化合物

碳水化合物的代谢为不定根发育提供重要的营养和能量。生根期间插穗基部的淀粉含量持续下降，从正在发育的根原基区域的内皮层、韧皮部、木质部射线和髓中逐渐消失，其中山梨糖醇下降最显著，而游离糖的浓度则保持稳定。生长素处理能明显促进淀粉的降解，增加插穗基部糖的含量淀粉降解的酶主要来自插穗组织，而不是根原基。

嫩枝扦插中，插穗的生理状态相对活跃，但由于枝条体内贮藏的养分较少，所以持续的光合产物供应是插穗生根的一个必要条件。一般来讲，降低光合强度和 CO_2 浓度，插穗生根率降低，特别是那些生根期长、难生根的树种；但也有的插穗生根过程中，只有很少一部分光合产物被利用，更多利用的是贮藏淀粉。

2）含氮物质

在氮素代谢中，氮素含量同根原基发端似乎并无太大关系。不管插穗生根与否，插穗基部的总氮、可溶性氮和游离氨基酸的含量都是先增加后降低的（Sirca and Chatterjee, 1973）。蛋白质，特别是酶类对一些树种的插穗生根有重要影响。对绣球花属 插穗生根过程的研究发现，某些酶对根原基的激活起特殊作用（Molnar and Lacroix，1972）。过氧化物酶与抑制物的降解有关，这些抑制物可能阻碍了不定根形成的代谢过程。其他酶可能只是提高了其他细胞的活性，例如，琥珀酸脱氢酶和细胞色素氧化酶参与细胞的呼吸作用，淀粉酶把淀粉分解成为寡糖或单糖，以作为各种合成过程的底物。

三、影响扦插成活的因素

扦插生根成活是内因、外因各种因素的综合，其中内因起决定作用，如树木的遗传性、采条母树的年龄等。外因包括环境条件、扦插技术等，外因的变化通过影响内因，从而影响扦插的成活。随着科学技术的发展，以前认为难生根的植物，如采用新技术也能使之生根成活，能扦插繁殖的植物将越来越多。

1. 影响扦插成活的内部因素

1）植物的遗传性

植物种类不同，其生理、生化等特性也各有差异。再生能力的强弱表现在生根能力的难易程度上。有的植物很容易生根，如柳树、杨树等，有的植物则很难生根。插穗生根类型主要决定于植物的遗传特性。同一生根类型，各科、属及同属不同树种间生根的难易有较大差异，例如，同属于愈伤部位生根型的植物，松属树种生根较困难，杉木属树种生根较容易。

同属不同种的树木，枝插发根难易也不同，同一种树木的不同品种，各无性系之间，发根难易也不同。有的和种源有关，一般来说，生长快，生态谱广的种源，对土壤水分不敏感的种源，其生根成活率强。有的与品种有关，发根快的无性系，不但扦插成活率高，而且根的总数、侧根总长和新梢生长量也较大。通常，在其他条件相同的情况下，灌木比乔木容易生根；在灌木中匍匐型比直立型容易生根；在乔木中阔叶树比针叶树容易生根。树木生根难易举例见表 3-4。

有些植物，其枝条、根产生不定根的能力差别很大。刺槐、山丁子、枣、李、山楂等，其枝条再生不定根的能力很弱，但根再生不定芽的能力很强，因而进行枝插不易成活，根插却极易成活。葡萄、穗状醋栗、垂柳，枝插容易生根，根插却不易发芽。

表 3-4　木本植物枝条扦插的生根难易类型

生根难易程度	特点	树种举例
非常容易生根的树种	扦插后极易成活	柳树、非白杨派的杨树
容易生根的树种	扦插后一般都能成活	杉木、柳杉、罗汉松、罗汉柏、悬铃木、银杏、榕树、常春藤、黄杨、白蜡、冬青、石榴、日本扁柏
较难生根的树种	插穗未经处理或没有一定的技术，是不易生根的	白杨派杨树、红叶槭、雪松、圆柏、龙柏、铅笔柏、红豆杉、紫薇、灯台树、梧桐、大枣、石楠、女贞、胡颓子、刺槐、白榆、槭、榉、泡桐
生根困难的树种	扦插生根困难，要有相当好的技术，才能使之成活	大多数桉树、黑松、油松、冷杉、云杉、落叶松、桦木、厚朴、玉兰、白皮松、日本五针松、海棠
非常难生根的树种	扦插后非常难生根	大多数栎树、板栗、苦楝、山毛榉、核桃

枝条的形态与其扦插生根能力具有一定的相关性。例如，圆柏中兼有刺叶和鳞叶的上举枝条，其扦插生根能力比全为鳞叶的下垂枝条的要高。

2）树种解剖特性

无性繁殖的难易大多数归因于材料本身的生化因素，但其解剖结构与成活率的关系也不可忽视。扦插时，有些植物茎上潜伏有根原细胞，有些植物生根形式与茎解剖结构有一定关系。例如，葡萄的不定根是从初生射线发源的，因此在插穗的整个节间沿初生射线成纵向长出不定根。

通常具有先成根原基树种的插穗容易生根，在适宜条件下，根原基分裂、增殖，突破皮层长出根，最先生出的根对扦插成活具有决定意义。但树种和插穗内根原基的发育状况不同，生根能力也有差异。裴保华和王世绩（1982）对毛白杨、北京杨等 5 个树种研究发现，其他几个树种枝条内形成的根原基数量为毛白杨的 1.69～3.54 倍，分布范围也较毛白杨广得多，因此毛白杨插穗生根较其他几个树种要困难些。

插穗组织内的机械组织对插穗生根有一定的影响。有些树种生根困难是由于茎皮层组织内有一个厚壁的机械组织环，阻碍了环内侧形成的不定根原基向外生长。通常生根困难的树种常常具有很高的厚壁组织。根际萌发枝中，厚壁组织环剥中间由薄壁细胞隔断，呈不连续状。幼龄实生苗茎中，纤维发育缓慢，石细胞群木质化程度轻微或未木质化，而且常常与纤维不连接。成熟枝条内不仅厚壁组织环厚，而且呈连续状。因此，幼龄实生苗和根际萌发枝的生根能力较成熟枝条高。也有人指出，枝条中厚壁组织环的密集程度和连续性，与生根能力之间没有任何关系；生根难易的最大差异在于厚壁组织环内侧的茎组织形成根原基的能力，而这一点很可能同根发端组织的细胞扩展、增生直到形成根原基的能力有关。白榆和刺槐一般很少皮部生根。经解剖学观察，两树种茎组织皮部都不同程度地存在有厚壁组织环。但经过一定处理（切伤），刺槐和白榆均可由愈伤部位生根。实际上，皮层厚壁机械组织的存在，对以愈伤部位生根为主的树种来讲，影响不大或没有影响。

3）插穗内的营养物质

插穗生根（包括萌芽）是一个需要消耗大量营养物质和能量的过程。插穗发育充实，养分贮存丰富，能供应扦插后生根及初期生长的主要营养物质，特别是碳水化合物含量的多少，与扦插成活有密切关系。通常来说，碳水化合物含量丰富，高氮量的绿色茎插穗，生根量很少，而枝条粗壮；碳水化合物含量很低，高氮量的绿色多汁插穗，既不生根又不长枝。因此，凡是发育充实、营养丰富的插穗，既容易成活，生长也旺盛。

根原基发端和生长素需要氮素合成核酸和蛋白质，因此存在一个可利用氮素的临界值。低于临界水平，根原基发端会受到抑制，此时增加氮素供应可促进生根。枝条碳水化合物含量高低，直观上可通过茎的硬度确定。低碳水化合物含量的枝条较软，有韧性；而高碳水化合物含量的枝条坚硬，不易弯曲，折断时有响声。此外，也可由碘试验确定。一般来说，水肥条件适中，光照充足的林木枝条较经常处于高水肥或遮荫下的 C/N 比率高；树冠向阳一侧中部侧枝的 C/N 比率高于其他方向和部位；枝条中下部位的 C/N 比率高于梢部。

为了保持插穗含有较高的碳水化合物和适量的氮素营养，生产上常通过对植物施用适量氮肥，以及使植物生长在充足的阳光下而获得良好的营养状态。在采取插穗时，应选取朝阳面的外围枝和针叶树主轴上的枝条。对难生根的树种进行环剥或绞缢，都能使枝条处理部位以上积累较多的碳水化合物和生长素，有利于扦插生根。

4）插穗的年龄

插穗的年龄包括两个含义：一是指采条母树的年龄，二是指插穗的枝龄。

随着植物发育阶段的变老，其生活力、再生力也渐渐降低，存在所谓的“年龄效应”。通常，母树年龄愈大，插穗生根的能力愈弱。在难生根树种中表现尤为突出，在易生根树种中表现不十分明显。例如，1 年生、2 年生的白榆实生苗，扦插成活率高达 80%～90%，在大树上采取的插穗，扦插成活率只有 2.5%。而易生根的树种红豆杉 15 年生和 50 年生上采的插穗，其生根成活率几乎是一致的。

母树年龄对插穗生根能力的影响，与插穗组织内生根抑制物含量有关。一般地，老龄树上的枝条内含抑制生根物较多，抑制程度也较强；幼龄母树上所采的插穗，不但生长素含量比老枝条高，氮的含量也高，C/N 比率小，因而容易发根。

同一母树上，因枝条着生部位不同，插穗生根能力也不同，主要取决于枝条的发育年龄。根颈部位萌发的枝条生理年龄小，插穗生根能力强。一般情况下，主枝粗壮而发育好，用作插穗，比采用侧枝尤其是末级小枝，生根能力强，插穗成活率高。相反，树冠部分和多次分枝的侧枝，即使枝龄仅一、二年，但由于处在发育阶段较老的部位，扦插生根能力较低，成活后生长势也较差。

5）植物极性和扦插成活的关系

植物体的形态学两端，各具有固有的生理特性，这种现象称为极性（polarity）。如柳树枝条在潮湿的土壤里，不论是正插、倒插，在形态学下端总是长根，形态学上端总是发芽，而植物根的扦插，根总是在形态学顶端（远离根颈部位）长出，而芽总是发在形态学基端（靠近根颈部位），这就是极性的明显表现。

产生极性的原因是生长素在茎中总是极性传导的，它总是要集中在形态学下端，因此在下端能产生愈伤组织和发根，而生长素少的上端总是发芽。因此，在扦插时必须正插，即枝插形态学上端要朝上，形态学下端要朝下。再如，扦插穗切口的愈伤组织都发生在基部，这种特性叫垂直极性，不论正插、倒插都是这样。因此，对一些愈伤组织生根的树种，在扦插前催根时，先把插穗倒置，利用上面温度高于下面的条件，促进愈伤组织生长，然后再取出正插育苗。

2. 影响扦插成活的外在条件

影响植物扦插成活的因素，除植物的遗传性和插穗本身的内在因素外，和外在条件也有密切关系，主要是水分、温度、氧气和光照。

插穗本身所含的水分对扦插成活也有决定性的作用，如采集时间过长，保存不当，失水过多，限制了插穗的生理活动，势必影响插穗的成活。因此，对插穗在扦插前宜用清水浸泡，以补充体内水分，维持插穗活力，但浸水时间不要过长，一般以 24h 为宜。据试验，毛白杨在清水里浸 24h，发根率 70%左右，浸 48h，发根率下降为 50%。

土壤水分是决定插穗生根成活的关键，是调节插穗体内水分收支平衡，使其不致枯萎的必要条件。土壤湿度适宜，插穗在生根过程所需要的水分能得到及时供应，有利于插穗愈合生根。为提高扦插成活率，插穗生根前，要特别注意保持土壤湿润。在大田内扦插，要修建完善的排灌系统。土壤湿度过高，对生根有害，常导致插穗腐烂。插穗生根不仅要求土壤维持一定的湿度，同时必须含有足够的氧气，以保证插穗组织的有氧代谢。

空气湿度大，可减少插穗和土壤水分的消耗。为了把叶片蒸腾作用降到最适水平，叶片周围空气的大气压应接近于叶片内细胞间隙的水蒸气压。无论采取何种方式，叶片周围的空气湿度一般不能低于 70%，否则会影响生根的速度、数量和质量。常绿树种和嫩枝扦插，插穗生根前，空气相对湿度最好保持在 90%左右。目前，全光喷雾很好地解决了空气湿度问题。

温度包括土壤温度和空气温度。温度对扦插生根有双重影响，高温加速根的发育，但过高的温度，能增强插穗的呼吸，消耗掉大量养分，对愈合生根反而不利；高温又有助于真菌和病害的蔓延；还会导致愈伤组织老化，使其不易分化生根。低温则有相反的影响，会减弱生理活动，延迟愈合生根。因此，必须维持适宜的温度，以获得这两种作用间的平衡。一定的温度有利于不定根的形成，通常最适温度是 20℃左右。但不同树种对温度的要求各异，有的树种能在较低温度情况下生根，如杨、柳等，而生长在温暖地区的植物，尤其是温暖地区的常绿树，生根发芽需要较高的温度。

适宜的土壤温度是物质运转、合成与分解的必需条件，有利于插穗切口愈合和根的分化。当然，地上部的生长和同化对生根也有促进作用，而切口的愈合、生根也对插穗吸收水分、矿物质有利，从而保证了地上部的需要。夏季嫩枝扦插土壤温度一般容易得到保证，但冬末和早春的土温和气温偏低，故应在温室或塑料大棚内扦插。通常土壤要保持在 15～20℃，大田扦插可采取垄作，用土壤增温剂，以提高土温。研究表明，多数树种嫩枝扦插，地上部保持 21℃，基部保持 23～27℃，均能取得良好的生根效果（Hartmann*et al.*, 2011）。在扦插生根期间，一般要求气温稍低于土温。因为气温高，地上部萌动早，蒸腾加强，易造成水分亏缺，使光合作用停顿，但呼吸作用和消耗反而增强。土温低，容易限制插穗的生理活动，不利于生根，水分供应也困难。但如果土温高于气温，即能先生根、后发芽，这样就解决了上述矛盾。在我国北方，春季气温高于土温，因此解决春季扦插成活率的关键在于提高土温；在南方，早春土温回升快于气温，故必须抓紧扦插。总之，在扦插生根期间，将气温控制低于土壤温度的水平，以确保先生根、后发芽。

土壤中的氧气是扦插生根的必要条件。插穗在愈合生根过程中，一方面通过切口吸收水分，还要保持氧气的供应和二氧化碳的排出。土壤中水分、氧气和二氧化碳相互依存和相互制约。土壤质地与土壤水分和氧气含量多少有很大关系，因此，土壤以沙壤土为最好。土壤中水分多少也和空气含量成反比例。如土壤过于黏重，排水不良，透气性差，不利于插穗愈合生根，导致插穗腐烂。一般来说，多数植物插穗生根土壤需保持 15%以上的氧浓度。在苗圃地扦插前要深耕细耙，以提高土壤透气性；若土壤含水量太高，首先要排水，扦插后要勤松土，以提高土壤透气性。

扦插后适宜遮荫，可以减少圃地水分蒸发和插穗水分蒸腾，使插穗保持水分平衡。但遮荫过度，又会影响土壤温度。嫩枝扦插，要有适当的光照，有利于嫩枝继续进行光合作用，制造养分，促进生根，但要避免强日光直射。如初期遮荫多，以后可逐渐增加光照强度和时间。黄化处理是实践中巧妙利用光影响促进插穗生根的一个典型例子。

四、嫁接的解剖学基础

植物嫁接成活主要是接穗、砧木双方形成层和薄壁细胞一起分裂形成愈伤组织及输导组织，使接穗和砧木彼此长在一起。其中，愈伤组织是产生新输导系统的基础。嫁接能否成活的关键，主要决定于砧木、接穗之间形成层和薄壁细胞的再生能力及产生愈伤组织的程度。

嫁接愈合过程被分为 3 个阶段（Hartmann *et al.*, 2011）：

（1）接面薄膜形成。砧木、接穗机械结合后，两者表面受伤细胞形成一层薄膜，覆盖伤口。在砧木、接穗结合部横断面上，由死细胞形成的或多或少连续的接缝线即接面薄膜。形成薄膜的时间约在接后 3 周内。

（2）愈伤组织分化阶段。接面薄膜下的受伤细胞由于受削伤刺激，分泌愈伤激素，刺激细胞内的原生质活性加强，使形成层和薄壁细胞旺盛分裂，形成愈伤组织。愈伤组织不断生长使接面薄膜逐渐消失。接后约 4~7 周，愈伤组织开始形成并与砧穗形成层连接。这些组织在此过程中逐渐充满砧穗之间的空隙，二者紧密连接，愈合为一体，并通过愈伤薄壁细胞的胞间连丝，与已分化的输导组织形成径向的水分养分交换。

（3）接合部维管束分化功能完善阶段。在接后 8～12 周，砧穗形成层连接后，轴向水分养分的联系开始沟通，纵向液流交换速度快，流量大，这时接穗顶芽顶出苞片，接穗基本成活。砧穗形成层的连接使砧穗被包围起来，产生新的组织，向内分化木质部，向外分化韧皮部，各部分形成层的分化能力趋向一致，建立了砧穗之间维管系统连接，形成成功的接合部。径向的液流交换及轴向的运输功能均被加强，最终成为一个独立生活的植株。

在嫁接过程中，皮层和韧皮部的薄壁细胞比较活跃，常因刺激而恢复分生能力，在嫁接愈合过程中起到一定的作用。髓心的薄壁细胞也有分生活动的潜能，也是砧木与接穗愈合过程中的积极成分。在髓心形成层贴接法中，髓的分生机能起着愈合作用。芽接的愈合方式基本与枝接相似。

五、影响嫁接成活的因素

1. 影响嫁接成活的内因

1）亲和力

亲和力（affinity）是指砧木和接穗经嫁接而能愈合生长的能力，即砧木和接穗在内部的组织结构上、生理和遗传性上彼此相同或相近，从而能互相结合在一起生长发育的能力。因此，亲和力是嫁接成功的最基本条件和最主要内在因素。通常亲缘关系越近，亲和力越强，但也有例外。一般同种、同品种间亲缘近的嫁接成活力最强。有无亲和力是嫁接能否成功的内因，是嫁接者应首先考虑的问题。

嫁接亲和力根据其亲和表现有以下几种情况（高新一和王玉英，2009）。

（1）亲和力强。植物分类学亲缘关系近的，亲和力强；有性杂交能形成杂交种子的，一般嫁接也能成功；同一种内，不同品种之间嫁接也容易成功。亲和力强的组合嫁接后接口能愈合，比较平滑整齐，接穗正常生长发育，愈合点通常不形成树瘤。

（2）半亲和。嫁接能成活，并且能正常生长和结实，但接口愈合不好，具有明显的瘤，或结合部上下不一致，形成“小脚”或“大脚”现象，生长势弱。针叶树愈合点之上韧皮部阻滞引起肿瘤和最后弯曲或断裂，有时从肿瘤处溢出树脂，接穗生长极慢而死亡。

（3）后期不亲和。嫁接后接口一般愈合良好，生长正常，但以后陆续出现生长衰退死亡现象。针叶树常在5年后开始出现衰退现象，并在结合部出现树瘤，或结合部上下极不一致，并提前开花结实，生长速度迅速下降，以致死亡。后期不亲和现象多表现在同科不同属，或同属不同种的亲缘关系较远的植物之间。

（4）完全不亲和。多为砧木、接穗亲缘关系远，在结构、生理和生化特性上差异大，从而造成完全不亲和。

妨碍亲和及后期不亲和的原因是多方面的，从砧木和接穗接合部来看，可能有如下原因：接合部堆积了木质部或木质部薄壁细胞软垫，使砧木和接穗的维管束间连接处有不同程度的中断；接合部维管束组织发生角度较大的歪扭，或在接合部形成了较大肿瘤，使维管束发生歪扭；接合部髓线间的木质部变质形成胶块，使输导阻塞；砧木和接穗韧皮部之间形成木栓层，从而使树冠到根部向下的物质输导受到阻碍，严重时使砧木和接穗皮层和韧皮部完全隔离，引起根系饥饿致使植株死亡。

任何树种，无论在什么条件下，采用哪种嫁接方法，砧木和接穗间都必须具备一定的亲和力才能嫁接成活。亲和力高则嫁接成活率也高；反之，成活率低。

2）生活力和生理特性

砧木、接穗的生活力是嫁接能否成功的关键。植物生长健壮，营养器官发育充实，体内贮藏的营养物质较多，嫁接也易成活。如果砧木、接穗组织不充实，不健全，不新鲜，则影响形成层的活动能力，且供应给愈合新生细胞的营养也差，影响嫁接成活。

砧木和接穗的生理特性也影响着嫁接的成败。如砧木和接穗的根压不同，砧木根压高于接穗，生理正常；反之，就不能成活。

3）内含物

植物的内含物对成活也有显著影响，如嫁接时砧木的“伤流”对嫁接成活的影响很大。“伤流”的成分因树种而不同，一般含有各种糖类、氨基酸、维生素等。但有些树种还可能含有酚类物质，这些物质会影响伤口细胞的呼吸作用，使愈伤组织难以形成，造成接口霉烂。同时单宁物质也直接与构成原生质的蛋白质结合发生沉淀作用，使细胞原生质颗粒化，从而在结合面之间形成数层由这样的细胞组成的隔离层，阻碍着砧木与接穗双方物质交换和愈合，使嫁接失败。比如含有树脂的松柏类、含有单宁的核桃和柿等，愈合比较困难。

2. 影响嫁接成活的外因

影响嫁接成活的外因包括嫁接时期、嫁接方式、接穗含水量、接穗处理等。

1）嫁接时期

嫁接只要采取一定措施，可以不受季节限制，但在生产上要选择省工、费用少、成活率高的最适时期进行嫁接。一般枝接都在树木萌发前的早春进行，此时砧木与接穗组织充实，温度、湿度也利于形成层的旺盛分裂。在生长旺盛期，虽然植物分生组织活跃，但体内同化养分较少，接穗不充实，芽不饱满，除靠接、梢接外，其他方法很少应用。冬季虽然同化物质充足，但植物已进入休眠期，外界温度低，嫁接后不易愈合。芽接则要选择在生长缓慢期进行，在华北即“处暑”前后，此时形成层细胞还很活跃，接芽的组织也已充实，第一年嫁接愈合，翌年发芽成苗非常适宜。为了提高有伤流树种的嫁接成活率，要选择适当的时期，如核桃劈接，应选择砧木发芽前后至展叶前“伤流”较轻时进行。

2）嫁接方式

嫁接亲和性与嫁接方式有关。有的树种用劈接不亲和，改用靠接或梢接就能亲和。

3）接穗含水量

接穗含水量也会影响形成层细胞的活动，如接穗含水量过少，形成层细胞会停止活动，甚至死亡。如桑树接穗含水量减到34%以下，嫁接不易成活，一般在50%左右最好。因此，接穗在运输和贮藏过程中，注意不要过湿或过干。嫁接后也要注意保湿，如采取绑缚或涂接蜡等措施防止接穗的水分蒸发。

4）接穗处理

嫁接前，接穗通常需用一些外源物质进行处理，这些物质包括生长调节剂、蔗糖和防蒸腾剂等。段玉忠等（1994）的研究表明，用 10mg/kg、50mg/kg、100mg/kg 的 ABT-2 号生根粉和 10mg/kg、50mg/kg、100mg/kg 吲哚乙酸处理浸泡接穗可提高江南槐的嫁接成活率。

5）接穗极性

在嫁接中，按照生理极性来嫁接容易成活。在茎接中，一般将接穗近中央端插入砧木末端；在根接中，将根穗近中央端插入砧木近中央端。

6）环境因子

影响嫁接成活的环境因子包括空气湿度、温度、光照、通风条件等。

空气湿度对砧木与接穗的愈合有重要影响，在其接近饱和时对愈合最有利。同时，温度也是影响嫁接成活的一个重要条件，因为愈伤组织需要在一定温度下才能活动。另外，室外嫁接最好在形成层不活跃的时期进行，一般春季比较合适，比如桑树在春季 4 月嫁接成活最好，而毛白杨适合在冬季进行嫁接，且接后要贮藏，保持一定的温度和湿度，砧木和接穗才能愈合，春暖时取出扦插容易成活。

光照对嫁接愈合影响很大。在黑暗条件下，嫁接削面上长出的愈伤组织多，呈乳白色，砧木与接穗很容易愈合；而在光照条件下，愈伤组织少而硬，呈浅绿色，砧木与接穗的愈合，仅依靠接口内不透光部分的愈伤组织，成活率受到影响，因此嫁接后一定要遮光。

综上所述，在室外嫁接时，应注意避开不良气候条件，选择阴天、无风和湿度较大的天气进行。

参 考 文 献

程喜梅, 叶永忠, 卫蔚. 2008. 外种皮对香果树种子休眠的影响. 林业实用技术, (3): 3～5

段玉忠, 柳枫. 1994. 应用植物激素提高江南槐嫁接育苗效果试验初报. 甘肃林业科技, (2): 45～46

高新一, 王玉英. 2009. 果树林木嫁接技术手册. 北京: 金盾出版社

胡晋. 2006. 种子生物学, 北京: 高等教育出版社

蒋丽, 齐兴云, 龚化勤, 等. 2007. 被子植物胚胎发育的分子调控. 植物学通报, 24(3): 389～398

康月惠. 2008. 杉木优良种质体胚发生与植株再生研究. 福建农林大硕士论文

刘德瑞, 蔡秀玲. 2011. 胚乳中淀粉的合成. 植物生理学报, 47(11): 1053～1063

裴保华, 王世绩. 1982. 毛白杨根原基的初步研究. 河北农学报, (1): 72～76

斯蒂芬・帕拉帝. 2011. 木本植物生理学(第 3 版). 尹伟伦, 郑彩霞, 李凤兰, 等译. 北京: 科学出版社: 482～483

苏明学. 2006. 关于"基因突变和基因重组"的教学. 生物学通报,41(3): 38～39

唐巍, 欧阳藩, 郭仲琛. 1997.针叶树种体细胞无性系研究和应用进展. 生物工程进展,17(4): 2～9
唐艳. 2007. 遗传学. 哈尔滨: 东北师范大学出版社
王沙生, 高荣孚, 吴贯明. 1991. 植物生理学(第 2 版). 北京: 中国林业出版社
徐本美, 史晓华, 孙运涛, 等. 2002. 大果冬青种子的休眠与萌发初探. 种子, (3): 1～2
许智宏, 薛红卫. 2012. 植物激素作用的分子机理. 上海：上海科学技术出版社
颜启传. 2001. 种子学. 北京: 中国农业出版社
杨万霞, 洑香香, 方升佐. 2005. 青钱柳种子的种皮构造及其对透水性的影响. 南京林业大学学报 (自然科学版), 29(5): 26～28
叶小萍, 黄永芳, 羊海军, 等. 2013. 油茶插穗生根过程的解剖学观察. 亚热带植物科学, 42(1): 35～39
张志强, 占剑峰，华波. 2013. 不同浓度赤霉素处理对红豆杉种子萌发的影响. 江西林业科技, (1): 24～26
郑健, 郭守华, 宋瑜, 等. 2007. 臭椿种子萌发最适条件研究. 西北植物学报, 27(5): 1030～1034
智信. 2008. 6 种松树种子休眠原因研究. 西南林学院学报, 28(2): 5～9
Baskin CC, Baskin JM. 2000. Seed: ecology, biogeography, and evolution of dormancy and germination. San Diego: Academic Press
Baskin JM, Baskin CC. 2004. A classification system for seed dormancy. Seed Sci Res, 14(1): 1～16
Bouillenne R, Bouillenne-walrand M. 1955. Auxines et bouturage. Rpt 14 th Inter Hort Cong, 1: 231～238
Haissig BE. 1982. Activity of some *glycolytic* and *pentose* phosphate pathway enzymes during the development of adventitious roots. Physiologia Plantarum, 55(3):261～272
Hartmann HT, Kester DE, Davies FD, *et al.* 2011. Plant propagation principles and practices (8th ed.). New Jersey: Prentice Hall International, Inc
Kling GJ，Meyer JMM, Seigler D. 1988, Rooting co-factors in five *Acer* species. J Am Soc Hort Sci 113: 252～257
Leopold AC, Nooden LD. 1984. Hormonal regulatory systems in plants. In: Scott TK (Editor). Hornomal regulation of development Ⅱ: The functions of hormones from the level of the cell to the whole plant. Encyclopedia of Plant Physiology, New Series, Volume 10. Berlin: Springer-Verlag, 4～22
Molnar JM, Lacroix LJ. 1972. Studies of the rooting of cuttings of *Hydrangea mcrophylla*: DNA and protein changes. Can J Bot, 50(3): 387～392
Rathore JS, Rathore V, Shekhawat NS, *et al.* 2004. Micropropagation of woody plants. In: Srivastava PS, Narula A, Srivastava S (Editors). Plant Biotechnology and Molecular Markers. Boston: Kluwer Academic Publishers
Roberts DR. 1991. Abscisic acid and mannitol promote early development,maturation and storage protein accumulation in somatic embryos of interior spruce. Physiol Plant, 83: 247～254
Sambamurty AVSS. 2007. Molecular Genetics. Oxford: Alpha Science International Ltd
Zhang R, Zhang X, Wang J, *et al.* 1995. The effect of auxin on cytokinin levels and metabolism in transgenic tobacco tissue expressing an *ipt* gene. Planta, 196(1): 84～94
Zhang Y, Paschold A, Marcon C, *et al.* 2014. The Aux/IAA gene rum1 involved in seminal and lateral root formation controls vascular patterning in maize (*Zea mays* L.) primary roots. Journal of experiment botany,65(17): 4919～4930

第四章　植物繁殖环境管理

土壤、光照、温度、水分、空气、养分、病虫害等生物和非生物环境因子对植物繁殖具有非常重要的作用。为了提高植物繁殖效率，必须对上述各种因子进行管理和调控。沙区植物繁殖需要注意对土壤基质盐分的调控。通过这些措施，从而在生产中获得优质苗。

本章将阐述主要环境因子对植物繁殖的作用，以及苗圃建立、微气候管理、土壤管理、病虫害防治等内容。

第一节　环 境 因 子

一、光　　照

在种子萌发、扦插生根、苗木生长、组织培养过程中，光照都起着至关重要的作用。光照条件的管理是指光周期、光照强度、光质等方面的调控。

1. 光周期

光周期（photoperiod）是指昼夜周期中光照期和暗期长短的交替变化，也就是一天之中白天和黑夜的相对长度。光周期对花诱导有着极为显著的影响，有些植物对光照期敏感，有些植物则受暗期控制。感受光周期的部位是叶，诱导开花的部位是茎尖端生长点。引起植物开花的适宜光周期（即适宜日照长度）处理，并不需要持续到花的分化为止。植物只需要一定时间适宜的光周期处理，以后即使处于不适宜的光周期下，仍然可以长期保持刺激的效果，即花的分化不出现在适宜的光周期处理的当时，而是在处理后若干天，这种现象称为光周期诱导。光周期诱导所需的光周期处理天数，因植物种类而异。根据光照对植物开花的诱导作用，人们将高等植物划分为长日照植物、日照中性植物和短日照植物。长日照植物是指那些随着日照长度的延长而加速开花的植物；短日照植物一般是指在一定范围内随着日照长度的缩短而加速开花的植物；而日照中性植物的开花对光周期不敏感。

光周期的人工控制，可以促进或延迟开花。如对于短日照植物，经过遮光等措施缩短其光照时间，可以促使其提前开花；如果延长光照或晚上闪光使暗间断，则可使花期延后。在温室中延长或缩短日照长度，控制植物花期，可解决花期不遇问题，对杂交育种也会有帮助。

2. 光照强度

光合作用是植物生命代谢活动的基本环节，这是一个光生物化学反应，其中光照强度对光合作用影响较大。在一定的光照强度下，光合作用的强度与呼吸作用强度相等，

植物既不吸收 CO_2，也不释放 CO_2，这一光照强度称为光补偿点（light compensation point）。光合速率一般随着光照强度的增加而加快（在一定范围内几乎是呈正相关），但当光照强度达到一定限度后，光合速率不再随光照强度的增加而增加，这时的光照强度称为光饱和点（light saturation point）。不同植物的光补偿点和光饱和点有所不同（表4-1）。当光照较强时，有助于有机物质的积累，促进植物正常生长。但光照过强时，光合作用会受到抑制，光合速率下降，如果强光时间过长，甚至会出现光氧化现象，光合色素和光合膜结构受到破坏。

表 4-1　几种沙区植物的光饱和点与光补偿点

植物名称	属名	光补偿点 ($\mu mol \cdot m^{-2} \cdot s^{-1}$)	光饱和点 ($\mu mol \cdot m^{-2} \cdot s^{-1}$)
沙棘	沙棘属	280-310	1 000-1 200
白刺	白刺属	20-80	481-692
梭梭	梭梭属	150-200	850-1 000
柽柳	柽柳属	60-150	1 276-1 795
胡杨	杨属	75-97	1 389-1 615
枸杞	枸杞属	54-63	1 518-1 733

根据对光照强度需要的不同，可以把植物分成阳生植物和阴生植物两类。阳生植物要求充分直射光照，才能生长或生长良好，如马尾松、白桦等；阴生植物则适宜于生长在荫蔽环境中，它们在完全日照下反而生长不良或不能生长。

因此，在苗木繁殖和培育的具体实践中一定要有效地控制光照强度，以利于植物进行正常的代谢活动。

3. 光质

光质即光谱成分，是指光的波长组成。光质不同影响着植物的光合速率。一般来说，高等植物在橙光、红光下光合速率最快，蓝光、紫光次之，绿光最差。在自然条件下，植物经常会受到不同波长的光线照射。例如，阴天不仅光照较弱，而且蓝光和绿光增多。

通常红光有助于提高种子的发芽率，而远红光则抑制种子的萌发，但能促进长日照植物形成鳞茎。蓝光可以诱导芽的形成。在实践中，常常在温室的顶部采用一些特殊的材料（如滤光膜），以调控光质来培养不同的植物材料。这个原理在植物组织培养中也可以应用（潘瑞炽等，2011 ）。

二、水　分

水分管理是植物繁殖中的最重要步骤之一。水分是细胞质的主要成分，是各种代谢作用的反应物质，也是植物对物质吸收和运输的溶剂，同时还有助于保持植物的固有状态。在光合作用、呼吸作用、有机物质合成和分解等代谢过程中，都需要水分参与。固态物质只有溶解在水中才能被植物吸收与运输。

植物体的含水量并不是均一和恒定不变的。含水量与植物种类、器官和组织本身的特性和环境条件有关。同一植物生长在不同的环境中，其含水量也有差异。生长在荫蔽、潮湿环境中的植物，其含水量通常比生长在向阳、干燥的环境中的要高一些。在同一植株中，不同器官和不同组织的含水量的差异也较大。一般来说，生命活动较旺盛的组织，水分含量较多。水分在植物体内的作用，不但与其数量有关，也与其存在状态有关。

植物水分主要来源于土壤或基质中的可利用水分。但是土壤中的水分对植物来说，并不是都能被植物利用的。根部有吸水的能力，而土壤也有保水的能力。植物从土壤中吸水，实质上是植物与土壤对水分争夺的问题。

土壤中可利用水分的多少与土粒粗细、土壤胶体数量有密切关系，粗沙、细沙、沙壤、壤土和黏土的可用水分数量依次递减。植物根部对土壤水分的吸收还受到土壤的通气状况、温度以及土壤溶液浓度的影响。土壤缺 O_2 和 CO_2 浓度过高，会使细胞呼吸减弱，阻碍吸水；如果时间较长，就形成无氧呼吸，产生和积累较多乙醇，根系中毒受伤，吸水减少。土壤溶液盐分的高低，直接影响其水势的大小；根系要从土壤吸水，根部细胞的水势必须低于土壤溶液的水势。因此，在木施肥时不宜过量，以免根系吸水困难，产生“烧苗”现象。

三、温　　度

温度对植物繁殖的影响是多方面的。植物的一系列生理生化反应过程都有酶参加，而酶的催化与温度有密切关系。因此，适宜的温度对植物的正常生长非常重要。例如，不同植物的种子萌发，对温度范围的要求不同，了解植物种子萌发的最适温度，对于决定该植物的播种期有重要价值。在种子发芽或插条生根过程中，要根据季节变化来调控基质和空气的温度。在嫁接过程中，常在嫁接场内安装加热设备，以促进插条愈伤组织的形成。

温度对植物的水分代谢及矿质元素的吸收产生重要影响。大气温度增高，蒸腾加强。在一定温度范围内，根部吸收矿质元素的速率随土壤温度升高而加快。温度过高（超过40℃），植物吸收矿质元素的速率通常会下降，可能是由于高温使酶钝化，影响根部代谢；高温使细胞透性增大，矿质元素被动外流，所以根部净吸收矿质元素的量减少。温度过低时，根部矿质元素也减少，因为低温代谢弱，主动吸收慢，细胞质黏性大，离子进入困难。

温度对光合作用和呼吸作用的影响很大，这主要是通过影响酶的活性来实现的。呼吸作用的最适温度总是比光合作用的最适温度高。同一植株在不同的生长发育期，其最适温度是不同的。一般植物在 10～35℃条件下进行正常光合作用，其中以 25～30℃最适宜；35℃以上时，光合作用开始下降，40～50℃时完全停止。低温中，酶促反应下降，限制了光合作用的进行。光合作用在高温时降低的原因，一方面是高温破坏了叶绿体和细胞质的结构，并使叶绿体的酶钝化；另一方面是高温时，呼吸速率大于光合速率。虽然光合作用增大，但因呼吸作用的牵制，净光合速率反而降低。呼吸速率在一定的范围内随温度的升高而加快，呼吸作用的最适温度一般为 25～35℃。接近 0℃时，植物的呼吸强度很弱，但其最低温度可以低到–10℃以下。

在种子或插穗贮藏时，注意降低温度，减少呼吸消耗；但是温度不能低到破坏植物组织的程度，否则，细胞受损害，对病原微生物的抵抗力大大降低，种子或插穗易腐烂。

四、空　　气

空气中的 O_2 和 CO_2 对植物生命活动有显著影响。CO_2 是光合作用的原料，在不受其他环境限制的情况下，植物的净光合速率（净物质生产力）决定于空气中 CO_2 浓度。较高浓度的 CO_2 能促进植物物质生产和积累。

O_2 是植物正常呼吸的重要因子，是生物氧化不可缺少的；O_2 不足，直接影响呼吸速率和呼吸性质。CO_2 是呼吸作用的最终产物，当外界环境中的 CO_2 浓度增加时，呼吸速率便会减慢；在 CO_2 升高到 1%～10%以上时，呼吸作用明显受到抑制。高浓度 CO_2 抑制呼吸的原理可应用于植物种实、插穗等繁殖材料的贮藏。

五、矿 质 元 素

矿质元素对植物来说也是非常重要的，它们的生理作用主要有 3 个方面：①是细胞结构物质的组成成分；②是植物生命活动的调节者，参与酶的活动；③起电化学作用，即离子浓度的平衡、胶体的稳定和电荷的中和等。植物生长发育必需的元素一共是 16 种，其中 7 种元素（铁、锰、硼、锌、铜、钼和氯）植物需要量极少，稍多即发生毒害，故称为微量元素，另外 9 种元素（碳、氢、氧、氮、钾、钙、镁、磷、硫）需要量相对较大，称为大量元素。必需元素一定要具备以下 3 个条件：①由于该元素缺乏，植物生育发生障碍，不能完成生活史；②除去该元素，则表现专一的缺乏症，而且这种缺乏症可以预防和恢复；③该元素在植物营养生理上应表现直接的效果，不是因土壤或培养基的物理、化学、微生物条件的改变，而产生的间接效果。

能被植物利用的大多数矿质元素主要存在于土壤中，被根系吸收而进入植物体内，运输到需要的部分，加以同化利用。由于土壤往往不能完全及时满足植物的需要，因此，施肥就成为提高苗木产量和质量的主要措施之一。

第二节　苗圃地及相关设施

为培育出大量合格苗木满足造林更新的需要，我国各地普遍建立了各种类型的苗圃，并根据造林需要培育出了各种类型苗木，同时加强了苗木培育各项技术的研究，并建立了一整套相应的育苗技术，为科学育苗提供了依据。

一、苗圃地选择

苗圃地的选择是一项十分重要的工作。苗圃是生产苗木的基地，苗木的产量、质量及成本等很多方面都取决于苗圃所在的地理位置及其各种条件。如果圃地选择不当，会给育苗带来不可弥补的损失，不仅达不到壮苗丰产的目的，而且要浪费大量的人力和物力。因此，无论是固定苗圃或临时苗圃，都要十分注意选地的问题，投资大、使用时间长的固定苗圃尤其要慎重考虑。

1. 苗圃地位置

苗圃以尽量靠近造林地为原则，最好选在大面积造林地区的中心，这样，培育出来的苗木能更好地适应造林地的环境，并且节约运输成本，又可避免远距离运输造成苗木根系失水过多而导致苗木质量降低，影响造林成活率。

苗圃地应尽量设在交通方便的地方，尤其是固定的大型苗圃，一定要设在交通干线上，以利于苗木、育苗生产资料、生活用品等的运输；还应靠近居民点、林业机构及电力供应充足的地方，以保证劳动力的来源及季节工住房、技术指导和机具维修等问题的解决。

2. 苗圃地自然条件

平原地区苗圃地应选择排水良好，坡度1°～3°的缓坡地，以利于排水、灌溉和机械化作业。坡度太大易发生水土流失，冲走肥料和种子，也不利于灌溉。山地苗圃，选地时要注意坡向及土壤的水分、养分和光照条件。在坡度较大的山地，因坡向不同，土壤的水分、养分和温度等有显著差异。一般情况下选择土层深厚、石砾少、日照时间长、土壤水分及养分较好的山地作苗圃。

水是苗木生长过程中必不可少的条件，在水分适宜的条件下才能培育出生长健壮、根系发达的苗木。因此，在选择苗圃地时，必须注意寻找水量充足、水质干净的水源。可利用河流、湖泊、池塘和水库作苗圃水源。如无上述水源，要有打井条件。灌溉用水应是淡水，其含盐量以不超过0.1%为宜。水源的水量根据苗圃规模及育苗数量而定，水源最好位于苗圃地上方，以便自流灌溉。

在选择苗圃地前应进行病虫害调查，避免选用有病虫害和鸟兽危害严重的土地。因为在这样的圃地育苗，不仅会降低苗木质量与合格苗数量，而且会增加育苗成本。

二、苗 圃 规 划

苗圃地选定后，为合理利用土地，应根据已有资料，如地图、气象、土壤、地形、水文、病虫害情况、水利等，进行土地合理规划和设计，并按所需生产用地和辅助用地进行合理布局。规划前要绘制出苗圃地平面图。

1. 苗圃生产区规划

将苗圃分区经营管理，根据具体树种育苗的需要，可将苗圃设计为播种苗区、基质装配区、采穗圃区、扦插育苗区、分床苗区、全光照育苗区（炼苗区）等。如科研项目较多的苗圃可设置科研试验区，区与区之间以道路、水渠为界。除播种区及采穗圃对土壤条件要求较高外，其他苗木生产区均无特殊要求，可根据圃地的具体条件进行规划。

2. 苗圃辅助用地设置

大面积苗圃的道路分为主道、副道、步道几种。设计原则既要考虑运输车辆通行方便，又要减少辅助用地的面积。主道是纵贯苗圃中央，车辆运输的主干道，与主道垂直可设计若干副道，步道为小区之间的道路。道路的宽度可根据苗圃的大小和机械化程度确定。一般大中型苗圃主道宽 4～6m，副道宽 2～4m，步道宽 0.5～1.5m。小苗圃不必具备各种规格的道路，在不影响苗木运输的前提下，应尽量缩小规格，提高土地利用率。

在苗圃周围设置防护设施（围墙、篱笆等），可栽植一些萌芽力强、生长迅速、有刺，且没有病虫害的树种作为绿篱，一般种植两行，栽后注意修剪，使之生长紧凑，最高不超过 2.5m。在常有风害的地区，苗圃要设置防风林，防风林应沿垂直主风方向设置，一般为 3～5 行。最好选用生长迅速的树种，采用乔灌木结合的方式，以增强抗风能力。

根据苗圃的大小和人员的多少确定房屋、场院等建筑物及各种设施的规模和位置。房屋建筑应尽量选设在地势高燥、土壤条件较差不适于育苗的圃地边缘。大型苗圃的房屋最好坐落在苗圃的中心处，以利经营管理。

总的来说，按国家规定，苗圃的辅助用地要控制在总面积的 20%～25%以下。

三、排 灌 系 统

苗圃的设置中应特别注意灌溉和排水设施，水源最好位于苗圃地的最高处（可在地势较高处修筑蓄水池）。有条件的苗圃应尽量使用现代化的喷灌设施，这样浇灌的效率高、便于控制灌溉定额，而且占地少，能大大提高土地利用率。

排水设施也不容忽视，如排水不良，造成圃地积水，将会引起严重的涝灾或病虫害、甚至死亡，降低苗木质量和产量。在雨季集中或多雨地区及盐碱含量较高的低洼地，一定要在道路两旁和洼地四周挖设排水沟，以排除雨季圃内积水和灌溉后的尾水。排水沟的宽度视情况确定，一般为 0.5～2.5m，按主沟、支沟和小沟设置。

四、苗圃技术档案

为了便于总结生产经验，提高育苗科学管理水平，苗圃应该建立技术档案。技术档案的主要内容包括苗圃的基本情况、苗木管理技术和科学试验等各项档案资料。

1. 基本情况档案

苗圃的位置、面积、自然条件、社会条件、圃地规划图、固定资产、仪器设备、机器机具、生产工具、车辆及人员等。

2. 管理技术档案

管理技术档案包括苗圃土地利用情况、周期作业计划、苗木的产量与质量指标、育苗成本、各区育苗技术的全过程等。

定期用随机抽样法调查苗木生长情况，为苗期管理提供有效的科学依据。

3. 科学试验材料

包括科学试验的研究方法、田间设计试验结果、原始记录、试验报告（论文）和年度总结等。苗圃档案要有专人记载，年终做系统整理后，由苗圃技术负责人审查存档，长期保存。

第三节　微气候管理

所谓微气候就是指微环境中光、热及水分等的分布情况。在植物的繁殖和培育过程中，如何有效地控制这些要素，对于植物繁育的成败及好坏有着重要影响。本节，将主要阐述该方面有关的一些设备、设施及其使用情况。

一、温　　室

温室有两方面的作用。一，起着辐射过滤器的作用；二，起着遮风避雨的作用。世界各地常见的温室按用途可分为展览温室、栽培温室、繁殖育种温室、试验温室等；按外形可分为单栋温室、连栋温室，倾斜式温室等；按采光材料可分为纸窗温室、玻璃窗温室和塑料薄膜温室。我国自 20 世纪 80 年代中期，温室栽培技术迅速发展，估计目前全国总温室面积约达 4 万 hm^2，北方地区常选用保温性能好的双层充气膜温室，南方地区常选用开敞式可封闭的网室，带外遮阳系统，但目前温室的监控条件与国外发达国家相比，尚有较大差距。

一般来说，温室的建设要考虑的主要因素有质量、规模及性价比等。温室的规模应根据地域条件和种植工艺来综合确定。目前农村地区常用的为简易温室。山区可依托山坡或房屋建造，平原地区多采用土木或砖石建造；覆盖物主要为农膜，有些地区夜间需加盖草毡或棉被；结构主要为立窗式。简易温室也可与蔬菜种植和动物养殖相结合

另外，现在常用的一些较为先进的温室类型有组合式节能日光温室。

二、薄膜覆盖技术

覆盖栽培作为一项集约技术，已经在高效农业中发挥了作用。利用薄膜覆盖，可大大减少因雨水所致的肥料流失，并且可有效地抑制杂草。聚乙烯薄膜是最早在生产中使用的一种薄膜，最初被制作成透明膜和黑色膜，对于提高土温均有很好的作用，对早播、早植和栽培区域的扩大起了积极的作用。这类薄膜的价格比较便宜，在国内广泛应用，但它在夏季使用会导致土温过高，造成苗木发育障碍。为此，开发了许多对土温上升有抑制作用的薄膜，具有代表性的是白黑或银黑双面薄膜。另外，随着覆盖栽培技术的普及，国内市场上还出现了许多具有不同用途的薄膜，如能抑制杂草的薄膜，能使害虫忌避、促进果实着色的薄膜等。

三、化学覆盖技术

化学覆盖技术的主要目的是节水，例如保水剂、抗蒸腾剂等。国外，瑞克·瑞代尔于 1925 年首先开始了单分子膜抑制水分蒸发的理论研究，后被世界有名的胶体化学家 Langmuir 证实，并于 20 世纪 50 年代形成了较完整的单分子膜抑制水分蒸发的理论。20 世纪 40 年代前后，化学覆盖技术的应用试验研究在各国兴起，如澳大利亚、苏联和美国。20 世纪 60～70 年代，日本、美国、印度、苏联等国从理论上深入研究，提出许多新品种的化学膜物质，如表面活性剂加沥青、树脂、塑料等成膜乳剂，但由于合成工

艺困难，成本昂贵，使化学覆盖剂的应用一直停留在研究阶段（傅明权等, 1999）。20世纪70年代初，化学制剂应用于农业节水进入试验阶段，例如，比利时的沥青乳剂取得了显著的改良土壤抑制水分蒸发的效果；英、法、苏联相继研制出了改良土壤、帮助出苗的化学制剂，我国也从该时期开展这方面的研究。

四、电 热 温 床

电热温床，是一种简易快速的育苗设施，已在生产中广泛使用。其优点：温度适宜，比冷床高 3～7 ℃；温度均衡，受外界环境影响小；地温高于气温；苗木质量好，成苗率高；绝对苗龄比冷床育苗要缩短近一年半时间，可减少 50%的苗床管理用工；定植后早期产量可提高 30%～40%，总产量提高 20%以上（李忠群, 1997）。使用电热温床，注意事项：

（1）播种。电热温床中幼苗生长快，播种量宜适当减少；电热温床内土温、气温均较高，苗床内的土壤较易干燥。播种前，床内要浇足底水，一般可分两次浇入，第一次浇后隔 15min 左右再浇第二次，这样幼苗出土之前可以不再浇水，种子可按常规方法进行消毒或浸种，然后均匀地直播在电热温床内。初学播种者为达到均匀下种的目的，可在种子中混合一些细干土再播，而且不要一次播完，应来回播两三次，尽量做到匀播。播种后在种子上均匀地撒上一层厚约半厘米的盖籽土，然后用无纺布或塑料薄膜盖在床面保温保湿。但需特别注意，床温过高时，盖薄膜可能发生烂籽。

（2）加强苗期管理。幼苗出土后，土温应降低 5℃左右，以防徒长。电热温床内温度高，蒸发量大，通风时逸出的水分较多，应及时供给水分。但在出苗后至第一片真叶出现的这段时间内，水分却不能过多，否则会造成倒苗或形成高脚苗。为此，应在床面发白时再浇水，宜轻浇勤浇。

五、灌　　溉

灌溉是育苗过程中的重要环节，其中灌溉时期和灌溉量是主要技术问题。灌溉时期主要根据土壤湿度或植物水分临界期来确定，但要精确确定灌溉时期还需根据植物的生长情况，如叶片水势、渗透势和气孔开度等灌溉生理指标来确定。灌溉量是由苗圃地势、土壤质地、苗木长势、降水量及管理方式等多种因素决定的。因此，在实际应用时，应结合具体情况进行灌溉。

随着人口增加和生产发展，全球性的水资源匮乏越来越尖锐化，节约用水成了人们的共识，高效灌溉成了灌溉工作的主导方向，喷灌、滴灌、微灌等高新灌水技术越来越受到人们的重视，并以较快的速度应用于生产和生态建设中。只有采用自动化灌溉技术，才能真正实现高效、精确灌溉。

第四节　土 壤 管 理

适宜的土壤环境是培育优质苗木的重要因素，有效的土壤管理是提高苗木产量的主要措施之一。土壤管理主要包括土壤物理化学性质及微生物状态的改善。本节将主要讨论整地、配方施肥、菌根、稀土、生长调节剂及化学除草剂的使用等。

一、整　　地

所谓整地就是将土块和板结层破碎，使表层土壤细碎、疏松，创造一个上松下实的土层。苗圃地整地要选择在入冬前或初春进行，整地深浅一致，苗床要平坦。

二、配 方 施 肥

1. 配方施肥内涵及标准

配方施肥是根据植物需肥规律、土壤供肥性能与肥料效应，在施用有机肥料的基础上，提出氮、磷、钾和微肥的适宜用量和比例，以及相应的施肥技术（范富等, 2000）。配方施肥包括“配方”和“施肥”两个程序。所谓“配方”的核心是指根据土壤、植物生长状况的产前定肥、定量。根据目标产量，估算植物需要吸收的氮、磷、钾数量；根据土壤养分测试，确定土壤需要的氮、磷、钾肥料的适宜用量。土壤缺少某一微量元素时，要针对性地适量施用此种肥料。肥料配方必须包括一定数量的有机肥料。“施肥”是根据“配方”确定的肥料品种、用量和土壤、植物特性，合理安排基肥和追肥比例，以及追肥次数、时期和用量。

2. 配方施肥依据

1）植物营养特性

不同植物在整个生育期对营养物质的需求不同，对肥料的反应也不同，因此适时掌握植物营养临界期和植物营养最大效率期是配方施肥的基础。

2）土壤条件

土壤的养分状况、理化性质直接影响着肥料的配比。其中土壤养分含量是重要参考指标，全量养分只是植物营养的物质基础，与植物产量、施肥效果明显相关的是土壤中的有效养分含量；土壤酸碱性也影响着土壤养分的有效性；增加土壤通气性，可以促进有氧呼吸，有利于植物对水分、养分的吸收；土壤水分是肥料分解矿质化的必要条件。

3）气候条件

气候条件影响土壤养分状况和植物吸收养分的能力。高温多雨的地区或季节，有机肥料分解快，可施半腐熟的有机肥料。施用量不宜过大，施肥时间不宜过早；低温干旱的地区或季节，应施腐熟程度高的有机肥料或速效性的化肥，且宜早施。为提高植物的抗寒能力，使其安全越冬，宜增施磷、钾肥料；光照充足的地区或季节，要适当多施一些肥料，以发挥更大的增产作用。

4）肥料特性

在施肥过程中，肥料的养分含量、溶解度、酸碱度、稳定性、在土壤中的移动性、肥效快慢、及有无副作用，均需认真考虑。如有机肥料的养分全、肥效迟、后效长、有改土作用，多用作基肥。化肥的养分浓度大、成分单一、肥效快而短，便于调节植物营养阶段的养分，多用作追肥。铵态氮肥，如碳铵化学性质不稳定，挥发性强，应深施盖土，减少养分损失。硝态氮肥在土壤中移动性大，施后不可大水漫灌，也不宜作基肥施用。而磷肥的移动性小，用作基肥时应注意施用深度，施在根系密集土层中。

3. 配方施肥方法

配方施肥的主要作用是增加产量、培肥地力、保护生态。合理的配方施肥可消除土壤养分不足的状况；避免土壤板结和减少污染；减轻病虫危害。在实践中，主要采用以下几种方法（陈琳等，2012）：

1）土壤肥力指标法

土壤肥力指标法是把肥力施肥量分为 3 级，即“高”不需要施肥，“中”适量施肥，“低”大量施肥。目前有两种确定施肥量的方法：一种是在不同肥力等级土地上进行单因子或多因子肥料试验，然后按肥力等级归纳成效应方程并计算最佳施肥量；另一种是根据多点肥料试验，建立与土测值的函数模型确定不同肥力等级的施肥用量。土壤肥力指标法的优点是针对性强，提出的用量和措施接近当地经验。缺点是有地区局限性，依赖于经验较多。

2）估产测土施肥法

估产测土施肥法原称“目标产量测土施肥法”，是从传统的养分平衡施肥法发展而来的。本法基本原理可由斯坦福（stanford）式子表达：

某肥料需要量=（一季植物总吸收量–土壤供应量）/（肥料中该要素含量×肥料当季利用率）

式中，一季植物总吸收量=植物单位产量吸收量×目标产量。

3）肥料效应函数法

肥料效应函数法是建立在肥料田间试验和生物统计基础上的方法；所得的肥料效应回归方程式可计算出代表性地块的最高产量施肥量、最佳经济效益施肥量等配方施肥参数；对二元、三元肥料效应回归方程式还可分析肥料间的交互效应、边际效应及贡献率等重要信息。本法的优点是直观、准确，能客观反映影响肥效诸因素的综合效果，反馈性好；区域间、植物间的回归方程式具有可比性，起着肥料宏观调控功能。

4）植物营养诊断法

此法是建立在植物营养化学基础上的施肥技术。反映土壤基质中营养物质丰缺的最准确指标应该是植物本身。因此，可用组织液速测和植株组织全量养分临界值作为诊断技术指标。

另外，生态平衡施肥法也有一定的使用范围和实际意义。

三、菌 根 应 用

1. 菌根的种类

菌根菌与植物的根相联系而存在，互为条件形成共生体（杨雪等, 2001）。在生理上是相互协调的整体，并由于共同进化的作用在形态上也有所表现。根据菌根的形态解剖结构，可以把菌根分为外生菌根、内生菌根、内外生菌根及其他的菌根－混合菌根、假菌根和外围菌根等类型。外生菌根是真菌的菌丝体包围宿主植物尚未木栓化的苗头根形成，其菌丝体不穿透细胞组织的内部，仅在细胞壁间延伸、伸展而形成。在外形成菌套，在内形成类似于网格状的“哈蒂氏网”。内生菌根是真菌的菌丝体可以侵入根细胞内，宿主的根部一般无形态及颜色的变化，表面也无特殊的形态变化，难以用肉眼辨别，但内生菌根的四周有松散的菌丝网，菌丝体可以伸入细胞间及细胞内，并形成不同形状的吸器。

2. 菌根的获得方式

欲获得植物菌根生物工程的高效菌种，通常要进行菌根真菌遗传资源的收集与高效菌根真菌的筛选。前者应着重在植物自然分布区进行，为了保证真菌与植物年龄的一致性，达到促进幼苗成活，迅速形成稳定的菌根体系，以在幼龄植物下收集为好。后者需着重考虑一些重要指标来筛选：在根系上迅速定植和侵染的能力；对养分的吸收和向植物输送的能力；对立地的生态适应及持续能力；形成大量繁殖体的能力；与土壤中其他微生物竞争的能力（花晓梅, 2001）。

3. 菌根的功能及作用机制

菌根在苗木繁殖中可起到以下作用：

1）扩大寄主植物根系的吸收面积

菌根菌有密集的菌丝网，可代替林木根毛吸收水分、养分，扩大寄主植物根系对养分的吸收面积，增强寄主植物从土壤中吸收各种矿物营养的能力，特别是对磷的吸收更为显著。尤其是对许多细根和根毛都很少的树种，菌根菌的菌丝就像许多额外的吸收根，增加林木对水肥、有机质和矿物质的吸收能力。

2）菌根菌能产生生长激素

菌根菌能产生各种植物生长激素，如细胞生长素、细胞分裂素、赤霉素、维生素、吲哚乙酸等，这些生长激素在形成菌根之前就能对植物根系的生长发育起刺激作用，从而促进植物生根、萌发和生长。

3）可增强寄主植物的抗逆性

许多菌根菌能耐极端温度、湿度和酸碱度，耐土壤瘠薄和有毒物质，增强寄主植物对不良环境的抵抗能力，提高林木的造林成活率，促进寄主植物生长。有些树种如松树和橡树，种植在缺少外生菌根的土壤上就不能成活或生长不良，必须接种菌根菌后才能成活和正常生长。

4）菌根的其他作用

菌根菌能分解土壤中的有机质，加速土壤养分循环，改善土壤结构，提高土壤中养分的有效性。有的菌根能直接固定空气中的游离氮素，促进植物对碳水化合物的合成，对防止地力衰退，促进林木生长及林业的可持续发展都具有重要意义。

4. 菌根在林业中的应用

1）在树木引种上应用

世界各地在引种松树中，应用菌根菌接种，获得成功的实例很多。在南美洲波多黎各岛于1955年从美国北卡罗来纳的火炬松人工林内取来菌根土并施于1年生的湿地松苗上，引种获得成功。

2）在逆境造林中应用

由于菌根与林木共生，可明显促进林木生长发育，增强林木的抗逆性和抗病性，能大大提高林木在不良环境中的造林成活率，促进林木在逆境中的生长质量。据报道，美国应用菌根土和菌根苗木在大平原的无林地上造林获得巨大成功，尤其在贫瘠土地上或露天矿的废墟上采用菌根化的苗木进行造林效果显著。另外，许多国家的学者还设法应用菌根菌来改良土壤，以减少施用化肥，节约能源消耗和减少土壤污染。如我国用 VA 菌根+根瘤菌对洋槐幼苗进行双接种，使洋槐平均苗高增加数倍，干物质量增加 3～4 倍。在美国用 VA 菌根红花槭在砂地和煤矿废墟上造林获得良好效果。

3）防治林木根部病害

采用菌根菌来防治苗木根部的病害是一种有效手段，某些外生菌根菌（*Boletus edulis*、*Boletus* sp.、*Suillus grevillei*、*Suillus luteus* 等）对植物常见的根部病原菌（*Fusarium oxysporum*、*Rhizoctonia Solani*、*Pythium aphanidermatum*、*Agrobacterium tumefaciens* 等）的生长、繁殖有强烈的抑制作用。如在火炬松幼苗上接种彩色豆马勃形成外生菌根，有效地防治了立枯丝核菌所造成的病害，提高了松苗成活率。

四、稀 土 应 用

稀土是镧系 15 种元素和化学性质相似的钪（Se）、钇（Y）等 17 种元素的统称。世界稀土储量总计约 4 520 万 t，我国 18 个省区有稀土矿，储量达 3 600 万 t，占世界总储量的 80%，其中最大的是内蒙古的氟碳铈矿；广东、江西、湖南和福建主要是离子吸附型稀土矿（蔡秀珍和周有福，1997）。

稀土不是一种肥料，它既不是植物的大量营养元素，也不属于微量营养元素，稀土属于生理生化上的金属激活剂。稀土能调节某些激素的合成或激活某些激素，从而调整植株内某些激素的比例。合理施用稀土能促进植物增产、改良其品质和提高其抗逆性。

1. 稀土在林业上的应用

我国稀土应用研究起步较晚，稀土在农业上的应用始于 20 世纪 70 年代初期，在林业上的应用则始于 80 年代，中国林业科学研究院连友钦等（1995）报道，施用稀土后，马尾松、板栗、杨树等苗木苗高可增加 15%～50%，地径增加 5%～10%；在核桃、枣树花期施用稀土，能较大幅度提高其产量和果实品质。内蒙古林业科学研究院阎德仁等（1996），用 500mg/L 和 2 500mg/L 的稀土溶液浸油松种子 12h 和 24h，其种子活力指数提高了 6.21%～20.99%，发芽率、发芽势分别提高了 3.2%～9.1%和 1.2%～13%，幼苗鲜重及含水量分别提高了 2.9%～8.8%和 3.0%～10.7%；同时，稀土浸种还能提高萌发种子的呼吸速率和过氧化氢酶活性，促进种子可溶性糖的转化，提高种子中氨基酸的含量（蔡秀珍和周有福，1997）。

稀土对树木的生理作用主要表现在以下几方面：稀土可促进根系生长；促进树木的光合作用；降低树木的蒸腾效率，提高树木的抗旱能力。

林业生产上使用稀土的方法有多种，但取得较好增产效果的是叶面喷施、拌种、浸种和割面涂布 4 种。施用稀土的技术要点主要是掌握不同树种的施用量、浓度、施用时期和次数，与常用肥料 N、P、K 的配合及天气的选择等因素。稀土对每一树种的显效范围都有一个施用量最佳区域，反映出常态分布曲线规律，低于最佳区，促进生长不明显，高于最佳区，则有抑制植物生长的可能，甚至引起减产等不良效应。一般选择植物各生长阶段的初期，可以达到促进植物生长的目的。由于稀土对植物生长有阶段性显效的特点，有些植物以多次施用稀土的办法获得提高其效率的目的。

2. 使用稀土应注意的问题

实践证明，植物施用稀土不能代替常规的施肥或其他微量元素肥料，而只是在各种肥料供应正常、配比合理的情况下，才能充分发挥其作用。稀土用在林业方面的时间还比较短，在实践中应根据树种、地区、土壤类型及具体的经营管理条件合理施用。随着稀土应用研究的进一步深入，新型稀土饵料、杀菌防腐剂和植物助长剂不断涌现。稀土的毒性和可能的环境危害不容忽视，对这些问题还需进一步研究。

五、化学除草技术

除草是为苗木生长提供良好的环境条件，是培育壮苗的基本措施之一。人工除草劳动强度大、工作效率低、成本高。化学除草可节省劳力、降低成本。

化学除草剂有很多种类型，主要有选择性除草剂、灭生性除草剂、触杀型除草剂和内吸传导型除草剂 4 种。配制除草剂药液，要先将可湿性粉剂溶在少量的水中，制成母液，然后装半喷雾器水，倒入母液，再加足所需水量，最后混匀喷施。如果可湿性粉剂与乳油混用，则应先倒入可湿性粉剂配成母液，然后倒入乳油，再加水，摇匀使用。

1. 化学除草剂使用方法

（1）土壤处理。在整地后播种前，或播种后出苗前，将除草剂喷、撒或泼浇到土壤上，该药剂施后一般不需要翻动土层，以免影响药效。但对于易挥发、光解和移动性差的除草剂，在土壤干旱时，施药后应立即耙混土层 3～5cm 深。喷施时，一般每亩[①]用

① 1 亩≈667m^2，下同。

药液 30～50 kg。

（2）茎叶处理。植物生长期间使用除草剂除草，应选用选择性较强的除草剂，或在植物对除草剂抗性强的发育阶段喷施，或定向喷雾。一般每亩 30kg 左右，采用常规喷施方法。

（3）涂抹施药。将药剂配制成一定的浓度（常用水溶剂或乳剂）用刷子直接涂抹在植株上，在杂草高于所种植物时，把内吸性较强的除草剂涂抹在杂草上，涂抹施药时，用药浓度要加大。这种施药法工效低，用药量大，一般很少使用，只用于圃地防除伐根萌蘖及苗圃地其他人工难以防除的杂草（陈国海, 2000）。

（4）药土洒施。将湿润的细土或细沙与除草剂按规定比例混匀，配成手捏成团、撒出时能散开的药土，然后盖上塑料薄膜堆闷 2～4h，在露水干后均匀地洒施于苗圃地上。撒药土前，苗圃地要灌适量水，施后保水 7d。

（5）覆膜地施除草剂。播种后每亩喷施除草剂稀释液 30～50kg，然后覆膜。用药量一般比常规用药量减少 1/4～1/3。

2. 化学除草剂使用注意事项

要严格按照规定的用量、方法和适期配制使用；注意天气条件，不宜在高温、高湿或大风天气喷施；喷施时，要注意风向；进行土壤处理时，要耙细整平，喷施均匀，沙壤土的用药量应酌减，黏重土的用药量应酌增。

第五节　病虫害防治

病虫害管理，必须贯彻“预防为主，综合防治”的基本原则。预防为主，就是根据病虫害发生规律，抓住薄弱环节和防治的关键时期，采取经济有效、切实可行的方法，将病虫害在大发生或造成危害之前，予以有效控制，使其不能发展或蔓延，使苗木免受损失或少受损失。综合防治，是从苗木生产全局和生态平衡方面出发，充分利用自然界抑制病虫害的各种因素，创造不利于病虫害发生的条件，合理采取必要的防治措施。按照应用技术和作用原理，苗期病虫害防治可以分为植物检疫、栽培防治、物理防治、生物防治及化学防治等。

一、植物检疫

为了防止危险性病、虫、草侵入蔓延，由国家颁布法令和条例，对植物及其产品在运输过程中进行检疫，发现带有检疫对象的病、虫、草时，采取禁止调入或调出，以杜绝其流传及扩散的措施，称为植物检疫，可分为对内检疫和对外检疫。

二、栽培防治

在培育苗木过程中，必须注意预防病虫害，创造有利于苗木生长健壮、增强抗病性且不利于病虫害侵袭的环境条件，以减轻病虫害。具体措施包括选用抗病虫良种或优良无性系，选用无病虫害感染的育苗基质，科学施肥，合理浇水，控制密度等。

三、物理防治

利用物理的和机械的技术和方法来防治病虫害。具体措施可采用光、温度、电、激光、放射能等物理方法，以及人工拔除病虫感染植株等机械方法。例如，晚上开灯诱杀害虫，温水浸种，土壤基质湿热消毒，翻土日光曝晒等。

四、生物防治

利用自然界存在的有益生物或它们的代谢物来控制病虫害的生长或繁殖，以减轻或控制病虫危害。生物防治包括微生物防治，以虫治虫，以鸟等动物治虫等。如用桉树菌根菌肥，促进桉树苗生长，可增强桉树苗对青枯病的抗性；以白僵菌、Bt（苏云金杆菌）乳剂等防治害虫。生物防治对人畜安全，不伤天敌，不污染环境，且作用持久。

五、化学防治

利用化学农药的毒性防治病虫害，保护苗木正常生长，具有效益高、速度快、广谱、效果好等优点。其缺点是污染环境，伤害天敌，能引起病菌和害虫的抗药性等。了解化学农药对防治对象的致死作用方式，对选择施药方法、施药器械和施药时期有重要意义。

第六节　育苗机械

林业苗圃机械化作业是提高育苗生产效率、降低苗木成本的重要途径，是林业苗圃生产力水平高低的重要标志，也是加快林业苗圃现代化建设的主要环节之一。林业苗圃机械化作业提高了作业质量，为苗木生长创造了良好的条件，促进了苗木生产的发展。目前，我国常用的育苗机械主要有以下种类。

1. 整地机械

在林业苗圃整地作业中，多引用农业通用机械，常用的有熟地型铧式犁、悬挂式圆

悬挂式深耕犁

旋耕机

图 4-1　整地机械

盘耙、旋耕机等。垄作育苗方式采用农业的起垄中耕机，能满足趟沟、合垄、中耕和培土的作业要求。如图 4-1 所示的悬挂式深耕犁和旋耕机是生产中常用的整地机械。

2. 作床机械

作床机是拖拉机悬挂式单项作业机，分为轻型、中型和重型，根据土壤条件选用。作床机能够使旋耕整地和苗床成型一次完成。传动方式分为链传动和齿轮传动两种方式，作床高度可达 200～250mm。

3. 播种机械

播种机械采用条播和撒播的作业方式。一般采用开沟、播种、镇压、覆土联合作业方式。常用的播种机型号有 10 多种，如滚筒手推式播种机、撒播式播种机、条播式播种机等（图 4-2）。由于林木种子几何性状差异很大，且多数种子需经发芽处理后进行播种，如果使用普通播种机则容易碰伤种子。目前精播气吸式精量播种装置等较先进的播种机械可克服该问题。

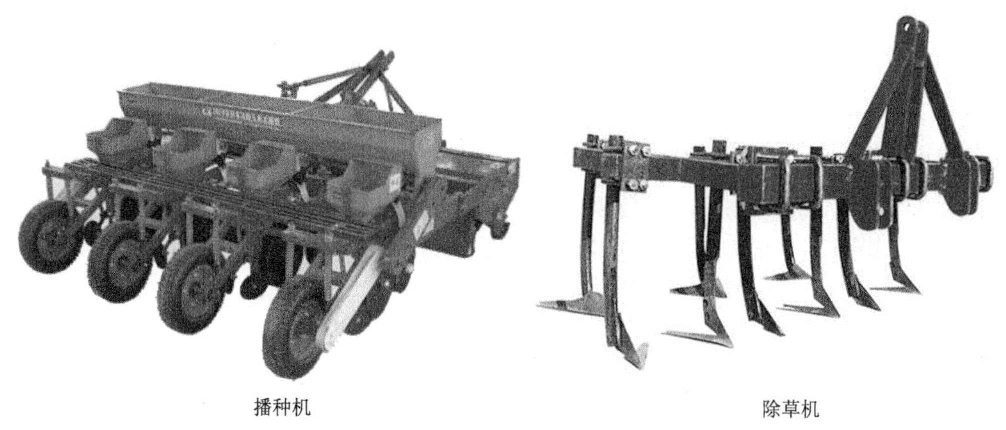

图 4-2　播种及除草机械

4. 中耕除草机械

在林业苗圃的中耕除草作业中，垄式育苗作业采用中耕机进行培垄及行间除草作业（图 4-2）。床式育苗作业仍以手工作业为主，辅以除草剂。

5. 施肥机械

施肥机械包括草炭土粉碎机，装载、运输、撒肥车，液肥喷洒、深层施肥机（图 4-3）。目前，施肥机械在生产中应用比较少，还是以手工作业为主。

施肥机械

喷灌机械

图 4-3　施肥及喷灌机械

6. 喷灌机械

喷灌机械分为两大类，即固定管道喷灌系统（图 4-3）和移动式喷灌系统。目前在大中型苗圃中的推广应用比较广泛。部分苗圃还采用了先进的微机自动控制喷灌系统，而山区小型苗圃则多采用移动式喷灌系统和机引多用喷灌车。

7. 病虫害防治机械

林业苗圃病虫害防治机械包括苗木病虫害防治机械和土壤病虫害防治机械。苗木病虫害防治主要采用农用喷雾机（图 4-4）、喷粉机和背负式弥雾喷粉机。土壤病虫害防治主要采用撒药后与农用旋耕机整地同时进行的方式，以达到预防的作用。将药直接施撒到地下犁底层部位的专用机械正在研制和改制中。

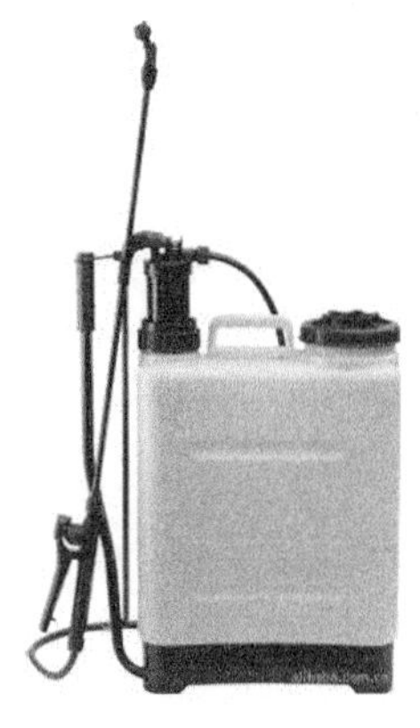

农用喷雾机

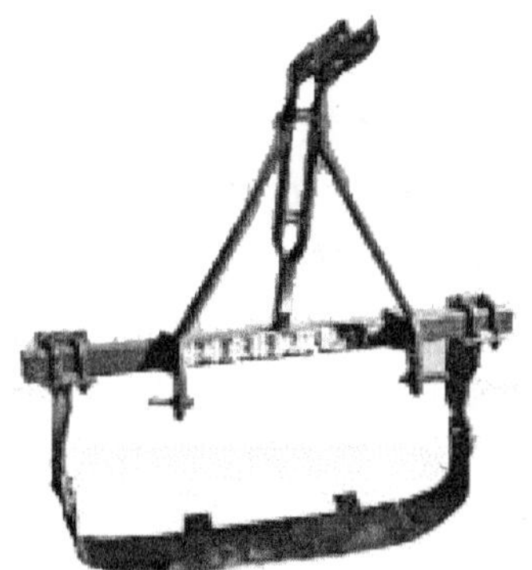

床式起苗机

图 4-4　农用喷雾机与起苗机

8. 起苗机械

林业苗圃起苗作业机械化程度较高，在大中型苗圃基本全面普及应用。起苗机械分为垄式起苗机和床式起苗机（图 4-4）两种类型，垄式起苗机中还配有碎土装置，床式起苗机分为拉刀式和拉力震动式两种类型。

9. 切根机

苗木切根作业可以促进苗木侧根和须根的生长，并能控制苗木的长势和二次生长，提高苗木移栽和造林的成活率。由于起步较晚，20 世纪 80 年代后期，部分大中型苗圃才开始使用林业苗圃专用横动式切根机。其结构简单，性能可靠，切根深度可以调整。

10. 苗木移植机与插条机

根据苗圃育苗方式，苗木移植机械分为垄式移植机和床式移植机，可一次连续完成开沟、投苗、覆土、镇压和平整床面作业。垄式移植机又分为垄式插条作业和移植苗木作业。插条机主要用于培育杨树苗。

11. 覆土防寒机与撤防寒土机

由于气候等因素，在北方一些较为寒冷的地区，冬季需进行覆土防寒和防生理干旱作业。苗木覆土防寒机改变了以往手工用锹培土防寒的作业方式，大大节约了劳动力。一些北方林业苗圃在春季还需进行撤防寒土作业。20 世纪 80 年代后期，开始使用机械作业撤防寒土，其主要采用风力式作业方式。

参 考 文 献

蔡秀珍, 周有福. 1997. 稀土在福建省林业生产中的应用研究. 福建林业科技, 24(2): 35～37

陈国海. 2000. 苗圃化学除草实用技术系列报道. 林业科技通讯, (7): 31～32

陈琳, 曾杰, 贾宏炎, 等. 2012. 林木苗期营养诊断与施肥研究进展. 世界林业研究, 25(3): 26～31

杜军, 王怀彬, 杨励丹. 2000. 温室微气候及其供热技术研究发展现状. 农业系统科学与综合研究, 16(2): 135～138

鄂立柱, 张举梅. 1996. 植物生长调节剂应用的理论与实践. 黑龙江农业科学, (4): 47～51

范富, 李绍军, 纪艳, 等. 2000. 配方施肥研究展望. 哲里木畜牧学院学报, 10(3): 69～75

傅明权, 李倩, 杨静. 1999. 表面活性剂在农业节水中的应用. 日用化学品科学, (4): 34～37

傅松玲, 刘胜青. 1996. 容器育苗质量问题及其对策. 安徽农业大学学报, (1): 79～81

花晓梅. 2001. 林木菌根生物工程. 世界林业研究, 14(1): 22～29

李忠群. 1997. 电热温床制作技术.农村新技术, (9): 31

连友钦, 郑槐明, 邓明全, 等. 1995. 林业应用稀土的技术与展望. 林业科学, 31(5): 453～458

林继雄, 褚天铎. 1998. 测土配方施肥技术. 土壤肥料, (5): 19～23

潘瑞炽, 王小菁, 李娘辉. 2011. 植物生理学. 北京: 高等教育出版社

宋亚英. 2001. 电热温床的设计与应用. 农村实用工程技术, (10): 11

阎德仁, 张连弟, 刘永军. 1996. 稀土对油松种子萌发和内含物转化的影响，内蒙古林业科技, (3～4): 47～49

杨雪, 张龄祺, 刘吉开. 2001. 菌根研究进展简述. 云南大学学报 (自然科学版), 23: 85～87

俞宏军, 李保明, 尹建锋. 2001. 温室工程建设质量控制 (二) 一温室的选择. 农村实用工程技术, (2): 9～11

第五章 种子繁殖

种子繁殖是大多数木本植物天然更新的主要手段之一，也是人工育苗、造林的物质基础。种子繁殖一次播种可获大量苗木，且种子采集、贮藏、运输方便。

第一节 种子选用原则

选用品质优良的种子是培育壮苗的基本前提，用优质种子培育的苗木抗性强，能缩短林木生长周期。优质种子应具备两个基本条件：一是遗传品质好，用它培育出的苗木抗逆性强，造林后生长快，容易实现造林目标；二是播种品质好，即种子发育健全、纯净、饱满、发芽率高、生命力强、无病虫害。两者相辅相成。

选用种子时应首先考虑当地良种，因为地方种源适应性强，育苗成活率高，幼苗生长也好。同时容易及时获得新鲜且数量足够的种子，节约运输成本，经济上合算。

在当地种子数量不足或遗传品质差的情况下，可以考虑外购种子。由于各树种在其自然分布区域长期受当地自然环境的影响，形成了特有的遗传性状。即使是同一树种，不同产地种子的造林成活率、林木生长量、林木的抗逆性等也会不一样，因此调拨种子一定要慎重：①一般来说，树木对高温的适应性比对低温的适应性强，对高湿度比对干旱的适应性强，因此在我国从北向南、从西向东调拨种子的范围可大些，反之则要小些。②山区调拨种子，要考虑因海拔升高气候条件也随之明显改变的因素，一般从高海拔向低海拔调拨种子的范围可大些，反之则小些。

地区间的种子调拨，特别是国家之间的种子往来，必须遵守植物检疫条例，以减少病虫害的危害与传播。

第二节 种子采集、加工与贮藏

种子的采集、加工与贮藏需要遵守国家标准《林木采种技术》（GB/T 16619）和《林木种子贮藏》（GB/T-10016）及相关技术规范。

一、种子采集

1. 确定采种林分

采种林分包括种子园、母树林、一般采种林和临时采种林。理想的采种林应该是：①具有相似遗传结构的群体；②可生产足够的种子；③具有明确的地理边界。

群团和散生的优良母树亦可采种。禁止从劣质林分采种。

2. 选择母树

选择立地条件好、生长均匀、树型良好、成熟或近熟的壮龄健壮母树采种，避免在过熟木、天然异花传粉树种的孤立木、病虫害木、品质低劣木上采种。

3. 采种时间

采种的季节性很强，要获得充足的优质种子，必须掌握各树种种实成熟和脱落的一般规律，做到适时采种。采集过早，种子尚未充分成熟，调制困难，不耐贮藏，发芽率低，培育的苗木纤弱；采收过晚，种子将脱落飞散，或遭鸟、兽、虫害，降低品质，减少产量。

种子成熟包括生理成熟与形态成熟，当种子发育到一定大小，内部营养物质积累到一定数量，具有发芽能力时，称为生理成熟。生理成熟的种子，含水量高、内部物质处于易溶状态，种皮不致密，保护能力较差，内部物质易渗出种皮而遭受微生物的危害，采后种仁易收缩而干瘪，不耐贮藏。当种子完成胚的生长发育过程，种实的外部形态呈现成熟时的固有特征时，称为形态成熟。此时种子含水量低，内部生物化学变化基本结束，开始进入休眠；种皮致密坚硬，抗害力强，种粒饱满而具有特定的色泽与气味。

采种人员必须有能力鉴别成熟种子，一定要采收形态成熟的种子。

4. 采种方法

常用采种方法包括地面收集落果（落种）、植株上采种、伐倒木上采集果实或种子等。不管采用哪种方法，都应事先做好计划，备好工具，组织好培训。采收时要注意安全，保护好母树林或采种母树。

5. 采种注意事项

采种要做好采种记录，做好包装，贴好标签，及时组织调制和调运工作，以保证种子质量。

对装有新鲜果实或球果的容器必须小心堆放，以防发热和长霉。容器内部和周围环境一定要通风良好。在松散堆积的果实堆里插入木条，或经常翻倒，以改善通风状况。还必须有防雨、防高温、防病虫鼠害等措施。

种实运输时的容器（如麻袋、木箱）要透气。如果种实在容器内放置时间较长，不要装得太满，以利通风和果实开裂。不耐贮藏的种实，必须保持低温、湿润，需要选用塑料袋等能防止干燥的容器。数量多、运输距离短的单一树种和种源的种实，可以不装入容器直接运输。为降低运输成本，需对新鲜种实进行初步干燥、去杂等工作。

二、种 实 调 制

种实调制也叫种子加工。主要包括种实的干燥、脱粒、净种、分级。种实采集后必须尽快调制，以免发热、发霉，降低种子播种品质，甚至全部受损而造成严重浪费。

1. 脱粒前的作业

脱粒之前需要除去树皮、枝叶等杂物，可机械除杂或人工除杂。有些树种（主要是闭合果）不需要脱粒，干燥、去杂后即可贮藏或播种，如榆属、槭属可以用带翅的果实播种。无法及时脱粒的种实，需要在干燥、阴凉、通风良好的地方贮藏。

2. 种实脱粒

脱粒就是从果实中取出种子。由于果实种类繁多，脱粒方法也多种多样。

1）球果类脱粒

为避免种粒散失，采种时通常采集尚未开裂的果实。只有种鳞干燥开裂后，种子才能脱出。不同树种的球果开裂难易程度不同，干燥方法也不一样，通常采用自然干燥法和人工干燥法。

自然干燥法即摊放晾晒，将球果放置在通风的室内，薄层摊放，保持空气全面流通。能经受高温的球果可在太阳光下晾晒，要频繁翻动，以促进均匀干燥、开裂及种子脱离，注意防雨、防鸟。

人工干燥法主要是用热空气干燥种子，关键是控制温度、湿度。如种子烘干加工厂。

2）肉质果脱粒

肉质果极易发酵腐烂，需及时处理。肉质果脱粒，先用水浸，勤换净水，果肉软化后捣碎果肉，水冲，漂出果皮果肉，将种子晾干。果皮较厚、不容易捣碎时，采后可以堆积起来，浇水后盖上草帘，待果皮软化腐烂与果核分离后，搓去果肉，反复水洗，捞出种子晾干，迅速阴干、贮藏，切忌在太阳下曝晒。大量处理肉质果类种子时，可采用脱粒机或压果机。

3）其他果实脱粒

含水量较高的坚果采集后及时水选或粒选，除去虫蛀粒，摊在阴凉通风处阴干。颗粒较小的坚果，晒干后用木棒轻打取出种子。

大粒蒴果，含水量较高，不宜曝晒，可先堆沤一段时期，再剥出种子。种子细小的蒴果，可晒至微裂后，收回室内晾干脱粒。含水量高且种粒细小的蒴果（如杨、柳），一般不宜曝晒，采摘果穗后，立即放进通风、凉爽、干燥的室内，慢慢阴干，严防发热。

自然不开裂的荚果，因种皮保护力强，可直接曝晒，并敲打使之脱粒。

干果中的闭合果，由于果皮与种子不易分离，一般不进行脱粒处理，生产上常播果实。

3. 净种与分级

净种即清除劣质种子及各种夹杂物，以提高种子净度，有利于贮藏和播种。常用方法有风选、筛选、水选、粒选等。

种子分级是根据净度、发芽率（或生活力或优良度）、含水量等指标进行种子等级划分（GB7908），种子分级对育苗、造林都有重要意义。

4. 种子干燥

适宜的水分是种子保持生命力和耐贮藏的必要条件。种子的安全水分（安全含水量）是指保证种子安全贮藏的种子含水量范围。几种林木种子的安全含水量见表5-1。在临界水分以下，一般认为可以安全贮藏。临界水分是指当游离水出现后，种子中的水解酶由钝化状态转变为活化状态时的种子水分。对每种种子来说，临界水分是相对稳定的（胡晋，2006）。种子安全含水量也适用于种子收购、运输及临时贮藏。

种子含水量过高，呼吸作用加快，不但消耗贮存物质，降低种子品质，还可引起种子霉烂变质。因此对含水量高的种子，脱粒去杂后还要进一步干燥。如采种后立即播种时，则不必干燥处理。

表5-1 几种林木种子安全含水量（%）

树种	安全含水量	树种	安全含水量	树种	安全含水量
白蜡	11	黄连木	10	柠条锦鸡儿	9
文冠果	11	内蒙古岩黄芪	10	沙棘	9
白皮松	10	沙枣	10	小叶锦鸡儿	9
侧柏	10	山荆子	10	白榆	8
臭椿	10	山桃	10	枸杞	8
刺槐	10	山杏	10	山楂	8
杜梨	10	羊柴	10	梭梭	8
黑松	10	油松	10	旱柳	6
胡枝子	10	圆柏	10	毛白杨	6
花棒	10	紫穗槐	10	小叶杨	6

注：摘自GB 7908林木种子质量分级。

种子干燥方法有晒干和阴干两种。一经干燥便很快脱水、容易丧失生命力的种子，以及种皮薄、粒小、成熟后代谢旺盛的种子，应采用阴干法。其他种子可用晒干法。

三、种子贮藏与运输

除杨、柳、榆等少数树种可以随采随播外，大多数乔木、灌木树种是秋采春播，因此必须经过越冬贮藏。很多树种有明显的结实周期性，应在丰年多采种，贮藏起来，以备歉年育苗造林之用。因此，林木种子的贮藏，具有重要的实践意义。

1. 种子贮藏

低含水量、低温和低氧是种子贮藏条件的重要组成部分，三者之间相互影响，相互制约。其中，温度与湿度是影响种子贮藏寿命的关键因素。

种子的贮藏方法，可分为干藏和湿藏两大类。安全含水量低的种子，都适于干藏。

干藏又分为普通干藏和密封干藏。

普通干藏法是将干燥处理后的纯净种子，装入适当的容器内，放在经过消毒的低温、干燥、通风、阴凉的贮藏室里。易遭虫蛀的种子，可用石灰粉、木炭屑等拌种，用量为种子重量的 0.1%～0.3%。贮藏之前对贮藏的场所要进行消毒。贮藏期要定期检查种子情况，注意防止种子发热霉变、虫蛀。

密封干藏法是将经过精选和干燥的种子，装入消毒过的玻璃、金属或陶瓷容器中（不要装得过满），容器内可放入干燥剂（氯化钙、生石灰或木炭等），然后加盖，并用石蜡或火漆等密封，即可放入种子库或贮藏室内。也可用双层塑料袋代替容器，把种子装入袋内，放入干燥剂，热合封口。

2. 种子的包装和运输

种子运输前应进行包装。不同树种的种子，需采用不同的包装。大多数种子可直接装入麻袋、布袋等，但不宜装得太满、压得过紧。安全含水量高的大粒种子，可装在筐篓或木箱中运输，应分层放置，每层厚度不超过 8～10cm，层间用秸秆（或泥炭藓、锯末）隔开，避免发热发霉。

在运输途中，应尽量缩短时间。温度和湿度高而不稳定，是运输期间种子丧失生活力的主要原因，因此运输途中要防止种子受潮、发霉、曝晒、雨淋、受冻、受压。

第三节　林木种子检验

种子检验是检验种子的播种品质，是种子技术的核心，更是育苗成功的基础。种子检验应当执行国家标准《林木种子检验方法》（GB 2772）国际种子检验协会（ISTA）制订的种子检验规程，每 3 年修订一次，可供参考。

种子检验规程：①可提供测定种子样品品质的正确方法，使种子检验员在不同检验室进行检验的结果一致；②尽可能使检验室的结果与大田播种表现相吻合；③尽可能地缩短检验时间、降低检验成本。种子检验的项目包括净度、千粒重、发芽率、生活力、优良度、含水量等。种子检验要有重复，否则无效。

一、样品的准备

抽样是种子质量检验中非常重要的一环，样品一定要有代表性，必须严格遵守抽取种子样品的技术规定。

1. 种批

种批又称种子批，是指同一树种或品种，同一采种林分，采种时间和方法大致相同，种实的调制和贮藏方法相同，不超过一定重量的种子。

为保证每批种子的送检样品具有代表性，GB 2772 规定了每一批种子的重量限额，超过限额的 5 %则应另划种批。

2. 样品的抽取

在抽样前要了解该种批的采收、调制、贮藏等情况，按规定提取送检样品与含水量送检样品①。送检样品要按种批做好标志，防止混杂。在规程中没有列出的树种，样品以含有2500粒种子为宜；如果只测定发芽率，种子可少到600粒（Karrfalt, 2002）。

3. 送检样品的包装与发送

送检样品用木箱、布袋等容器包装。供测定含水量用的送检样品，要装在防潮容器内加以密封。加工时种翅不易脱落的种子，需用木箱等硬质容器盛装，以免因种翅脱落增加夹杂物的比例。

送检样品包装后，要尽快连同种子采收登记表和送检申请寄送种子检验单位。

4. 样品的保管

种子检验单位收到送检样品后，要登记、编号，并从速检验。一时不能检验的样品，需存放在适宜的场所。

二、种子检验方法

检测仪器的选用，参考国家标准《林木种子检验仪器技术条件》（GB 10017）。

1. 种子含水量

种子含水量是指种子中所含水分的重量占种子重量的百分比。测定种子含水量能为妥善贮藏和调运种子时控制种子含水量提供依据。

种子含水量的标准测定方法是低恒温烘干法（GB 2772）：将样品开封，迅速混合，去除杂物，称重后置于（103±2）℃烘箱内 17±1 h，最后计算种子含水量。样品含水量测定需2次重复，2次测定结果误差不超过0.5%。

含水量（%）＝(测定样品烘干前重－测定样品烘干后重)/测定样品烘干前重×100%

2. 种子净度

种子净度是指纯净种子重量占测定样品总重量的百分比。净度是决定播种量的主要依据。

纯净种子包括如下几种情况：①发育正常，完整而未受损伤的种子；②发育不完全，但不能确定其为空粒的种子；③虽已破口或发芽，但仍具发芽能力的种子；④带翅的种子中，凡种子调制时种翅容易脱落的，其纯净种子不包括种翅；凡种子调制时种翅不易

① 送检样品（submitted sample）是指送往检验机构，供检验种子质量各项指标用的种子样品；它是按照规定的方法和规定的数量，从混合样品中分取一部分以供检验用的种子；其数量要大于检验种子质量各项指标所需数量的总和，即应为净度检验样品量的4倍以上。1个种批应抽取2个送检样品，其中1个送检，1个妥善保存，以备复验。测定样品（testing sample）是指从送检样品中分取一部分种子样品，供测定种子质量的某些指标（如净度或千粒重等）用的种子样品。

脱落的，则可不必除去种翅也可算作纯净种子。

其他植物种子是指分类学上与纯净种子不同的其他植物种子。

夹杂物包括土块、石粒、树枝、树叶、昆虫、能明显识别的空粒、腐坏粒及已萌芽显然丧失发芽能力的种子，严重损伤的种子及无种皮的裸粒种子等。

净度（%）＝纯净种子重/(纯净种子重+其他植物种子重+夹杂物重)×100%

3. 种子重量

一般用“千粒重”来表示种子重量，指气干状态下 1 000 粒纯净种子的重量，单位通常为 g。千粒重能说明种子的大小、饱满度。在同一树种中，千粒重越大，说明种粒大而饱满。

百粒法：从纯净种子中随机数出 100 粒，重复 8 次，分别称重。计算变异系数。变异系数＝标准差/8 组的平均重×100，一般种子变异系数不超过 4.0，种子大小悬殊时变异系数不超过 6.0 时，测定有效，可根据 8 个重复的平均数计算。

全量法：若纯净种子少于 1 000 粒，即可将其全部种子称重。

4. 种子发芽测定

种子发芽率（或种子发芽能力）是指在适宜条件下，种子发芽并长出幼苗的能力。它是种子播种品质的最重要指标。

具体操作方法如下。

1）提取测定样品

发芽测定所需样品应从净度测定后的纯净种子中提取。用四分法将种子分成 4 份，从每份中随机提取 25 粒组成 100 粒；共取 4 个 100 粒，即为 4 次重复。种粒大的以 50 粒或 25 粒为 1 次重复。样品数量有限或设备条件不足时，可采用 3 次重复，但应在检验证书中注明。特小粒种子用称量发芽法，以 0.1～0.25g 为 1 次重复。

2）测定样品的预处理

一般可用始温 45℃水浸种 24h。发芽困难的树种可参照 GB 2772 进行预处理。如果采用其他方法，应在检验证书中注明。

3）发芽器具和基质

发芽测定可采用培养箱或光照发芽器。发芽基质一般用滤纸、纱布、脱脂棉或海绵，也可用河沙（沙粒直径宜为 0.05～0.08mm）或蛭石等作发芽床。所有器具、材料都要用高温或甲醛溶液灭菌。河沙和蛭石不宜反复使用。

4）置床和管理

将每个重复的样本放入一个有编号的器皿中。种粒排放应整齐。种粒之间保持一定的距离，以免发芽后根系相互缠绕。每天检查水分和温度状况。轻微发霉的种子，可拣出用清水冲洗，冲洗后放回发芽器皿中。发霉种粒较多时，要及时更换发芽床和发芽器皿。

5）发芽环境控制

种子萌发存在最适温度，温度过高、过低都会影响发芽率。不同树种的发芽最适温度不同，通常在20～30℃之间。变温一般能促进种子萌发。

发芽床要保持湿润，但水分不宜过多。一般地，纸床的水分以种粒周围不形成水膜为宜，沙床的含水量以饱和含水量的60%～70%为宜。

发芽时种子呼吸强度大，因此要保证通气良好。如果通气不良，二氧化碳积累达到17%时会抑制种子发芽，达到35%时种子会窒息而死；还容易导致种子发霉。

除少数忌光种子之外，发芽试验时每天要给予8h的光照（强度750～1250lx，自然光或冷白色荧光）。

6）观察和记载

要定期观察发芽情况，并按规定内容详细记载。种子发霉和发芽条件异常波动等，也应及时记载。

（1）正常幼苗：表现出具有潜力，幼苗基本结构都出现且能在适宜环境条件下继续生长成为合格苗的幼苗。

（2）不正常幼苗：幼苗基本结构不完整或不正常，如胚根短、生长迟滞、异常瘦弱、子叶先出等。

（3）腐坏粒：内含物腐烂的种粒。

7）发芽的持续时间

发芽测定天数自置床之日起算。若测定样品的发芽过程已经终结，可在规定的时间以前结束测定。反之，到规定的结束时间，仍有较多种粒萌发，也可酌情延长测定时间。发芽率测定的实际天数，应在检验证书中注明。

8）结果统计

发芽测定的结果用发芽率表示。发芽测定结束时，分别统计各次重复中正常幼苗的百分率。检查各次重复间的差异是否为随机误差：如果各重复中最大值与最小值的差距没有超过容许范围，就用各个重复的平均数作为该次测定的发芽率。平均数计算到整数。

对未发芽粒的鉴定。测定结束时，应分别将各次重复的未发芽粒逐一切开，统计空粒、涩粒、硬粒、新鲜未发芽粒和腐坏粒的平均百分数。其中，空粒指仅具有种皮的种粒；涩粒指种粒内含物为紫黑色的单宁类。采用称量发芽法时，测定结果用每克测定样品中的正常幼苗数表示（株/g）。

9）重新测定

具有下述情况之一时，应进行第二次测定。①各重复之间的最大差距超过容许误差；②预处理的方法不当或测定条件不当，未能得出正确结果；③发芽粒的鉴别或记载错误而无法改正；④霉菌或其他因素严重干扰测定结果。

5. 种子生活力的测定

生活力是指种子潜在的发芽能力，以有生活力的种子粒数占供测定种子总粒数的百分率表示。有些树种种子的实验室发芽率与其田间表现不一致，或由于采用发芽实验耗时长（特别是休眠期长的树种），而又急于在短期内鉴定种子生活力，这就需要进行种子生活力检测。若操作正确，测得的种子生活力同发芽测定的数据很接近。

我国 GB 2772 采用四唑法和靛蓝法。四唑法是国际种子检验规程认可的方法。

6. 种子优良度测定

种子优良度是指优良种子粒数占供测种子总粒数的百分率。优良种子一般是指种粒饱满，胚和胚乳发育正常，呈现该树种新鲜种子特有的颜色、弹性和气味，用解剖、挤压等简便方法判断。此法只适用于种子采集加工、收购等的快速检测。

7. 检验结果的解释与应用

实验室发芽率总是高于场圃发芽率。优质种子的场圃发芽率和实验发芽率接近，随着种子品质的下降两者之间的差异增大。如果场圃发芽率超过实验室发芽率，表明实验室测定方法需要改进。

种子检验结果还用于制订种子贮藏计划。如果种批的生活力较高，适合贮藏，否则需要立即播种。

第四节　种子预处理

温带大部分树种的种子存在休眠现象，沙区树种也不例外。休眠会造成发芽参差不齐、苗木大小各异。

种子预处理，能打破种子的休眠，显著提高场圃发芽率，使幼苗出土整齐，缩短出苗期，并提高苗木质量和合格苗产量。

种子的预处理方法有多种，如水浸、激素处理、酸处理、擦伤、贮藏、高温层积和低温层积等，需根据种子休眠的类型、容许的处理时间、安全性、经济条件等多种因素来选择。

一、 外源性休眠种子的催芽

外源性休眠种子是由于种皮不透气或种皮抑制物等非胚因素，抑制了种子萌发。外源性休眠种子常具有硬角质层种皮，如许多豆科树种。

1. 水浸处理催芽

温水浸种法：用 45℃左右的水浸泡种子，用水量约为种子体积 2～5 倍，缓慢搅拌使之自然冷却，再继续浸种 1～3d（有些种子需 5～7d），种子便可逐渐吸水膨胀。待 60%的种子露白后即可播种。

热水浸种法：把种子浸入 80～95℃水中，待自然冷却后再继续浸种 12～24h，种子便可逐渐吸水膨胀，即可播种。要防止过热而杀伤种子，千万不要煮种子。该法效果不稳定，特别是最佳的处理温度和处理时间依树种不同而异，很难准确控制。此法不适合处理大批量种子。

逐次增温浸种法：刺槐等硬粒种子采用逐次增温浸种效果很好。先用 60℃热水浸种，自然冷却浸泡 24h，选出吸胀的种子。余下种子用 80℃热水浸种，自然冷却 24h，选出吸胀种子；未吸胀种子再用同法浸种 1～2 次，大部分硬粒种子都能吸胀。每次选出吸水膨胀种子，放置温暖处催芽。待种子约有 1/3 裂嘴露出白色根尖时，即可取出播种。

2. 擦伤种皮催芽

大粒种子和较难处理的种子，在播种之前把每粒种子的种皮切开或扎出、挫出一个小孔，有利于种子萌发。这种手工处理种子的速度很慢，如果预先辅以水浸处理，可以提高催芽效率。

如果处理大量种子，则可利用机械磨损方法，国外常用此法。即把种子与砾石或沙子混合，置于混凝土搅拌机中翻滚搅拌；或把种子置于用磨蚀材料（如砂纸、水泥或碎玻璃）衬里的特制滚筒中翻搅。此法不适用于多树脂和多汁液的种子，容易阻塞机械。

3. 酸处理催芽

浓硫酸浸种催芽是快速处理种皮无透性种子的一种常用方法。对一些树种，它比热水处理更有效。

不同种批之间，甚至大多数树种的单株之间，种皮的坚硬程度都不相同，因此在每个种批处理之前，要取出小部分样品进行酸蚀试验，然后在室温条件下把种子浸入水中 1～5d（随树种而定）。以种子膨胀率高而又没有明显伤害的浸酸处理时间为最适处理时间。处理得当的种子，种皮暗淡无光，且没有很深的坑洼。新鲜种子酸蚀处理时间较短，而贮藏种子的处理时间较长。

酸蚀种子的步骤：①种子充分混合后浸入酸中，要保证种子都被酸淹没，并保证一定的时间，小心地搅拌以缩短时间和处理均匀；②把种子从酸中移出，用冷水迅速彻底冲洗 5～10min，除去种子上的残酸，开始水量要充足，在冲洗时小心搅动种子；③把种子摊成薄层风干。

经过上述处理的种子，便可置于 20℃左右条件下进行催芽。种子数量少，可将种子放在通气透水良好的筐、篓、蒲包或瓦盆里；大量种子可直接将种子堆放在温暖干净的土地或砖地上面（种堆不宜太高，一般为 30～50cm）。种子上面盖以通气良好的湿润物，每天用洁净温水（40℃左右）反复淋洗几次。经这样处理，种子 2～10d 就可露白。当露白种子达到 20%～30%时，即可播种。

二、内源性休眠种子的催芽

内源性休眠种子是由于胚的因素抑制了种子的萌发，常见的催芽方式有以下几种。

1. 低温层积催芽

低温层积催芽就是把种子与湿润物混合或分层放置在低温条件下，促使种子萌发。该法适用的种子很广泛，对于内源性休眠的种子有效。可以软化种皮、增加透性，调节种子内源激素的平衡（如脱落酸与赤霉素），不仅能解除生理休眠，而且能降低种子发芽对光照和温度的要求，提高种子发芽率和整齐性。

低温层积催芽时，要保证种子有充足的水分来源、低温和足够的通气性。间层物以湿沙、泥炭、蛭石等比较理想。间层物的湿度要控制在饱和含水量的60%左右，即用手能握成团而又不滴水的程度。对于干藏的种子，催芽前要浸种。温度应控制在 0～5℃，少数树种为 6～10℃。层积催芽还必须有通气设施，如秸秆、竹笼、钻孔木箱等，以利氧气的进入和二氧化碳的排出。

层积催芽的时间很重要。如果层积时间不够，则达不到催芽效果。树种不同，要求的层积催芽时间也不同。

播种前 1～2 周要检查种子的催芽效果。如种子大量发芽，要立即覆盖、遮荫或移到地窖内，以便降温，控制萌发；种子如果尚未裂嘴，可转移到温暖处进行高温催芽（20℃左右），种子厚度 5～10cm；对未达到催芽效果的樟子松等针叶树种子，可置于阳光下晒数小时乃至数日，既可催芽又可杀菌。待 1/5～1/3 种粒裂嘴露白时即可播种。

2. 混雪催芽

混雪催芽实质上是一种特殊的低温层积催芽。此法在汉代和北魏的农书中就有记载。有些地区对樟子松、落叶松、云杉等种子采用混雪催芽，效果极好。具体做法是：土壤冻结前挖沟，在沟底铺塑料布或席子，其上铺雪 10cm，再放入混雪种子（体积比为 1∶3）；混种前要消毒和浸种。播种前 1～2 周取出，待雪融化后，使种子在雪水中浸泡 1～2d，再在 20℃高温条件下催芽。

3. 高温层积催芽

高温层积催芽是指将浸水吸胀的种子放在高温（20～30℃）条件下进行催芽。催芽期间，保持适宜的水分和通气条件，经过一定的时间后，种子即可发芽。高温层积催芽适用于强迫休眠种子，催芽效果一般比水浸催芽好。

4. 变温层积催芽

变温层积催芽是指用高温和低温交替进行层积催芽。有些树种用变温催芽需要的日数少，催芽效果也好，如文冠果、沙枣、白蜡树等。圆柏种子只有在先高温后低温的变温层积下，才能获得较好的催芽效果。具体做法：将种子用温水（45℃）浸种 3～6d，与湿沙混合，经过高温（25℃左右）处理 1～2 个月，再经低温（2～6℃）处理 2～3 个月即可。注意每 6～8h 翻倒一次。

5. 药剂浸种催芽

药剂浸种催芽是指用营养元素、微量元素（锰、锌、铜等）和植物生长调节物质（赤霉素、萘乙酸、吲哚丁酸等）溶液浸种，以解除种子休眠、促进种子萌发的方法。药剂催芽虽然有效，但使用不当会给生产造成重大损失。必须注意，药剂浸种催芽，浓度不宜过大，时间不宜过长，温度不宜太高。

经过其他方法催芽的种子，不宜采用药剂处理，因为湿种子对药剂敏感，很容易受到伤害。

三、复合性休眠种子的催芽

温湿处理再加冷湿处理，可消除复合性休眠。可先用温湿处理消除形态休眠，之后再用冷湿处理消除生理休眠。

如果有些树种在温湿处理期间，胚根即将发芽，但上胚轴还未开始发芽，这时可先采取温湿处理，之后再冷湿处理，才能促进种子理想发芽。

第五节 播种苗培育

一、苗 床 准 备

苗床的种类有高床、平床、低床 3 种。不论高床或低床，苗床的宽度通常 1～1.3m，步道宽 30～50cm。苗床长度视地形而异，苗床的方向通常为东西向，使苗床受光均匀，便于遮荫。在坡地上筑床，为防止水土流失，应使苗床长边与等高线平行。

高床的床面比步道高 20～30cm，整地后取步道土壤覆于苗床上。高床可促进土壤通气，增加土壤温度和土壤厚度，便于排水和侧方灌溉。

平床的床面与步道等高，因为踩踏的原因，步道会比床面略低一些。

低床的床面比步道低 10～20cm，步道为田埂状。为了保蓄雨水，便于引水灌溉，使苗圃地土壤经常保持湿润状态，常修筑低床。

二、播种期的确定

适时播种关系到苗木的生长发育和对恶劣环境的抵抗能力，是培育壮苗的重要环节。播种期必须根据树种特性和苗圃的自然条件来决定。

1. 春播

春播在生产上应用最广泛。春季一般土壤较湿润，气温也较适宜，有利于种子发芽。从播种到幼苗出土之间的时间较短，可以减少播种地的管理工作，并可减免鸟兽及寒冷的危害。

春播时间宜早。早春播种能使幼苗早出土，生长整齐、健壮，在夏季到来前木质化，增加抗病和抗旱能力，从而提高苗木的产量和质量。

2. 秋播

一些休眠期长的种子可以秋播，使种子在苗圃中通过休眠期，完成播种前的预处理，免去种子催芽和贮藏的工序。翌年春天发芽早而整齐，抗害力强，成苗率高，苗木生长期长，生长亦较健壮。秋播的缺点是种子在土壤中时间较长，容易发生腐烂或遭受到鸟兽和害虫的危害，如果翌年春天幼苗出土过早，还会遭受到晚霜的危害。

3. 夏播

有些树种可以在夏季播种，即采即播，省去贮藏工作并减少种子生活力消耗。

三、播种量的确定

播种量是单位面积或单位长度播种行上所播种子的数量，通常以重量来表示，大粒种子有时以粒数来表示。播种量是决定苗木产量、质量和育苗成本的重要因素。要达到壮苗丰产，必须确定合理的播种量和苗木密度。

检验结果最重要的应用是计算播种量。常用的计算公式如下：

$$W=(A\times D)/(N\times P\times G\times E)$$

式中，W 为单位面积的苗床所需种子重量（kg）；A 为单位苗床面积（m^2）；D 为所希望的最终苗木密度（每平方米的苗数）；N 为在播种时测定的每千克种子粒数；P 为净度（%）；G 为发芽率（%）；E 为预期成苗率（%）。

用上式计算出来的播种量是达到计划产苗量最低的播种量。生产中，由于受各种外界因子的影响和播种技术的限制，播种量确定时，还应加上损耗数。损耗数值大小，因种粒的大小和经营管理条件、自然条件好坏和育苗技术水平而异。

四、播 种 工 序

1. 播种方法

播种主要方法有撒播、条播和点播。

撒播是将种子全面均匀地撒在苗床上。应先镇压床面，然后播种，使种子与土壤接触，有利于毛细管水上升，为种子发芽创造条件。其优点是能充分利用土地，苗木分布较均匀，单位面积产苗量较高。但用种量大，抚育管理不便。多用于需要移植的细小粒种子。

条播是在苗床上按一定的行距开出播种沟，然后将种子均匀地播到播种沟内。要在苗床上开沟或划行，使播种行通直，便于抚育管理。开沟的深度根据土壤情况和种子大小来决定。经过开沟后就可顺着播种行播种。其优点是便于抚育管理，在苗木生长期间可经常进行行间松土，便于起苗，比撒播节省种子，大多数树种宜条播。行间距离根据苗木生长速度、根系特点和培育苗木的规格而定。

点播在苗床上按一定的行距开沟后，再在沟内按一定株距播种。此法适于大粒种子。

一些珍贵树种的种子来源少或价格高，也要求采用点播。它不但具有条播的全部优点，而且节约用种，出苗均匀，便于管理。

2. 覆土

播种以后必须立即覆土。覆土可以使用原来苗床上的土壤，也可用其他土壤。

覆土厚度对种子发芽和幼苗出土有密切关系。覆土厚度一般以种子直径 2～3 倍为宜。覆土过厚，种子会因氧气缺乏、温度较低而死亡、腐烂；覆土过薄，种子容易暴露，不利于水分的保持，且易遭鸟、虫、兽害。确定具体覆土厚度时，必须考虑种子发芽特性、气候条件、土壤性质、播种期和管理技术等。一般来说，雨量多、土壤黏重、春播、灌溉条件好的地方覆土薄些。覆土不仅厚度要适当，而且要及时且均匀一致，以免出苗不齐而影响发芽率。

3. 覆盖

播种小粒种子，覆土后还需覆盖。覆盖可以增加土壤温度，保持土壤湿润，防止土壤形成硬壳和杂草滋生，给种子发芽提供良好环境。覆盖材料以就地取材为原则，用稻草、茅草、锯屑、谷壳、松针等，但不能用带有杂草种子和传染真菌的材料。当种子发芽时，覆盖材料应及时分次揭除。如果使用细碎的覆盖材料对幼苗出土无妨碍的，也可不揭除。发芽快的大粒种子可不必覆盖。

五、播种苗的年生长规律

播种苗从播种开始到秋季苗木生长结束的年生长过程中，表现出一定的生长节律。由于其在不同时期地上部分与地下部分的生长特点及对环境条件的要求都有所不同，必须了解苗木的年生长规律及其与外界环境条件的相互关系，才能使苗期管理做到因时因种采取适宜措施。根据播种苗的生长特点，可将从播种到当年苗木生长停止进入休眠的过程划分为 4 个时期。

1. 出苗期

出苗期是从播种到幼苗出土，出现真叶，生出侧根时为止的时期。出苗期的突出特点是种子贮藏物质吸水、降解，分解成种胚可利用的简单有机物，促进胚轴生长，形成幼苗出土。出苗期地上部分生长缓慢，而根的生长较快，但只有主根而未生侧根。因根的分布浅，小苗幼嫩，因此抗性弱，对外界环境条件十分敏感。

2. 幼苗期

幼苗期是从幼苗长出真叶、生出侧根时开始到高生长量大幅度上升时为止。幼苗期的持续时间随树种不同差异较大，多数为 3～6 周。此时期幼苗仍很幼嫩，对过高和过低的温度抵抗力弱，某些树种的幼苗在该时期常受到强光和高温的危害。对土壤水分和养分敏感，尤其对土壤中的氮、磷等矿质养分敏感，过多的水分和氮肥会造成幼苗根系发育差，易感病害。这一时期的任务是提高幼苗的保存率，促进根系的生长，使苗木扎根稳固，成苗整齐，密度合理，分布均匀，为以后的旺盛生长打好基础。这一时期的工作是在保证幼苗成活的基础上进行蹲苗，以促进根系生长及控制幼苗高生长，给速生、壮苗打下基础。

3. 速生期

速生期从苗木高生长量大幅度上升时开始，到高生长量大幅度下降时为止，是一年中苗木生长最旺盛的时期，苗木地上部和根系的生长量都是最大的。由于体内营养分配发生转移等原因，一般都会出现 1 次甚至 2 次高生长暂缓现象(北方树种一般 6 月中旬～7 月底)，即苗木的高生长量显著下降，甚至呈现停滞状态，使高生长形成 2～3 个生长高峰。苗木的高生长高峰与根系生长高峰是交错进行的，即高生长达高峰期，是根系生长的缓慢时期；而在高生长暂缓期，则是根系生长和直径生长达到高峰期。速生期一般持续 1～3 个月，多数树种出现在 6～8 月。

4. 苗木硬化期

苗木硬化期是从苗木高生长量大幅度下降时开始，到苗木进入休眠为止。该期苗木地上、地下部逐渐木质化，枝条一般称为硬枝。苗木进入硬化期以后，高生长量急剧下降，不久高生长结束，但直径和根系的生长还较快，而且各出现一次生长高峰，直径生长停止后根系生长还要延续一段时间。地上部出现冬芽，苗木体内水分含量降低，营养物质转入贮藏状态，代谢作用减弱，逐渐达到木质化程度，对低温和干旱的抗性提高。苗木进入硬化期要持续 1～2 个月。硬化期的主要任务是促进苗木木质化，防止徒长，并形成健壮的冬芽，提高苗木抗性。因此应防止过多的水分、养分和过高的温度，以免影响苗木质量。

1 年生播种苗各个时期的长短，取决于树种的生物学特性、外界环境条件的影响及育苗采取的技术措施。在育苗技术要点中，出苗期是以提高出苗率为中心，幼苗期以保苗和蹲苗为中心，速生期以全面促进生长为中心，硬化期则以及时停止苗木生长为中心。

六、苗木抚育管理

自种子播入土中，幼苗出土，直到发育成新植株，只有进行一系列的抚育管理工作，才能保证壮苗丰产。

1. 除草松土

除草松土最好在雨后或灌溉后进行。土壤一有板结就应松土，除草要做到“除早、除小、除了”。松土除草的次数，应根据当地气候、土壤、杂草情况及苗木不同的生长发育期而定。在苗木生长初期，需要细致抚育，一般隔 2～3 周进行一次。到了速生期，苗木生长加速，需要充足的水分、养分和光照条件，应每隔 3～4 周进行一次。松土的深度应该根据根系发育状况来决定。在苗木生长初期，幼苗根系分布较浅，松土不宜太深，一般为 2～4cm；随着苗木的长大，根系发育，松土的深度应逐渐加深到 6～10cm。

除人工除草外，还可考虑使用化学除草剂进行除草。

2. 灌溉

苗木生长发育必须有水，才能从土壤中吸收各种营养物质。育苗过程中土壤水分主要靠灌溉保持。苗木生长初期地上部分生长缓慢，需水量不大，只保持床面湿润即可。速生期苗木生长速度剧增，蒸腾强度大，需水量大，必须及时灌溉。生长后期，为了防止徒长，使苗木充分木质化，应停止灌溉。

灌溉量的确定，应以能保证苗木根系的分布层处于湿润状态为原则，而灌水的深度应达到主要根系分布层以下。所谓保持土壤湿润，是指土壤湿度始终不低于田间持水量的60%。灌溉应尽量在早晨或傍晚进行，这样不仅可以减少水分蒸发，而且可避免土温发生剧烈变化而影响苗木生长。灌溉方法有地面灌溉（侧方灌溉和上方灌溉）、喷灌、滴灌等。

3. 排水

北方由于年降雨量集中，夏季常有暴雨出现，因此地势较低的苗圃，应做好排水工作。除妥善设置排水系统外，在雨季到来之前及灌溉之后，要及时检查排水沟是否畅通，保证外水不进、内水能排、雨停沟干。

4. 间苗

为了保证苗木分布均匀、营养面积适当，应在苗木分布过密的地方进行间苗。间苗既可淘汰生长不良的苗木，又能拔出多余的苗木。间苗应及时进行。间苗的次数需根据苗木的生长速度和抵抗力强弱来决定。最后一次间苗也就是定苗。定苗时保留的苗木株数应略高于计划产苗量。定苗时在苗稀的地方需进行移苗、补植。

间苗要在土壤湿润时进行。间苗后要进行灌溉，使部分松动了根系的苗木与土壤紧密结合。

5. 遮荫

在水源困难或在山地育苗时，可适当采取遮荫措施。方法有插荫枝和搭荫棚等。前者是用常绿阔叶树、针叶树或蕨类等的枝叶插在苗床两侧和播种行中间，以蔽阳光。搭荫棚可以控制透光度和遮荫时间，效果较好，当苗木根茎木质化时，应及时拆除荫棚。

遮荫对苗木生长有利亦有弊。由于遮荫减少日光照射，引起土壤湿度、温度变化，苗木光合作用削弱，因此在灌溉条件好、能保持苗床湿润的地方，可以全光育苗。

6. 追肥

追肥应选择阴天或晴天的早晚进行，最好与灌溉、松土除草结合进行。

追肥方法有土壤追肥和根外追肥。土壤追肥要根据土壤干湿情况和肥料种类分别采用干施和水施。水施是化肥和人粪尿稀释成水溶液施入土壤，施后用清水洗苗，以免发生肥害。干施是将化肥直接施入土壤。苗木生长期还可根外追肥，即将一些速效性化肥和微量元素等溶液，喷洒到苗木叶片上，被叶肉细胞吸收利用。根外追肥能减少追肥量，能使营养物质直接进入苗木最需要的部位，故肥效快而高，在干旱不透气的土壤上施用，效果更显著。

追肥要掌握先稀后浓，少量多次，各种肥料交替施用的原则。苗木生长初期，应多施氮、磷肥，以促进苗根系生长发育。速生期氮、磷、钾肥适当增加，以促进苗木茎叶生长。苗木生长后期停止施用氮肥，适当多施钾肥，以促进苗木茎叶木质化；为了防止苗木在晚秋徒长，提高苗木越冬抗寒能力，9 月后应停止追肥。

参 考 文 献

胡晋. 2006. 种子生物学. 北京: 高等教育出版社

李晓洁. 1990. 黑松种子实验室发芽条件研究. 种子, (1): 22～23

彭幼芬, 黎盛隆, 刘厚芬. 1994. 种子生理学. 长沙: 中南工业大学出版社

苏金乐. 2010. 园林苗圃学. 2 版. 北京: 中国农业出版社

孙秀琴, 安蒲瑗, 李庆梅. 1998. 紫荆种子休眠解除及促进萌发的研究. 林业科学研究, 11(4): 407～411

王晓峰. 2001. 德国的种子检验及其对我们的启示. 种子, (2): 60～61

王彦荣. 2002. 国际种子检验技术新进展. 草业科学, 19(1): 70～71

徐本美. 1985. 目前我国种子活力研究和应用的进展. 种子, (3): 1～7

徐本美, 闪崇辉, 刑北任, 等. 1989. 裂口处理对桧柏种子萌发的作用. 种子, (6): 16

徐本美, 张治明, 张会金. 1993. 蔷薇种子的萌发与休眠的研究. 种子, (1): 5～10

颜玉明. 1995. 种子休眠综述. 种子, (4): 30～34

郑林. 1996. 软 X 射线摄影在林木种子检验中应用研究. 福建林学院学报, 16(4): 329～332

AOSA. 1996. Rules for testing seeds. Journal of Seed Technology, 16(3): 1～113

AOSA. 2000. Tetrazolium testing handbook. Contribution 29. Handbook on seed testing. Lincoln, NE: AOSA. 302

Bonner FT. 1998. Testing tree seeds for vigor : a review. Seed technology, 20(suppl.): 5～17

Edward DGW (compl.). 1993. Dormancy and barriers to germination. Proceedings, Symposium of IUFRO Project Group P2.04-00, Seed Problems. 1991 April 23～26; Victoria, BC, Canada: Forestry Canada, Pacific Forestry Centre

Karrfalt RP. 2002. Seed testing. *In*: Woody Plant Seed Manual. USDA Forest Service, Agicultural Handbook. http://wpsm.net/

Simak M. 1991. Testing of forest tree and shrub seeds by X-radiography. *In*: Gordon A G, Gosling P G, Wang B S P, *et al*. Tree and shrub seed handbook. Zurich, Switzerland: ISTA:14-1～28.

Wiersema JH. 2001. ISTA List of Stabilized Plant Names (4th ed). http://www.ars-grin.gov/～sbmljw/istaintrod.html.

Willam RL 1985. A guide to forest seed handling, M-31. Rome: FAO Forestry Paper No. 20/2

第六章　无 性 繁 殖

无性繁殖一般是指通过根、茎、叶等器官的繁殖，即在衍生子代过程中，未有两性结合现象。无性繁殖在林业科研和生产中占有极为重要的地位，主要表现在保持植物的遗传特性、保存和转移种质资源、缩短繁殖周期、扩大繁殖系数、促进育种和遗传测定、降低育苗成本等。在现代集约经营的人工林培育中，无性繁殖正日益受到人们的重视，应用规模正在快速发展。

第一节　扦 插 繁 殖

扦插作为无性繁殖的一种主要方法，是利用离体的植物组织器官如根、茎或芽、叶等的再生性能，在一定条件下培育成完整新植株的育苗方法。具有保持母本优良性状，栽植成活率高，生长快，且一般比实生苗开花结实早等优点。

一、扦 插 种 类

枝插是扦插常用的方法，根据插穗成熟度可分为硬枝扦插和嫩枝扦插；根插在林业生产中应用较少。

1. 硬枝扦插

用木本植物已经充分木质化的老枝作为扦插材料的称为硬枝扦插。新疆杨、柽柳、沙棘等都可适用。落叶阔叶树种扦插时，将插穗垂直或成小于 45°角斜插入基质，寒冷干旱地区和土质疏松的圃地，插穗上端与地面平；温暖湿润地区和土质较黏的圃地，地面上可露出 1～2 个芽的长度。针叶树和常绿阔叶树种扦插时，将插穗垂直插入基质 5～10cm，如果带踵扦插，应把老枝条部分全部插入基质（沈海龙，2009）。

2. 嫩枝扦插

用木本植物还未完全木质化的绿色嫩枝作为扦插材料的称为嫩枝扦插，或称为绿枝插。扦插长度为穗长的 1/3 左右，一般为 8～10cm。北方嫩枝扦插宜浅，尤其繁殖难生根的树种，扦插深度 3～4cm 即可。扦插密度以插穗间不拥挤为准（沈海龙，2009）。

目前，在生产上，嫩枝扦插广泛采用全光自动喷雾扦插技术，它是在露天全光照情况下，通过喷雾使插穗叶表面常保持有一层水膜，确保插穗在生根前有相当时间内不因失水而干死，这就为生根创造了一个有利时机。而且通过插穗叶表面水分的蒸发，可以有效地降低插穗及周围环境温度，即使是在三伏天扦插，幼嫩插穗也不会灼伤。相反，强光照却可使插穗迅速生根，使过去认为扦插不能生根或难生根的植物扦插繁殖成功。该技术是近代国内外发展最为迅速的育苗技术。

1）全光自动喷雾扦插育苗设备

全光自动喷雾扦插育苗设备采用双悬臂压力水反冲旋转微喷雾机械（图 6-1）。这种设备结构简单，雾化指标高、均匀一致且抗风能力强。

图 6-1　全光自动喷雾扦插育苗设备

长臂喷管用薄壁铝镁合金管材，质量轻，力臂长，该系统在停电时能在 0.025MPa 自压水反冲推力下旋转喷水。一种常用的规格，悬臂管直径 12 m，控制面积 120m^2，用 750W 单相或三相电源、配扬程大于 20m、出口管径 25mm 的潜水泵供水。停电时也可以用高出机座 3m 高处的水箱供水或备有小型发电机。

2）全光自动喷雾扦插架空苗床

苗床选在地势平坦，排水良好，四周无高大遮光物体，地面用 1 层或 2 层砖铺平，不用水泥以利渗水，在上面砌 3～4 层砖垛，砖垛之间的距离根据育苗盘尺寸确定，插床砖垛的顶面应在一个水平面上，上面摆放育苗托盘（图 6-2）。

图 6-2　全光自动喷雾扦插架空苗床

架空苗床优点：可以对容器底部根系进行空气断根；增加了容器间的透气性；减少

基质的含水量；提高了早春苗床温度；便于安装苗床的增温设施。

容器放在用塑料或其他材料制作的底部有透气孔的育苗托盘上，这样有利空气断根。

3）全光自动喷雾扦插育苗设备安装

安装机座时，在混凝土基础上面和机座下面要有一块铁板，板下面焊接 3 个铁棍，固定在混凝土里，在铁板上面焊接 3 个固定机座的螺栓。焊接的螺栓应该尽量长，但高度不能超过机座上两臂的出水口高度，其目的是机座可以根据插穗的高度而抬高。

机座基础的高度确定方法：在基础上安装好机座后，机座上两臂水平的喷水管应高出插穗顶端 10～15cm。

安装的几项指标：床面水平，机座水平，立柱垂直。两臂喷雾管用细钢索斜拉吊起，管平直，两端略微向上，喷雾管喷一周的转动时间应控制在 8s。尽量降低两臂喷雾管到插穗顶部的高度，使喷出雾直接喷到叶片上以减少水雾的漂移。

修建水池：一套全光自动喷雾扦插设备的水池应不小于 2m×2m×2m 的容积，水池高于地面部分不超过 20cm，盖严不透光。潜水泵悬挂水池中部，从水泵接出的输水管到基座的进水口，应逐渐升高不应出现回折，便于停喷后管道里产生一个负压，使双悬臂管里存水快速流回水池里。还要备有完善的停电停水应急措施（如备有小型发电机，柴油泵，或高于插床 3m 高的水箱），否则不能扦插。在海拔较高或温度较低的地区使用全光自动喷雾扦插设备时，应在插床周围架设 2m 高的透明塑料膜，提高床面温度，一般插床温度不低于 20℃。

4）叶面水分控制仪

检测插穗叶片表面有水或无水，以及叶面水分多少是全光自动喷雾扦插育苗的关键技术。本仪器由叶面水分传感器和数字显示控制仪组成（图 6-3）。叶面水分传感器是根据物体表面水分蒸发吸热，物体温度降低的热力学原理设计的。采用数字显示，反馈自动控制。

图 6-3　叶面水分控制仪

叶面水分传感器用金属盒制作，盒上表面是一层金属网，水分可以在网上成膜。金属的一边有一层吸水膜覆盖，另一边裸露。裸露部分金属网，称模拟叶片，也称干片；有吸水膜覆盖部分金属网，称参照叶片，也叫湿片。盒底部用来盛水，吸水膜的下端浸到水中，干片和湿片下面分别安装一对温度敏感、互相匹配的传感器，用导线与数字显示控制仪连接。叶面水分传感器安装在全光自动喷雾插床边水能喷到的位置上，传感器正面朝南。

3. 根插

根插多在早春进行，所用的材料称为种根。可以水平状埋植，也可将根的一端稍微露出地面呈垂直状埋植。

二、繁殖材料的选择和管理

插穗作为扦插繁殖材料，其质量对繁殖的成活率起着关键性作用。而插穗生根的难易受到自身遗传特性、采穗时间、外界环境及管理措施的限制。

1. 穗条的培育

为了保证大规模扦插育苗的顺利进行，最好建立采穗圃。通过对采穗母树的修剪、整形、施肥等措施，使穗条生长健壮、充实、粗细适中、发根率较高，对病虫害的防治也比较容易。

2. 采穗时期及采穗量

采穗时期应根据扦插方式、扦插时期综合考虑，实际操作中应根据不同植物的特性、季节的变化来选择。嫩枝扦插可随采随插，硬枝扦插采穗可在扦插前进行，也可在前 1 年生长季结束以后进行。为了不影响亲本生长，采穗量应适度。采穗量多少主要与植物种类相关，此外，还应根据植株品种、年龄、培育方法及营养状态的变化而变化。

3. 穗条采集和贮藏

穗条应当选取优良年幼母树上发育充实、粗壮、节间延伸慢而且匀称的枝条。适宜根插的植物，一般以幼嫩而充实的根系作为种根；叶芽插或叶插，应当采取已经成熟但未老化的叶或叶芽作为插穗。

贮藏方面，剪下的穗条可用湿润河沙（手捏无滴水为准）与穗条分层铺于箱内，贮藏黑暗阴凉处待用。贮藏时，一层河砂，一层穗条，每箱 6～8 层，下层盖稻草保持湿润。贮藏的方法主要有假植、土藏（或雪藏）、穴藏和人工低温储藏等。

三、 插穗的切制与处理

1. 插穗的切制

常用的插穗剪取方法是在枝条上选择中段的壮实部分，剪取长 10～20cm 的枝条，每根插穗上保留 2～3 个饱满芽，芽间距离不宜太长。插穗的切口要光滑，上端的切口在芽上 0.5～1cm 处，一般呈斜面，斜面的方向是长芽的一方高，背芽的一方低，以免扦插后切面积水，较细的插穗则剪成平面也可。下端切口在靠近芽的下方。下切口有几种切法：平切、斜切和双面切，双面切又有对等双面切、高低双面切和直斜双面切。一般平切养分分布均匀，根系呈环状均匀分布；斜切根多生于斜口一端，易形成偏根，但能扩大与插壤的接触面积，利于根系吸收水分和养分。双面切与插壤的接触面积更大，在生根较难的植物上应用较多（丁彦芬，2003）。

2. 插穗的处理

插穗必须做消毒和生根处理，穗条或种根上沾染的尘土等要用清水洗净，对伤口部分应首先切除，同时对穗条或种根全部进行消毒。对于生根能力差的插穗，可考虑在扦插前使用生长调节剂进行生根促进处理。其使用方法：一是先用少量酒精或水将生长调节剂溶解，然后配置成不同浓度的药液，低浓度（如 50～200mg/L）溶液浸泡插穗下端 6～24h，高浓度(如 500～10 000mg/L)可进行快速处理（几秒钟到一分钟）；二是将溶解的生长调节剂与滑石粉或木炭粉混合均匀，阴干后制成粉剂，用湿插穗下端蘸粉扦插；或将粉剂加水稀释成为糊剂，用插穗下端浸蘸；或做成泥状，包埋插穗下端。处理时间与溶液的浓度随树种和插穗种类的不同而异。一般生根较难的浓度要高些，生根较易的浓度要低些（苏金乐，2010）。硬枝浓度高些，嫩枝浓度低些，但以低浓度浸泡法的效果稳定，应用最普遍。常见的有 ABT、NAA、IAA、IBA、2,4-D 等。

另外，还有糖类、维生素、含氮化合物、温水、乙醇溶液、高锰酸钾及硝酸银等处理方法。

四、主要技术规程

扦插繁殖的具体做法，应根据植物种类及其特性、扦插难易程度，以及插穗、插床条件的相互关系不同而相应变化。下面将按照扦插作业的顺序，叙述其一般做法。

1. 采穗圃的建立与经营管理

采穗圃是以良种无性系快速繁育为目标的穗条生产园，是林木资源定向培育的重要环节。它是加速良种繁育与推广的一种有效途径，不但有利于优良繁殖材料扩繁应用，而且繁殖效果好，经营管理方便（沈海龙，2009）。

1）圃地选择、整地

采穗圃应选设在气候条件适宜，地势平坦，土层深厚肥沃、排水良好的沙壤土，具有灌溉条件且交通方便的地方。圃地选定后采取深翻 25～30cm，耙地 10～15cm，达到地平、土松、草根石块净。另外，还需分层施肥、消灭地下害虫等。

2）选苗栽植

良种采穗圃应选择 1 年生的生育健壮、通直、侧芽饱满、充分木质化、根系发达、无病虫害的种条和苗木，栽植方法主要有扦插法、栽根法、埋干法等，但生产上比较普遍采用扦插法和栽根法。

3）适时灌水

采穗圃内要挖好排灌沟渠，能灌能排，防洪排涝。灌水要适时，第一年扦插或定植后必须立即灌水，全年灌水 8～10 次。头遍水饱灌，第 2～3 遍浅灌或少灌，6～8 月要灌足，苗木生长后期停止灌水。

4）除草松土

第一年扦插或定植初期采取浅松土除草，深度 3～5cm；6 月中下旬以后要深松土、勤除草，深度 6～8cm，全年松土除草 6～9 次，要求做到见草除净，无草浅松土，雨后松土，灌水必中耕，达到圃内土壤疏松无杂草。

5）合理追肥

追施化肥最好在苗木生长旺盛时期开始，分 2～3 次施入，最后一次追肥不能迟于 8 月中旬，否则易引起种条贪青徒长，木质化程度差，降低种条质量。

6）留条与摘芽

根据采穗圃植物种类、栽培年限、密度及水肥条件来确定留条数量。留条应去强、剔弱、留中等，确保留条均匀，以达到种条生长一致，减少穗条的分化。摘芽应本着“摘早、摘小、摘了”的原则，及时摘除侧芽，其次数可根据不同植物种类而定。

7）采条

采条最好在秋季苗木落叶后处于休眠期时进行。嫩枝种条可在生长季采集。采条时要注意防止斜面太大，不要碰伤表皮和休眠芽。

8）复壮更新

采穗圃由于连年采条，树龄老化，长势衰退，加之易发生腐烂，影响穗条的产量和质量。为恢复其生长势，则需要更新。有时则需选择新的地方，重新建立采穗圃。

2. 插床的准备

1）插床材料与生根

作为插床材料，一般要求疏松通气，不含未腐熟的有机质，也不要常用的含盐类有各种土壤，常用的如耕作土、褐色生土、黑色腐殖土、黄砂土和砂等；其次为蛭石、珍珠岩、泥炭、水藓、椰子壳纤维等，可单独或混合使用。在插床加底温的情况下，由于基质温度易控制，能使生根更为顺利。

2）插床的管理

首先，应积极预防病虫害及杂草。其次，一般的插床根据需要可薄施液肥，等到苗木能够移植时进行换床，然后通过培肥使其达到正常的生长。

3. 扦插后的管理

扦插后应及时进行施肥、灌水、遮荫、中耕除草、摘芽除蘖及病虫害防治工作。扦插后的水分管理对成活率影响较大，因此灌水要慎重，现在一般采用全光自动喷雾系统进行水分的补给。遮荫不仅能起到抑制床面蒸发、保持插床水分的作用，而且能抑制插穗过度蒸腾，防止枯萎，从而提高扦插成活率。

第二节　嫁 接 繁 殖

嫁接就是将一种植株上的枝条或芽，接到另一种植株的枝、干、根上，使之形成一个新植株的繁殖方式。嫁接具有保存植物优良品种的性状、增强植物适应环境的能力、培育植物新品种、加快一些优良品种的繁殖等优点。

一、嫁接原理及影响因素

苗木嫁接能否成活，主要决定于砧木和接穗二者的削面，特别是形成层间能否互相密接产生愈伤组织，并进一步分化产生新的疏导组织而相互连接。愈合是嫁接成活的首要条件。形成层和薄壁细胞的活动，对苗木嫁接愈合、成活具有决定性作用（丁彦芬，2003）。

影响嫁接成活的主要因素是接穗和砧木的亲和力，所谓亲和力，就是接穗和砧木在内部组织结构上、生理和遗传上，彼此相同或相近。亲和力高，嫁接成活率就高，反之，则成活率低。另外，砧木、接穗的生活力和生理特性及其内含物等内在因子，以及砧木与接穗的地理分布距离与环境条件等外在因子，对嫁接成活都有明显影响。

二、嫁接工具与方法

嫁接工具主要有劈刀、手锯、枝剪、芽接刀、绑缚材料和接蜡等（图 6-4）。嫁接时，根据嫁接植物种类、特征、嫁接季节、目的等，选择适当的嫁接方法，才能达到预期的效果。

根据嫁接材料，可将嫁接方法分为：枝接、芽接、芽苗接、微型嫁接、梢接等。

1. 枝接

枝接是选用母树枝条的一段（枝上须有 1～3 个芽），将基部削成与砧木切口易于密接的削面，然后插入砧木的切口中，注意砧穗形成层吻合，并绑缚覆土，使之结合成为新植株，枝接一般在早春进行。根据嫁接方式的不同，可分为劈接、切接、舌接、皮接、袋接、靠接、腹接及桥接等。其关键步骤包括：削接穗、剪切砧木、插接穗等。嫁接后，还要注意后期管理。

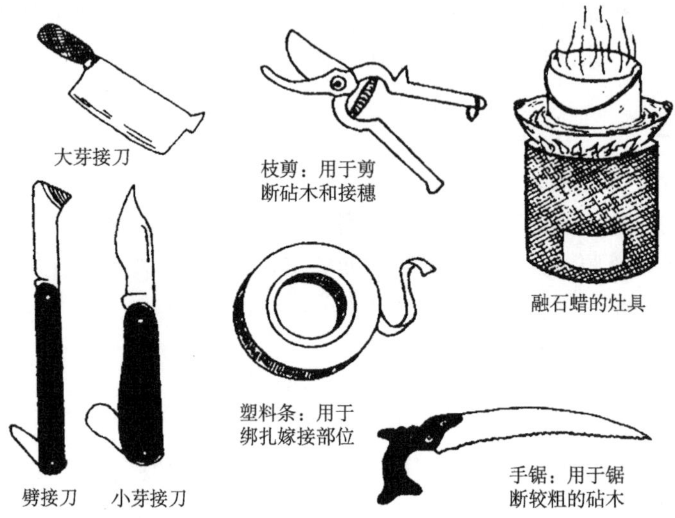

图 6-4　嫁接工具（刘宏涛，2005）

1）劈接（图 6-5）

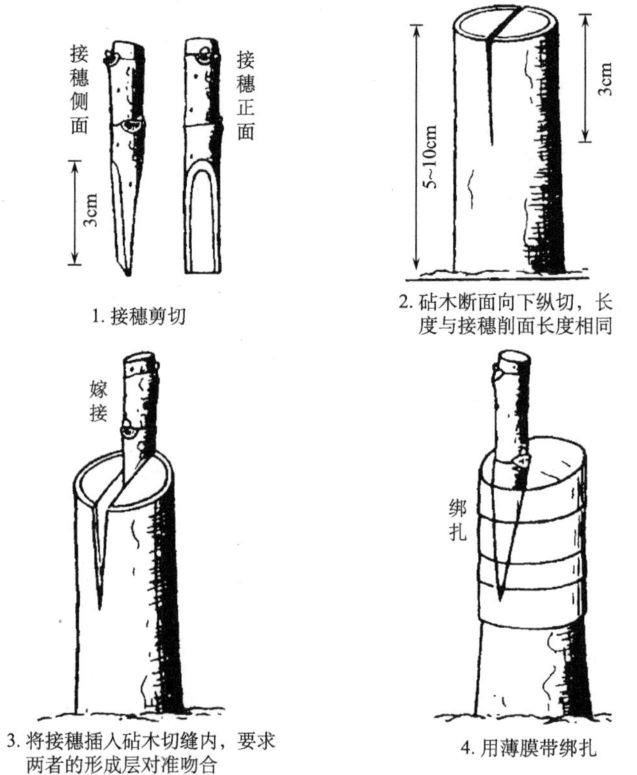

图 6-5　劈接（刘宏涛，2005）

（1）削接穗。把采下的接穗去掉梢头和基部芽不饱满部分，截成5～6cm长的枝段，每段要有2～3个芽。然后在接穗下芽3cm左右处的两侧削成一个楔形斜面，削面长2～3cm。

（2）劈砧木。在离地面5～10cm处，剪断或锯断砧木的树干，清除砧木周围的土、石块、杂草。锯口断面要用快刀削平滑，以利愈合。在砧木上选皮厚、纹理顺的地方做劈口。

（3）插接穗。用劈接刀楔部撬开切口，把接穗轻轻地插入，使接穗形成层和砧木形成层对准。插接穗时，不要把削面全部插进去，要外露2～3mm的削面在砧木外。

（4）后期管理。用塑料薄膜条或麻绳绑扎。为防止劈口失水影响嫁接成活，接后可培土覆盖或用接蜡封口。

2）切接（图6-6）

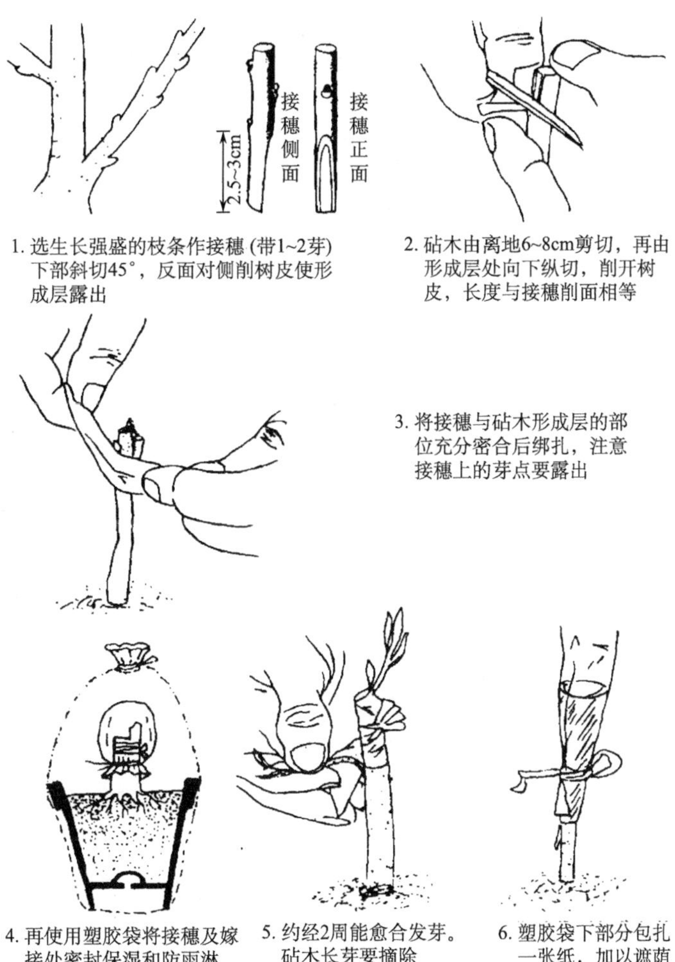

图6-6 切接（刘宏涛，2005）

（1）削接穗。在接穗下芽的背面1cm处斜削一刀，削掉1/3的木质部，斜长2cm左右，再在斜面的背面斜削个小斜面，稍削去一些木质部，小斜面长 0.8～1cm。

（2）切砧木。在离地面 6～8cm 处剪除砧干，选砧木皮厚、光滑、纹理顺的地方，把砧木切面削少许，再在皮层内略带木质部垂直切下 2cm 左右。

（3）插接穗。将接穗插入砧木的切口中，使接穗的长斜面两边的形成层和砧木切口两边形成层对准、靠紧，如果接穗细，必须保证一边的形成层对准。绑缚、抹泥和埋土。

（4）后期管理。接后使用塑料袋将接穗及嫁接处密封，以便保持湿度，防止雨淋。约 2 周后，愈伤组织形成，砧木萌芽，应去掉砧木上的芽，提高接穗成活率。然后，在塑料袋下部分包扎一张纸，加以遮荫，促进愈伤组织的进一步形成。

3）舌接

舌接适用于直径约 1cm 的砧木，且接穗粗细与砧木大体相同。

（1）削接穗。在接穗下芽背面削成 3cm 左右长的斜面，然后在削面由下往上 1/3 处顺着树条往上劈，劈口长约 1cm，成舌状。

（2）削砧木。砧木上削成 3cm 左右长的斜面，削面由上往下的 1/3 处，顺着砧木往下劈，劈口长约 1cm。

（3）插接穗。把接穗插入切口，接穗和砧木的斜面部位相对应，互相交叉、夹紧。绑扎、抹泥和埋土或接蜡封口。

4）皮接

适于直径 2～3cm 以上的砧木，此法适于在生长季节树液流动时期进行，便于砧木能剥离树皮。

（1）削接穗。在接穗下芽的背面 1～2cm 处，削 2～3cm 长的斜面，再在斜面背后尖端削 0.6cm 左右的小斜面。

（2）砧木切口（插口）。在砧木离地面 1～2cm 处剪断，用快刀削平断面。在砧木皮光滑的地方，由上向下垂直划一刀，深达木质部，长约 1.5cm，顺刀口用刀尖向左右挑开皮层。有的砧木也可不作切口，用楔形的竹签插入砧木木质部和韧皮部中间，然后拔出竹签，作插口。

（3）插接穗。把接穗插入切口，使削面在砧木的韧皮部和木质部之间，马耳形的斜面向内紧贴，使接穗削面和砧木密接为止。绑扎、抹泥和埋土或接蜡封口。

5）袋接

袋接适用于直径约 1.5cm 的砧木，接穗粗细根据砧木粗细来选择（图 6-7）。

（1）削接穗。接穗要求 4 刀削成。第 1 刀先选定一个饱满冬芽背面下方 1cm 处下刀，削成约 3cm 长略带弧形的斜面；第 2 刀将尖端过长部分削去；第 3、4 刀分别在斜面两侧约 1/2 处顺势修削一刀，再从芽上 1cm 处截断。接穗的斜面要光滑，正看斜面看微微看到两侧和尖端的青皮。

（2）剪砧。扒开砧木根部泥土，露出根基黄色部分，用枝剪或镰刀将砧木剪或削成马耳形斜面。

（3）插接穗。先用左手捏开砧木剪口皮层，使剪口顶部一面皮层与木质部分离成袋状，右手取接穗，将削面朝外缓缓插入分离的皮层与木质部之间，插到不能再插进为止。如遇砧木皮层破裂或接穗皮皱，不能成活，须重剪、重接。绑扎、抹泥和埋土或接蜡封口。

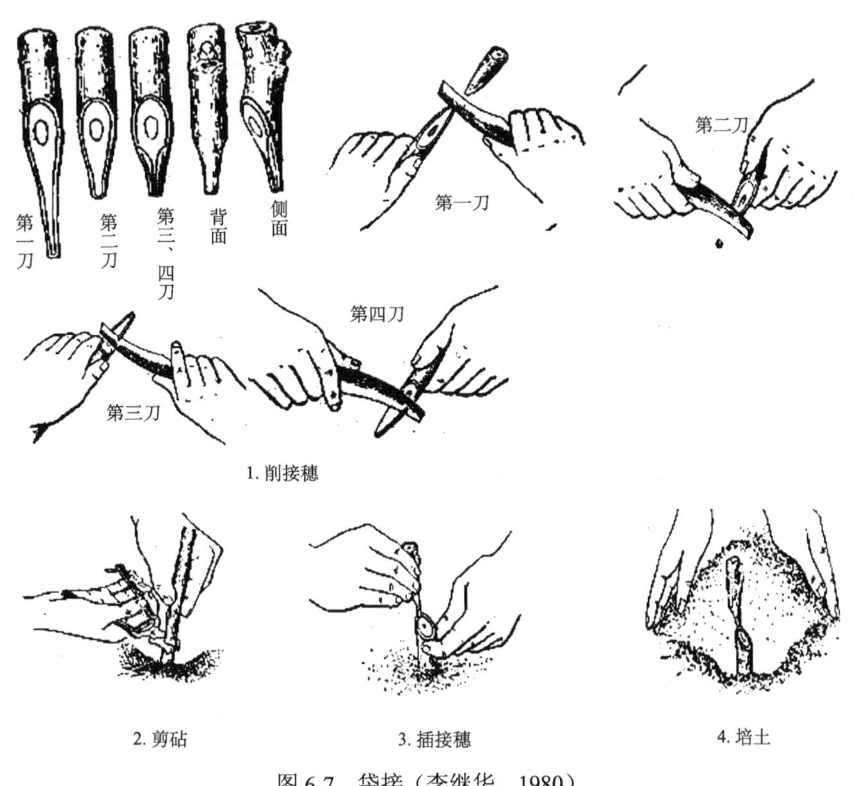

图 6-7　袋接（李继华，1980）

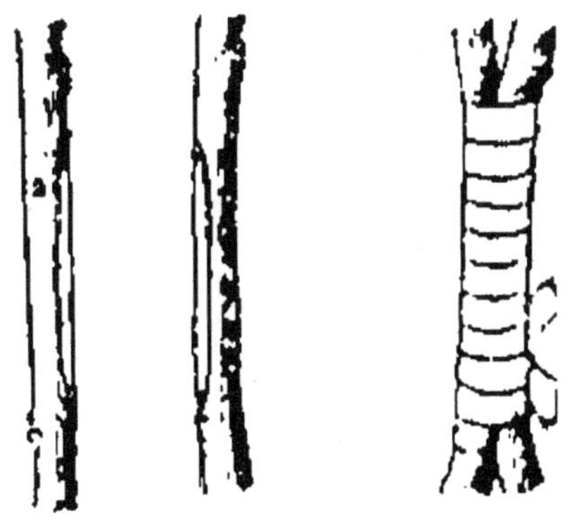

图 6-8　靠接（苏金乐，2003）

6）靠接

有些树木用一般嫁接法不易成活，可采用靠接法（图 6-8）。即在生长季节（一般 6～8 月），将砧木和接穗的树木靠近，然后在作砧木上选光滑无节便于操作的地方，削 3cm 长的削面，只露出形成层，再在作接穗的另一植株上选一段光滑的地方，削一段与砧木削面相应的削面，露出形成层或削到髓心，然后将两者绑缚在一起（可用塑料带绑缚）。1 个月后，将作砧木的原枝干在愈合上端剪掉，在愈合下端将作接穗的枝条剪断，即形成一株独立生长的嫁接树。

7）腹接

腹接的方法很多，分普通腹接与皮下腹接。普通腹接：接穗削成马耳形，长斜面 2～3cm，削面平且渐斜，背面削成 1.5～2.5cm 的短削面。在砧木离地 5～10cm 处选平滑一面，自上而下深切一口，长 1.5～3cm，切口深入木质部。将接穗长削面朝里插入切口，形成层对齐，接后绑扎保湿（图 6-9）。皮下腹接：即在嫁接部位将树皮切一“T”口，把接穗按皮接的方法削好，插入“T”口内，然后绑好。为防止水分蒸发，要用塑料布包好，内填湿土，上口也可包上，待接穗发芽后，要先打开上口，待长成枝条，可把塑料布和湿土去掉。另外，也可采用带木质部芽接方法。

1. 剪切接穗，接穗留2~3个芽，下端削成马耳形的斜面

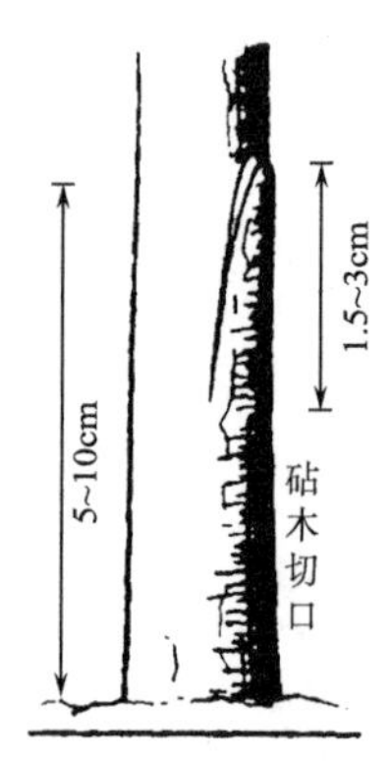

2. 砧木切口在枝冠下部适当的部位，用刀向内斜切，深度不能超过砧木直径约1/2

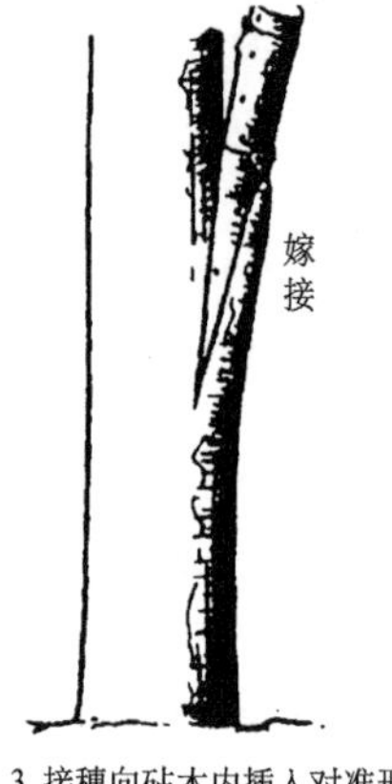

3. 接穗向砧木内插入对准形成层

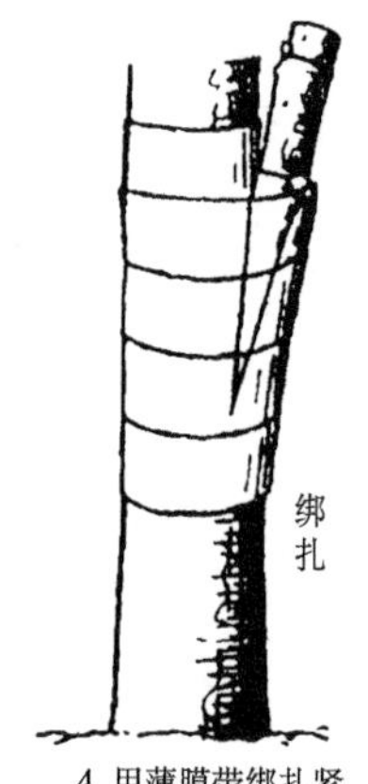

4. 用薄膜带绑扎紧

图 6-9　腹接（刘宏涛，2005）

8）桥接

桥接多在发芽前进行。果树或观赏树受到机械损伤或病斑切除后，由于伤口过大不易愈合时，可用桥接法使伤口迅速封口。具体操作流程如图 6-10 所示。

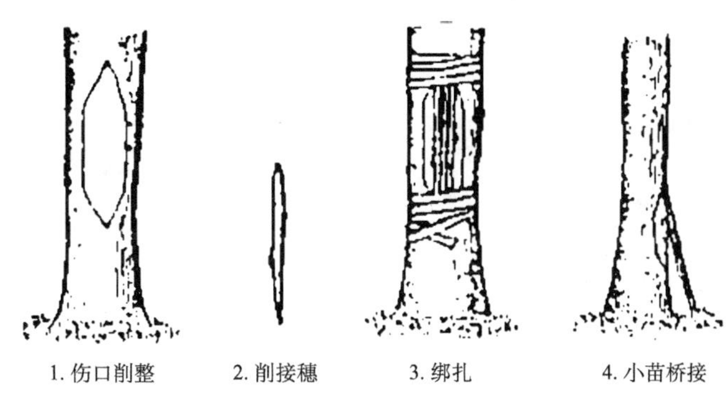

图 6-10 桥接（苏金乐，2003）

桥接时，要注意伤口下面有没有发出的萌蘖条，如有萌蘖条，可量好伤口长度，将萌蘖条在伤口长短相同处削成马耳形斜面，插入伤口皮层。如无萌蘖条，则应采用 1 年生枝条，根据伤口长短将枝条上下两端削成马耳形斜面，按原来上下方向插入伤口皮层内，注意形成层密接。插好后可用绳绑紧或用小钉钉牢，再涂上黄泥或接蜡。如距地面近，可培土保湿，成活后再扒开。接条数量根据伤口大小而定，一般可接 2～3 个枝条。桥接后要防止动摇接穗枝条，加强肥水管理。

2. 芽接

芽接是在接穗上剥取一个芽，嫁接在砧木上，然后发育成一个独立的植株。芽接可分为：芽片接、套芽接及管芽接。

1）芽片接

这是目前应用较广的芽接方法，具体操作方法如图 6-11 所示。

（1）选接穗。选择健旺、品质优良、无病虫害中年树的树冠外围、生长充实、芽饱满的当年生枝条制作接穗。如接穗不足，也可从幼树上采取。接穗采好后，剪去叶片，留叶柄，剪去上部不充实秋梢，用湿布包起来或插入清水中，放在清凉处备用。

（2）取接芽。左手拿接穗，右手拿芽接刀，先在芽上 0.5cm 处横切一刀，长约 0.8cm，深达木质部，再由芽下 1cm 处向上削，刀要插入木质部，向上削到横口处为止，削成上宽下窄盾形芽片，可稍带点木质部。也可用三刀取芽法，即在盾形芽片上、左、右各一刀，取下芽片。芽片也可以切成方块形。

（3）选砧木。砧木要求距地面 5～6cm 处的直径 0.5cm 以上。芽接前 10d 左右，要把砧木下部距地面 7～8cm 的分枝去掉。

（4）切砧。在砧木的北边，距地面 3～5cm 处，先用芽接刀横切一刀，长约 1cm，深度以切断砧皮为度，再从横口往下垂直一刀，长 1～1.2cm，切成“T”形，然后用芽接刀骨柄挑开砧皮，以便插进芽片。采用方块形芽接，砧木要切成方形芽片大小一致的“口”形或“工”形切口。

（5）插芽。左手拿砧木，右手捏住芽柄，使叶柄朝上，插入砧木的“T”形或“工”

形切口内，芽片上端和砧木皮层紧靠。

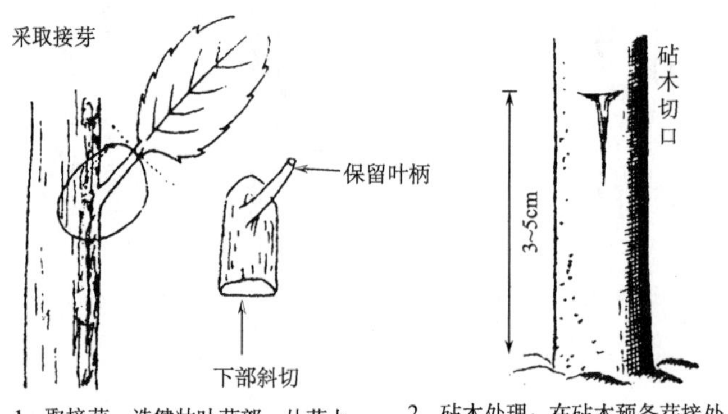

1. 取接芽：选健壮叶芽部，从芽上部向下削，深达木质部。从芽下部向上斜切。剪去叶片保留叶柄

2. 砧木处理：在砧木预备芽接处，先横切一刀，深达木质部形成层，再从横切口向下垂直一刀

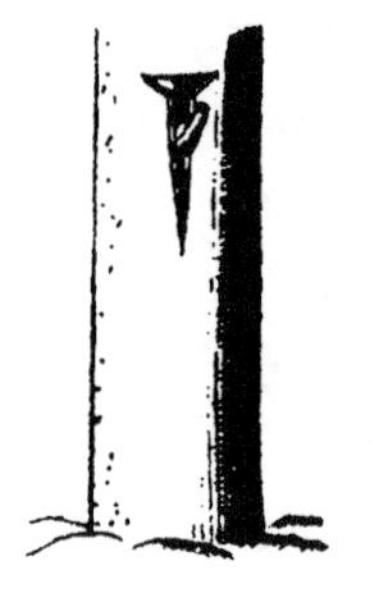

3. 用芽接刀将树皮轻轻挑开，再将接芽嵌入树皮内，必须使形成层部位对齐，充分密合

4. 再用塑料布（薄膜）包扎密封，包扎时接芽和叶柄要露出

图 6-11　芽片接（刘宏涛，2005）

（6）绑缚。把绑缚材料剪成 20cm 左右长，先从芽的上边绑起，逐渐往下缠，芽和叶柄要留在外边，不要绑着，然后打上结。

2）套芽接

又称环状芽接。夏、秋季节，只要皮层和木质部分离就可以嫁接，6、7 月套芽接成活率较高。套芽接的方法如图 6-12 所示。

（1）取芽套。左手拿住接穗，右手通过扭转使皮层和木质部分离，再在接芽上下 0.6～0.8cm 处环割皮层，将芽套从上端取下。梢上可带 1～3 个芽。

（2）选砧和剥皮。选取和芽套粗细相仿的砧木，剪去上端，剥开皮层。

（3）套芽。将芽套套在已剥开皮层的砧木上，从上往下慢慢套紧，至不能再往下套为止。

（4）捆扎。用塑料薄膜条捆扎即可。

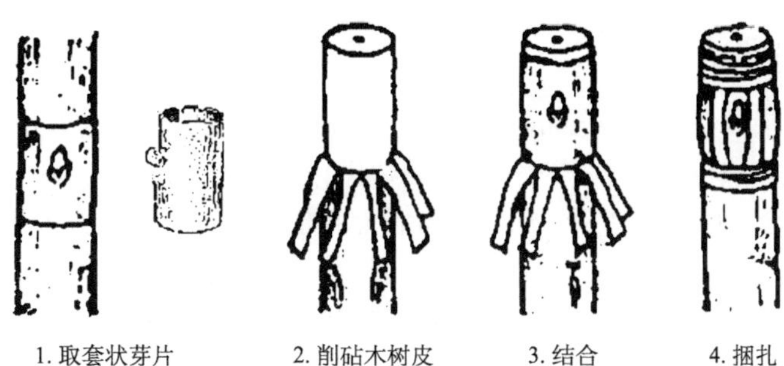

图 6-12 套芽接（苏金乐，2003）

3）管芽接

这种方法综合了芽片接和套芽接的优点，简便易行，成活率高，又不受接穗、砧木同粗的限制，具体操作方法如下：

（1）剥芽。先从接穗粗头开始，选好健壮芽，在芽上下各 1cm 处环形切断皮层，再在芽背后竖切一刀，然后将管芽剥下，成一个背部开口的管芽。

（2）剪砧和套芽。选生长好的 1 年生枝条，在光滑无节处剪断砧木，从剪口向下剥开皮层，如砧木比管芽粗，可一面留一部分不剥，立即把管芽套靠在剥开的皮层处，再把剥下的砧木皮向上合拢，注意把接芽露在外面，然后扎紧。新接芽成活后要及时松绑。

芽接完成后，注意后期管理，内容包括成活情况检查、解绑、剪砧、插支柱和培土防寒等。

3. 芽苗嫁接

芽苗嫁接有的用芽苗作砧木，有的用芽苗作接穗。

1）芽苗砧嫁接

芽苗砧嫁接适用于板栗、核桃、栎类等大粒坚果类树种的嫁接，其具体操作步骤如下。

（1）将经过层积处理的种子播种在温室内的湿润泥炭藓中，保持室温 21～27℃。

（2）用实生芽作砧木时，必须在幼苗第一片叶子即将展开之际，立即切去子叶以上的嫩梢。

（3）通过砧木横切面中心纵切一刀，深 1.3cm，不要切伤子叶柄。

（4）接穗为休眠枝或嫩枝，带 2～3 个芽，长约 10cm，直径和砧木直径相等，先削成薄楔形，而后插入砧木切口中。

（5）结合处用普通棉线束紧，注意不可挤伤幼嫩的砧木。

（6）将嫁接苗移植在盛有湿润土壤或苔藓的箱中，其深度应使砧木、接穗结合部盖好。箱子用塑料薄膜盖上，还要装上支架，以免薄膜碰伤生长点。最后架设荫棚，温度要保持在 20℃。

（7）放叶后逐渐拆除塑料薄膜。待伤口愈合后，进行移植。

2）芽苗接穗嫁接

芽苗接穗嫁接和芽苗砧嫁接相反，是用已木质化的苗木作砧，用芽苗作接穗，进行嫁接。这种嫁接方法也适用于大粒种子。具体操作步骤如下：

（1）培育幼苗。种子发芽后，幼苗要有长而直的胚茎。将种子排列于湿纸或湿布上，卷好后放在潮湿处，使其发芽，并使胚茎长而直，便于削切接穗。

（2）削接穗。胚根已经长出，胚芽尚未长出的接穗幼苗的胚茎，可削一面，削面长1cm，也可削两面成楔形。

（3）劈砧和嫁接。可在砧木中间光滑处切“T”形切口，拨开表皮，将接穗放好并绑缚；也可在砧木顶端开切口，插入接穗并绑缚。

因刚发芽的种子和幼苗组织幼嫩，易挤伤和失水，芽苗嫁接操作要细致才能保证成活。

4. 微型嫁接

微型嫁接技术是指从母体上切取的茎尖嫁接到温室中培养的幼苗或试管中生长的幼苗上的嫁接技术。近年来，在果树研究中得到广泛应用。果树微型嫁接可分为显微茎尖嫁接和自然茎尖嫁接。

1）显微茎尖嫁接

砧木可用种子播种，也可从果园、苗圃采取根段或茎尖进行组培，接穗采用组织的脱毒苗茎尖。显微茎尖嫁接前，先将砧木苗切成1.5cm左右的高度，接穗切成长1～5mm，保留2～3个叶原基；嫁接的方法主要有“T”形接、点接等方法。

显微茎尖嫁接后，要让嫁接苗每天接受26℃左右、4 000lx光照16h和23℃8h黑暗处理。1周后，砧穗产生愈伤组织，切口愈合。6周后，接穗形成有4～6个叶片的嫩梢，可将嫁接苗移到花盆内，并以烧杯覆盖保持湿度。移栽的前6d内，每天将覆盖的烧杯提高0.5cm，使通风，第7 天去掉烧杯，再经2d，可将嫁接苗移入较大的花盆内培育。

2）自然茎尖嫁接

砧木可用组培生根幼苗或实生幼苗，实生苗一般播在营养钵内。接穗可采用组培苗茎尖，也可直接从保护地采集，还可从苗圃或保护地段栽植的果树、苗木采集。采集的接穗放在温室或培养室内，促使接穗萌发嫩梢，当嫩梢生长到3cm时，除去大叶，剪切成长度为1cm左右带有芽的茎段，消毒，冲洗后备用。嫁接一般可采用劈接法。

嫁接完后立即用塑料薄膜套住嫁接苗及营养钵保湿，放置温室内培养。以后逐渐通风锻炼，撤出塑料薄膜袋，移栽。

5. 梢接

一般树木嫁接会受到季节、木质化程度、接穗粗细等制约，而嫩梢嫁接技术不受季节的限制，且成活率在90%以上。具体步骤如下：

（1）采取当年新长出的嫩梢约6cm，不去叶片，将嫩枝基部4cm左右削成楔子形。

（2）在砧木顶部 6cm 处平截，然后用刀片从砧木顶部（截面）直接劈下，深度为 4.5cm 左右。

（3）将楔子形接穗插入砧木顶部的开缝中。

（4）将接好的接穗和砧木用塑料薄膜全部包扎紧裹，连同接穗嫩叶紧包在内，使之不跑水气。

（5）待 15d 左右（或 20d）发现砧木基部已长出小侧枝，可将薄膜去掉。

第三节　其他无性繁殖技术

一、压 条 繁 殖

压条繁殖就是将未脱离母体的枝条埋在土中，或用湿润物包裹其局部促使其生根后，再切离母枝培育成苗的方法，用多于生根困难的树种（沈海龙，2009）。大多数压条方法比较简单，比扦插工序少、所用劳力和设备不多，获得较好的结果。但压条不适于大规模的机械操作，苗木量比从扦插、芽接或枝接得来的少，且母株占地较大，难于中耕和除草。主要压条方法如下。

1. 普通压条法

普通压条法是最常用的一种压条方法，适用于枝条离地面比较近而又易于弯曲的树种。方法是将近地面的 1～2 年生枝条压入土中，顶梢露出土面，被压部位深 8～20cm，视枝条大小而定，并将枝条刻伤，促使其发根。枝条弯曲时注意要顺势，不要硬折。如果用木钩（枝杈也可）勾住枝条压入土中，效果更好。待其被压部位在土中生根后，再与母株分离。这种压条方法一般一根枝条只能繁育一棵幼苗，且要求母株四周有较大的空地。

2. 水平压条法

水平压条法适用于枝条长且易生根的树种，如迎春花、连翘等。通常仅在早春进行。具体方法是将整个枝条水平压入沟中，使每个芽节处下方产生不定根，上方芽萌发新枝，待成活后分别切离母体栽培。一根枝条可得数株苗木。

3. 波状压条法

波状压条法适用于枝条长且柔软或蔓性的树种，如葡萄等。将整个枝条波浪状压入沟中，枝条弯曲的波谷压入土中，波峰露出地面。压入地下部分产生不定根，而露出地面的芽抽出新枝，待成活后分别与母株切离成为新的植株。

4. 堆土压条法

堆土压条法又称“直立压条法”，枝条不需弯曲，凡分蘖性强的树种或丛生树种均可使用此法。方法是将母株在冬季或早春于近地面处剪断，灌木可从地际处抹头，乔木可于树干基部 5～6 个芽处剪断，促其萌发出多数新枝。待新生枝长到 30～40cm 高时，对新生枝基部刻伤或环状剥皮，并在其周围堆土埋住基部，堆土后应保持土壤湿润。堆土时注意用土将各枝间距排开，以免后来苗根交错。一般堆土后 20d 左右开始生根，休眠期可扒开土壤，将每个枝条从基部剪断，切离母体而成为新的植株（丁彦芬，2003）。

5. 高空压条法

高空压条法整个生长期均可进行，但以春至夏季和雨季进行最好，秋季次之。一般在 3～4 月选直立健壮的 2～ 3 年生中熟饱满的枝条，太嫩的枝条容易折断，太老的枝条不易发根。具体方法是将枝条准备被压的部位（距基部 5～6cm 处）进行刻伤促根处理。其方法很多，以环状剥皮法最为常见。

环状剥皮长度视所压部位枝条的粗细而定。一般灌木剥去长 1～1.5cm 的皮层，乔木剥去长 3～5cm 的皮层，剥时注意刮净皮层形成层，然后在环剥处包上保湿的生根材料，如苔藓、锯木屑等，再用塑料薄膜包扎牢固。放在避风遮荫处保湿催根，避免强风吹袭，否则枝条易折断。发根期间要保持基质湿润，若发现基质已干燥，就用针筒给基质注水。压条后发根的时间因植物种类和季节不同而不同，一般气温越高发根越快（刘宏涛，2005）。

二、埋 条 繁 殖

埋条繁殖是用 1 年生苗干横埋于圃地，促其生根的育苗方法。其具体方法因所用的材料不同分为苗干埋条和带根埋条。

1. 苗干埋条法

（1）采条与选条。采条期应在苗木落叶后，土壤冻结前，选粗壮、长度 2.5m 以上、无病虫害的苗干。种条经过低温层积处理的效果较好。

（2）整地作床。整地无特殊要求，按常规进行。用有机磷肥作基肥。用低床育苗，床的规格：长 5～6m（原则是种条长的 2 倍），宽 1.6～2.0m，每床埋 4～5 行，行距 40cm。低床埂宽 40cm。苗床长边南北方向设置，顺苗床长度开沟埋条，灌溉沟仍设在苗床的短边。

（3）埋条方法。埋条期在春季 3～4 月上旬，种条放叶前，土壤解冻后，先灌 1 次透水。待土壤湿度便于工作时，顺床长度方向开沟，沟的距离 40cm，沟深、宽各 8cm。沟的两端要穿过苗床短边的渠埂通到灌水沟。把两根种条梢对梢地放入沟中，把条的基部埋在苗床两端的渠埂中，使下切口不露出水沟壁。用土将种条盖上，盖土厚度在种条上 1cm 左右，使沟面低于地面。在种条梢部搭接处堆一小土堆压住种条，土堆的直径 15cm 左右即可。

（4）苗期管理。埋条后要立即进行 1 次大水漫灌，以固定种条。在行间松土。以后的灌水渠道要经常放水灌溉，一般每隔 2～4d 水渠通水 1 次。苗床上面一般不灌溉，如果特别干旱时，也可在苗床上进行漫灌，当幼芽出齐后可在苗床面上灌溉。当苗高到 20cm 左右再不见幼芽出土时，可用行间的土向两侧的埋条沟里培土。培土要高于地面 7～10cm。到 6 月下旬至 7 月上旬再进行培土，将垄高培到 16～17cm，便于在垄沟灌溉为止。在培土前施追肥，以氮肥为主。如果基肥中未施磷肥，在第一次追肥时要施磷肥。在7月上旬至8月上旬，应再向垄沟追氮肥2次，追肥深度7～10cm以上。其他管理技术参照扦插育苗技术。

2. 带根埋条法

带根埋条即埋苗，用带根的1年生苗做埋条育苗材料。具体方法与“苗干埋条”相同。此外，苗根部堆土要多些。

三、分 株 繁 殖

分株繁殖主要应用于实生繁殖及组织培养等都不易成功而且分蘖较多的植物。分株繁殖因为是有根植株分离，所以成活率高，但繁殖系数低，不能适应大面积栽培。分株母株应选分蘖多的、叶片整齐、无病虫害的健壮成年植株。最适的分株时间是5～6月。

1. 分株方法

1）不保留母株分株法

不保留母株分株法即整株挖起分株。此法适用于地栽苗过密有间苗需要时。将植株整丛挖起（尽量多带根系），用手细心扒去宿土并剥去老叶，待能明显分清根系及芽与芽间隙后，根据植株大小，在保证每小丛分株苗有2～3个芽的前提下，合理选择切入口，用利刀从根茎的空隙处将母株分成2～3丛。尽量减少根系损伤，以利植株恢复生长。切口应沾些草木灰，并在通风处晾干3～5h，过长的根可进行适当短截，切口沾草木灰后即可种植。在分株的过程中，应注意新株根系不应少于3条，总叶数不少于8～10枚，一般需要2～3个芽。如果根系太少或侧芽太少，可几株合并种植。

2）保留母株分株法

如果苗木生长过旺又无需间苗时，可不挖母株，直接在地里将母株侧面植株用利刀劈成几丛（方法同上）。这样对原母株的生长和开花等影响较小。

2. 分株苗的栽培管理

选择肥沃、排水通气性较好的土壤，施足基肥，按选定的株行距进行定植。定植后第一周每天浇水1次，以后见干就浇。栽植1个月后可追施稀薄液肥（以人畜粪尿或氮肥为主）1～2次，而后进入常规肥水管理。分株苗移栽后，应适当遮荫，待恢复长势后撤去。秋季分株的，应注意保温。在排水不良的地方注意排水，若发生根腐病，需及时喷施农药。

四、根 蘖 繁 殖

根蘖性强的树种可以使用根蘖繁殖。第一年先进行埋条育苗。翌年秋季起苗开始留根。起苗时，首先将苗木周围的侧根切断，然后切断向深处的根，将苗木提出。翌年春季解冻后，如果墒情不好，可先行灌溉再松土，松土深度为3～6cm，并平整床面，在幼苗出土前尽量避免灌溉。发芽后应及时灌溉和松土除草，并结合松土除草进行根部培土（孙时轩，1992）。

参 考 文 献

丁彦芬. 2003. 园林苗圃学. 南京: 东南大学出版社

刘宏涛. 2005. 园林花木繁育技术. 沈阳: 辽宁科学技术出版社

沈海龙. 2009. 苗木培育学. 北京: 中国林业出版社

苏金乐. 2010. 园林苗圃学. 2 版. 北京: 中国农业出版社

孙时轩. 1992. 造林学. 2 版. 北京: 中国林业出版社

第七章　容 器 育 苗

容器育苗是在选定的容器中（如营养块、营养杯、营养袋、营养篮等）装入配制好的营养土（即培养基质）进行育苗的方法。用容器培育的苗木叫容器苗。容器育苗是一项先进的育苗技术。它是鉴于有些树种裸根苗栽植不易成活，带土移植又有许多困难的情况下而逐步发展形成的一种育苗方法，除某些容器所用材料有碍苗木生长外，一般常连同容器一起造林。

容器苗具有育苗周期短、苗木规格和质量易于控制、苗木出圃率高、节约种子、造林成活率高、造林季节长、无缓苗期、便于造林机械化等优点。但由于容器苗的根系生长在有限的空间内，根尖会沿着器壁不断生长，导致侧根减少，形成畸形根系（岳龙和董凤祥，2008），影响成林的效果，这是目前容器育苗存在的主要问题。

第一节　容器育苗的发展

商业性林木容器育苗的历史很短，但是发展极其迅猛。容器育苗不仅改变了苗木生产的方式，同时也改进了造林技术，容器苗造林是林业上的一次革命。

容器育苗发展大致经历了露天容器育苗、温室容器育苗、工厂化育苗 3 个发展历程。温室容器育苗又可分为 3 种形式：第一种是小拱棚季节性育苗；第二种是大型钢架混凝土结构的塑料大棚或玻璃温室，常年作业，并可人工调控温度和湿度；第三种是现代化的自动控制智能化温室，实现了育苗作业的工厂化。

林木容器育苗试验始于 20 世纪 30 年代的美国。自 20 世纪 60 年代开始，容器育苗在北欧国家大量应用于苗木生产，到 20 世纪 80 年代，容器育苗在欧美国家已经十分普遍。我国从 1958 年开始在林业生产上推广容器育苗。目前，南方使用容器育苗的树种可达 40 余种，广东、广西一带容器育苗发展比较普遍，特别是桉树的育苗。北方，20 世纪 70 年代中期以后逐渐掀起了推广容器育苗的高潮，但成效并不理想。

第二节　育 苗 容 器

早期的育苗容器制作材料多种多样。在印度，用生土砖培育苗木进行固沙造林曾经获得成功，砖是用等量的黏土、当地土（通常为沙土）和牛粪混合制成。在巴西，用手持镇压器将泥浆和稻草混合制成高 15cm、外径 6cm 的六边形杯，培育松树、桉树。美国大平原地区从 1935 年开始使用油毡纸育苗，直到 1970 年以后才改用聚乙烯容器。在干旱地区，用不同规格的无底陶瓷罐培育苗木，栽植时，把罐弄碎，连同苗木一起栽入，取得了很好的效果。在热带地区，竹筒、香蕉叶杯、甘蔗筒及向日葵茎等都曾作为育苗容器在生产中使用。废弃的罐头盒也曾被广泛用来培育松树、柏树、桉树等。早期的育苗容器以就地取材为主，这些容器没有工业化批量生产，规格也不统一，不能实现容器生产的机械化作业，只适合于局部地区小规模育苗使用。20 世纪 60 年代，随着塑料工业和纸制品工艺的快速发展，各种塑料和纸成为制作育苗容器的主要材料，塑料容器在林木育苗上占主导地位。

虽然大容器有利于苗木的生长发育，但生产上大多使用较小的容器（Dominguez-Lerena *et al.*，2006; South *et al.*，2005），原因主要有 4 方面：①小容器可有效利用高成本的育苗环境；②小容器可以减少优良基质的使用量；③小容器可以减少运输和造林成本；④小容器有利于机械化作业，降低劳动成本。

一、纸　容　器

纸容器可以用来培育苗期短的树种，在热带潮湿地区纸容器在几个星期就会腐烂，而在高纬度地区可以保持几个月的时间。蜂窝纸容器（图 7-1）的规格很多。在北欧，Fh408 型纸杯曾用来培育针叶树，杯口径 4cm、深 8cm，每扎蜂窝纸张开后有六角形纸杯 136 个。

图 7-1　蜂窝纸容器

二、塑 料 容 器

塑料容器种类很多，由塑料薄膜、硬塑料等材料制成，形状有联体的、单体的和可以开合的。一般的塑料容器都可以重复使用，但是在回收中应注意减少损失。塑料容器的通透性受到塑料材性的限制，会发生根系畸形的情况，现在通过外开边缝内起导棱的设计方法，稍微改善了这种现象。

1. 塑料薄膜容器

以聚乙烯为原料的塑料薄膜容器袋在我国应用较多，薄膜厚度为 0.02mm（图 7-2）。形状为圆筒形，上口开放，下部保留圆孔，以利排水，高度在 10cm 以上。这种容器的优点是成本低廉，容易获得；缺点是添加基质费工费时，培育的苗木容易窝根，排水性能较差。黑塑料杯容器与这种容器相似，规格较其更多，价格略高。

2. 蜂窝塑料薄膜育苗容器

这是由单个塑料薄膜筒按一定规律排列，用水溶性塑料薄膜胶黏合成多个塑料薄膜容器的组合体（图 7-3）。不用时可叠合成书册状，用时展开呈多个中空的蜂窝状，能直立并开口，入苗床即可装土。育苗过程中经过浇水，水溶性胶黏剂在水的作用下溶解，组合体分解成单筒体，便于分苗、移栽，苗木木质化后即可造林。

图 7-2　塑料容器

图 7-3　蜂窝塑料薄膜育苗容器

3. 硬塑料单杯容器

硬塑料单杯容器有方型、圆筒形、六棱形、八棱形、水滴形等多种形状，上口开放，下面有底，底部周围有小孔以利排水和补充空气，材料多为高分子聚合物。比较常见的有火箭盆等容器（图 7-4）。

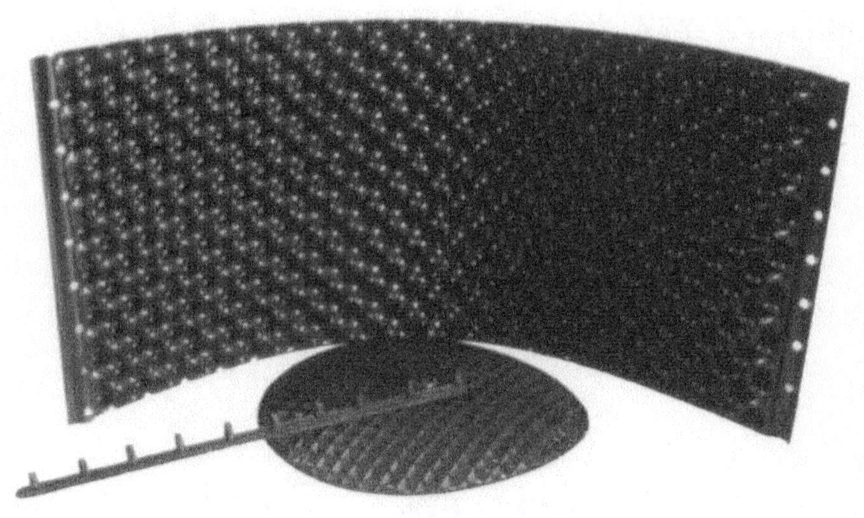

图 7-4　硬塑料单杯容器

三、穴 盘 容 器

穴盘育苗技术源于美国，历经 20 余年发展，现已广泛应用。穴盘容器使用草炭、蛭石、珍珠岩等轻型基质，采用机械化精量播种，一次成苗。穴盘苗最大优点是成苗时根坨的根系与基质缠绕在一起，根坨呈上大底小的塞子形，具有很好的保水能力，如果温度保持较为适宜，穴盘苗从苗盘中取出后 4～5d 内再移栽，不会影响生长。穴盘育苗省工、省力、成本低、效率高，便于优良品种推广和苗期管理；穴盘苗便于远距离运输和机械化移栽，定植后根系活力好，缓苗快。“空气修根”技术的应用，使得穴盘容器育苗技术更趋完善。

穴盘容器分普通穴盘和带边缝的穴盘。每个穴盘由若干个完全相同的小容器组成。小容器为方形或圆形，内部的侧壁一般都有导棱或导根槽，以防止窝根现象，（图 7-5）。此类容器可以重复使用，使用时添装轻型基质，每次使用后要进行灭菌处理。

四、可降解育苗容器

可降解育苗容器主要包括压缩育苗容器和网袋育苗容器，是一次性容器。其特点是容器和苗木一起移栽。

Jiffy 容器是压缩育苗容器的一种。以泥炭为主的基质与外壁的网状包被材料一起被压缩为圆柱形，规格不等，上表面中心有一小穴可用来放种子，使用时将 Jiffy 容器整齐摆放在托盘上，浇水使其膨胀，一般能纵向膨胀 6 倍左右，然后将种子播入穴中，进行培育。这种容器结合空气修根技术有助于侧根生长（图 7-6）。

图 7-5 穴盘容器

图 7-6 压缩育苗容器与网袋育苗容器

网袋育苗容器的外壁是可降解的无纺织材料，基质为泥炭或处理过的农林废弃物、轻体矿物质。用特制的机械将基质装入圆筒形的长条网袋。使用时将长条网袋容器充分浸湿并灭菌处理，之后切割成 10～20cm 的容器，整齐摆放在托盘上即可进行苗木培育。这种容器的通透性强，空气修根效果良好，根系能够自由穿过容器，移栽后根系快速生长（许传森，2006）。

第三节　育 苗 基 质

基质是容器育苗的基础，具有固相、液相和气相结构。通常固体物质占基质体积的 33%～50%，固体颗粒间的空隙充满了空气或水分。与露天培育苗木不同，容器的体积是有限的，容器中的苗木经常受到环境的快速波动和极端变化，因此必须具有良好的物理和化学特性，并辅助以高效的管理，才能使苗木健康生长（许洋和许传森，2006）。

一、育苗基质的理化性质

1. 物理性质

基质必须排水良好，排水后理想的空气体积应该为 10%或更多。空气体积低于 10%时，可能会造成氧气胁迫状况。同时，基质至少应该含有 50%的水分（指体积），植物可获得的水分不能低于 30%。基质的质量应该较轻，以减轻运输和搬运过程中的劳动强度。配制混合基质时，应该依据基质的各项指标，尽量使它的水分和空气含量达到最高值。

为了提高持水量和通气性，减小湿重，混合基质中各成分颗粒的大小应该保持适宜：绝大多数的颗粒应该是直径 0.5mm~ 4mm，直径小于 0.5mm 的部分不能多于 20%。颗粒大小不能被用作硬性指标，只能用来帮助评估和选择配制育苗基质。理想的混合基质，只有通过实验才能确定。

2. 化学性质

通常测量的育苗基质的化学性质包括 pH、可溶性盐、阳离子交换量、碳氮比，在选择和配制基质过程中要检查这些指标。

1）pH

不同植物对育苗基质的要求也不同，但是通常情况下都选择 pH 为 5.0～6.5 的基质。pH 是决定养分吸收的一个主要因素。pH 高于 7.5 通常会导致微量营养元素发生化学反应而聚合在一起，pH 低于 4.0 则会造成有毒的离子浓度升高。有机基质的 pH 会影响微生物的活动；pH 大于 5.5 时，细菌活动旺盛，pH 小于 5.5 时，真菌活跃。

2）可溶性盐

基质局限于一定体积的容器中，基质、肥料和灌溉用水中的离子会聚集起来，使基质溶液中的可溶性盐含量达到一个高值。因此，基质、肥料和灌溉用水都应该选择可溶性盐含量最低的。此外，应该定期监测基质溶液中可溶性盐的含量。1000～1500mg/L 的含盐量对于木本植物来说是适度的。

3）阳离子交换量

阳离子交换量是将基质能为植物提供营养成分的能力定量化。它是指每单位质量或体积的基质能吸收的可供交换的阳离子或正电荷离子的总和。阳离子交换量高的基质固持养分的能力强，能够固持所施肥料中的营养物质以供植物吸收，可以阻止养分随灌溉而淋失。而且，阳离子交换量高，能够缓冲基质盐渍度或pH的突然变化。

4）碳氮比（C∶N）

育苗基质中有机物的快速腐烂导致基质体积减小，随之造成基质通气性降低。碳氮比高的物质在微生物的作用下会快速分解，不仅颗粒变小，原本可被植物吸收利用的氮元素也被微生物吸收利用。当使用 C∶N 比值大的新鲜有机质作基质时，应控制施肥，使养分含量适当，这对于植物的生长非常重要。

二、基 质 种 类

砂砾是最早的栽培基质，而泥炭是目前普遍认为最好的育苗基质。林木容器苗的培育基质，20 世纪 90 年代初主要以添加一定肥料的黄心土、火烧土和草灰土等为主，近年已朝轻型基质方向发展。材料主要有蛭石、泥炭、岩棉、树皮、木屑等。我国北方还开展了秸秆复合育苗基质的研究，常见基质理化性质见表 7-1。

表 7-1 常见基质的理化性质

类型	有机成分					无机成分			
名称	泥炭	碳化稻壳	树皮	木屑	煤渣	沙	珍珠岩	岩棉	蛭石
容重/(g/cm^3)	0.05～0.20	0.15	0.10～0.30	0.19	0.70	1.30～1.50	0.03～0.16	0.04～0.11	0.08～0.13
比重/(g/cm^3)	1.55	0.82	—	0.66	1.84	2.62	2.37	0.25～0.50	2.61
总孔隙度/%	84.4	82.5	—	78.3	54.7	30.5	93.2	96.0	95.0
EC 值/(mmol/100g)	80～160	—	60～80	—	—	0.1～1	—	0.1～1	100～150
pH	4.0～7.5	5.2～5.7	5.0～8.0	—	7.76	7.12	7.45	5.8～7.0	6.0～8.9

三、基质配制与储藏

基质(营养土)是保证苗木健壮成长的重要条件。应以原料丰富、就地取材、干湿体积变化不大，并有利于苗木生长为原则进行选取。同时必须满足苗木的支撑、水分、空气和营养 4 个方面的需求。第一弱酸性，pH 5.7～6.5；第二低肥力，以利于按需要通过施肥调控苗木规格；第三有恰当的容重，质地疏松，有较好的通气、保肥、保水和形成稳固根团的性能；第四不论干湿，体积变化不大；第五质量较轻，便于各项工序的操作和搬运。如荒山表土、林中土、苗圃土、泥炭等均可使用。注意种过蔬菜及黏性太大的土壤不宜选用。

大型专业化育苗工厂大多采用 20 世纪六七十年代的基质配方，如美国康奈尔大学 60 年代研制的复合基质、加利福尼亚大学的 VC 培养土及英国 GCRI 的配合物。人们还研究用城市废料来育苗，用河流污泥作为穴盘育苗基质的营养补充，这些研究都取得了比较理想的效果（Herrera *et al.*, 2008；Ostos *et al.*，2008）。

配置好的基质必须放在离开地面的地方，以免受到地表水分的影响。用水泥板或桶盛放大量的基质是非常理想的。水泥板周围不能有水，以免带有疾病、杂草种子和害虫的水接触到基质。对于暂不使用的基质应该用黑色的塑料薄膜或其他适当的覆盖物将其盖住，以防受到风中的种子、病害或其他害虫的入侵。

第四节　容器育苗的要点

一、容器育苗存在的问题

在有限体积的基质中培育苗木，会产生诸如根系畸形、环境改变或施肥后容器内环境的急剧变化、苗木木质化程度低等一系列问题（武术杰和杨霞，2009）。合理解决这些问题将有助于提高容器苗的质量。

根系畸形问题在容器育苗中普遍存在。研究认为容器引起的根系畸形是不可逆的，它会导致林木倒伏（孙盛等，2006）。防止容器苗根系畸形的研究从容器苗生产初期就已开始，在早期通过改变容器几何学形状和在容器内壁增设垂直棱脊线，将根系向容器底部引导来防止根系盘绕，实践证明这一措施又带来了容器苗上部侧根减少和少数侧根代替主根的问题。在容器内壁涂上一层含有铜离子的涂层能阻断根系向下生长。20 世纪 80 年代，化学修根技术已在一些国家得到应用（Johnson, 1996）。空气修根技术是目前防止根系畸形应用最多的方法，容器的四周设计有多条边缝，通过引导槽将根系引导到边缝，根系从边缝中长出，遇空气死亡，这样在容器内壁会形成大量的愈伤瘤，并产生须根。应用可透水、透气、透根的非织造材料制作的容器，会使空气修根技术更易于实现。

容器内环境的急剧变化是容器育苗存在的问题。生产实践和研究表明，通过合理的配置基质，提高基质的缓冲能力可以缓解容器内的 pH 变化；改变容器颜色会有利于容器内形成稳定的温度；在整个生长期内按苗木生长所需的最佳数量和质量进行施肥，使用缓释无机肥料对容器苗更为有益。

苗木的木质化程度低会降低苗木的抗旱、抗寒性，也是造林后受害的重要原因。可以通过水分胁迫、改变施肥及调节光周期等方法来提高容器苗木质化程度。

二、容器育苗新技术应用

近年来，一些新技术在容器育苗中得到广泛应用。

用切除胚根的种子播种，抑制主根生长，增加容器内苗木的侧根数量，是容器育苗的一项重要技术（杨浩和余世贵，2011），据河北、天津等地的经验，在进行板栗、银杏容器育苗时，采取切除胚根处理取得了明显的效果。具体方法：对种子先进行催芽处理，待胚根长至 0.5～1cm 时，剪去根尖，用木签插个小洞点播在容器内，育苗条件好的地方，可以进行切根芽苗移栽。

育苗基质中配施一定量的吸水剂，不仅可以减少育苗过程中的喷水次数，而且可以提高苗木的抗旱能力。基质混施保水剂（比例为 1 000∶1.5）的容器苗，经干旱胁迫试验，侧柏播种容器苗的凋萎时间延长了 20d。

基质接种菌根菌对植物生长有良好的促进和保护作用，尤其在土壤条件较为恶劣的地方作用更为明显。例如，油松等一些松类树种对外生菌有极强的依赖性，在容器育苗过程中采用菌根菌彩色豆马勃和厚环乳牛肝菌与基质混合，苗木造林效果明显提高。

第五节 工厂化育苗设备简介

容器工厂化育苗是将育苗过程分解为几个部分，按一定的工艺流程分别在不同车间内完成。一般设计为 4 个车间：第一个车间是种子检验和处理车间，其工作内容是对种子品质进行检验，选出符合标准的种子，并对种子进行播种前处理；第二个车间为装播车间，担负育苗容器的制作，营养土的调制、填装、播种和覆土等项作业；第三个车间为温室育苗车间，把已播入容器中的种子培育成合格的造林苗木；第四个车间为苗木分级与包装车间，把育好的苗木进行分级并包装发往各造林点。炼苗一般是在露天进行的，在一些工厂也设有专门的炼苗车间。容器工厂化育苗是林业先进国家苗木集约经营的一种新发展，也是各国容器育苗的发展方向。目前，世界上已有一些国家，如芬兰、加拿大、日本、美国、英国等国实现或部分实现了容器工厂化育苗（赵兵，2002）。我国也先后从国外引进了几条容器工厂化育苗生产线。

下面以中国林业科学研究院工厂化育苗研究开发中心的工厂化育苗设备为例，介绍容器工厂化育苗的基质处理设备、填装及配套设备的组成，工作原理和工序。鉴于有关温室、喷灌设备的介绍材料易于得到而且在本书其他章节也有介绍，因此这里不作介绍。

1. 轻基质网袋容器机

整机为立式结构，料斗中的物料通过变径螺杆和物料自身的重量，垂直顺畅地进到被连续热封成圆筒的网袋容器里面，连续自动生产出肠状容器。容器封合方法：用长条电热铜块快速连续振动热压，使连续行走的网袋材料多点重复热压封合，热封合效果稳定，操作简单，是一项专利技术。可以使用多种成分和多种状态的物料及多种性能的纤维网袋材料，尤其是很薄的无纺布，都可以稳定、快速生产出合格的轻基质网袋育苗容器（图 7-7）。

2. 容器切段机

轻基质网袋容器切段机（图 7-8），外型尺寸为 2 150mm×1 200mm×800mm，功率为 1.5kW，效率 6 000～9 000 个（10cm 长规格）/h。该设备自动化程度高，可以实现自动连续切段。接通电源后，确定急停开关突起，使电锯在任何一端，以接触到行程开关为准，然后打开电锯开关，需要注水时再打开注水开关，即使电磁压铁处于工作状态，也可以同时打开进水总开关，此时将所要切断的轻基质网袋容器铺于传送带上，进水电磁阀打开，压注电磁阀（汽缸）压注消毒液完成消毒过程，通过电锯行走切段，待电锯行走到另一端时进水电磁阀断开，压水电磁铁抬起，以此类推。

图 7-7　轻基质网袋容器机

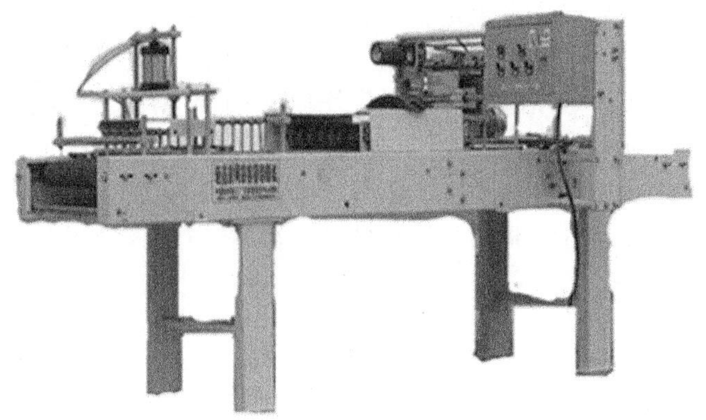

图 7-8　容器切段机

以上以中国林业科学研究院工厂化育苗研究开发中心的设备为例对工厂化育苗部分设备进行了简要的介绍，生产同类设备的还有瑞典的 BCC 公司，芬兰的恩索公司、绿农公司等。

参 考 文 献

国家林业局赴芬兰、瑞典林业经营管理考察团. 2005. 芬兰、瑞典林业经营管理考察报告. 绿色中国, (7): 49～53

孙盛, 董凤祥, 彭祚登, 等. 2006.容器育苗化学控根技术. 世界林业研究, 19(5): 33～37

武术杰, 杨霞. 2009. 容器育苗问题综述. 长春大学学报, 19(12): 27～29

许传森. 2006. 林木工厂化育苗新技术. 北京: 中国农业科学技术出版社

许洋，许传森. 2006. 主要造林树种网袋容器育苗轻基质技术. 林业实用技术, (10): 39～42

杨浩, 余世贵. 2011. 七叶树种子切除胚根育苗方法. 特种经济动植物, (9): 26～27

岳龙，董凤祥. 2008. 控根容器苗根系构型研究进展. 世界林业研究, 21(6): 31～35

赵兵. 2002. 瑞典的工厂化育苗及对我国的借鉴. 中国林业, (8): 43

Dominguez-Lerena S, Herrero Sierra N, Carrasco Manzano I, *et al.* 2006. Container characteristics influence *Pinus pinea* seedling development in the nursery and field. Ecol Manage, 221: 63～71

Herrera F, Castillo JE, Chica AF, *et al.* 2008. Use of municipal solid waste compost (MSWC) as a growing medium in the nursery production of tomato plants. Bioresource Technology, 99: 287～296

Johnson F. 1996. Using chemicals to control root growth in container stock：a literature review. Ontario: Queen's Printer for Ontario

Ostos JC, López-Garrido R, Murillo JM, *et al.* 2008. Substitution of peat for municipal solid waste- and sewage sludge-based composts in nursery growing media: Effects on growth and nutrition of the native shrub *Pistacia lentiscus* Linn Bioresource Technology, 99:1793～1800

South DB, Harris SW, Barnett JP, *et al.* 2005. Effect of container type and seedling size on survival and early height growth of *Pinus palustris* seedlings in Alabama, U S A. Ecol Manage, 204: 385～398

第八章　微 体 繁 殖

微体繁殖是利用植物组织培养技术进行的一种繁殖方法，将植物的胚、花粉、茎段、叶片、细胞、原生质体等在无菌条件下培养，使其成长为完整的植株。该技术具有繁殖周期短、繁殖速度快、增殖倍数高等特点。随着组织培养技术的完善，木本植物的微体繁殖也得到了迅速发展。

微体繁殖流程可分为 4 个阶段：①外植体选择及消毒；②外植体增殖；③壮苗和生根；④试管苗移栽（王金刚和张兴, 2008; 石晓东和高润梅, 2009; Hartmann *et al*., 2011; Smith, 2013）。

第一节　微体繁殖流程

一、外植体选择及消毒

1. 外植体种类和选择

由于技术和条件的限制，目前还不能使每种植物的任何组织细胞都恢复胚性，并开始它的胚胎发育。因此，选择适宜的外植体对微体繁殖十分重要。常用外植体的种类及其特点如下：

（1）花。许多植物花的体细胞组织有较高的繁殖能力，取自发育早期阶段的幼嫩花序和后阶段花的珠心组织作为外植体，容易获得不定胚。

（2）顶芽、腋芽、幼态萌条（包括树桩及根的萌芽条）。幼态萌条上的芽较成熟芽有更大的增殖潜力，同时也易诱导生根。选用这类外植体，产生植株的成功率高，同时其遗传变异较小，易于保持原种的优良特性。

（3）胚。指受精后发育而成的合子和各个发育时期的胚。培养时，将胚从种子中取出，置于适宜的培养基上培养，这些材料具有极幼态的分生组织细胞，增殖能力强，极易培养成功。

（4）其他分化的器官组织。包括嫩茎、嫩叶、形成层、根等。外植体的选择，要根据培养目的和培养的难易，不仅要考虑树体表型应具有优良性状，同时还要考虑器官的生理状态、发育年龄、取材的季节和离体材料大小。

一般情况下，幼态组织较成年组织具有较高再生能力。供体母树确定后，要对供体树各器官的生理、发育年龄、幼态区的分布进行深入了解，必要时采取一些复壮措施。另外，取材的季节，也会影响外植体的形态发生能力。一般根、茎、叶、花的培养材料，在0.5cm 左右。茎尖、胚、胚乳等培养，则按组织单位切离即可。

2. 外植体消毒

多年生的木本植物，无论是组织的表面还是内部，都可能存在微生物，一旦进入培养基程序，这些微生物就会迅速繁殖，致使培养前功尽弃。因此取材和在接种培养前，必须对材料进行预处理，然后进一步消毒和灭菌。

1）植物材料预处理

为了获得污染较少的嫩梢，最好先修剪树木，去掉老枝和不需要的部分，然后用塑料袋套住新生长的嫩梢，以降低培养的污染率。此外，从野外采回的树木材料可先培养在无糖的营养液或自来水中，使其抽枝，然后取新抽的嫩枝条作为外植体。有些外植体的获取须在每年特定的季节，取材时避免阴雨天。

取回的材料，最好先在流水中冲洗2～4h，如果是1年生以上的枝条，则需用洗涤液或去污粉将其表面洗净，再用流水冲洗，以除去材料表面大部分微生物，然后再进行药剂消毒。

将所取树枝贮藏于塑料袋内的纸袋里，在4℃的温度下可存放几个月，纸袋的作用是吸收枝条表面过剩的水分，以减少菌的感染。也可把材料用湿的泥炭藓包裹后装进贮藏袋内减少发霉。

2）外植体消毒灭菌

不同植物器官的消毒程序和方法并不完全一致。

（1）茎、叶片的消毒。一般茎、叶材料带有较多绒毛，可先用皂液洗涤，然后用清水冲洗净。洗后先用70%乙醇浸20～30s，再置于消毒药剂浸泡消毒（浸泡时间根据材料老嫩程度而定）。为了提高消毒效果，可同时使用两种消毒药剂交替浸泡或在混合液中消毒（50%乙醇的氯化汞溶液，被用于松短枝的表面消毒）。例如桃茎尖的消毒，可先用25%漂白粉和0.1%三硝基甲苯混合液消毒10min，再用无菌水冲洗，每次5min，然后置于70%乙醇中30s，最后用无菌水冲洗，可大大降低污染率。

（2）果实和种子的消毒。用自来水冲洗净的果实和种子，分别用70%乙醇浸泡数秒（种子可浸泡时间稍长一些），再用5%次氯酸钠液浸10min（种子消毒时可延长到20～30min），然后用无菌水冲洗3～5次就可切取里面的组织进行培养。

（3）花药的消毒。植物的花药常被花萼、花瓣或颖片保护着，通常处于无菌状态，因此只需表面消毒即可接种。如苹果花药的灭菌，先摘取花蕾，洗净后用70%乙醇浸泡30 s，再用10%的漂白粉浸泡15～20min，然后用无菌水冲洗3～5次，即可剥取花药进行培养。

在接种培养时，如果操作用的镊子或其他器具消毒不慎，培养的外植体也会被污染。因此，要进行严格的无菌操作（沈海龙, 2009）。

二、外植体增殖

外植体增殖阶段是微体快速繁殖的关键。外植体增殖主要是指带芽外植体的增殖、不定芽的发育、体细胞胚胎的发生和发育、原球茎的发育等几种类型。下面主要介绍体细胞胚状体的发生和发育。

正常情况下，精子与卵结合形成合子，合子发育成胚，胚再进一步发育成完整植株。植物组织通过培养也可产生类似过程，如茎切段、下胚轴、子叶、叶片、叶柄、果肉、花芽、根、离体胚、胚乳等经分裂增殖，产生出与胚相似的结构。这种胚与合子发生的胚在起源上有所区别，因此称之为体细胞胚、不定胚或胚状体（embryoid），其中胚状体应用较为广泛。

离体胚状体发生，最早在胡萝卜根细胞的培养中发现。这些胚状体通过球形、心形、鱼雷形和子叶形等胚胎发育过程，最后可发育成正常开花结实的植株。近年来，科学家对体细胞胚胎发生进行了广泛的研究，包括裸子植物、双子叶植物和单子叶植物，如侧柏、火炬松、白云杉和核桃等近50科100属200种植物都成功地得到了体细胞胚胎发生的植株（崔凯荣和戴若兰，2000）。

然而，体细胞胚胎发生和发育的方式极为复杂，不同植物和不同培养条件下，其表现形式又多种多样。尽管目前在这方面已取得了令人满意的进展，但至今对体胚发生的机制尚未完全清楚。

三、壮苗和生根

壮苗和生根阶段，目的是为使试管苗成功地移植到试管外的环境中。这一阶段的长短常随植物种类的不同而不同。有些转移培养后就停止增殖，迅速生根；有些生根比较困难的就要延长壮苗和生根时间，直至长出正常短根，方可出瓶种植。

在外植体增殖过程中，从芽生长到一定长度（1～2cm）时，就要切割分离成单株转移到生根培养基上。一般认为，较低浓度的矿质元素和蔗糖有利于生根，因此多采用1/2 MS 培养基或1/4MS 培养基，再去掉培养基中的细胞分裂素，并加入适量 NAA、IBA 等生长素。有时细胞分裂素会出现延续效应，从培养基中被除去几周后，仍不能停止增殖。遇到这种情况，就需延长壮苗和生根阶段，再转接一次生根培养基。一些生长细弱的嫩茎也需要延长壮苗时间，便于诱导生根和随后的栽植。另外，培养基中也可添加一些酚类化合物，如间苯三酚（PG）、芸香甙和栎精等，对离体条件下某些物种的生根也很有效。然而，对于从胚状体发育成的小苗，因带有原来分化的根，无需再诱导生根。但是，因为经胚状体途径发育成的苗，常常多而小，所以常需要在一个低的或没有植物激素的培养基中，培养壮苗一段时间。

近年来，有相关人员简化了生根程序。首先切割枝条嫩茎的基部，使用 IBA-杀菌剂溶液或用 NAA（500mg/L）、烟酸（500mg/L）和盐酸硫胺素（10mg/L）粉剂作浸醮处理，然后插于蛭石珍珠岩（4∶1）的混合基质中，保持空气湿润，约1个月后，生根率可高达80%左右。试管外生根是一项降低成本的有力措施，既减少了一次制作培养基用的材料，又省略了灭菌操作的工时耗费。

四、试管苗移栽

为提高移栽后试管苗的成活率，应尽可能缩小试管环境与栽培环境之间的差别，创造适宜于试管苗生存的环境。以下是提高移苗成活率的主要措施。

1. 清洗残留培养基

移苗时，将带有短根或突起根原基的试管苗，轻轻从培养基中取出，用自来水冲洗掉残留在根端的培养基，以减少种植后微生物滋长的可能。

2. 保持一定的空气湿度

在培养瓶中的小苗，因为湿度大，茎叶表面防止水分散失的角质层等很薄或几乎全无，且小苗根系不发达，所以种植后往往很难保持水分平衡，容易干枯。为此，移栽后必须用透明塑料薄膜覆盖或采用间歇喷雾的方法，来提高周围空气湿度，以减少叶面的蒸腾。

3. 创造良好根系通气条件

种植用的介质要疏松通气，保水性好。常用的介质有蛭石、珍珠岩、谷壳、锯木屑、炉灰渣等，或将它们以一定的比例混合使用。

4. 减少病虫害感染

移栽时尽量少伤苗，根损伤过多，易造成死苗。种植用的介质应事先灭菌。种植时，小苗用0.1%代森锌、多菌灵、百菌清等杀菌剂浸根3～5min，可提高移苗成活率。

5. 加强管理，锻炼小苗

移栽后的温度高低，对成活率影响大，最适宜的温度为18～20℃（喜温植物略偏高），温度超过25℃，成活率显著下降。移苗初期宜浇灌水或低浓度的营养液，因为过高的土壤溶液浓度会产生生理干旱；过多的水会造成烂根。出瓶后的小苗，光照强度要合适，避免阳光直射。经过一段时期（一般为4～6周）锻炼后，小苗即可转入正常的管理。

五、微体繁殖可能出现的问题

进行微体繁殖时，常会遇到一些使试验难以进行下去的问题，如培养材料污染率高、发生褐变和出现玻璃苗等。

1. 污染

进行微体繁殖时，首先碰到的问题便是污染。要仔细分析产生污染的原因，还要注意操作规范，避免污染的再次产生。操作中一般的做法是将植物材料清洗，表面消毒，接种后弃去污染的培养物，留下非污染的培养物继代培养扩大繁殖。

2. 褐变

褐变是由于植物组织中的多酚氧化酶被激活，而使细胞的代谢发生变化所致。浓度过高的无机盐和水平过高的细胞分裂素都会使某些植物的褐变程度增加。光照过强、温度过高、培养时间过长也易引起褐变。

减轻褐变的方法：①选择合适的外植体；②合适的培养条件，如无机盐成分、植物生长物质水平、适宜温度、及时继代培养；③使用抗氧化剂，如在培养基中使用半胱氨酸、抗坏血酸、柠檬酸、聚乙烯吡咯烷酮等抗氧化剂，或用抗氧化剂预先处理外植体，或在抗氧化剂溶液中切割、剥离外植体；④连续转移，对容易褐变的材料可间隔12～24 h培养后，转移到新培养基上，连续处理7～10d 后，褐变现象会得到控制或减轻；⑤使用0.1%～0.5%的活性炭对防止褐变也有较明显的效果。

3. 玻璃苗

玻璃苗呈半透明状，组织结构畸形发育，通常不能移栽成活。其在形态解剖学上的特点是：苗矮小肿胀，呈半透明状；有时发育出大量短而粗的茎；叶片皱缩成纵向卷曲，脆弱易碎；叶表缺少角质层蜡质，没有功能性气孔，不具有栅栏组织，仅有海绵组织。

目前防治玻璃苗的具体措施：①避免过高的培养温度；②提高培养基中琼脂含量；③提高光照强度，降低湿度；④调整培养基中的氮素类型，适当减少铵态氮，提高硝态氮浓度；⑤在继代培养过程中，逐渐降低细胞分裂素的用量，并加入适量脱落酸。

4. 白化苗

白化苗产生的原因是叶绿体发育不正常引起的；另外，供体植物的基因型、花粉发育的时期、培养基的成分和培养条件等也是影响白化苗形成的因素。例如，在花药培养中，白化苗的比例随接种时花粉发育时期的延迟而提高，小孢子已完成有丝分裂的花药往往只能得到白化苗；高浓度的2,4-D 也可使愈伤组织分化成更多的白化苗。

第二节　组织培养技术

植物组织培养（简称组培）是指植物的离体的器官或组织，在适宜的人工培养基和环境条件下进行无菌培养，使培养体逐步分化出器官（芽和根）和小植株。广义上讲，植物组织培养是指通过无菌操作，把植物体的部分器官、组织或单个细胞（甚至原生质体）接种到培养基中，在人工控制的条件下（包括营养、激素、温度、光照等）进行培养，使其产生完整植株的过程（崔凯荣和戴若兰，2000）。

根据培养基及其培养方式，可以将植物组织培养分为固体培养（琼脂培养）和液体培养；后者又可分为振荡培养、旋转培养和静止培养。根据培养材料的来源及特性，也可将其分为器官培养、胚胎培养、组织培养、细胞培养和原生质体培养（沈海龙，2009）。

一、组培实验准备

1. 实验室设计

建立组织培养实验室，首先要建立无菌室；其次，要建立培养室，为所培养的器官、组织和细胞等外植体提供营养、适宜的温度及光照等条件；最后，要有一个清洗玻璃器皿的化学实验室。实验室的大小和设置，可根据不同的研究目的而定。

（1）培养室。培养室需要一定的照明和控温设备，从而满足外植体生长、发育所需的温度、光照等条件等。通常培养室的温度控制在25～27℃；光源一般采用白色荧光灯，常置于培养物的上方或侧面。固体培养时在培养室内需安置培养架，而液体培养需要有摇床、转床等。

（2）无菌操作室。无菌操作室主要用于植物材料的消毒、接种和培养物的转接等，它直接关系到整个实验的成败。现在大多数实验室采用超净工作台，超净工作台有机动的滤尘装置；应注意需要及时更换过滤网。

（3）化学实验室。通常各种器具的洗涤、干燥、培养基的配制、分装，以及生理生化测定等操作均在化学实验室中进行。化学实验室除备有各种培养基所需要的化学药剂及培养材料的消毒杀菌剂外，还应有烘箱、冰箱及生化分析设备等。此外，若条件许可，还可建立细胞学实验室、摄影室等。

2. 玻璃器皿及用具

培养用玻璃器皿最好是用硼硅酸盐制造、溶解度小的玻璃，其形状可根据培养的要求而定。

（1）器皿。试管要求口径大，长度稍短；三角瓶通常使用大口径三角瓶；T 形管和 L 形管在液体旋转培养时使用；长形扁瓶和圆形扁瓶多用于细胞培养；培养皿一般多用于固体平板培养。

（2）细菌过滤器。对一些易被高温破坏的物质，如吲哚乙酸，可用细菌过滤器来除菌。过滤膜由醋酸纤维和硝酸纤维素混合物制成。滤膜孔径一般为0.45μm 或更小。

（3）细胞计数器。用于统计溶液中培养的细胞数目及细胞分裂时期分裂细胞的数目。

（4）接种用具。镊子、解剖刀、剪刀、接种针、酒精灯等。

3. 仪器和设备

（1）天平、酸度计和显微镜。称量大量元素、蔗糖等可采用感量为0.1 g 的普通天平；称量微量元素、激素等应采用感量为0.1mg 的分析天平；酸度计用于校正培养基及酶液的 pH；双目解剖镜用来观察和分离植物各器官和组织；生物显微镜用于培养物的细胞学观察；倒置显微镜可用于观察培养物的生长状况。

（2）摇床和转床。为改善液体培养时的通气状况，可将培养瓶固定在盘架上作往复式或旋转式振动。振速60～120r/min 为低速，120～250r/min 为高速。摇床的转速和冲程应控制在一定范围内。

（3）超净工作台。根据风幕形成的方式，可分为垂直式和水平式两种；按大小可分为单人单面、双人单面、双人双面；按系统又可分为开放式和密闭式。工作台的过滤网使用时间过久时，会影响净化效果，因此要定期清洗或更换。

（4）冰箱、烘箱和恒温箱。冰箱可存放需低温保存的酶制剂、激素、生长调节剂及培养基母液等；烘箱主要用于烘干和灭菌。洗净的玻璃器皿放入烘箱内，用80～100℃，即能迅速烘干；把烘箱调至160～180℃，就可进行高温、干热灭菌。恒温箱可用于分离原生质体时酶液的保温，还可用作暗培养。

4. 培养基

1）培养基种类

按组织培养的目的和选用材料的不同，培养基种类多样。通常按培养基的物理性状，可将其分为固体和液体两类培养基。

（1）固体培养基。在培养基中加入一定量的凝固剂，加热溶解，冷却后即成固体培养基。凝固剂的种类很多，常用琼脂、明胶等，琼脂的最适浓度为0.6%～1.0%（质量/体积）。该类培养基的优点是简单方便，只需一般的器皿和培养室即可。

（2）液体培养基。在培养基中不加凝固剂的即为液体培养基，它又分为静止培养和振荡培养。静止培养是先在试管中加入培养液，然后将滤纸制成桥状的支持物安放在液面上，再把外植体放在桥上，使滤纸像灯芯一样不断给培养物提供水分和营养。该法简单易行，不会出现营养物质浓度差异的现象。振荡培养则是通过搅动或振荡培养液，使植物材料悬浮于培养基中，振动速度依试验要求设置。

2）培养基成分

进行植物组织培养时，选择和配制合适的培养基是培养成功与否的关键。培养基所含的主要成分包括无机盐类、有机化合物、植物生长调节物质及附加物等。

（1）无机盐类。无机盐是植物生长发育所必需的化学元素，主要包括大量元素和微量元素。大量元素除碳、氢、氧外，还有氮、磷、钾、钙、镁、硫。氮通常用硝态氮（如硝酸钾等）和铵态氮（如硫酸铵等），大多数培养基以硝态氮为主。近年来，钾在培养基中用量，有逐渐增加的趋势。微量元素指浓度低于10^{-5}～10^{-7} mol/L 的铁、硼、锌、铜、锰、钴等元素，其中铁用量较多。

（2）有机化合物。有机营养主要包括糖、维生素及氨基酸等。

糖类在植物组织培养时，一方面作为生长发育所需的碳源和能源；另一方面可维持一定的渗透压（为1.5～4.1大气压）。以2%～4%的蔗糖最常用。

维生素类由于其直接参与酶的形成及蛋白质、脂肪的代谢，因此在植物组织培养中有重要作用。以 B 族维生素为主，常用浓度为0.1～1.0 mg/L。

氨基酸是蛋白质的组成部分。常用的氨基酸有甘氨酸及酰胺类物质，如谷氨酰胺、天冬酰胺以及多种氨基酸的混合物。

（3）植物生长调节物质。它能促进培养物的生长和器官分化，是培养基中不可缺少的成分，其中生长素和细胞分裂素的作用最显著。

常用的生长素有2,4-二氯苯氧乙酸（2,4-D）、吲哚乙酸（IAA）、萘乙酸（NAA）、吲哚丁酸（IBA）等。它们有助于诱导器官分化，促进培养物的生长和愈伤组织的产生。为了防止灭菌时高温灭菌对 IAA 的破坏，使用时以过滤除菌为好。

细胞分裂素有激动素（KT）、玉米素（ZT）、6-苄基嘌呤（6-BA）等，它们的主要作用是促进细胞的分裂和器官分化，诱导胚状体和不定芽的形成，延缓组织的衰老，增强蛋白质的合成。

除上述已知一些培养基成分外，在培养基中还可加入一些天然的附加成分,它们有利于愈伤组织的诱导和维持。其中，最常用的有10%椰子汁（CM）、0.5%酵母提取物（YE）、5%～10%番茄汁等。

（4）琼脂。琼脂是一种海藻提取物（过去常称洋菜），它需要煮沸才能溶化，冷却后变成凝固状态，常用作凝固剂。一般用量为0.6%～1.0%，琼脂以色白、洁净为佳。

3）培养基配制

（1）常用培养基的配制。在配置过程中，可先将各种药品配成比所需浓度高20～200倍的母液，贮放在冰箱内，用时再按比例稀释。通常配成大量元素、微量元素、铁盐、有机物等母液，然后在母液瓶上分别贴上标签。一般较常用的培养基有 White 培养基、MS 培养基、HE 培养基、ER 培养基等。

（2）注意事项。配制培养基常用纯净的蒸馏水或重蒸馏水，药品要求纯度高。配制母液时，各化合物需先分别溶解，然后依次混合。

培养基的 pH 因培养材料而异，但大多数植物要求 pH5.6～5.8，通常用1mol/L 的氢氧化钠或1mol/L 的盐酸来调整。通过高温灭菌，pH 会向酸性一侧偏移0.1～0.3个单位。琼脂培养基 pH 偏高会使培养基发硬，反之太软。

培养基中添加的某些激素如 IAA、ZT、ABA 等及某些维生素遇热不稳定，可采用过滤灭菌，然后加入到已灭菌并冷却到大约40℃的培养基中。若无过滤器具，也可采用乙醇或二甲亚砜等有机溶剂灭菌（沈海龙, 2009）。

配制好的培养基，经灭菌后，最好及时使用；未及时用完的培养基，在黑暗条件下低温保存。

二、灭菌及无菌操作

植物组织培养成败的关键是保证无菌，避免污染，用以操作的器械和植物材料均需严格消毒灭菌。

1. 器皿和用具洗涤

各种培养用具在消毒前均需洗涤清洁。洗涤方法：先用碱洗，即用肥皂粉涮洗，用清水冲洗晾干后，若发觉尚未洗净，再用饱和重铬酸钾溶液和浓硫酸的混合洗涤液浸泡，浸泡后先用自来水冲洗干净，最后用蒸馏水冲洗。

橡皮管（塞）用品的表面杂质，可先用稀碱水（5%碳酸钠）将其煮沸，然后用水冲洗干净。刀、镊、剪等用具，需先洗净擦干，然后消毒。

2. 培养基灭菌及培养皿消毒

培养基灭菌一般采用高压蒸气灭菌法。当大量培养基进行瓶装灭菌时，需延长灭菌时间。玻璃器皿和金属器械的消毒灭菌，可在干热条件下（即烘箱中）进行，通常在160～180℃条件下烘3h。

3. 植物材料灭菌

植物材料在培养前，必须彻底消毒灭菌。其基本原则是把材料中的微生物杀死，又不伤及材料，并要求药剂在消毒后，易被无菌水冲洗掉或会自动分解。常用的消毒剂有次氯酸钠、过氧化氢、低浓度的氯化汞。

4. 无菌操作

植物组织培养时，除培养基、接种材料、器皿和用具保证无菌外，接种时也需严格的无菌操作。

1）无菌室灭菌

在每次接种前半小时，用20%的新洁尔灭擦洗室内的设备、工作台面，再用紫外灯照射20 min。使用前还可以用70%的乙醇喷雾，使空气灰尘迅速沉降。如果使用接种箱，用前也应作同样的灭菌处理。

2）无菌操作技术

引起操作污染的主要原因有细菌性污染和真菌性污染两种。为避免微生物污染，工作人员进入接种室前，双手要用肥皂洗净，并穿上专用实验服，戴上口罩，然后用70%乙醇擦拭双手。在操作时，要尽可能避免“双重传递”污染。接种完毕，将瓶口置于火焰上转动，以杀死瓶口上的细菌和真菌。真菌性污染，一般多由接种室的空气污染造成的。为此，接种前要使空气过滤消毒或紫外线照射灭菌。

3）灭菌过程中工作人员防护

灭菌过程中，如果操作不规范，防护不当，有可能造成实验室工作人员的健康损伤。如紫外辐射是组织培养实验室常用的一种物理杀菌手段，但一定不能用肉眼直视开着的紫外灯，否则眼睛会被灼伤，引起光化性角膜炎。紫外辐射也能伤害皮肤，在没有采取保护措施的情况下，不要把手伸入开着紫外灯的超净工作台内。另外，紫外线会和大气中的氧发生光化学反应而形成臭氧，高浓度时会严重伤害呼吸道和眼睛。

三、培 养 条 件

植物组织培养时，外界的光照、温度和湿度等环境条件对培养组织的生长与分化起重要作用。

1. 光照

组织培养中，除某些培养材料要求在黑暗中生长外，一般均需要光照。光照对胚状体的形成、器官的分化有重要作用。不同植物所需的光照强度不同。通常培养室中所用的光照强度为2 000～4 000lx，每日光照12～16h。光源以节能型荧光灯为好。

（1）光周期。大多数植物对光周期是敏感的，因此，植物组织培养应按一定的光周期进行。最常用的光周期是光照16h，接着8h 的黑暗培养。

（2）光照强度。光照强度对培养细胞的增殖和器官的分化有重要影响，尤其对外植体细胞的最初分裂有显著的影响。一般在用光诱导器官形成时，并不需要很强的光。

（3）光质。光质对愈伤组织的诱导、增殖及器官的分化都有明显的影响。在培养过程中，红光和蓝光都能刺激不定芽的形成。而接近紫外线的光则有多种不利影响，如破坏培养基中的核黄素、色氨酸和酪氨酸，引起氧化物产生毒素等。如杨树愈伤组织的生长，红光有促进作用，蓝光有抑制作用。因此，应针对不同的植物种类，不同培养阶段，根据不同培养目的，选用合适的光质照明 (沈海龙，2005）。

2. 温度

组织培养中，温度对细胞分裂和愈伤组织的增殖都有明显影响。温度过低，会使培养物生长停滞；过高，不利于培养物的生长。一般情况下，组织培养均保持在（25±2）℃的恒温条件下。

对于有些植物，变温有利于培养物的生长和分化，如菊芋块茎的培养，在白天为26℃和晚上为15℃的交替变温下，有利于培养物根的形成。还有些植物，低温处理有利于培养物生长，如桃的胚经2～5 d 的低温处理，能提高胚培养成苗的百分率。在花药培养中，低温对胚状体诱导或器官分化也有明显影响，用3～5℃低温处理花蕾2～3d，对花粉的发育分化有促进作用（沈海龙, 2009）。

第三节　体细胞胚胎发生

体细胞胚胎发生首先是从胡萝卜贮藏根培养获得，之后国内外不少学者在植物体细胞胚发生的研究方面做了大量工作，并取得了一定的成绩（Zimmerman, 1993; Takahata, 2004）。目前，体细胞胚胎发生已被认为是植物界的普遍现象，是植物细胞在离体培养条件下的一个基本发育途径。体细胞胚胎发生技术除已经在许多草本植物上应用外，在云杉和落叶松等一些针叶树上已接近规模化的水平。随着对基础生物学知识（如体细胞胚胎发生的遗传控制，胚发生、发育和成熟的分子生物学等）了解和积累，人们对体细胞胚胎发生研究越来越深入，体细胞胚胎发生不仅在植物生物学和遗传转化方面有着广泛的研究和应用，在优良种质资源商业化繁殖方面也有着广泛的应用。

一、体细胞胚胎发生的概念与特点

1. 概念

植物的体细胞胚胎发生是指双倍体或单倍体的体细胞（非合子细胞）在特定条件下，未经性细胞融合而通过与合子胚胎发生类似的途径发育出新个体的形态发生过程。即利用各种体细胞组织，通过离体培养方式，诱导产生体细胞胚的过程和技术。

2. 特点

在植物的组织培养中，诱导体细胞胚胎发生和诱导器官发生相比有显著的特点：体细胞胚具有两极性；存在生理隔离；遗传性相对稳定；重演受精卵形态发生的特性；普遍性等特点。

体细胞胚是组织培养的产物，区别于无融合生殖的胚，只限于在组织培养范围使用；体细胞胚起源于非合子细胞，区别于合子胚。

二、体细胞胚胎发生的主要阶段和方式 3

1. 体细胞胚胎发生的主要阶段

（1）体细胞胚的诱导。有些植物的外植体只要放在基本培养基上就可以发育成体细胞胚，这些外植体通常是体细胞胚、幼嫩的合子胚或它们再生幼苗的下胚轴；另一些植物的体细胞胚诱导则需要较复杂的培养基成分，如补加生长调节剂。这些外植体的细胞已经分化，诱导处理主要是促进它们脱分化，形成诱导胚胎决定细胞（induced embryogenic determined cells，IEDC），因此往往按间接方式进行体细胞胚胎发生。

（2）体细胞胚的早期分化发育。经体细胞胚诱导阶段所形成的原胚或原胚团，要转入分化培养基中，使它进一步分化发育，经历球形胚、心形胚、鱼雷形及子叶形体细胞胚的发育阶段。

（3）体细胞胚的后期生长发育。经早期生长分化的体细胞胚当转入特定的培养基（内含 ABA 等）后，就会像合子胚那样经历一个后期发育和成熟过程：组织进一步分化（通常是改变细胞形态）；子叶原基进一步发育和生长；贮藏物质合成及累积等。此时的发育对体细胞胚质量有很大影响。

2. 体细胞胚胎发生的方式

体细胞胚胎发生的方式有两种，第一种是从培养中的器官、组织、细胞或原生质体直接分化成胚，中间不经过愈伤组织阶段。第二种方式是外植体先愈伤化，然后由愈伤组织细胞分化成胚。在这两种胚胎发生方式中，从愈伤组织产生胚状体最为常见。

三、影响体细胞胚胎发生的因子

1. 植物生长调节物质

体细胞转化为胚性细胞的一个重要的前提是这些细胞必须脱离整体的约束，而进行离体培养这一转化过程的分子基础是基因差别表达的结果。但基因的差别表达需要一定的内外条件的诱导，即细胞分化必须具有相应的诱导因子。影响细胞分化的因素很多，最重要的是植物生长调节物质。

（1）生长素。生长素是诱导体细胞胚胎发生研究最多的植物生长调节物质，是不少植物胚胎发生所必需的。如2,4-D 是诱导多种植物离体培养的体细胞转变为胚性细胞的重要因子（崔凯荣等，1998；Rathore *et al*., 2004），其次是 NAA。

（2）细胞分裂素。细胞分裂素是诱导体细胞胚胎发生的外源激素。同时添加生长素可以提高体细胞胚胎发生频率（由香玲和曲冠证, 2011）。

2. 氮源

除生长素外，培养基中氮源的类型也会影响离体条件下的胚胎发生。如野生胡萝卜叶柄节段培养物中，只有当培养基中含有一定数量的还原态氮时，才能出现胚胎发生过程。在以 KNO_3为唯一氮源的培养基上建立起来的愈伤组织，去掉生长素以后不能形成胚。然而若在含有55mmol/L 的 KNO_3培养基中加入少量5mmol/L 的 NH_4Cl，胚胎发育过程就会出现（Ramage 和 Williams , 2002; Neumann *et al*., 2009）。

3. 其他因子

据 Carroll 和 Brown（1976）报道，在野生胡萝卜中，高浓度（20mmol/L）的钾是胚胎发生所必需的。在培养基中溶解氧的含量应低于一个临界值（1.5mg/L），否则将有利于生根，而不利于成胚。此外，在培养基中加入活性炭也能够提高胡萝卜细胞胚胎发生的频率。

第四节　植物花药和花粉培养

花药是植物花的雄性器官，由两部分细胞组成：其一是体细胞，包括药壁和药隔组织细胞；其二是雄性细胞，即小孢子，一般称花粉粒。因此，花药实际上是一种器官，花药培养是器官培养。花粉是花药的一部分，它以单细胞状态存在于花药的药室之中，故花粉培养属于细胞培养。花药培养和花粉培养是将花粉培育成单倍体植株，再经染色体自然或人工加倍得到纯合二倍体，这种二倍体遗传上非常稳定，不发生性状分离，因此，花药培养和花粉培养育种能缩短育种年限。

一、花 粉 培 养

1. 花粉培养时期

花粉在单核时，即正好第一次有丝分裂前或当有丝分裂进行时，对于诱导雄核发育的外界刺激最敏感。

2. 花粉培养过程

花粉培养首先要进行花粉分离，在花粉分离前要对未开放的花蕾进行消毒，保证在取花药时不会染菌。对于花蕾的消毒依据种类不同所采取的方法也不同。

1）*花粉分离*

花粉分离的方法有自然散落法和机械挤压法。

（1）自然散落法。把花药从未开的花中取出，必须保证无菌，直接插接在无菌培养基上，当花药自动开裂时，花粉散落在培养基上，移走花药，让花粉继续培养生长。如果是液体培养基，可接种大量花药，经1～2d，大量花粉散落入培养基中，经离心浓缩收集，再接种培养。

（2）机械挤压法。把无菌花药收集在无菌液体培养基的玻璃瓶中，然后用平头大玻璃棒反复轻轻地挤压花药。为了除去药壁等体细胞组织，用200目的镍丝网过滤，使花粉进入滤液中。把滤液放入离心管，在200r/min 速度下离心数分钟，使花粉沉淀，吸取上清液（带小片药壁），再加培养基悬浮液，然后离心。如此反复3～4次，就可得到很纯净的花粉。把洗净的花粉沉淀，加入一定量的培养基，使花粉细胞的密度达到10^4～10^5个/ml，即可进行培养（沈海龙，2005）。

2）预处理

经过预处理有利于花粉改变正常的发育途径，从而促进花粉植株的形成。

（1）低温处理。低温处理是一种常用的也是效果较好的处理方法，可以明显提高花粉胚的诱导率。

（2）离心处理。有文献记载将单核后期的烟草花药在10 000～11 000r/min 的速度下离心30min，产生小植株的频率从30.5%提高到38.2%，每个花药产生的小植株数目从1.6株提高到5.4株。

（3）乙烯利处理。Bennett 和 Hughes（1972）在研究小麦化学去雄时注意到，在减数分裂前用乙烯利喷施植株促使花粉细胞核分裂。有的花粉细胞核有8个之多，将这些花药放在培养基上培养可以观察到多达18个核的花粉。

另外，还可以利用辐射、高温、变温、黑暗或生长素等处理，对于培养也有好处。

3）花粉培养方法

花粉培养方法有多种，现主要介绍以下2种：

（1）看护培养法。先把植物的完整花药放在琼脂培养基表面，然后在花药上覆盖一张滤纸小圆片，置于26℃下培养。由于完整花药发育过程中释放出有利于花粉发育的物质，通过滤纸供给花粉，促进了花粉的发育，使其形成细胞团，进而发育成愈伤组织或胚状体，再分化成小植株。

（2）条件培养法。将花药接种在合适的培养基上培养1周，这时有些花药的花粉开始萌动，然后将这些花药取出浸泡在沸水中杀死细胞，用研钵研碎，倒入离心管，高速离心，上清液即为花粉提取物。提取物经无菌过滤灭菌后，加入到培养基中，再接种花粉进行培养。失活花药的提取物中含有促进花粉发育的物质，有利于花粉培养成功。（沈海龙，2005）。

二、花 药 培 养

1. 花药培养程序

（1）取材。花药在接种以前，应预先用醋酸洋红压片法进行镜检，以确定花粉的发育时期，并找出花粉发育时期与花蕾或幼穗的大小、颜色等外部特征之间的对应关系。一般情况下，单核后期花药对培养反应较好。

（2）预处理。为了提高愈伤组织和苗的分化频率，常常要进行预处理。常用的方法有低温冷藏，具体的处理温度和时间长度因物种而异。

（3）消毒。取回的花蕾或幼穗等材料在接种前应进行表面灭菌，通常用70%酒精在表面擦拭，然后在漂白粉溶液中浸泡15min，再用无菌水冲洗3～5次即可。

（4）接种。在无菌接种室或超净工作台上进行接种操作，在无菌条件下把雄蕊上的花药轻轻地从花丝上摘下，注意不要碰伤花药，将花药水平地放在培养基上进行培养。接种时速度要快，尽量减少花药在外停留的时间。接种时，花药密度要大，由于花药组织分泌的活性物质互相作用，接种密度高时愈伤组织的诱导率也高。

（5）培养。接种后要进入培养室中进行恒温培养，分为脱分化和再分化两个阶段。脱分化培养是指选取适宜的基本培养基和生长素比例进行培养，经过20d 左右诱导愈伤组织形成。再分化培养则是指愈伤组织增殖到1～3mm 时，及时转移到新的适宜培养基中，选择适当的激素水平培养，诱导成苗，以获得花粉植株。这时要经20～30d 才能诱导苗的分化。培养过程中，培养室的温度一般保持在25～28℃，要定期观察。离体花药培养一段时间后，如果培养基和培养条件适宜，一般在2周到1个月即长出愈伤组织或胚状体（沈海龙，2005）。

2. 花药培养方法

花药培养的方法有两种：一是琼脂固体培养法，二是液体培养法。

（1）琼脂固体培养法。在培养基中加入0.5%～0.8%琼脂，使培养基呈半固体状态。加入的琼脂依据琼脂质量而定。一般情况下，琼脂浓度以花药有1/3浸入而不沉没于琼脂中为宜。

（2）液体培养法。在培养基中不加入琼脂，直接把花药接入呈液体状态的培养基中。培养基中加入聚蔗糖（Ficoll)，可使花药全部不下沉而漂浮在液面上，这样通气良好，提高了培养效果（Kao *et al*., 1991; Wagner, 2004）。

三、染色体加倍

花粉培养再生的单倍体植株不能结实，必须经过染色体加倍才能得到育种所需要的纯合二倍体植株。

1. 自然加倍

利用离体培养过程中染色体自然加倍的现象得到二倍体纯合植株是目前花培育种中最为常见的加倍方法。但自然加倍受多种因素的影响，其中，受花粉种类影响最大，花粉植株自然加倍主要是通过核内有丝分裂进行的，核内有丝分裂与接种花药的发育时期、培养基中激素的种类和水平、花粉植株发生的方式及愈伤组织继代培养时间的长短有直接关系。

2. 人工加倍

对染色体的人工加倍最早是采用物理方法如热冲击法和γ-射线冲击法，而最为有效的加倍方法是采用药剂处理，除常用的秋水仙碱外，还有一些有机杀菌剂。人工加倍可以处理花粉离体培养脱分化期单倍体细胞、愈伤组织以及单倍体植株。

常用的方法是用0.2%～0.4%秋水仙碱处理植株，双子叶植物处理生长点和芽，禾本科植物在分蘖期处理分蘖节。经过处理的幼苗，初期生长缓慢，但经过一段时间的培养后可恢复生长。成功率可达20%～25%。另一种方法是在室外处理单倍体植株的顶芽、腋芽或花芽。用0.2%～0.4%的秋水仙碱溶液浸过的脱脂棉球放在幼芽上，为减少药液挥发，每隔一定时间滴一次相同浓度的秋水仙碱溶液。处理24～28h 后，去掉棉球，并用清水洗去残余药液。经过处理的幼苗50%以上可以加倍结实（沈海龙，2005）。

第五节　植物原生质体培养

Hanstein 在1880年最早提出植物细胞原生质体（protoplast)一词，在植物学上是指植物细胞通过质壁分离后可以和细胞壁分开的那部分细胞物质（Hartmann *et al.*, 2011）。1960年，英国诺丁汉大学植物学系的 Cocking 首次使用纤维素酶分离原生质体获得成功，从而开创了用酶法分离原生质体，使得在实验室条件下很容易获得大量原生质体。

一、原生质体分离

原生质体分离并获得大量且有活力的原生质体是原生质体培养的重要环节及成功的关键。原生质体分离的方法有机械法和酶解法。

1. 机械法

采用机械法可以从高等植物中分离出原生质体。把细胞置于一种高渗的糖溶液中，使细胞发生质壁分离，原生质体收缩成球形，然后用利刃切割。在这个过程中，有些质壁分离的细胞只被切去了细胞壁，从而释放出完整的原生质体。该方法的缺点：产量低；对于分生细胞和其他液泡化程度不高的细胞不适用。

2. 酶解法

用酶解法可以从高等植物细胞中大量分离出原生质体。首先用商品酶进行原生质体的分离，然后按照“顺序处理法”分离植物原生质体。如在分离烟草叶片原生质体的过程中，首先使用离析酶处理叶片小块组织，释放出单个细胞，然后使用纤维素酶处理消化释放的单个细胞的细胞壁，释放原生质体。

二、原生质体培养与植株再生

1. 原生质体培养方法

（1）液体浅层培养法。往培养皿中注入3～4ml 培养液，使其呈薄层，接种一定密度（2×10^5个/ml）的原生质体，每日轻摇2～3次，加强通气，一段时间后原生质体细胞壁产生，然后分裂形成细胞团，最后将其转至固体培养基。该方法的优点就是操作简单，对原生质体损伤小，且易于添加新鲜培养基和转移培养物，原生质体表现出较强的细胞分裂能力。其缺点是原生质体分布不均匀，常发生原生质体之间的粘连现象而影响其进一步的分裂和发育。此外，难以跟踪观察某一个细胞的发育情况。

（2）液体-固体双层培养法。培养皿底部铺一层0.7%琼脂糖的固体培养基，在其上面进行原生质体浅层培养。这种方法的优点就是固体培养基中的营养物质可以缓慢放到液体培养基中，如果在下层固体培养基中添加一定量的活性炭，还可能吸附培养物产生的一些有害物质，促进原生质体的分裂和细胞团的形成。其缺点是不易观察细胞的发育过程。

（3）固体薄层培养法（平板培养）。原生质体纯化、离心和稀释后，再与1.4%琼脂或琼脂糖（37℃左右）等体积混合，培养于培养皿中。这种方法的优点是使原生质体处于固定位置，避免了原生质体的漂浮游动，有利于对单个原生质体的细胞壁再生及细胞团形成的全过程进行定点观察。缺点是固体中单细胞生活能力弱，通气状况不良，第一次细胞分裂时间会推迟2d 左右。

（4）琼脂糖珠培养法。将含有原生质体的液态琼脂糖培养基用吸管置于培养皿中，待其固化后向其中添加3ml 液体培养基并于摇床上低速旋转培养。培养过程中，调整液体培养基的渗透压，以利于培养物进一步的生长和发育，这种方法由于改善了培养物的通气状况和营养环境，从而促进了原生质体的分裂和细胞团的形成。

2. 原生质体培养再生植株过程

由植物原生质体再生完整植株，要经过细胞壁再生、细胞分裂、细胞团和愈伤组织的形成及植株再生等几个不同的阶段。

（1）植物原生质体细胞壁再生。原生质体再生细胞壁与细胞分裂有直接关系，凡是不能形成细胞壁的原生质体就不能进行细胞分裂。如果原生质体的新壁再生不全，会导致原生质体出芽、体积增大等，并且由于细胞壁发育不全，会导致细胞分裂异常，如细胞核分裂时细胞质不分裂，形成多核细胞。

（2）原生质体细胞分裂和愈伤组织的形成。原生质体再生新生壁后，可在2～7d 内进行第一次分裂，而有些植物第一次分裂前的滞后期有7～25d。第一次分裂后经过2～3周培养可形成细胞团，再经过2周后可形成愈伤组织。

3. 植株再生

原生质体在经过了细胞壁再生，细胞分裂产生细胞团并持续分裂形成愈伤组织后，可将这些愈伤组织转移到含渗透势稳定剂的分化培养基中，在光照下诱导再生植株。其再生途径有两种：通过器官形成途径再生和通过体细胞胚胎途径再生。

（1）通过器官形成再生植株。原生质体培养再生植株过程中，多数植物种类是通过器官形成再生植株。这种途径再生植株经原生质体培养，诱导不定芽再生，生根诱导形成完整植株。各阶段大致要求3种不同培养基：原生质体培养基、分化培养基、生根培养基。

（2）通过体细胞胚胎再生植株。在原生质体培养再生植株过程中，通过体细胞胚胎途径获得再生植株。原生质体及其愈伤组织的培养首先需要2,4-D 的诱导培养，然后在降低或去掉2,4-D 的培养基上诱导体细胞胚胎形成。但也有不需要2,4-D 诱导形成胚状体的报道。

第六节 植物细胞培养

植物细胞培养已经成为生物技术的一个重要组成部分，包括悬浮细胞培养和单细胞培养。悬浮细胞培养是将植物细胞和小的细胞聚集体悬浮在液体培养基中进行培养，其目的是使细胞能保持较好的分散状态。单细胞培养是将植物的单细胞置于特殊的条件下培养。培养的细胞通过分裂形成细胞团，再经细胞分化形成胚状体，或根、茎、叶等器官，最后长成植株。在开发、利用植物资源上，细胞培养技术正向工业化方向逐步迈进，并已产生较大的社会效益和经济效益。

一、植物细胞悬浮培养

建立悬浮细胞培养系，首先要选择适宜的外植体，然后再诱导产生愈伤组织，把具有分化能力的愈伤组织细胞接种到液体培养基中，旋转或振荡，即可成细胞悬浮液。经过一段时间的悬浮培养，有些植物可直接分化成胚状体，而有些植物细胞经不断分裂形成肉眼可见的小细胞团，而后再进行同步化培养。常用的同步化培养方法有饥饿方法和抑制方法。经过同步化诱导后，细胞就开始同步分裂（沈海龙, 2009）。

二、植物单细胞培养

植物的单个细胞，经特殊培养最后长成一株完整的植株，无论在理论上还是在实践上，均意义重大。目前，单细胞培养方法有固体培养、液体培养及多种方式的综合培养。其中，固体培养有平板培养、条件培养、看护培养等；液体培养主要有微滴培养、液体浅层培养；多种方式的综合培养有固相化培养、膜室培养等。

1. 固体培养

（1）平板培养。此方法操作简单，一次能处理大量细胞，是目前单细胞培养最常用的方法。具体方法：把含0.6%琼脂的培养基冷却到35℃时（尚未固化），将悬浮液接种进去，充分混合，倒入直径9cm 的培养皿中，约铺成1 mm 厚，培养皿用塑料膜封口。然后在25℃暗处保温培养，定期用显微镜观察细胞是否开始分裂或生长成小群体；形成的小群体，可继代到新鲜培养基上。

（2）条件培养。在选用的培养基中，加入一定量已生长过组织或细胞的培养液（离心除去组织或细胞），称其为条件培养液；用条件培养液培养细胞，即使接种的细胞密度低于最低的有效密度，这些细胞也能生长和分裂。

（3）看护培养。将愈伤组织直接置于铺有单细胞的滤纸下作为看护愈伤组织，为滤纸上的单细胞提供必要的生长因素，使细胞可以分裂产生小的群体。将这些小群体继代培养在新的培养基上，形成由单细胞衍生出来的愈伤组织。从单细胞起源的一个愈伤组织连同它衍生的培养物一起，称为一个单细胞无性系。

2. 液体培养

（1）微滴培养法。最早使用的液体培养技术是悬滴培养技术，后来被不断完善改进为微滴培养技术，后又经多次改进。这个方法对单个原生质体的培养有用。

（2）液体浅层培养。先在培养皿中注入浅层液体培养基，再接种已分散的单细胞。

3. 多种方式综合培养

（1）固相化培养。将细胞或原生质体固着在琼脂、藻朊酸盐或多聚赖氨酸中，然后把它们放入液体培养基中振荡培养。待细胞克隆出现时，再取出转入固体培养基上培养。这种方法既加强了营养物质和气体的交换，又避免了振荡对细胞产生的不良影响。

（2）膜室培养。用赛璐玢膜圆筒制成膜室，在室内放入欲培养的低浓度原生质体悬浮液，外为双层培养基，上层为高密度原生质体饲喂层。这种细胞培养的效果，比条件培养效果好。

第七节　植物脱毒技术

脱毒是常规良种繁育的一个重要程序。世界上很多国家十分重视这项工作，建立了大规模的无病毒苗木生产基地，并取得了显著的经济效益。

一、植物脱毒原理和方法

1. 热处理脱毒

热处理脱毒基本原理是在稍高于正常温度的条件下，使植物组织中的病毒部分钝化或完全钝化，减少伤害甚至不伤害植物组织，实现脱病毒。热处理可以通过热水浸泡或湿热空气处理。热水浸泡对休眠芽效果好，湿热空气处理对活跃生长的茎尖效果较好，且容易进行，既可以杀灭病毒又可以使寄主植物有较高的存活机会。热处理的温度和时间，因植物病毒种类的不同差别较大，一般热处理温度为37～50℃，可以恒温处理，也可以变温处理。

2. 茎尖培养法

病毒在植物体内是靠筛管组织进行转移或通过胞间连丝传给其他细胞的。因此，病毒在植物体内的传播扩散也受到一定的限制，造成植物体内部分细胞组织不带病毒，同时植物分生组织的细胞生长速度又快于体内病毒的繁殖转移速度。因此，根据这一原理，利用茎尖培养可以获得无病毒种苗。茎尖培养脱毒时，切取茎尖的大小很关键，一般切取0.10～0.15mm，带有1～2个叶原基的茎尖作为繁殖材料较为理想，超过0.5mm时，脱毒效果差。待无根苗长到2cm高时，准备脱毒鉴定。

3. 茎尖培养与热处理相结合脱毒法

为了提高茎尖脱毒效果，可以先进行热处理，再进行茎尖培养脱毒。通过茎尖培养法培养出无根苗后，放入温度为（37±1）℃条件下，处理 28d，再切取 0.5mm 左右的茎尖进行培养；或者先进行热处理后，取 0.5mm 的茎尖进行培养，然后进行病毒鉴定。

4. 微体嫁接脱毒法

微体嫁接脱毒法可以把极小(＜0.2mm)茎尖作为接穗嫁接在实生苗砧木上(种子实生苗不带毒)，然后连同砧木一起在培养基上培养。接穗在砧木的哺育下很容易成活，故可用很小的茎尖来培养。此方法消除病毒的概率大，获得无病毒苗的可能性大，已在苹果上获得成功。

5. 珠心组织培养脱毒法

有人认为病毒是通过维管组织传播的，而珠心组织与维管组织没有直接联系，故可以通过珠心组织培养获得无病毒植株。

二、脱毒苗脱毒效果检测

1. 直观检测法

根据植株茎叶是否表现某种病毒特有的可见症状来确定脱毒效果，这种方法虽然简单，但有些病毒在寄主植物上并不表现明显的可见症状，或只有经过相当长的时间才表现可见症状，因此还必须寻求更灵敏可靠的检测方法。

2. 指示植物检测法

利用指示植物进行脱毒效果检测。指示植物又称鉴别寄主，是指对某种或某些特定病毒敏感，而且症状表现十分明显的植物。

3. 电子显微镜检测法

利用电镜直接观察脱毒培养后的植物材料，确定其中是否存在病毒颗粒，以及它们的大小、形状和结构。这种方法对检测潜伏病毒非常有用，只是所需的设备昂贵，技术复杂，不易在一般苗圃中推广。

三、无毒原种的保存和应用

1. 无毒原种保存

获得无毒原种后，如果保存不好会很快重新感染病毒，为防止再度感染，应在隔离的条件下保存。如果保存得好，可以利用5～10年，在生产上可以获得更多的经济效益。

（1）隔离种植保存。通常无毒原种要在隔离区或隔虫网室内种植保存。种质圃的土壤也应该消毒，保证无毒原种是在与病毒严格隔离的条件下栽培，并采用最优良的栽培技术措施。

（2）离体保存。脱毒种苗经鉴定后，选择无毒原种株系，回接于试管内，可长期保存，是最理想的保存方法。

2. 无毒原种应用

获得无毒原种后，一方面要做好无毒种的繁育，另一方面还要进行无毒苗的推广。无毒苗的推广应在发展良种的新区使用才能取得良好的效果；在老病区使用时应实行统一的防治措施，一次性全区换种，才能取得应有的效果。

参 考 文 献

崔凯荣, 戴若兰. 2000. 植物体细胞胚发生的分子生物学. 北京: 科学出版社

崔凯荣, 裴新梧, 秦琳, 等. 1998. ABA 对枸杞体细胞胚发生的调节作用. 实验生物学报, 31(2): 195~201

沈海龙. 2005. 植物组织培养. 北京: 中国林业出版社

沈海龙. 2009. 树木组织培养微枝试管外生根育苗技术. 北京: 中国林业出版社

石晓东, 高润梅. 2009. 植物组织培养. 1 版. 北京: 中国农业科学技术出版社

孙时轩. 1990. 造林学. 北京: 中国林业出版社

王金刚, 张兴. 2008. 园林植物组织培养技术. 1 版. 北京: 中国农业科学技术出版社

王明庥. 2001.林木遗传育种学. 北京:中国林业出版社

由香玲, 曲冠证. 2011. 五加科植物体细胞胚发生研究. 北京: 科学出版社

Bennett MD, Hughes WG. 1972. Additional mitosis in wheat pollen induced by Ethrel. Nature, 240: 566～568

Carroll D, Brown DD. 1976. Adjacent repeating units of Xenopuslaevis 5S DNA can be heterogeneous in length. Cell, 7(4): 477～486

Hartmann HT, Kester DE, Davies FD, *et al*. 2011. Plant propagation principles and practices (8th ed.). New Jersey: Prentice Hall International, Inc.

Kao KN, Saleem M, Abrams S, *et al*. 1991. Culture conditions for induction of green plants from barley microspores by anther culture methods. Plant Cell Reporter, 9(11): 595～601

Neumann KH, Kumar A, Imani J. 2009. Plant Cell and Tissue Culture - A Tool in Biotechnology: Basics and Application. Berlin: Springer

Ramage CM, Williams RR. 2002. Mineral nutrition and plant morphogenesis. In Vitro Cellular & Developmental Biology, 38(2): 116~124

Rathore JS, Rathore V, Shekhawat NS, *et al*. 2004. Micropropagation of woody plants. Srivastava PS, Narula A, and Srivastava S (Editors). Plant Biotechnology and Molecular Markers. New Delhi: Anamaya Publishers

Roberta HS. 2013. Plant Tissue Culture: Techniques and Experiments. New York: Academic Press

Takahata K, Takeuchi M, Fujita M, *et al*. 2004. Isolation of putative glycoprotein gene from early somatic embryo of carrot and its possible involvement in somatic embryo development. Plant and Cell Physiology, 45(11): 1658~1668

Wagner D, Wellmer F, Dilks K, *et al*. 2004. Floral induction in tissue culture: a system for the analysis of LEAFY-dependent gene regulation. Plant Journal, 39(2): 273~282

Williams EG, Maheswaran G. 1986. Somatic embryogenesis: factors influencing coordinated behaviour of cells as an embryogenic group. Annals of Botany, 57(4): 443～462

Zimmerman JL. 1993. Somatic Embryogenesis: A Model for Early Development in Higher Plants. Plant Cell, 5(10): 1411~1423

第九章　移植苗培育及出圃

第一节　移植苗培育

移植是培育大苗的理想方法。在苗圃中将原苗木更换育苗地继续培育叫移植（分床）。通过移植，可以促进侧根、须根的生长，加大根茎比，提高栽植成活率高。凡经过移植的苗木统称为移植苗。由于播种育苗密度比较大，营养面积小，光照不足，通风不良，常使地上部枝叶少，苗干细弱，地下根量少，造林成活率低，生长不良，因此培育 2～3 年以上的苗木，需要通过移植来达到扩大营养面积，改善光照条件的目的。移植过程中，根系被切断后，重新生长出侧根和须根，会抑制苗木高生长，加大根茎比，从而提高了苗木质量。移植苗培育需要掌握以下几个关键环节。

一、移植苗培育时间

一些生长较快的针叶树和大部分阔叶树种，其造林用苗在移植区培育 1 年即可出圃造林。油松和樟子松需培育 1～1.5 年（雨季造林用）。而对一些生长较缓慢的针叶树种，则需在移植区培育 2 年才可出圃造林。作为造林用苗，无论生长快慢，苗木一般移植 1 次即可出圃造林。城市绿化用苗，可根据需要进行多次移植。对于一些须根不发达的树种，多次移植虽增加了根量，有利于提高造林成活率，但对造林后的生长情况有不良影响。因此移植次数不宜多。

二、移植前苗圃准备

移植当年或前一年秋季要做好移植苗用地准备。选择土层深厚、排水良好、灌溉方便的地块作为移植苗圃用地，结合整地施入腐熟的有机肥，整地作床（垄）。黏质土壤或湿度较大的区域，宜作高床；沙质土壤及旱区育苗地宜作平床或低床。床的方向以南北向为好，以便受光均匀。床宽为 110～120cm，床长依地势而定，步道宽 50～60cm，对于不用防寒的苗木步道可略窄，如落叶松和一些自然越冬的阔叶树，而对需防寒越冬的苗木，步道要宽一些以利于覆盖防寒土，如云杉、白皮松、侧柏等（Löf *et al.*，2004；Mollá *et al.*，2006）。

三、移植前苗木准备

确定适宜的移植苗龄。苗木年龄过小或过大，效果都不佳。适宜的移植苗龄因树种而异，生长较快的树种如多数阔叶树种和部分针叶树种的苗木，用 1 年生苗移植；生长较慢的树种适宜用 2～3 年生播种苗进行移植（Trubat *et al.*，2010）。

移植前对苗木要进行分级。首先筛除不合格的苗木，然后将不同等级的苗木分区栽植，使得移植后的苗木生长均匀，并要做到随起、随分、随运、随栽，提高成活率。

移植前对苗木根系进行修剪，促发新根。要剪去过长或劈裂的根系。针叶树一般剪去根系长度的1/4～1/3，阔叶树一般剪去根系长度的1/3～1/2，剪后主根系应保持在12～15cm。根系过长容易窝根，太短则会降低苗木成活率和生长量（杨喜田等，2010）。对常绿树种侧枝进行适当短截，可减少水分蒸腾，提高苗木成活率。修剪过程应在棚内进行，修剪后应立即栽植，否则要假植在背阴湿润的地方。

四、移 植 季 节

主要在苗木休眠期进行移植。多数情况下，移植苗成活取决于苗木体内的水分平衡，休眠期苗木耗水较少，此时移植有利于保证苗木体内水分平衡。

寒冷地区适宜在早春土地解冻后进行。早春移植，树液还未开始流动，芽尚未萌发，蒸腾作用很少，土壤湿度较大，且早春土温亦能满足根系生长的要求，所以，早春移植苗木较易成活。移植时，根据树种发芽的早晚安排移植顺序，发芽早的应先移植，发芽晚的后移植。

秋季移植适用于冬季不会有低温伤害，春季不会有冻拔、干旱等灾害的地区。秋季移植的时间，在北方应早些，在根系尚未停止生长时进行，以利于移植后根系伤口愈合。常绿树种也可在雨季进行移植（Park and Lee, 2007）。

五、移植苗栽植方法

移植苗的栽植方法主要有穴植法和沟植法。穴植法适于栽植大苗，沟植法适于小苗。就苗木而言，移植又可分为裸根移植和带土球移植。裸根移植时必须注意使苗木根系舒展，严防窝根或使根系卷曲，可在填土八成时，轻轻向上提苗，然后踏实，再培土压实。栽植深度要比原土深1～2cm，以防浇水后土壤下陷根系外露。机械栽植时，注意植苗、覆土和踩压环节都充分完成。移植后及时灌溉1～2次。

六、移植后管理

移植后加强水、肥管理是提高移植成活率、促进苗木迅速生长、培育优质壮苗的关键。要做到适时适量灌水，适期合理追肥，及时中耕、除草，为移植苗的迅速生长创造良好的条件，并注意病虫害防治。

第二节 苗 木 出 圃

当培育的苗木达到造林或城市绿化用苗要求时，就可出圃。苗木出圃是育苗作业的最后工序，也是育苗工作的关键环节。良好的出圃工作能保证已培育的苗木质量，提高合格苗产量，否则会降低苗木质量，影响合格苗产量，甚至会出现大量废苗，造成丰产不丰收。苗木出圃工作通常包括苗木调查、起苗、分级、统计、贮藏和包装运输。

一、苗 木 调 查

苗木地上部分停止生长以后、出圃前，先要进行苗木调查，全面了解苗木质量、产量水平，以掌握各树种苗木情况，安排出圃的时间。

1. 苗木调查要求

对产量，要有 90%的可靠性和 90%的精度；对质量（苗高和地径）要有 90%的可靠性和 95%的精度。计算出 I 级、II 级、III级苗木及废苗的百分率（孙慧彦等，2009）。

以地径与苗高两项指标为依据，将苗木分为 3 个等级。I 级、II 级苗为达到出圃标准，符合造林要求的合格苗；III级苗为未达到出圃标准，不能直接用于造林的苗木，这些苗木可通过移植进一步培育成合格苗。出圃苗的总产量是 I 级、II 级和III级苗木数量总和。废苗是指有病虫害的、重损伤的及生长不良的弱小苗，废苗不计入总产量。合格苗的产量为 I 级、II 级苗总和。播种苗的合格苗通常占苗木总产量的 70%以上，移植苗与插条苗的合格苗占总产量的 85%以上。

《主要造林树种的苗木标准》（GB 6000）是育苗生产的技术法规，在整个育苗过程中，必须严格遵守执行。

2. 苗木调查

苗木调查包括划分调查区、选定抽样方法及样地布点、确定样地的类型及大小，设置样地数、调查样地内苗木数量和质量。

1）划分调查区

查阅育苗技术档案，到生产区踏查，将树种、育苗方法、苗龄、作业方式及育苗技术措施（如施肥、灌溉、播种方法等）都相同的育苗地可划为一个调查区。同一调查区的床（或垄）要统一编号。

2）选定抽样方法及样地布点

抽样方法主要包括系统抽样、随机抽样、分层抽样。

（1）系统抽样。当各样地距离相等、样地分布均匀时可用系统抽样法，即每隔一定数量的床（或垄）抽取一床（或垄）作样方调查。

（2）随机抽样。是用随机的方法抽取样地，全部样地被抽中的机会是相等的，这种方法可以排除以人的主观意志来确定样地的位置。

（3）分层抽样。是把调查的苗木生产区，根据苗木的密度和生长情况，按照分层因子，分成几层（分成几个类型组，如好、中、差等），并对每个类型组分别抽样、分别调查的方法。决定分层与否的主要因素有苗木的密度、生长情况、好坏的比例及有无明显界限。例如，如果密度差异显著（或者苗木质量差异显著），并且任何一种类型（好或坏）的苗木，其面积均占总面积的 10%以上，好坏界限明显，并且成片，就可以分层抽样。

样地布点应分散在调查面积的全部地块上，保证抽取的样苗有较强的代表性。

3）确定样地的类型及大小

样地的形状有方形、线形、圆形等。样地的大小由苗木密度、育苗方法和需要测量苗木的数量决定，苗木密的样地宜小，稀的宜大；播种育苗的样地宜小，扦插和移植苗样地宜大；需测量苗木数量大的样地宜大。

4）设置样地数

苗木样地数决定于苗木密度均匀程度与苗木质量整齐程度。若苗木密度均匀、生长整齐，设置样地数宜少，反之宜多。

5）调查样地内苗木数量和质量

（1）苗木数量。统计样地内的全部苗木数量，同时对有病虫害的、机械损伤的及畸形苗木分别记录，计算各种苗木的百分比。

（2）苗木质量。根据国家育苗生产的规定，用苗高、地际直径（地表面直径）和根系长度作为苗木质量主要分级标准。具体统计方法可以参考相关统计学教材。

二、起　苗

起苗又称掘苗。起苗质量的好坏，对苗木的产量、质量和造林成活率有很大影响，需十分重视。在起苗时应注意以下几个问题。

1. 起苗季节

起苗季节主要是根据树种苗木的生物学特性来确定，同时要与造林、苗圃整地等活动相配合。适宜的起苗季节是在苗木休眠期。一般情况下，落叶树种从秋季开始落叶时到翌年春季树液开始流动以前，都可以进行起苗。而常绿针叶树种与容器苗除上述时间外，还可以在雨季起苗。

春季起苗宜早，要在苗木开始萌动之前进行，如在芽苞开放后再起苗，会大大降低苗木成活率。春季起苗可减少假植程序。

春季发芽早的苗木适于秋季起苗。秋季起苗应在苗木地上部停止生长后进行，此时根系正在生长，有利于苗根伤口的愈合，在翌年春较早开始生长，且便于秋耕。

冬季土壤结冻地区，可雨季造林，随起随栽（王明庥，2001）。

2. 起苗方法

起苗一般有人工起苗和机械起苗两种方法。机械一般是拖拉机牵引床式（或垄式）起苗机。人工起苗时，要先铲去苗两侧的表土，利用锋利的铁锹向下切断苗根（位置与茎距离大于根长），同时切断主根，轻轻抖土取出苗木。如果利用机械起苗，先将机械转弯处的苗木起出，定好苗犁的深度，顺苗床与苗行起苗。大中型苗圃多采用机械起苗。起苗技术的优劣，直接影响苗木质量。

3. 起苗根系要求

起苗时要保证起苗的深度和根幅宽度。起苗深度因树种和苗龄而异，一般针叶树、阔叶树 1～3 年生播种苗起苗深度要达到 18～25cm，移植苗和扦插苗要达到 20～35cm。根幅宽度因苗木大小和行距而异，针叶树播种苗的根幅宽度要求距苗干 7～10cm，阔叶树播种苗、扦插苗、移植苗距苗干 10～20cm。尽量做到保持根系比较完整，少伤侧根、须根，不折断苗干，不伤顶芽（萌芽力弱的针叶树），同时要修剪过长的主根、侧根及根系受伤部分，根系保留长度需达到 GB-6000 标准的规定。

4. 起苗土壤湿度要求

起苗时，圃地土壤不宜太干。如果土壤很干燥，需提前 3～4d 灌溉。为防止苗根失水，要边起苗、边检查检疫、边分级、边假植（或及时包装运输）。不宜在大风天气起苗，避免根系失水过多。

三、分级与统计

起苗后，要立即在庇荫无风处选苗，剔除废苗，对苗木进行分级统计，同时，修剪过长的主根、侧根及受伤部分。

1. 壮苗特征

优良苗木简称壮苗。壮苗通常生根能力旺盛、抗性强、移植和造林成活率高、生长较快，其形态特征主要有以下几方面。

（1）根系发达，有较多的侧根和须根，主根短而直。

（2）苗干粗而直，上下均匀，充分木质化，枝叶繁茂，色泽正常。

（3）苗木的重量大，而茎根比值较小。

（4）无病虫害和机械损伤。

（5）萌芽力弱的针叶树种要有发育正常而饱满的顶芽，如油松等苗木的顶芽，要比侧芽占优势。顶芽无显著的秋生长现象。

凡不符合上述壮苗条件的，都属废苗。以上也是苗木分级的科学依据。

2. 苗木分级

分级的目的是使出圃的苗木合乎规格标准，使苗木栽植后生长整齐。苗木分级的标准以国家制定的苗木质量指标的标准为主。生产上多以苗高、地径、根系长度（主要是侧根的长度为主）为依据，将苗木分为Ⅰ级、Ⅱ级、Ⅲ级苗和废苗（类似苗木调查要求）。在苗木分级中，把根系过短或过少的与有病虫害的、重损伤的及生长不良的弱小苗，一起列为废苗。有病虫害的废苗必须烧掉。

国标 GB 6000 中规定地径为苗木分级的主要指标，因为地径粗的苗木根系多，造林成活率高；苗高为次要指标。根系长度暂定统一标准，不分等级。

苗木分级后要做等级标志。每个树种苗木分级的其他具体标准用国标 GB 6000 或省（自治区、直辖市）标准均可。

3. 苗木统计

苗木统计是统计各级苗木及废苗的数量。多与分级工作同时进行，边分级边统计，尽量快，避免苗根被风吹日晒而干燥。分级之后直接统计各级苗木数量，计算合格苗产量占总产苗量的百分比，做好等级标志。

出圃过程中，附上苗木检疫证书、检验合格证和标签。

四、苗 木 贮 藏

苗木贮藏的目的是为了保持苗木质量、减少苗木失水、防止发霉等，以最大限度地保持苗木的生命力。不能及时移植或包装运往造林地的苗木，要进行假植或低温贮藏（孙时轩和刘勇，2009）。

1. 假植

将苗木根系用湿润土壤进行埋植称为假植，其主要目的是防止根系干燥，保证苗木的质量。具体方法为选排水良好且背风的地方挖沟。沟的规格因苗木的大小而异，播种苗假植沟一般是深宽各 30～40cm，迎风面的沟壁做成 45°的斜壁，将苗木排列在斜壁上培土即可。

根据假植时间的长短可分为临时假植和越冬假植。临时假植可将苗木成捆排列在斜壁上。越冬假植需将苗木单株排列在斜壁上，然后将苗木的根系和苗干的下部用湿润土壤埋上，压实覆土，使根系和土壤密接。

如果假植沟的土壤干燥，假植后应适量灌水，但切忌过多，造成苗木根系腐烂。在寒冷地区，为了防寒，可用草类、秸秆等将苗木的地上部加以覆盖。在假植地上要留出道路，便于春季起苗和运苗。

苗木假植完要插标牌，并写明树种、苗木年龄、假植时间和数量等项内容。假植时应每隔几百株或几千株做一记号，并绘出平面示意图以便于管理。在风沙较严重的地区，要在迎风面设置防风障。

2. 低温贮藏

将苗木置于低温库内或窖内保存，既能保证苗木质量，又能推迟苗木的萌发期，延长造林时间。低温贮藏条件：一般温度为–3～3℃，空气相对湿度为 80%～90%，且通风条件良好。可以采用冷藏室、冷库、冰窖、地下窖、半地下窖等进行贮藏苗木。

五、包装与运输

运输苗木时要加以包装，以防止运输期间苗木失水、干燥，同时避免碰伤。

长距离运输要进行细致包装，常用的包装材料有草包、蒲包、聚乙烯袋、涂沥青不透水的麻袋和纸袋集运箱等。具体包装方法：先将湿润物（如苔藓和湿稻草等）放在包装材料上，然后将苗木根对根放在上面，一层苗木，一层湿润物，依次堆放，最后再覆以较厚的湿润物，将包装物卷起，再用绳捆好即可。注意捆得不能太紧，并在苗包外面附加标签，在标签上注明树种、苗龄、苗木数量、等级和苗圃名称等。

短距离运输，可将苗木散放在筐篓中，在底部放一层湿润物，再将苗木根对根分层放在湿润物上面，并在根间再放些湿润物，筐装满后再盖一层湿润物。

常绿树种苗木运输，需用湿润物（也可用浸水蒲包）把苗木根系包好，装在塑料袋中扎口，运输的效果良好。带土坨的大苗需用草帘单株包裹土坨，并用草绳捆绑，防止运输中土坨散落。

苗木到达目的地后，要将苗包打开，进行假植。如运输时间较长，苗根较干时，应将根部用水浸一昼夜再假植。

参 考 文 献

孙慧彦, 刘勇, 马履一, 等. 2009. 长白落叶松苗木质量与造林效果关系的比较. 北京林业大学学报, 31(6): 181~185

孙时轩, 刘勇. 2009. 林木育苗技术. 北京: 金盾出版社

王明庥. 2001 . 林木遗传育种学. 北京: 中国林业出版社

杨喜田, 佐舖宣行, 杨臻, 等. 2010. 不同育苗方式对移栽后侧柏和白榆幼苗根系生长的影响. 生态学报, 30(1): 88～94

Löf M, Thomsen A, Madsen P. 2004. Sowing and transplanting of broadleaves (*Fagus sylvatica* Linn, *Quercus robur* Linn, *Prunus avium* Linn and *Crataegus monogyna* Jacq.) for afforestation of farmland. Forest Ecology and Management, 188: 113～123

Mollá S, Villar-Salvador P, García-Fayos P, *et al*. 2006. Physiological and transplanting performance of *Quercus ilex* Linn (holm oak) seedlings grown in nurseries with different winter conditions. Forest Ecology and Management, 237: 218～226

Park J I, Lee K S. 2007. Site-specific success of three transplanting methods and the effect of planting time on the establishment of Zostera marina transplants. Marine Pollution Bulletin, 54: 1238～1248

Trubat R, Cortina J, Vilagrosa A. 2010. Nursery fertilization affects seedling traits but not field performance in *Quercus suber* Linn Original Research Article. Journal of Arid Environments, 74: 491～497

各　论

第十章　沙区木本植物概述

第一节　沙 区 概 述

沙区的定义，目前尚无统一的科学表述。本书中沙区统指我国北方干旱、半干旱及亚湿润干旱区广泛分布有沙漠、沙地、戈壁的广阔区域，涵盖东北西部、华北及西北地区，位于东经 75°～125°，北纬 35°～50°。

1. 沙漠

沙漠是指地表被深厚沙土覆盖的干旱和极端干旱的荒漠地带。以自然条件或地带性为依据，我国沙漠可分为两类。一类是极端干旱与干旱地区的荒漠带沙漠，主要有塔克拉玛干沙漠、古尔班通古特沙漠、库姆塔格沙漠、柴达木盆地沙漠、巴丹吉林沙漠和腾格里沙漠的大部分。其中，柴达木盆地沙漠海拔近 3 000m，成为世界少有的高寒荒漠区沙漠，其余为温带、暖温带沙漠。另一类是干旱地区的半荒漠地带沙漠，主要有腾格里沙漠东南部、乌兰布和沙漠、库布齐沙漠西部和其他零星沙漠。

我国沙漠只有少部分分布在内陆高原及冲积平原上，大部分分布在内陆盆地中，如塔克拉玛干沙漠，古尔班通古特沙漠等，这些盆地的原始地面大部分为河流冲积或湖积平原，以深厚疏松的沙质沉积物为主，在干旱而多风的气候条件下，易被风吹扬，为沙丘的形成提供了重要的物质来源。

2. 沙地

沙地是泛指地表覆盖丰厚松散沙的土地，大面积沙地分布在半干旱区和亚湿润区。按地势，可划分为 5 类：①高寒沙地。包括西藏“一江两河”沙地和青海共和盆地沙地等。②内蒙古高原沙地。包括毛乌素沙地、浑善达克沙地和呼伦贝尔沙地等。③东北平原西部沙地。包括科尔沁沙地和松嫩沙地等。④沙化土地。由于气候变化或人类不合理利用致使土地生产力下降、植被逐渐丧失、裸地率增加的土地。⑤海岸沙丘。

我国大面积沙地分布在内蒙古自治区，占全国沙地面积的 76.34%。大部分沙地分布在海拔 1 000～4 000m，仅有科尔沁沙地分布在海拔 100～300m。我国河、湖、海滨沙地，虽然分布范围较广（涉及全国 17 个省区），但十分零散，且分布面积较小。

3. 戈壁

戈壁主要指干旱、半干旱气候区地表组成物质以砾石为主的大面积荒漠景观。主要分为 2 种类型，一类是堆积戈壁，主要分布在山前平原，为冲积扇或洪积扇，地面组成物质以砾石或沙砾石为主，例如祁连山、天山和昆仑山等山前平原；另一类为剥蚀戈壁，指地表为剥蚀的石质平原或碎石覆盖的平原，例如马宗山地区和东疆一带。

第二节　沙区气候土壤特征

沙区大风频繁，全年平均风速为 3～4m/s，春季平均风速为 4～6m/s，每年≥5m/s 起沙风速的日数为200～300d，8 级以上大风（≥17m/s）日数为20～80d，春季风速最大，最大风速可达 40m/s。8 级以上大风中，有 40%～70%发生在春季。

沙区气候具有干旱少雨、冬季严寒、夏季炎热和年温差和日温差较大等特点。该区降水量由西往东递增，若羌、且末年降水量仅为 10mm，塔里木、哈密、敦煌一线不足 50mm，柴达木盆地为25～80mm，至阿拉善东缘增至 150mm，鄂尔多斯西缘为200mm，盐池以东广大地区达 300～400mm，内蒙古东部等地区可达 400～700mm。极端干旱区有时连续一年或几年无雨。

沙区光温资源丰富。全年日照时数一般在 2 500～3 000h 以上，太阳辐射量一般在 130～160kcal①以上，属于全国的高值区。本区无霜期较长，大部分地区为 120～300d，只有少数地区在 100 d 左右。

沙区地处温带，年均温度低（7～9℃），具有温差大、冬季严寒漫长、夏季短而炎热等特点，如新疆南部荒漠属暖温带，年均气温 10～12℃，河西走廊西部戈壁年均气温 9～10℃，东中部大部分沙区年均气温 4.5～8.7℃，少数地区只有−1～4.4℃。沙区年温差为 30～50℃，且随纬度的增加而加大，最大年温差在东北部沙区和新疆北部，其极端年温差为 60～70℃。全区日温差大都在 14℃以上，平均日温差为 10～20℃，极端日温差更大。

沙区地带性土壤由于南北具有 3 个不同的热量带，形成了温带土壤系列、暖温带土壤系列及青海高寒的柴达木盆地含盐多的土壤系列。在内蒙古高原及鄂尔多斯高原中北部相邻地区分布有黑钙土带（科尔沁沙地、呼伦贝尔沙地、河北坝上东部等沙区）→栗钙土带→棕钙土带→灰棕荒漠土带。在沙区南部温度较高的内蒙古南部、山西北部、陕西北部及新疆南部等暖温带区形成了暖温型的土壤带，即褐土带（包括灰褐土）→黑垆土带→灰钙土带。在新疆南部极端干旱条件下形成了棕色灰漠土、龟裂性土和残余盐土等。在柴达木盆地地带性土壤中，东部为棕钙土，中西部为灰棕荒漠土。

第三节　沙区植被特征

一、沙区植物区系特征

我国沙区常见的植物约有 800 种左右；包括山麓、戈壁、山前平原、盐土等生境在内的植物种约有 1 800 种左右；包括荒漠区各山系在内，全区植物种约有 3 900 余种，它们隶属于 129 科 816 属。其中，单种属约为 344 属；含 2～4 种的属约为 264 属；含 5～10 种的属约为 124 属；含 10～20 种以上的属约为 84 属。由此看出，我国沙区约有 3/4 的属为单种属与寡种属。

---

① 1cal=4.1868J，下同。

随着荒漠化程度的加深，植被逐步向旱生、超旱生方向演替。同时，干旱与极端干旱的生境强烈影响着植物种的形成与发展，一些古热带残遗种保留下来的同时也淘汰掉了绝大多数喜湿润、耐高温干热的热带、亚热带古植物。我国沙区从中生代白垩纪（最迟到第三纪）开始就已存在干旱植物区系。现存的一些荒漠群落的建群种或优势种，如裸果木属、绵刺属、四合木属、沙冬青属及白刺属等，其形态特殊，分类孤立，与现代区系并无亲缘关系。可见我国沙区植物区系具有古老性与分化弱的特点。

二、沙漠（荒漠带）植被分布特征

我国温带荒漠建群植物大多数为超旱生、强旱生灌木、半灌木，部分超旱生小乔木，部分盐生灌木、半灌木，它们统称为荒漠植被。荒漠植被具有以下群落学特征：单层结构，单优种群，盖度稀疏，多数群落的盖度在15%～10%以下，流动沙丘常为1%左右。

我国荒漠属于亚洲中部的灌木、半灌木荒漠类型，区系以亚洲中部成分为主，也包含一些其他区系成分。

1. 荒漠草原植被

1）灌木、禾草荒漠草原

建群植物以超旱生、强旱生灌木为主，群落结构较为复杂。在植被中可形成灌木、半灌木层、小灌木、小半灌木层、多年生丛生小禾草层等3～4个层片。它接近荒漠草原类型，主要分布在东阿拉善—西鄂尔多斯高原西缘。古老残遗种、特有种如四合木仅见于贺兰山北段东麓至桌子山前沙砾质洪积冲积地及低山丘陵。沙冬青为亚洲中部阿拉善特有的常绿灌木，主要分布于狼山、贺兰山及西鄂尔多斯山前下伏黏土的覆沙平原上。半日花分布于桌子山南部石质山丘，狼山、贺兰山山麓，并零星见于准噶尔盆地。绵刺为阿拉善荒漠化草原特有种，主要分布贺兰山、狼山、巴彦乌拉山山前平原及巴丹吉林沙漠南部山前戈壁及山间盆地、桌子山北端、库布齐沙漠南缘。柠条锦鸡儿主要分布于库布齐沙漠西段、宁夏河东沙地、狼山、贺兰山前冲积戈壁及粗沙质地。

2）半灌木、禾草荒漠草原

新疆亚菊、灌木亚菊分布在阿拉善狼山、贺兰山山麓的砾质戈壁、固定沙地，亦见于天山北坡，伴生灌木有霸王、沙冬青、刺旋花、油蒿等。

2. 荒漠灌木植被

1）砾质、沙砾质荒漠灌木

砾质、沙砾质荒漠灌木分布于亚洲中部戈壁上，常成稀疏群落，建群种为超旱生、叶退化的小灌木、灌木。

膜果麻黄分布在新疆南部、嘎顺戈壁、河西走廊、柴达木盆地边缘、昆仑山谷及巴丹吉林沙漠等地。泡泡刺广泛分布于新疆南部经河西走廊至阿拉善高原山前砂砾质戈壁；裸果木主要分布于嘎顺戈壁和哈密盆地等。霸王分布在塔里木盆地东北部、天山南坡及阿拉善河西走廊；塔里木沙拐枣分布在塔里木盆地四周山麓洪积扇覆沙较多的沙砾质戈壁上，伴生有泡泡刺、红砂等。以上 5 个建群种植物历史成分多属古地中海残遗种，地理成分多属亚洲中部成分。

2）沙质荒漠灌木

以沙拐枣属的蒙古沙拐枣、柴达木沙拐枣、淡枝沙拐枣、红果沙拐枣 4 种和银砂槐为建群种的群落分布于半固定沙丘与沙地上，流动沙丘上也有零星分布。

蒙古沙拐枣的分布东自巴丹吉林沙漠西部起，经河西走廊、嘎顺戈壁至塔里木盆地东北部，在腾格里沙漠和乌兰布和沙漠有零星分布，也见于戈壁。柴达木沙拐枣主要分布于柴达木盆地。淡枝沙拐枣集中分布于古尔班通古特沙漠北部沙垄间或缓起伏沙丘之间。红果沙拐枣分布于新疆沙丘。银砂槐分布于新疆北部伊犁地区西部以及塔克尔莫乎尔沙漠的半固定、固定沙丘及丘间低地。

3）盐化沙壤质荒漠灌木

唐古特白刺在全国沙区广泛分布，常有大果白刺加入其间。大果白刺在乌兰布和、巴丹吉林、腾格里沙漠、塔里木盆地南缘有时成优势种。西伯利亚白刺主要分布塔里木西部。多枝柽柳主要分布于塔里木、准噶尔、柴达木、河西走廊、额济纳旗等地荒漠河谷。刚毛柽柳分布于新疆南部、河西走廊、柴达木等地。沙生柽柳分布于新疆南部塔克拉玛干沙漠，常分布于河谷沿岸的流沙区。铃铛刺分布在新疆河谷沿岸，常与盐化中生多年生草本形成草甸化灌丛。

3. 荒漠小乔木(大灌木)植被

白梭梭广布于荒漠各类生境中。胡杨分布于荒漠区西部河谷沿岸，主要见于塔里木河及其支流、阿拉善、河西走廊西部古湖盆沿岸。胡杨林的群落结构大致可分为胡杨乔木层、柽柳灌木层和草本植物层 3 个层片，常见的群落类型有胡杨纯林、柽柳胡杨林和沙枣胡杨林。沙枣以西北荒漠、半荒漠地带为分布中心，主要分布在河流两岸的滩地、沙丘间低地、湖盆低地及山前低洼地段。轻度盐化土壤和季节性的水流泛滥对沙枣林的天然更新和正常生长有利。

4. 荒漠半灌木植被

我国温带荒漠超旱生半灌木、小半灌木组成的荒漠植被，是温带荒漠极端变温的广温性气候条件下的一个特殊生活型。由它们组成的植被常与小灌木、灌木荒漠植被交错分布。广泛分布于戈壁、沙漠、盐漠、石质山地及黄土地区。

1）砾质、沙砾质荒漠半灌木

该类型植被遍布荒漠区多岩石低山和沙砾质戈壁，它与典型砾质小灌木、灌木构成我国荒漠区的地带性植被类型。

红砂是我国荒漠戈壁区分布最广的地带性植被，为我国荒漠区的顶级群落，准噶尔盆地为其分布中心。珍珠猪毛菜为阿拉善荒漠特征种，常与红砂共同组成荒漠植被。驼绒藜广布于鄂尔多斯西部，阿拉善东部的剥蚀残丘、砂砾质戈壁，柴达木盆地西部、准噶尔盆地、天山南坡，昆仑山北坡乃至西藏阿里山地。在盐化荒漠上，驼绒藜常与盐生小半灌木形成群落，在干旱河谷、高阶地、石质山地上常成单种优势群落。蒿叶猪毛菜主要分布于马宗山地区海拔 1 900～2 100m 的山间盆地、残丘、低地、洪积平原，祁连山西段北麓海拔 2 100～3 200m 的冲积洪积扇、山前丘陵及河流阶地，亦见于青海中部山坡、山前洪积扇。亚洲中部区系种，组成区系的种类极其贫乏，约 30 种左右。

2）沙质、壤质蒿属荒漠半灌木

蒿属荒漠半灌木主要分布在流动沙丘、沙地、山前平原灰棕荒漠土上。建群层由旱生多绒毛蒿属半灌木或小半灌木植物组成，全国东中部沙区主要为油蒿和白沙蒿，新疆主要为沙蒿等。

3）盐化沙壤质荒漠半灌木

该植被类型以小灌木、半灌木为主，其中还包括一些盐生灌木，生境为沙漠局部低洼的湖盆边缘、河流外缘、盐地、沼泽四周的盐渍土及重盐碱土。细枝盐爪爪为乌兰布和沙漠及其以东沙区、河西走廊东部、柴达木盆地东部盐土上的主要建群种，在柴达木盆地西部、新疆等地常为伴生种。里海盐爪爪主要分布河西走廊及腾格里沙漠一带的盐质荒漠，柴达木盆地、新疆也有分布。尖叶盐爪爪集中在中西部荒漠。

三、沙地（草原带）植被分布特征

沙地（草原带）植被是指草原带沙地上发育的各种植物的统称，包括河套东部、浑善达克、呼伦贝尔、嫩江沙地、鄂尔多斯大部分和科尔沁等沙地。温带草原植被划分为荒漠草原带、典型草原带和草甸草原带。荒漠草原带建群种以强旱生小禾草与旱生小灌木为主，主要分布在乌兰察布盟西部、锡林郭勒盟西部及西阿拉善。典型草原带由旱生或广旱生植物组成，主要分布在内蒙古高原、鄂尔多斯高原以及东北平原西南部。草甸草原建群种以中旱生或广旱生多年生草本为主，分布在呼伦贝尔、嫩江、浑善达克、科尔沁等沙地。

1. 沙地灌木植被

该类沙生先锋植物由柳属、柽柳属、水柏枝属、沙拐枣属和木蓼属的多种灌木构成。在草原地带的流动、半流动裸露沙地上分布最普遍的是北沙柳，它是天然的先锋固沙植物。此外，黄柳、沙杞柳等灌木柳也喜生于沙丘或丘间湿地。柽柳属植物在我国沙区约有 20 种，常见的有多枝柽柳、沙生柽柳、刚毛柽柳、细穗柽柳等，多数为耐盐旱生植物，主要分布在河漫滩、低湿地及丘间低地。

2. 沙地小半灌木、半灌木植被

该类沙生先锋植物是由菊科和豆科的一些植物组成。菊科蒿属的乌丹蒿和沙蒿是生长在流动沙地上的小半灌木先锋植物，随着沙地固定，被差巴嘎蒿和油蒿所替代，形成蒿类半灌木植被。豆科岩黄芪属植物呈明显的地理替代现象：木岩黄芪喜湿耐寒，分布在森林草原地带的沙地；塔落岩黄芪较喜温暖耐干旱，分布在典型草原地带的沙地；蒙古岩黄芪耐旱性更明显，多分布在典型草原地带向荒漠草原过渡的地区；细枝岩黄芪为强耐旱的沙生半灌木，在流动、半流动沙丘的背风坡下部群聚。

3. 沙地半灌木蒿类植被

半灌木蒿类植被是继沙生先锋植物之后的植被类型。

1）差巴嘎蒿群落

差巴嘎蒿群落是森林草原和典型草原过渡沙地地带上的一个特有植被。初步可划分为：A.差巴嘎蒿 ＋1～2 年生先锋植物群丛；B.差巴嘎蒿 ＋ 沙柳群丛；C.差巴嘎蒿 ＋ 麻黄群丛；D.差巴嘎蒿 ＋ 小叶锦鸡儿群丛；A、B 两个群丛是差巴嘎蒿种群侵入以沙米和沙柳为主的流动沙地上形成的，而 C、D 两个群丛则是灌木、小灌木侵入差巴嘎蒿种群的结果。

2）油蒿群落

油蒿群落是干旱、半干旱气候条件下稳定的建群种。按种类组成、层片结构和动态演替等方面的一致性可划分为 4 个亚类：①半干旱草原型油蒿植被；②干旱草原型油蒿植被；③半荒漠型油蒿植被；④草甸型油蒿植被。

半干旱草原型油蒿植被分布在典型草原区的沙地上，其共建种都是中旱生草本植物和旱生灌木，伴生成分大多是沙地上常见的植物，层片结构比较复杂。干旱草原型油蒿植被主要分布于荒漠草原区固定、半固定沙地上，以旱生小半灌木、半灌木及长根茎禾草为主，层片结构与半干旱草原型油蒿植被相似。半荒漠型油蒿植被是油蒿进入荒漠区后与强旱生半灌木、灌木混合生长形成的植被类型，分布在流动、半固定和固定沙地上。草甸型油蒿植被主要分布于草甸土沙化后的地段，在毛乌素沙地分布比较普遍。

4. 沙地灌丛植被

沙地灌丛是沙地植被的另一类型，分布广泛，类型丰富，具有重要的防风固沙作用。

1）中生阔叶杂木灌丛

中生阔叶杂木灌丛主要分布在半湿润森林草原黑钙土—黑垆土地带和半干旱草原暗栗钙土地带的固定沙地上，在沙丘的阴坡、丘间底地经常由数种中生灌木混生成多优势种的杂木灌丛，或由个别建群种形成单种优势灌丛。代表植物有山荆子、西伯利亚杏、沙棘等。中生阔叶杂木灌丛在沙丘上通常以群聚状出现，虽然面积不大，但出现频率较高。

2）旱生具刺灌丛

在半干旱、干旱草原地带的沙地上，由于水分减少，中生阔叶杂木灌丛的分布受到了限制，因而出现了一类旱生具刺灌丛，例如，蒙古高原上的锦鸡儿属植物常零星分布在各类禾草草原上。小叶锦鸡儿灌丛为半干旱草原地带分布最广的一种旱生具刺灌丛，一般在半固定沙地上长势最旺盛，随着沙地固定程度提高，长势下降。中间锦鸡儿为小叶锦鸡儿在干旱草原（荒漠草原）沙地上的替代类型，由它组成的沙地灌丛组成比较复杂。柠条锦鸡儿是锦鸡儿属植物在半荒漠(草原化荒漠)区的替代种，是草原化荒漠区沙地上的一种强旱生具刺灌丛。

3）沙地常绿灌丛

沙地常绿灌丛由常绿匍匐灌木叉子圆柏构成，仅见于浑善达克沙地的东部和毛乌素沙地中东部的固定沙丘，是沙生演替达到高级稳定阶段的代表类型之一。

5. 沙地森林植被

沙地森林主要分布半干旱、半湿润区。

沙地樟子松群落是樟子松林的一个沙生系列变型。它主要分布在呼伦贝尔高原海拉尔向南经红花尔基至中蒙边界一带的固定沙丘地上。沙地榆树群落是典型草原地带适应半干旱气候的沙生演替系列的“顶极”群落，沙地榆树疏林和沙生蒿类半灌木、沙地灌丛及沙生草原在固定、半固定沙地上交替出现。

沙区植被的区系组成、群落类型、动态演替规律等方面均表现出明显的区域性差异，并能形成 “高级”稳定植被。

第四节　沙区植物适生特性

我国沙区植物以旱生植物为主，其借助生理和形态上的一些特性，可以在干旱条件下保持植物体内适宜的含水量，从而忍受干旱。它们常有共同特征：①根系发达，萌蘖性强，侧枝韧性大，能耐风蚀和沙埋。如胡杨侧根发达，并产生不定芽，常形成“单株林”；柽柳可生不定根，萌发枝条生长更旺。②枝干表面多变成白色或灰白色，能抵抗夏天阳光照射。③具有旱生结构，减少水分损失，如叶片缩小变厚，栅栏组织发达，角质层、蜡层加厚，表皮毛密生，气孔凹陷，叶片向内反卷包藏气孔等。根据植物叶子分类，常见的类型如下：

（1）肉质旱生植物。肉质旱生植物通过薄壁组织贮存大量水分(肉质化)，减少蒸腾失水来适应干旱。形态上具有降低相对表面积、加厚角质层及气孔凹陷等特点，但突出的是具有特殊的光合作用机制。

（2）硬叶旱生植物。硬叶旱生植物具有典型的旱生结构，但未肉质化。它们的机械组织发达或角质层较厚，在失水较多的情况下，能够防止叶片皱缩发生破裂，或者叶子厚度加大以缩小蒸腾面积减少失水，这是适应干旱的重要方式。硬叶植物的根系庞大，叶脉较密，叶细胞渗透压高，以扩大吸水来源和增强吸水能力，这是适应干旱的一种重要途径。这类植物一方面可以较多地吸水，另一方面可以忍受较低的含水量。因此当中生植物因干旱而关闭气孔时，它们能够继续开放气孔进行光合作用。

（3）软叶旱生植物。软叶旱生植物虽然叶片具有不同程度的旱生结构，但较柔软。在土壤水分较多的季节里，比其他旱生植物蒸腾得更强烈，甚至超过中生植物。然而在严重缺水季节常常落叶，如旋花属、山扁豆属和半日花属的一些种类。这些植物同中生植物在形态和生理上，均有非常明显的差别。

（4）小叶和无叶旱生植物。小叶和无叶旱生植物在沙漠和沙地中比较普遍。小叶旱生植物叶面积极度缩小，无叶旱生植物叶子退化，由绿色茎执行光合作用的功能。沙拐枣属于这种类型。它在1年生枝条的外面覆盖着闪亮且较厚的角质层，叶子呈极短的线状并且很快脱落，一部分枝条上生花，共同完成光合作用，果实成熟后一齐脱落，另一部分枝条当年木质化越冬。

各种旱生植物并非同时具有这些特性，而以某种适应方式为主。即使在同一干旱生境中的植物也可能各以完全不同的途径避免永久萎蔫带来的危害。

第五节　沙区植物多样性保护

我国沙区植物种贫乏，区系成分古老，种属分化弱且多单种属、寡种属。根据《中国植物红皮书》，多种沙区木本植物被列为国家级珍稀濒危物种（表10-1）。这些植物虽然生境脆弱，但都具有一定的饲用、药用、材用、防风固沙、绿化观赏等价值。加强沙区珍稀濒危植物种的保护，是加强生物多样性保护的重要组成部分。

表10-1　沙区主要珍稀濒危木本植物种

植物名称	级别	分布
裸果木	稀有	新疆天山地区、甘肃河西走廊、青海北部和内蒙古西部
梭梭	濒危	内蒙古、新疆、甘肃、青海、宁夏
白梭梭	濒危	新疆古尔班通古特沙漠
半日花	稀有	内蒙古鄂尔多斯市卓子山、新疆西部山地、甘肃
沙冬青	濒危	阿拉善荒漠区
矮沙冬青	濒危	新疆西部乌恰县
绵刺	稀有	阿拉善东部、鄂尔多斯市、巴彦淖尔市
蒙古扁桃	稀有	内蒙古、甘肃河西走廊及宁夏等地
胡杨	濒危	新疆、甘肃、内蒙古、青海和宁夏等省、自治区
灰胡杨	濒危	新疆塔里木河上游、叶尔羌河、和田河、于田河、喀什噶尔河等河流沿岸低阶地及河滩地上
沙生柽柳	濒危	新疆塔里木盆地的流动沙丘上
四合木	稀有	内蒙古鄂尔多斯高原西北部及阿拉善高原东部

建立沙区植物资源自然保护区是实现物种、基因和生态系统全面保护的一项重要措施。建立各物种的基因库、采种基地、引种基地、采穗圃和育种繁殖基地也是保护植物多样性的重要措施。沙区主要木本植物资源自然保护区见表10-2。

表10-2　沙区主要木本植物资源自然保护区

保护区名称	地点	主要保护对象	级别
白芨滩国家级自然保护区	宁夏灵武县	荒漠生态系统	国家级
白音敖包国家级自然保护区	内蒙古赤峰市克什克腾旗	沙区云杉林、野生植物	国家级
白音恩格尔荒漠濒危植物自然保护区	内蒙古鄂尔多斯市杭锦旗	珍稀濒危植物，草原化荒漠生态系统	国家级

续表

保护区名称	地点	主要保护对象	级别
大青沟自然保护区	内蒙古科尔沁左后旗	干旱地区沙地森林植被	国家级
甘家湖梭梭林自然保护区	新疆乌苏县	梭梭林	国家级
甘肃安西极荒漠国家级自然保护区	甘肃省瓜州县	极旱荒漠生态系统	国家级
甘肃民勤连古城自然保护区	甘肃民勤县	荒漠生态系统	国家级
贺兰山国家级自然保护区	宁夏、内蒙古	干旱、半干旱区山地森林生态系统	国家级
红花尔基樟子松林国家级自然保护区	内蒙古呼伦贝尔市鄂温克旗	樟子松	国家级
毛乌素沙地柏自然保护区	内蒙古鄂尔多斯市乌审旗	沙地柏	省级
内蒙古额济纳胡杨林国家级自然保护区	内蒙古额济纳旗	胡杨林	国家级
内蒙古哈腾套海国家级自然保护区	内蒙古巴彦淖尔市	荒漠生态系统	国家级
内蒙古乌拉特梭梭林蒙古野驴国家级自然保护区	内蒙古巴彦淖尔市	梭梭林、野驴	国家级
内蒙古锡林郭勒草原自然保护区	内蒙古锡林郭勒市	草甸、典型草原、草原沙地、疏林	国家级
奇台荒漠半荒漠自然保护区	新疆奇台县	荒漠草原	省级
青海柴达木梭梭林省级自然保护区	青海德令哈市	荒漠植物	省级
青海格尔木胡杨林自然保护区	青海格尔木市	胡杨林及荒漠生态系统	省级
青海可可西里国家级自然保护区	青海玉树藏族自治州治多县	荒漠生态系统及野生动物	国家级
青海孟达国家级自然保护区	青海省循化撒拉族自治县	野生植物	国家级
青海三江源国家级自然保护区	青海玉树、果洛等 17 县	荒漠生态系统及野生动物	国家级
沙坡头国家级自然保护区	宁夏中卫县	自然沙生植物及人工植被	国家级
塔里木胡杨国家级自然保护区	新疆巴音郭楞自治州	沙漠干旱地区胡杨林	国家级
西鄂尔多斯国家级自然保护区	内蒙古鄂托克旗和乌海市	古老残遗濒危植物	国家级

参 考 文 献

慈龙骏. 2005. 中国的荒漠化及其防治. 北京: 高等教育出版社
高尚式. 1984. 治沙造林学. 北京: 中国林业出版社
黄培祐. 1993. 干旱生态学. 乌鲁木齐: 新疆大学出版社
李博. 1990. 内蒙古鄂尔多斯高原自然资源与环境研究. 北京: 科学出版社
刘新民. 1996. 科尔沁沙地风沙环境与植被. 北京: 科学出版社
刘媖心. 1995. 试论我国沙漠地区植物区系的发生与形成. 植物分类学报, 33(2): 131～143
卢琦. 2000. 中国沙情. 北京: 开明出版社
马世威, 马玉明, 姚洪林, 等. 1998. 沙漠学. 呼和浩特: 内蒙古人民出版社
马玉明. 1997. 内蒙古资源大辞典. 呼和浩特: 内蒙古人民出版社

潘晓玲, 党光理, 伍光合. 2001. 西北干旱荒漠区植物区系地理与资源利用. 北京: 科学出版社
丘明新. 2000. 我国沙漠中部地区植被. 兰州: 甘肃文化出版社
宋德明. 1989. 亚洲中部干旱区自然地理. 西安: 陕西师范大学出版社
孙金铸. 1988. 中国地理. 北京: 高等教育出版社
武吉华, 张绅, 江源, 等.2004. 植物地理学. 北京: 高等教育出版社
杨光滢. 1999. “三北”地区盐碱地宜林性评价. 林业科学研究, 12(1): 66～73
章祖同. 1990. 内蒙古草地资源. 呼和浩特: 内蒙古人民出版社
赵哈林. 2012. 沙漠生态学. 北京：科学出版社
赵济. 1995. 中国自然地理. 北京:高等教育出版社
赵松乔. 1985. 中国干旱地区自然地理. 北京: 科学出版社
中国科学院内蒙古宁夏综合考察队. 1985. 内蒙古植被. 北京: 科学出版社
中国科学院治沙工作队. 1962. 治沙研究(第四号). 北京: 科学出版社
朱俊风, 朱震达. 1999. 中国沙漠化防治. 北京: 中国林业出版社
祝列克. 2006. 中国荒漠化和沙化动态研究. 北京: 中国农业出版社

第十一章　乔木繁殖技术

复叶槭（*Acer negundo* L.）

一、生物学特性

别名　白蜡叶槭、梣叶枫。

分类　槭树科（Aceraceae）槭属（*Acer* L.）落叶乔木，树高可达15～20m。

分布　原产北美洲，18世纪引入欧洲，19世纪末引入我国，在东北、北京、内蒙古、甘肃、陕西、山西、山东、河南等地均有栽培，在“三北”地区生长良好，具有一定的推广价值和发展空间。

特性　喜光树种，适应性强、耐寒、耐高温、耐旱，可耐极端最低温－41.5℃和极端最高温40.3℃。在降水量181.7mm，有灌溉条件的生境中，能够正常生长。对土壤要求不严，在沙壤土、黏壤土、黑钙土、褐钙土、褐土上均生长良好，喜生于湿润肥沃土壤，在pH8.5、含盐量为0.25%的盐碱地上亦能生长。一般5年生即开花结实，40年生仍结实不衰。

用途　干旱地区防护林和绿化观赏树种。木材轻软，材质致密，为箱桶、家具、纸浆用材。对有害气体抗性较强，对氯气吸收力强，可在工业污染区作为防污染绿化树种。

二、育 苗 技 术

1. 栽培品种

有‘黄叶复叶槭’、‘花叶复叶槭’等。

2. 育苗方法

复叶槭繁殖方法有播种育苗和扦插育苗（可用嫩枝扦插），但生产上多采用播种育苗方式。

1）播种育苗

（1）采种。种子9～10月成熟，种子成熟后长期不落，采种期可长达5个月。在品质优良的健壮母株上采集种子，去除杂物后于阴凉通风处晾晒5～6d，风选净种。种子干藏，贮藏适宜水分含量为10%。种子千粒重130～176g，发芽率可达80%以上，可保存2年。

（2）育苗地准备。选择地势平坦、向阳通风、土层深厚、土壤肥沃、灌水方便、排水良好的沙壤土作育苗地。秋季结合深翻地每公顷施有机肥45t。整地作床，床宽1.5m，长8m，埂高15cm，床面与周围地平。

（3）种子处理。秋播种子不需处理。春播种子进行催芽处理，在播前 20d 左右，用 45℃温水浸种一昼夜后捞出控干，用 0.5%高锰酸钾溶液消毒 4h，清水洗净种子，随后将种子混两倍湿沙搅拌均匀，堆于室内，厚度为 40cm 左右，并加覆盖物。室温控制在 18～22℃，此间需适时喷水，翻动种子，待 50%种子露白时即可播种。

（4）播种。秋播于 11 月中旬，春播为 3 月下旬至 4 月中旬。播前将苗床灌足底水，待水渗透，表土松散时播种。采用 60cm 行距条播，每米播种量 7～10g，播后覆土 3cm，略加镇压。每公顷播种量 100～150kg。

（5）苗期管理。播后要保持土壤湿润，年灌水 8～9 次，松土除草 5～6 次。苗高 4～5cm 时开始间苗，每米留苗 20 株。7 月中旬施尿素 1 次，每公顷施肥量为 105kg。1 年生苗可出圃定植。每公顷产苗量为 30 万株。

2）大苗培育

复叶槭为雌雄异株树种，雄株长势旺盛，病虫害少，观赏价值高。为了获得雄株绿化大苗，需对 1～2 年生的苗木进行移植，加强抚育管理。春季，当定植的大苗胸径达到 3～4cm 时，将其距地面 3～4m 处截去树冠，从雄株上采集接穗，采用劈接法进行嫁接繁殖，嫁接成活 1 年后即可出圃。

3. 病虫害防治

复叶槭树液含糖量高，易遭天牛危害。6～7 月当成虫在树枝上产卵时，可人工捕捉。产卵后 15d 内可人工灭卵，也可采用插毒签的方法用 40%乐果乳剂 15～20 倍液毒杀。

元宝枫（*Acer truncatum* Bunge）

一、生物学特性

别名 五角枫、枫千树、元宝树。

分类 槭树科（Aceraceae）槭属（*Acer* L.）落叶乔木。树高可达 8～10m。

分布 主要分布于我国北方地区，以河北、山西、山东、河南、陕西、辽宁等省分布较多。江苏北部、四川、云南、安徽、重庆亦有栽培。

特性 温带树种，喜温和气候条件，能耐受－25℃的低温。稍耐阴，喜侧方庇荫，多生长于阴坡湿润山谷。在低山较干燥的阳坡或沙丘上也能生长。喜深厚疏松肥沃沙壤土，在酸性和微碱性土壤皆可生长。在干旱瘠薄条件下生长缓慢。寿命较长，幼时生长较快。10 年左右开始开花结实。

用途 原是我国北方野生树种，现已成为城市绿化和园林景观的重要树种。木材坚韧、强度较高，是制作家具、木地板、室内装修、车辆、纱管等优质用材。种仁含油量为 47.83%，是优质食用油。果翅与种皮富含单宁，种皮含单宁 16.6%。油渣含蛋白质 28%，可作优质饲料，也可制酱油。元宝枫花具蜜腺，是蜜源植物。

二、育 苗 技 术

1. 育苗方法

元宝枫的育苗主要采用播种育苗，方法如下。

（1）采种。10 月果实成熟。当果翅由绿变黄时，即可采收。采回翅果后，曝晒 3～4d，揉去果翅，去掉杂质，经风选后贮藏于室内通风处。种子贮藏时适宜水分含量为 8%～11%。翅果千粒重 136～186g，去翅果千粒重 125～175g。

（2）育苗地准备。育苗地以地势平缓、背风向阳、土层深厚疏松、排水良好的沙壤土为好。秋季进行深翻，耙耱整平，细致作床，每公顷施有机肥 60～75t，并施用多菌灵消毒灭菌。北方干旱地区一般多作低床育苗。

（3）种子处理。播种多在春季。播前将种子进行催芽处理。即播前用温水浸泡 1d，或用湿沙层积催芽。

（4）播种。播后覆土 2～3cm，覆盖干草，厚为 3～4cm。每公顷播种量 225～300kg。每公顷亩产苗 45～60 万株。

（5）苗期管理。播后 2～3 周种子即可发芽出土，发芽后 3～4d 可长出真叶，一周内出齐苗，4～5d 后将覆草分 2～3 次撤除。幼苗出土 3 周后开始间苗。5～8 月灌水 5～7 次。6～7 月追施化肥 2～3 次。翌年 3 月上中旬移植 1 次，移植苗的管理同 1 年生苗相同。2 年生苗高可达 1.2～1.5m，可出圃造林。

2. 病虫害防治

元宝枫主要病虫害包括褐斑病及黄刺蛾、天牛等。

（1）褐斑病。防治方法：秋季将病叶收集后焚烧。发病初期可喷 1：1：（125～170）（硫酸铜：生石灰：水）波尔多液 1～2 次，或往树冠上喷 65%代森锌 400～500 倍液。

（2）黄刺蛾。吸食叶片。防治方法：在立冬或早春，摘除树上的虫茧，摘除虫叶，灯光诱杀。发虫期可喷 50%辛硫磷 800 倍液，或 20%杀灭菊酯乳油 3 000～4 000 倍液均可。 生物防治：可用每毫升 0.3 亿个的苏云金杆菌防治幼虫。

（3）天牛。防治方法参照白蜡。

臭椿 [*Ailanthus altissima*（Mill.）Swingle]

一、生物学特性

别名　椿树。

分类　苦木科（Simaroubaceae）臭椿属（*Ailanthus* Desf.）落叶乔木。树高可达 30m，胸径可达 100cm。

分布　原产我国北部和中部，西至甘肃，北至辽宁、河北，东起海滨，南到江西、福建均有分布。多分布在北纬 22°～43°、海拔 50～1 800m 的平原、黄土高原、丘陵、石质山地。

特性　喜光树种，耐高温、耐寒，在西北地区能忍耐绝对最高温 47.8℃和绝对最低温−35℃。在年平均气温 7～18℃，年均降水量 400～1 400mm 的生境下生长良好。能适应微酸性、中性和石灰性土壤，在排水良好的沙壤土和中壤土上生长最好，沙土次之，重黏土及水湿地则生长不良。深根性树种，主根明显，侧根发达，主根深达 1m 以上。耐中度盐碱，在盐碱地 0～60cm 土层内，土壤含盐量为 0.3%的条件下，幼树能正常生长。在土壤含盐量为 0.6%的地方，造林成活率仍可达到 80.4%，并能正常生长。臭椿生长速度中等，年均树高生长为 0.7m，胸径为 1.1cm。树高和胸径生长在前 10 年较快，20 年后减弱。对病虫害的抗性较强，病虫害较少。抗烟和二氧化硫的能力极强。

用途　是黄土高原、石质山地的造林先锋树种，也是城市工矿区绿化及盐碱地造林的重要树种。臭椿木材纹理通直、易加工，可供作建筑、农具和家具等用材。木纤维含量占木材总干重的 40%，是上等纸浆原料。叶可养樗蚕，作饲料。种子可榨油。树皮可入药。

二、育 苗 技 术

1. 育苗方法

臭椿育苗方法以播种育苗为主，方法如下。

（1）采种。种子 9～10 月成熟。选择 20～30 年生健壮母树采种。当翅果成熟时，剪取果枝。翻晒 4～5d 后净种，干燥后贮藏。种子发芽力可保持 2 年。一般带翅种子的纯度为 85%～88%，千粒重 28～32g，发芽率 71%。

（2）种子处理。播种前去掉种翅，用 40℃温水浸泡一昼夜，捞出后置于温暖向阳处盖上草帘催芽。每天用水冲洗 1～2 次，10d 左右，当种子有 30%裂嘴时即可播种。

（3）播种。种子发芽适宜温度为 9～10℃。春、夏、秋三季均可播种，以春播为主。幼苗对晚霜较为敏感，春播时间不宜过早，在 3 月下旬至 4 月中旬为宜。育苗方式可采用床式和大田式育苗。床式育苗在干旱地区宜采用低床。播种方式采用条播，行距为 40cm，沟深 3cm，播幅 4～6cm，每米播种 60～70 粒，覆土 1.0～1.5cm，播后略加镇压。每公顷播种量 45～75kg。大田式育苗播种方法是顺沟撒播，播后覆土，略加镇压。

（4）苗期管理。根据土壤墒情适时浇水，保持土壤湿润。播后 4～6d，幼芽开始出土。用干籽播种，播后 12～15d 开始出土。当苗高达 3～4cm 时，开始间苗，株距为 5～7cm。苗高 8～10cm 时定苗，留苗株距 20cm。5～7 月追施硫铵或过磷酸钙 2 次，每次每公顷施肥量为 112.5～150kg。9 月初停止灌溉、施肥，促进苗木木质化。播种苗主根发达，侧根细弱，当苗高 20cm 左右时进行截根，深度为 10～15cm。

2. 病虫害防治

（1）臭椿皮蛾。幼虫食量大，严重时可吃光全株树叶。防治方法：①用 90%美曲膦酯 1000 倍乳剂喷杀；②灯光诱杀成虫；③人工捕杀虫茧。

（2）斑衣蜡蝉。危害枝干，使树干变黑，树皮干枯或全树枯死。防治方法：①冬季刮卵块；②在若虫危害期，用 90%美曲膦酯 1 000 倍液或乐果 2 000 倍液喷杀。

疣枝桦（*Betula pendula* Roth.）

一、生物学特性

别名　疣桦、疣皮桦、垂枝桦。

分类　桦木科（Betulaceae）桦木属（*Betula* L.）落叶乔木，树高可达15～20m。

分布　在我国主要分布于新疆北部阿尔泰山、天山山区及准噶尔西部山地中下部的山谷、河滩或潮湿地带，海拔1 400～2 000m。

特性　耐旱、耐寒，在年降水量300～700mm、年均温度2～4℃、极端最低温－50℃的生境中能正常生长。喜光、不耐庇荫，在林中空地和火烧迹地上能天然更新。对土壤要求不严，在干旱瘠薄的土壤或有灌溉条件的砾石、沙质土壤上均能生长。萌芽能力强，可保持70～80年。生长较快，10年生树高达11m，胸径16cm。7～10年后开始结实，每2年1次种子年。

用途　用材林、防护林及绿化树种。其木材坚硬，可作胶合板、卷轴、枪托及细木工家具等。树皮可提取焦油和润滑油。

二、育苗技术

1. 育苗方法

疣枝桦育苗主要以播种育苗为主，方法如下：

（1）采种。果熟期7月。选择生长健壮的母树，当果穗由绿变黄时即可采种。采回果穗应立即摊开晾晒，搓揉去杂，干后贮存。种子千粒重0.6g，可保存2～3年。

（2）育苗地准备。育苗地以土壤肥沃、疏松的沙壤土为宜。秋季结合整地每公顷施有机肥30～45t。翌年春整地筑床，干旱地区以平床为好，苗床规格为1m×4m，播前灌足底水。

（3）种子处理。秋播种子不需处理，可随采随播，宜在降雨后及时抢墒播种。春播种子播前需用温水（30～35℃）浸泡处理，2～3d后捞出置于竹帘上，并要经常喷洒温水，待种子裂嘴露白时即可播种。

（4）播种。春季、夏季皆可播种，温暖地区夏播较好，高寒地区以春播为宜。多在早春冰雪融化后播种。撒播和条播均可，多采用条播。苗床上开沟，沟深3cm，行距20～30cm，播后用土、沙混合均匀覆盖0.2～0.3cm，每公顷播种量45kg。

（5）苗期管理。播后要保持土壤湿润，并要遮荫。及时除草松土，在苗木速生期追施化肥，6月下旬至7月中下旬各追1次，每次每公顷施硝酸铵90～120kg。

2. 病虫害防治

白粉病危害树叶，病叶枯萎、脱落。防治方法：发现苗木染病后，应及时喷洒石硫合剂，每隔10d喷1次药，3～4次即可除病。

沙枣（*Elaeagnus angustifolia* L.）

一、生物学特性

别名　桂香柳、香柳。

分类　胡颓子科（Elaeagnaceae）胡颓子属（*Elaeagnus* L.）落叶小乔木或大灌木。树高 1.5～6m。

分布　自然分布于内蒙古和华北的西北部，以西北的荒漠、半荒漠为中心。人工林面积较大，集中分布在新疆、甘肃、宁夏、内蒙古、青海、陕西等地。在沙荒盐碱地上引种沙枣，生长状况也良好。

特性　沙枣为喜光树种，不耐庇荫。具有耐高温、抗严寒、耐干旱、耐盐碱、耐瘠薄等特点。在年降水量 30～100mm、年蒸发量 2 500～3 000mm、7～8 月气温高达 40～47℃的新疆和田、吐鲁番等地生长良好。可耐－30℃低温，但在绝对最低气温－30℃以下时，幼苗枝条常有冻梢现象。沙枣林 4 年后可开花结实，7～8 年进入结实盛期。

用途　中国西北荒漠地区常见的乡土树种，是农田防护林和四旁绿化的优良树种，也是中国北方沙荒地和盐碱地防风固沙、改良土壤的优良树种。

二、育 苗 技 术

1. 育苗方法

沙枣育苗方法有播种育苗、扦插育苗和组织培养，生产上以播种育苗为主。

1）播种育苗

（1）采种。8～9 月果实成熟，选择生育健壮、果实饱满的 10 年以上优良母树采种。果实采回后置于水中浸泡一昼夜，脱皮去肉，将种子洗净晒干，装袋贮藏。新鲜种子千粒重 160～164g，发芽率一般在 90%以上。贮存较好的种子，3 年后发芽率仍可达 80%左右。

（2）育苗地准备。育苗地应选择排灌方便、土壤肥沃的沙壤土和壤土，不宜选择重盐碱地。秋季结合深翻地每公顷施入有机肥 30～45t，并施入 50%辛硫磷乳油制成的毒土，防治地下害虫。翌年春整地作垄，垄底宽 70cm，垄面宽 30cm，垄高 12～15cm，或作床，床长 5m，宽 1.1m。

（3）种子处理。秋播种子不需催芽处理，可直接播种，而春播种子应作催芽处理，常用方法：①越冬层积催芽，在土壤结冻前选择地势高、背风向阳处挖埋藏坑，种子与湿沙按 1：3 搅拌均匀或分层埋入坑内，距地面 10～20cm 处以沙填平，上面用土覆盖呈丘状。翌年春播种前取出种沙，摊放在背风向阳处晾晒，待种子大部裂嘴即可播种。②水浸催芽，播种前清水泡种 3～5d，每天换水 1～2 次，待种子吸水膨胀后，盖上麻袋，室温保持 20～25℃，每天冲洗种子 1～2 次。10d 左右种子开始裂嘴，即可播种。也可把已经浸水的种子和沙混合，放在 20～25℃的温暖环境中，每天用清水冲洗 1～2 次，待种子裂嘴即可播种。

（4）播种。春播或秋播均可，以春播为好，多在 3 月下旬至 4 月中旬进行。大垄条播，每垄播种 2 行，或床面条播，行距 20～30cm，播后覆土 2～3cm，略加镇压。播种量为每公顷 450～750kg。秋播于 10 月下旬进行，播后灌足冬水。

（5）苗期管理。出苗前保持土壤湿润，苗木出土后，在不很干旱时一般浇水，当苗木生长到 5～10cm 以后开始适量浇水，盐碱地育苗尽量不浇水。当幼苗长出 3～5 片真叶时一次定苗，每米垄长留苗 40 株。在 7 月上旬至 8 月初，适量灌水，追施氮肥 2～3 次，每次每公顷追施硫铵 225kg。8 月中旬后停止灌水、施肥。每公顷产苗 60 万株。当年生苗高达 40cm，地径达 0.4cm，可出圃造林。

2）扦插育苗

能保持良种的优良特性。选择 1～2 年生实生苗枝条或大树 1 年生萌芽条作种条。秋季落叶后采条，将种条与湿沙分层堆放在室外挖好的贮藏沟中沙藏越冬，温度应保持在 0～5℃。春季扦插，插穗长 20cm，粗 1～2cm。扦插前对插穗进行浸水催根或生长素催根。浸水催根是将插穗放在冷水中浸泡 5～10h，然后用湿沙分层覆盖，5～10d 后扦插，成活率达到 80%～90%；生长素催根是将插穗基部放在 1/15 000～1/10 000 的萘乙酸钠溶液中浸泡 24h 后扦插，成活率也很高。

3）组织培养

（1）外植体选择。生长季节采集沙枣优树 1 年生嫩枝上的茎、叶。

（2）消毒处理。用自来水冲洗 2h 后放入 75%乙醇消毒 15s，再用 0.1%升汞液消毒 10min，最后用无菌水冲洗 6 次。

（3）接种及分化培养。无菌操作条件下将叶片切成 0.5cm 见方的小块，嫩茎切成 0.5cm 长的小段，分别接种到诱导愈伤组织培养基上，将诱导的愈伤组织转到芽分化培养基上。将分化形成的无根小苗转到根诱导培养基上，在此培养基上形成比较完整的根系。诱导愈伤组织培养基：MS+KT 1～1.5mg/L + NAA 0.5～1mg/L。芽分化培养基：MS+KT 0.5 mg/L+NAA 0.3mg/L 或 MS+KT 0.25mg/L+NAA 0.1mg/L。根诱导培养基：1/2MS+NAA 0.5mg/L。培养基含琼脂 0.7%和蔗糖 3%，pH 5.6～5.8。培养条件：温度为 25℃左右，光照强度 2 000lx，每天光照 10h，室内自然条件下也可以培养。

2. 病虫害防治

（1）沙枣木虱。沙枣木虱是沙枣树的主要害虫，受害处臃肿畸形，叶片卷曲变黄脱落。防治方法：用 90%的美曲膦酯 2 000 倍液或 50%马拉松乳剂 3 000 倍液喷杀；采用定期平茬作业方式，可有效地防止沙枣木虱的发生。

（2）沙枣尺蠖、沙枣介壳虫。主要危害叶片和枝干，一年发生一代。防治方法：用 25%亚胺硫磷乳剂 1 000 倍液喷杀。

（3）白粉病。幼苗在 7 月中旬至 8 月上旬易感染白粉病，感染后叶片变黄，生长受到抑制，防治方法同疣枝桦。

大果沙枣（*Elaeagnus moorcroftii* Waill. ex Schlechter）

一、生物学特性

别名　大沙枣。

分类　胡颓子科（Elaeagnaceae）胡颓子属（*Elaeagnus* L.）落叶小乔木或大灌木，高 1.5～8m。

分布　主要分布于海拔 800～1 100m 的塔里木河中上游和叶尔羌河及喀什噶尔河流域，南疆和田、喀什和阿克苏等地。

特性　喜光、不耐庇荫、较抗寒，能耐－25℃低温，在－30℃时，有冻梢现象。耐旱、耐高温，在降水量 50～150mm、蒸发量达 4 000mm、相对湿度 10%、极端最高温达 40.1℃的生境中生长正常。耐盐碱，在土壤总含盐量达到 1%时能生长。纯林较少，多生于胡杨、灰杨林内，有时与尖果沙枣混生，伴生树种有沙棘等。在沙质和沙砾质荒漠土、棕钙土、灰钙土和栗钙土上均能生长，喜生于河滩、河岸阶地，在土层深厚、湿润、排水良好的草甸土上生长最好。

用途　新疆塔里木河流域中上游珍贵的荒漠河岸林树种，也是南疆地区重要的农田防护林和四旁绿化树种，又是较好的药用和蜜源植物。

二、育苗技术

1. 育苗方法

大果沙枣育苗方法主要有播种育苗和扦插育苗。

1）播种育苗

（1）采种。果实成熟期为 8～9 月。采种方法与沙枣相同。

（2）播种。春播、秋播均可。由于果实种壳坚硬，不易发芽，春季播种前应进行种子催芽处理。秋季播种可不进行催芽处理。播种方法与沙枣相同。

2）扦插育苗

大果沙枣播种育苗，通常会发生苗木劣变，成为小沙枣，品质降低，为优良特性，可采用扦插育苗，方法如下：

（1）建立采穗圃。选择无盐碱、土壤深厚、肥沃的沙壤土地作采穗圃用地，结合深翻地，每公顷施有机肥 30t，打埂作畦。将品质优良的 1 年生健壮扦插苗按 0.8m × 1m 的株行距定植，在苗木距地面 10cm 处截干，然后灌水。当萌条长出后，第 1 年保留 2～3 根，第 3 年保留 4～5 根，第 4 年以后留 8～15 根，及时摘芽，加强肥水管理。

（2）插穗采集与处理。采用 1 年生种条作插穗，采条时间以 3 月底为宜。插穗长 19～22cm，粗 1.5cm 以下，插穗顶端应保留 1～2 个芽。将剪好的插穗捆好，放在背风向阳处深坑内，进行催根处理，坑底铺湿沙 2～5cm。然后把成捆的插穗放入坑内，上面覆一层湿沙，再盖上一层草袋，每天喷水，保持适当湿度。

（3）育苗地准备。同采穗圃用地，秋季结合深翻地每公顷施有机肥 75t，整地打埂作畦。

（4）扦插。4 月上旬开始扦插，株行距 10cm × 60cm，插后踏实覆土，立即灌水。

（5）苗期管理。肥水管理视土壤情况而定，6～7 月及时摘芽，扦插成活率一般在 70%～80%，1 年生平均苗高可达 1.2m，亩产苗 0.7～0.8 万株。

2. 病虫害防治

病虫害防治与沙枣相同。

大叶白蜡（*Fraxinus rhynchophylla* Hance）

一、生物学特性

别名　美国白蜡。

分类　木樨科（Oleaceae）白蜡属（*Fraxinus* L.）落叶乔木树种。树高可达 20m，胸径可达 40cm。

分布　原产北美洲，20 世纪引入我国，北京、河南、河北、辽宁、内蒙古、甘肃和新疆等地有栽培。适生于北纬 35°～48°，海拔 1 000m 以下的平原地带。

特性　喜光树种，根系深而发达，抗寒性强，对气温适应范围广，在年均气温 5.5～14.4℃、极端最高温 47.6℃、极端最低温－36.8℃条件下，仍能生长。耐大气干旱能力较差，当相对湿度 45%左右时，叶缘发黄或脱落。耐盐性强，土壤含盐量低于 0.5%时，仍能生长。大叶白蜡为雌雄异株，6～7 年开花结实，10 年开始大量结实。

用途　优良用材树种和庭园绿化树种，也是防风固沙和水土保持的优良树种。木材坚硬而有弹性，耐腐蚀，是建筑、桥梁和制造家具的好材料。叶片是牛羊喜食的优良饲料。

二、育 苗 技 术

1. 育苗方法

大叶白蜡育苗方法主要有播种育苗和扦插育苗，多以播种育苗为主。

1）播种育苗

（1）采种。9 月中下旬，选择生长健壮、无病虫害、结实良好的母树，当翅果干燥，果皮由绿变黄褐色时采种。种子采收后，经晾干、除杂，于干燥通风处贮藏。种子千粒重约 71g，发芽率为 80%～85%。

（2）育苗地准备。选择土层深厚、肥沃、排水良好的沙壤土地作育苗地。秋播时，伏耕晒地，深翻，9 月中旬第二次犁地，每公顷施有机肥 45t，细耙整平。春播时，前一年秋翻，可用冬水泡地，次年积雪融化土壤合墒时，耙地、施基肥、抢墒犁地，平地后作床，以 50m × 5m 为宜。播前灌足底水。

（3）种子处理。春播时，种子需要进行催芽处理。2 种常用催芽方法如下：①入冬前，在排水良好的地方挖 1m 深坑，坑底铺 5～10cm 湿沙，把种子与沙按 1：3 比例拌好后，放入坑内，厚度在 40cm 以上，再盖上 20cm 厚的蒿秆，寒冬来临时覆土堆雪，次年春季待种子大部分露白时，即可播种。②播前 25d 开始处理种子，用 60℃温水浸种 10min，待翅果变软，加冷水浸泡 24h，种子吸足水分后，将其捞出，再用湿沙层积催芽，在种沙上面覆盖麻袋，每隔 5d 翻动 1 次，待 30%的种子露白，即可播种。

（4）播种。春播在 4 月下旬至 5 月初进行，多采用条播，行距 60cm，播深 3cm，每公顷播种量为 60～75kg，播后镇压、灌水。秋播时，不需作种子催芽处理，采种后即可在 10 月中下旬播种，播后灌水。

（5）苗期管理。幼苗出土后，应及时松土除草灌溉。当幼苗长出 3～4 片真叶时，按株距 5～10cm 定苗，每公顷保苗 22.5～30 万株。8 月底以后停止灌水、施肥。培育 2～3 年生大苗时需换床栽植，1 年生苗木换床时按 0.5m×0.5m 株行距栽植， 2 年生苗木换床时，按株行距 0.6m×0.6m 栽植，培育胸径 8cm 以上的大苗，要求株行距 1.0m×1.2m，并要带土球换床定植。换床时间为春季 4～5 月或秋季，移栽成活率可达 99%。

2. 病虫害防治

（1）糖槭蚧。1 年发生 1～2 代，4 月在嫩枝上取食，10 月上中旬在树皮和嫩枝上越冬。苗木被害后，生长不良，严重时枝条枯死。防治方法：6～7 月用 50%杀螟松兑水 1 000 倍，喷杀 1～2 龄若虫，或用 25%杀虫双也有一定效果。

（2）青叶蝉。一年发生 2～3 代，以卵在嫩枝表皮内越冬，被害苗木幼树易受冻伤，严重者枝条干枯，甚至死亡。防治方法：在产卵和孵化期，喷洒 40%乐果乳剂 2 000 倍液均可收到较好的防治效果。

白蜡树（*Fraxinus chinensis* Roxb.）

一、生物学特性

别名　水白蜡、青榔木、蜡条。

分类　木樨科（Oleaceae）白蜡属（*Fraxinus* L.）落叶乔木树种。树高可达 20m，胸径可达 40cm。

分布　在我国各地广泛分布，北自辽宁、吉林，南达广东、广西，东南至福建，西至甘肃均有分布。多生长在海拔 3 000m 以下的低山丘陵、狭谷、阴坡及平原溪流两岸。

特性　喜光树种，适生于温暖湿润气候。耐贫瘠，对土壤要求不严，在碱性、中性和酸性土壤上均能生长。萌蘖力强，生长快，寿命长，壮龄期 10～50 年，3 年可放养雌虫，5 年后放养雄虫，8 年进入盛期，单株可产白蜡 400g。7～10 年开始结实，每 1～3 年 1 次结实丰年。耐二氧化硫和烟尘，抗有害气体能力强。

用途　白蜡树是我国经济树种之一，也是固沙、护堤的优良树种。白蜡可作精密仪器的防锈、润滑剂，纺织业的着光剂，是造纸业的上光原料、防水制品原料，也可作家具、地板防护膜。医药上具有生肌、止痛等功能，林业上常用作嫁接的接合剂。

二、育 苗 技 术

1. 育苗方法

白蜡树育苗方法主要有播种育苗、扦插育苗，以扦插育苗为主。

1）播种育苗

（1）采种。9～10 月果实成熟。当翅果干燥，色泽由黄绿色变为土黄色时，及时摘果，晒干去翅，经筛选后于低温干燥通风处贮藏。果实出籽率约 50%，发芽率 60%左右，千粒重约 29.7g。

（2）育苗地准备。选择土层深厚、土壤疏松肥沃、排灌条件良好的地块作育苗地。秋季结合深翻整地施足基肥。作床，以南北向为宜，床面宽 1.2m，步道宽 30～40cm，步道高 15～18cm。

（3）种子处理。播种前需进行催芽处理。可低温层积催芽，先将种子消毒，种子与湿沙比例为 1：3。种沙湿度不能太大，含水量保持在沙子最大含水量的 50%～60%即可。处理时间为 60～80d。或采用快速高温催芽，先用 40℃的温水浸种，自然冷却后再浸泡 2～3d，每天换水 1 次，捞出种子，与湿沙按 1：3 的比例混合，置于温床催芽，温度宜保持在 20～25℃，每天翻动，保持湿润，20d 左右，待 30%种子露白即可播种。秋播种子不需催芽处理，随采随播。

（4）播种。春播、秋播均可。于 3 月下旬进行春播。采用开沟条播方式，行距 50cm，播种深度 2～3cm，播后适度踏压，浇透水，并覆盖草帘以保湿保温。每公顷播种量 45kg。

（5）苗期管理。待幼苗大部分出土后，要及时除去覆盖物。适时浇水，保持土壤湿润。待苗高 5cm 左右时开始逐步间苗，留苗株距为 15cm 左右。结合灌水进行施肥。生长初期以氮肥、磷肥为主，速生期要多施氮肥，生长末期以钾肥为主磷肥为辅，增加苗木的抗寒能力。每公顷产苗 30～45 万株。

2）扦插育苗

（1）采条。2～3 月，选择前一年未放养蜡虫的健壮母树，剪取生长健壮、芽饱满、无病害、直径 1～2cm 的 1 年生枝条作种条，截成 20cm 左右的插穗，包含 3 个以上饱满芽。上端平齐，下端呈马蹄形。随采随插。

（2）育苗地准备。选择土壤肥沃、光照好的土地作育苗地。结合整地，施肥作床，床宽 1.2～1.5m，床长 10～20m。

（3）插穗处理。扦插前将插穗进行消毒，用 65%代森锌可湿性粉剂 500～600 倍液，或用 50%托布津可湿性粉剂 600～800 倍液浸泡 5～10min。随后将插进行催根处理，穗基部 5～7cm 用 100mg/L 的萘乙酸溶液处理 1h。

（4）扦插。 扦插株距 15～20cm，深度 15cm 左右，插后用手压实插穗周围土壤，并立即浇水。

（5）苗期管理。插后保持苗床湿润，1 个月左右即可生根。高温日晒天气注意遮荫。苗期及时抹去下部萌芽。其他管理方面同播种育苗。当苗高达到 60～100cm 时，即可出圃造林。

2. 病虫害防治

（1）煤烟病、褐斑病。危害叶片及枝干。防治方法：喷洒 0.3～0.5°Bé 石硫合剂，也可以使用吡虫啉或啶虫脒等掺入多菌灵或甲基托布津中喷杀白蜡蚜虫、粉虱、介壳虫等害虫，以防引发煤烟病产生。褐斑病可于 6～7 月喷施 2～3 次的 65%代森锌可湿性粉剂 600 倍液进行防治。

（2）天牛。危害枝干。防治方法：在 6～8 月虫害发生时，用棉花蘸 40%乐果乳剂 15～20 倍液塞入洞中，用泥封闭虫孔。用 1%的乐果粗苯溶液（40%乐果乳剂 1kg 加粗苯 39kg 混匀）1ml，注入虫孔后，用泥封口。

（3）卷叶虫。危害嫩枝和叶片。防治方法：在挂虫前 5～10d，喷洒 90%晶体美曲膦酯 1～2 次。

皂荚（*Gleditsia sinensis* Lam.）

一、生物学特性

别名　皂角、扁皂角、平皂角。

分类　豆科（Leguminosae）苏木亚科（Casealpinioideae）皂荚属（*Gleditsia* L.）落叶乔木。树高可达 30m，胸径可达 100cm 以上。

分布　分布广，北起河北、山西、陕西、甘肃，南达福建、广东、广西，西至四川、贵州等地均有栽培，多在平原丘陵地区。太行山、桐柏山、大别山及伏牛山有野生。垂直分布海拔多在 1 000m 以下，四川中部可达 1 600m。

特性　喜光不耐庇荫，耐大气干旱，在极端最高温 40℃、蒸发量 2 500mm、年降水量 250mm、有灌溉条件下能正常生长。当极端最低温达到－35℃时有冻害。耐轻度盐碱，在 pH8.0 的土壤上生长良好。寿命和结实期长。

用途　绿化及用材树种。木材坚硬，耐腐耐磨，是制造家具、农具、车辆的好材料。果荚富含胰皂质，可代肥皂用。种子可榨油。皂刺可入药，有活血、祛痰、利尿的功效。种子有治疮癣和通便秘的功能。荚果和叶煮水，可防治红蜘蛛等害虫。

二、育 苗 技 术

1. 育苗方法

皂荚主要育苗方法为播种育苗，方法如下。

（1）采种。10 月种子成熟。果实采收后要摊开曝晒，晒干后将荚果压碎，筛去果皮，风选净种，种子阴干后干藏，千粒重约 450g。

（2）育苗地准备。选择土壤肥沃、灌溉方便的土地作育苗地。结合深翻地，每公顷施有机肥 45～75t。细致整地后，作床或畦。干旱地区可作成低床（床面低于步道的苗床），长 10m，宽 1.5m。

（3）种子催芽处理。种皮较厚，春播前要进行种子催芽处理，催芽方法有越冬层积催芽法、热水浸泡法、干藏浸水法等。①越冬层积催芽法，参照沙枣种子处理。②热水浸泡法，在春播前用开水浸泡 4～5min，然后用 40℃的温水浸泡，等种子膨胀，捞出控干闷种，待种子大部分露白时，即可播种。③干藏浸水法，将种子干藏越冬后，在播前 1 个多月，将种子浸于水中，每 5～7d 换 1 次水，使其充分吸水，软化种皮，等种皮破裂后即可播种。

（4）播种。多春播。采用开沟条播方式，行距 50～60cm，每米播种量 16g 左右，亩播种量为 18～25kg，播后覆土 3～4cm，略加镇压。

（5）苗期管理。播后要保持土壤湿润。当苗高 10cm 左右时，进行间苗和定苗，株距 10～15cm。结合土壤情况，适时适量灌溉和追肥。当年生苗高可达 50～100cm。

2. 病虫害防治

（1）皂角豆象。危害皂荚种子，每年发生 1 代。防治方法：用 90℃热水浸种 20～30s，或用药剂熏蒸，消灭种子内的幼虫。

（2）皂角食心虫。危害皂荚。每年发生 3 代。第 1 代成虫发生在 5 月初，第 2 代发生在 6 月中下旬，第 3 代在 7 月中下旬。防治方法：秋后至翌年春季 3 月前，处理荚果，防止越冬幼虫化蛹成蛾，并及时处理被害荚果，消灭幼虫。

（3）蚜虫。如出现蚜虫可用 10%阿维菌素乳油 3 000 倍液进行防治。

西伯利亚落叶松（*Larix sibirica* Ledeb.）

一、生物学特性

别名　新疆落叶松、红松。

分类　松科（Pinaceae）落叶松属（*Larix* Mill.）常绿乔木树种，树高可达 40m，胸径可达 80cm。

分布　在我国仅产于新疆地区。主要分布在阿尔泰山、天山及准噶尔山地。多垂直分布在海拔 1 300～2 900m，常生于较湿润的亚高山带和中山带的阴坡、半阴坡及山谷、河谷地带。俄罗斯和蒙古也有分布。

特性　喜光树种，不耐遮荫，抗寒性强，能耐－40℃极端低温。耐旱性较强，在年降水量约 300mm、蒸发量 1 000mm 以上的山地上生长良好。喜生于通气良好的微酸性土壤，耐瘠薄。不耐盐碱。一般在 30 年后开始结实，60～80 年进入盛果期，100 年后结实能力逐渐衰退。

用途　新疆山区主要的针叶树种之一，是重要的用材林树种。干形通直，材质优良，抗压力较强，是建筑、桥梁、车辆、矿柱、电杆、家具等优良材料。

二、育 苗 技 术

1. 育苗方法

西伯利亚落叶松育苗方法为播种育苗，方法如下。

（1）采种。果熟期 9 月，选择树龄为 50～100 年的生长健壮、无病害的植株作为采种母树。采回的球果摊开晾干，待种子自然脱出后，过筛净种，于阴凉干燥通风处贮藏。种子千粒重约 7g，发芽率 40%～65%。

（2）育苗地准备。选择深厚肥沃的沙壤土或轻壤土地作育苗地，要求土壤 pH6.0～7.0。在山区应设置在北坡。结合整地，每亩使用 20kg 的硫酸亚铁（1%浓度）或用 1～1.5kg 的美曲膦酯粉（3%浓度）喷施土壤，进行土壤消毒。作床，干旱地区以低床为好，在气温低、土壤水分充足、土壤通气性差的地区，以高床为宜。苗床宽 1～1.5m，床埂 30cm。

（3）种子处理。播前需对种子进行催芽和消毒处理。较好的催芽方法是雪藏法，其次是湿沙层积催芽法和温水浸泡法。种子消毒用 0.3%～1%硫酸铜溶液浸泡种子 1～3h，或用 0.5%高锰酸钾溶液浸泡 2h，然后取出种子密封 2h，最后用清水洗净。

（4）播种。我国北方山区，宜在春季播种。采用条播，行距 10～20cm，播幅 5cm，播种沟深 2～3cm，播后覆土 0.5～1cm，略加镇压，立即浇水，用覆盖物覆盖苗床。

（5）苗期管理。出苗期应保持土壤湿润，注意遮荫。适时松土、除草和施肥，8 月下旬后，停止灌水和施肥。1 年生幼苗在冬季积雪之前进行土埋、雪埋或覆盖，埋土厚度超过苗梢，雪埋厚度应超过苗高 30cm。1 年生苗木低矮，不能造林，需换床培育大苗。换床时间在秋季苗木落叶后或春季新芽萌发前进行，采用沟植法，行距 10～20cm，株距 5～10cm，每公顷可移植幼苗 45～120 万株。

2. 病虫害防治

（1）落叶松立枯病。针叶树育苗中的重要病害，发病率为 20%。防治方法：①避免使用连作地，用 2%～3%硫酸亚铁水溶液浇灌土壤，每平方米喷洒 9L，或喷洒 70%敌克松，每平方米 4～6g，或撒生石灰，每公顷 300～375kg；②施用抗生菌肥料，如 5406 菌肥，有防病促生作用；③幼苗出土后如遇连续阴雨天气，应在雨后往苗木上喷洒 1：1：（100～200）的波尔多液，或用敌克松、多菌灵、代森锌等药剂，制成药土撒在苗木根茎部防治，其效果较好。

（2）落叶松落针病。受害病株针叶变黄卷曲，严重时，全叶变褐，病叶较早脱落。防治方法：①轻度感病时，用 2 号烟剂或西力生放烟 1 次，每公顷用药 10kg，病害严重时每周可施放 1 次，连续喷施几次；②用 50%代森铵 600～800 倍液喷洒树冠。

白桑（*Morus alba* L.）

一、生物学特性

别名　桑、桑树。

分类　桑科（Moraceae）桑属（*Morus* L.）落叶乔木。树高 15～20m。

分布　在我国主要分布于黄河、长江中下游地区，在新疆、陕西、甘肃等地广为栽培。

特性　喜光，适生于年平均温度 6～10℃以上，年降水量 100～200mm，年蒸发量 1 500～2 000mm，土壤为沙壤土或壤土的平原地区。不耐阴，遮荫较耐寒冷和高温，可耐极端最低温－40℃和极端最高温 48℃，但在－40℃的低温区，常会造成冻梢。耐大气干旱，在年降水量 50mm 左右、蒸发量 2 500～3 000mm 的极端干旱地区，生长良好。主侧根发达，主根深达到 6m 左右。抗风蚀能力较强。在土壤总含盐量 0.2%以下的轻盐碱土壤上能生长。不耐水淹。

用途　我国重要的经济、用材树种，也是我国农田防护林和四旁绿化的重要树种之一，是我国丝绸工业的重要原料。

二、育 苗 技 术

1. 栽培品种

有新疆的白桑、雄桑、甘肃小白桑。

2. 育苗方法

白桑常用育苗方法有播种育苗、扦插育苗和嫁接育苗，以播种育苗为主。

1）播种育苗

（1）采种。果熟期 6～7 月。待桑葚由淡绿色变为白色或红黑色时，及时采摘去果肉和杂质，阴干，于干燥通风处贮藏。种子千粒重 1.4～1.5g，发芽率达 90%。

（2）育苗地准备。选择肥沃、湿润、排水良好和无盐碱或微盐碱的沙壤土或壤土，结合深翻地，每公顷施肥 15t，灌底水，平地作床，床长 5m，宽 1.1m。

（3）种子处理。播前进行种子处理，将种子浸入 40～50℃的温水中浸泡 1d，然后将种子平摊在室内，温度保持 25℃左右，上盖覆盖物保持湿润，或将浸泡 24h 的种子拌 2～3 倍的湿沙，经常翻动，待种子露白后即可播种。

（4）播种。春、夏、秋季播种均可，以夏季和秋季为好，最好选用当年新鲜种子。春播在 4 月底至 5 月初土壤解冻后进行，夏播在 6～7 月中旬，秋播在 8～10 月。条播或撒播均可，以开沟条播较好。每床 4 行，行距 30cm，沟深 1cm。播种时将种子拌上细沙均有撒入沟内，播后覆盖细沙或混合土（细土：细沙：细粪=1：1：1），覆盖厚度 0.5cm，随后镇压。每公顷播种量 15kg。

（5）田间管理。出苗前要及时喷水，待苗达 1～2cm 时，结合灌水适时松土、除草。待苗高达 3～4cm 时，进行第 1 次间苗，株距 3～5cm，待幼苗达 10cm 时，进行第 2 次间苗，株距为 15cm。第 2 次间苗后，可进行施肥。

2）扦插育苗

（1）采条。可在 2 月桑芽未萌芽前选择健壮、无病虫害的 2 年生枝条作种条，在种条上截取 20～30cm 长的插穗。

（2）插穗处理。扦插前用 30℃温水浸泡 1～2d 后，即可扦插。

（3）育苗地准备。同播种育苗。

（4）扦插。插前苗床灌足底水。扦插行距为 30cm，株距 20cm，插入深度为 20cm。成活率一般达 70%。

3）嫁接育苗

嫁接方法可采用枝接和芽接。

（1）选择砧木和接穗。选择生长健壮的 2～4 年生的黑桑为砧木，在砧木芽接部位上方 5～8cm 处截断，砧木芽接部位以树型而定。选择直径为 1cm 的枝条作为接穗。

（2）嫁接。嫁接时间以 4 月初至 5 月中旬或 6 月至 7 月为宜。可利用 1 年或多年生壮苗进行枝接，采用“皮接法”和“袋接法”。也可在当年生苗上进行“T”型芽接，来年萌发后剪砧木，1 年生长就可成壮苗。

3. 病虫害防治

桑树病虫害较多，危害严重。防治方法如下：

白粉病、灰色膏药菌，可喷刷 5°Bé 石硫合剂；对桑虱幼虫可喷洒 1 000～1 500 倍马拉松乳剂或 500～800 倍亚胺硫磷乳剂或 10～15 倍石油乳剂；防治介壳虫可用 10 倍石油乳剂；对桑毛虫、野蚕、金龟子发病区苗木，喷洒 1 000～3 000 倍 90%美曲膦酯；红蜘蛛、壁虱、桑叶蝉、桑粉虱危害严重时，可喷施 1 000～1 500 倍 50%马拉松乳剂，或 1 000～2 000 倍 40%乐果乳剂。

青海云杉（*Picea crassifolia* Kom.）

一、生物学特性

别名 泡松。

分类 松科（Pinaceae）云杉属（*Picea* Dietr.）常绿乔木树种。树高可达 25m，胸径可达 60cm。

分布 分布于我国的青海、甘肃、宁夏、内蒙古等地，以青海省分布最广，其蓄积量约占全省森林总蓄积量的 50%。在祁连山东段，青海湖周围，柴达木盆地东部边缘以及与四川、西藏相邻的高山地区都有成片分布。垂直分布海拔 2 200～3 500m。

特性 较耐寒、耐旱、耐瘠薄，可耐极端最低温度－30℃。幼树耐阴，能在林冠下生长，5 年生以后喜光性渐强。在土层深厚肥沃的山地棕褐土、褐色土上生长良好，在沼泽或冷湿黏性土上生长不良，能适应微酸、中性、微碱（碳酸盐褐色土）等土壤。幼龄时生长缓慢，15 年后生长逐渐加快，20～60 年时，树高生长旺盛。片林 40～60 年开始结实，300 年左右丧失结实能力。

用途 我国的特有树种，是西北高山林区主要树种之一。木材结构细，可供建筑、飞机、枕木、电杆、桥梁、家具及造纸等使用。树皮含单宁，叶可提取松针油。

二、育苗技术

1. 育苗方法

青海云杉的主要育苗方法为播种育苗，方法如下。

（1）采种。10～11 月种子成熟。种子成熟后易散落，应在球果由绿变成黄色时及时采种。球果采回后摊晒，待果鳞裂开时敲打，使种子脱落。种子经晾晒净种后，干藏备用。每 100kg 球果可出种子 2～3kg，种子发芽率一般在 85%左右，千粒重约 4.5g。种子可保存 4～5 年。

（2）育苗地准备。选择土层深厚肥沃、酸碱度适中（PH6.5～7.5）、排灌方便的地方作育苗地。在气温低、水分多的地方可作高床，在气温较高，水分不足的地方可用低床或“高低床”育苗，其中以“高低床”育苗为好。高床育苗时，可结合整地进行施肥和土壤消毒，每亩施用有机肥 6～8 立方米，并将 150～200kg 硫酸亚铁化成水溶液浇于土壤均匀消毒。低床或“高低床”育苗可在苗床作好后，在苗床施肥和土壤消毒，即在每个苗床撒上肥料和土壤消毒药剂，然后拌匀耙平床面，随后灌水窝床消毒。

（3）种子处理。将种子于 40℃的温水浸种 24h，用 50%高锰酸钾溶液消毒 0.5～1.0h，然后清水洗净种子。将种子与湿沙 1：3 混匀，堆放在背风向阳处并覆盖塑料薄膜，厚度以 30～40cm 为宜，适当通气，以免闷坏种子。保持温度 20～25℃，每天翻动 2～3 次，待种子开始裂口发芽时即可播种，通常需时 5～7d。

（4）播种。种子发芽的最低温度为 7℃，常在 4 月下旬播种，采用宽幅条播，播幅为 5～6cm，间距 8～10cm，播种后覆土 1cm 左右并轻微镇压，及时浇水。每公顷播种量为 225～375kg。

（5）苗期管理。及时对苗木进行遮荫处理。幼苗出齐后，结合灌溉适时松土、除草。2 年生以上的苗木，要根据其生长情况，每年追施尿素等氮质化肥 2～3 次，每次每亩用量 10～15kg。追肥可结合松土除草，先把肥料撒在苗行间，然后松土除草把肥料埋入土内，随后灌水。为了防止苗木的生理干旱和冻拔引起苗木死亡，1 年生的苗木越冬要覆盖 10cm 左右稻草或其他覆盖物，并灌水使覆盖物冻结保持苗床不干燥，若苗床干燥有干土层时再进行灌水，共需 1～3 次冬水或春水，做到苗床经常湿润。培育 5～6 年即可出圃造林。

2. 病虫害防治

青海云杉的果实害虫以云杉球果小卷蛾为主，食叶害虫以青缘尺蠖为主，有时会发生丛枝病。防治方法如下：及时清除被害木和生长不良的苗木，消灭病虫害来源，避免病虫害蔓延，当青缘尺蠖幼虫出现时（9 月上旬），喷洒 621 烟雾剂，每亩用量为 1kg。

此外，要防鸟鼠害。麻雀爱吃云杉的种子和幼芽，从播种到苗木出齐种壳脱落间要注意看护，防止鸟害。有鼠害的地方，要在埔地周围挖沟放水防护或用药剂毒杀老鼠。

沙地云杉（*Picea meyeri* Rehd. et Wils. var. *mongolica* H.Q.Wu）

一、生物学特性

别名　沙杉。

分类　沙地云杉属于松科（Pinaceae）云杉属（*Picea* Dietr.）植物，常绿乔木，高可达 30m，胸径可达 60cm。

分布　沙地云杉为我国稀有珍贵树种，仅存十几万亩，全部生长在内蒙古自治区，集中成片分布在内蒙古自治区克什克腾旗。

特性　耐阴、耐寒，适生于严酷的沙地环境。喜欢凉爽湿润的气候和肥沃深厚、排水良好的微酸性沙质土壤。浅根性树种，侧根十分发达，根长约是树干的 1.5 倍。前期生长较慢，15 年以后渐快，年高生长可达 40cm。

用途　沙地云杉是我国沙地上仅有的一种珍稀常绿乔木树种，为优良的防沙固沙先锋树种，具有独特的固沙作用。

二、育 苗 技 术

1. 育苗方法

沙地云杉育苗方式以播种育苗为主，方法如下。

（1）采种。9 月球果成熟，在种鳞开裂、种子飞散前采种。选择生长旺盛、干型通直圆满、无病虫害、无枯顶、果实正常的优良母树，采集大而饱满成熟的果实（注意保护当年幼果）。采摘的球果露天日晒后，脱粒、筛选，种子晾干后，贮藏备用。

（2）育苗地准备。选择土层深厚，地势平坦的中性或微酸性土壤作圃地。根据立地条件整地作床，低洼地床可高些，地势高的地方床可低些。床面宽约 1.1m，长 10～20m，床面细致平整。播种前 7d 用 1%的硫酸亚铁溶液作床面消毒。

（3）种子处理。播种前需进行种子催芽，常用催芽方法有雪藏催芽和变温层积催芽两种。①1 月份将种子和雪或碎冰按 1：3 体积比例混合装入纤维袋，放入种子窖里或背阴处挖的坑里。窖底铺 30 cm 厚以上的雪或冰，平铺袋子，雪、冰与袋子分层堆放，顶层放厚 60 cm 的雪或冰，在其上面放麦秸隔温。播种前一周拿出种子，用 1%硫酸铜溶液浸种 4h 进行消毒，然后拌入两份湿沙层积催芽，待 1/3 裂嘴即可播种。②如果大面积育苗，可用变温层积方法催芽，参照樟子松种子处理。

（4）播种。春播，5 月下旬到 6 月初进行，采用撒播，播种量为每亩 12.5 Kg 左右。把种子和沙的混合物均匀撒施在床面上，压实床面，覆土 0.5cm，播后立即喷水。

（5）苗期管理。幼苗阶段适当遮荫。幼苗出土到脱壳前，适时喷水。在抽出新梢前，喷水应少量多次，保持土壤湿润。当苗木进入高生长期，要加大喷水量，多量少次。秋季末要培土防寒，厚度超过苗高 4～5cm。翌年春季旱风后撤土。

2. 病虫害防治

（1）苗木猝倒病和根腐病。幼苗出土后每隔 7～10d，喷撒一次药剂，如地可松、代森锌、多菌灵等。若有立枯病发生，可施撒硫酸亚铁、硫酸铜、硫磺及沙子混合药土，比例为 10：0.5：0.1：10。在喷撒保护型或治疗型药剂中间还可喷施 1%的硫酸亚铁溶液，不仅起到治疗效果，而且还达到壮苗作用。

（2）金龟子。1、2 龄幼虫多出现于 7、8 月份，幼虫食量较小，9 月份后大部分变为 3 龄，危害最严重。可混合用药或交叉用药，在床面扎根灌高效氯氰菊酯、辛硫磷、甲胺磷等药剂。成虫出土活动时 (一般在 5 月初)，可用杀虫灯诱捕成虫。

华山松（*Pinus armandii* Franch.）

一、生物学特性

别名　白松、马袋松。

分类　松科（Pinaceae）松属（*Pinus* L.）常绿乔木树种。

分布　在我国分布于山西、陕西、甘肃、青海、宁夏、河南、湖南、湖北、四川、贵州、云南及西藏等地，北纬 23°～36°，东经 88°～113°。垂直分布为海拔 1 000～3 300m。在北京、山东、江西、辽宁及华东、华中地区等地也引种成功。

特性　喜光树种，喜温和、凉爽、湿润气候，分布区年均气温一般在 15℃以下，年降水量 600～1 500mm，年均相对湿度大于 70%。能适应多种土壤，在山地褐土、山地红黄壤、森林棕壤、红色石灰土及草甸土上均能生长。根系较浅，主根不明显。生长比较快。

用途　我国西部地区重要的用材树种和优良的庭园绿化树种，是大面积荒山造林的主要树种。木材软而易加工，适宜作建筑、枕木、电杆、家具等制品材料。树皮含鞣质，可提炼栲胶，树木可割取松脂，针叶可提制芳香油、造酒。种子可食用，也可榨油。木材中含纤维素 47.3%～53.5%，可作造纸和纤维加工原料。

二、育 苗 技 术

1. 育苗方法

华山松的育苗方法以播种育苗为主，方法如下。

（1）采种。9 月下旬至 10 月初采种。球果采回后，先堆放 5～7d，再摊开曝晒 3～4d，经脱种、水洗、去杂、阴干后，于阴凉通风处贮藏。球果出种率为 7%～10%，种子千粒重 259～320g，当年发芽率可达 90%以上，隔年种子发芽率下降到 40%以下。

（2）育苗地准备。选择土壤疏松、微酸、排水良好的沙壤土作为育苗地，忌盐渍土。前一年秋季，结合深翻地每公顷施有机肥 60～75t，按地形作床，在降水较多地区，采用高床播种。

（3）种子处理。播种前要对种子进行催芽处理。常用方法如下：①用冷水浸种 3～7d，每天换水 1～2 次，浸后用石灰拌种。②用冷水浸种 2～3d，每天换水 1～2 次，然后按 1：3 比例与马粪混合堆积，上铺覆盖物，并经常浇水，14d 左右种皮开裂，即可播种。③用 50～60℃温水浸种，待水自然冷却后，即可取出播种；或用 70～80℃温水浸泡 10～15min 后，再兑 50%冷水，再浸泡 5～7d 后，即可播种。④将种子混湿沙层积催芽 7～10d，每 12h 喷洒 1 次 50～60℃温水，种子露白即可播种。

（4）播种。秦岭一带播种时间为 4 月上中旬，甘肃地区在 4 月下旬至 5 月上旬。云贵高原为 3 月。播种方式以条播为主。条距为 20cm，播幅 5～7cm，覆土 2～3cm，随后可用稻草等覆盖。培育 1 年生苗时，每公顷播种量为 1 500～1 875kg，培育 2 年生苗时，每公顷播种量为 750～1 125kg。

（5）苗期管理。在苗木出土前，要保持土壤湿润。出苗后及时撤覆盖物。出苗后 20d，喷施 0.2%磷酸二氢钾铵进行叶面施肥，速生期结合灌水按 N∶P∶K=3∶2∶1 配比施混合肥，苗木硬化期，只施磷钾肥，停止施氮肥。高寒山区，注意防寒越冬。

2. 病虫害防治

（1）猝倒病。危害幼苗茎基部及根部。可在幼苗出土 1～2 个月内，每隔 10d 喷洒 0.5%波尔多液，或喷洒 0.5%～1.5%硫酸亚铁溶液进行防治。

（2）欧洲松叶蜂。幼虫食害针叶，严重时可使苗木死亡。防治方法：人工捕杀；喷洒美曲膦酯或马拉松 1 000～1 500 倍液毒杀。

班克松（*Pinus banksiana* Lamb.）

一、生物学特性

别名 北美短叶松。

分类 松科（Pinaceae）松属（*Pinus* L.）针叶常绿乔木树种，树高可达 25m，胸径可达 80cm。

分布 原产北美洲中部以北，分布于加拿大至美国东北部。20 世纪 30 年代引入我国东北，在山东、北京、黑龙江、吉林、辽宁、山东、甘肃等地区栽培。

特性 温带树种，喜光，抗寒抗旱能力很强，能耐－56℃极端低温，适生区年均温度－5～4℃。耐干旱瘠薄，在年均温 5.6℃、年降水量 350～500mm 条件下生长良好。适应多种土壤，沙地、丘陵和石质山地均可生长，pH4.5～8.0。在深厚疏松、肥沃、微酸性立地生长最好。是寒冷山区和沙地平原的针叶常绿速生树种。8 年生大量结实。

用途 寒冷地区的速生、用材防护兼用树种，适应性广、抗逆性强、病虫害少。班克松木材含纤维素 45.6%，戊糖 10%，可作一般用材、纸浆材、枕木和燃料。针叶含有芳香油和人体必需的氨基酸、黄酮类物质，具有开发价值。

二、育苗技术

1. 育苗方法

班克松主要育苗方法为播种育苗，也可采用容器育苗。

1）播种育苗

（1）采种。10 月果实成熟。班克松球果有开果型和闭果型两种，开果型的球果成熟后自行开裂，散落种子；闭果型的宿存树上多年也不开裂，靠人工采摘。种子调制要求温度高、湿度小，用干藏法贮藏。

（2）育苗地准备。选择土壤深厚肥沃、质地疏松、地下水位较低、具有良好光照和灌排条件的土地作育苗地。忌在黏重土壤上育苗。播种前细致整地和作床，床宽 1m，长 20m。因班克松种子比较小，所以床面要平。播种床做完后，要用木磙子镇压，以利于保墒。

（3） 种子催芽。播前种子需要消毒和催芽处理。用 0.5%～1%的硫酸亚铁或 0.3%～0.5%的高锰酸钾浸种 5～10min，捞出冲洗干净，采用低温层积催芽处理。种与湿沙按 1：3 的比例拌匀，温度保持 5℃，一周后，待 30%～60%的种子裂嘴即可播种。

（4）播种。春季播种，适时早播，当平均地温达到 8～9℃时即可播种。采用条播方式，播种深度 0.6cm，要边播种，边盖河沙，边镇压，以利保墒。播种量每平方米 5～7g。

（5）苗期管理。从播种到幼苗出齐前，保持表土湿润，含水率在 60%左右。6～7 月，幼苗茎细嫩，要少量多次浇水，防止遭受日灼。7～8 月生长旺盛时期，必须供给其充足的水分，每隔 2～3d 浇 1 次透水。1 年生留苗密度为每平方米 100 株左右，换床苗密度以每平方米 200 株为宜。班克松在幼苗期有二次生长现象，为抑制秋梢生长，一般苗期不施肥，且在晚秋适当控制浇水。在东北、华北地区要对幼苗进行覆土防寒越冬处理，覆土厚度以苗尖上 2～3cm 为宜。

2）容器育苗

容器育苗基质为田间土、粉沙土、羊粪或腐殖土以 4∶4∶2 混合。容器选择可降解的塑料薄膜容器，如蜂窝性塑料无底容器，规格 4cm×12cm 为宜。播前浇水，使容器内基质沉实。可在容器中直播，每容器 2～3 粒种子，播后用手轻轻压实，覆疏松的腐殖质土 0.5～1.0cm。待幼苗出齐后，约 6 月上中旬移植。其他管理方面参照播种育苗。播种当年即可造林。

2. 病虫害防治

我国引种的班克松林，尚未发现严重的病虫害。但在苗期，易感染猝倒病，幼苗受害出现褐色病斑。防治方法：①用 2%～3%硫酸亚铁水溶液以每平方米 9L 的用量浇灌育苗地，或用 70%的敌克松每平方米喷洒 4～6g。②质量差的种子，需用 0.2%～0.5%的敌克松或福美双等药剂处理。③施用抗生菌肥料 5406 菌肥。④幼苗出土后，用敌克松、多菌灵、代森锌等药剂，制成药土撒在根茎部，或用 1∶1∶（100～200）的波尔多液喷洒苗木。⑤用哈茨木霉菌（*Trichoderma harzianum*） 的麦麸蛭石制剂每平方米喷洒 50g，或用厚环乳牛肝菌剂及 5406 菌剂喷洒苗木。

白皮松（*Pinus bungeana* Zucc. ex Endl.）

一、生物学特性

别名　白骨松、白果松、虎皮松。

分类　松科（Pinaceae）松属（*Pinus* L.）常绿乔木树种。树高可达 30 m。

分布　在我国陕西、甘肃、山西、北京、河北、山东、河南、湖北、四川、辽宁、江苏、浙江等地均有栽培。白皮松天然分布在气候冷凉的酸性石山上，垂直分布海拔 50～1 800m。

特性　耐瘠薄、耐盐碱、耐寒，可耐极端最低温－30℃。在 pH7.5～8.0 的土壤条件下能正常生长。喜光树种，幼时稍耐阴。根系发达，为深根性树种。其寿命可达千年。生长较慢。对二氧化硫及烟尘的污染有较强的抗性。

用途　我国特有树种。是华北地区绿化的优良树种。木材纹理均匀，具有光泽、花纹美丽，加工容易，一般用作家具、文具、建筑板材等，种子食用可治哮喘。

二、育 苗 技 术

1. 育苗方法

白皮松的育苗方法以播种育苗为主，也可采用容器育苗。

1）播种育苗

（1）采种。9～10 月球果成熟。选择 20～60 年生树干通直、生长健壮的母树采种。在通风处，摊开晾晒，种子脱出后，风干去杂，干藏。

（2）育苗地准备。选择地势平坦、排水良好、有灌溉条件、土层深厚的沙壤土或壤土为育苗地。

（3）种子处理。播前需催芽处理。前一年冬季将种子混两倍湿沙拌匀，置于背阴处，上加覆盖物，保持湿润。翌年 2 月下旬将种子放在背风向阳处，经常翻动，上加覆盖物保持湿润。当 40%的种皮开裂时立即播种。

（4）播种。春播，土壤解冻后 10d 左右为宜。采用高床或高垄播种。播前灌足底水，每平方米播种 0.1～0.15kg，可产苗 100～200 株。播后覆土 1～1.5cm，在上面覆盖 1cm 湿锯末。覆盖塑料薄膜可提高发芽率。

（5）苗期管理。待幼苗出齐后，分步撤掉覆盖物。当年苗要埋土防寒，翌年去土，结合灌水，适时松土除草。如培育大苗，可在 2 年生时，进行移植，株行距 20cm × 60cm；5 年生时，进行第 2 次移植，株行距 60cm × 120cm。

2）容器育苗

参照樟子松容器育苗。

2. 病虫害防治

（1）松苗立枯病。危害种芽、幼苗子叶，苗茎腐烂和幼根腐烂。防治方法：①播种时在苗床或播种沟内撒药。可用药剂及每亩用量：敌克松 1～1.5kg、苏铁（6401）2.5～3kg、五氯硝基苯代森锌合剂（1：1）2.5～3kg（适合我国北方地区）、硫酸亚铁 15～20kg，将农药同 30～40 倍干燥细土混合均匀使用。②幼苗发病期，在天晴土干时，可淋洒敌克松 500～800 倍液、苏铁 6401 可湿性剂 800～1 000 倍液、1%～3%硫酸亚铁溶液或新洁而灭 5 000 倍液，以淋湿土壤表层为宜，也可施撒 8：2 草木灰石灰粉，效果也很好。硫酸亚铁对苗木有药害，施用后用清水冲洗苗木。每隔 10d 喷施 1 次，共喷施 2～3 次。

（2）种蝇。种蝇幼虫危害幼苗。防治方法：所需基肥必须腐熟碾碎。可喷施敌百虫 1 000 倍液、40%乐果乳油 1 000 倍液或 50%马拉硫磷乳油 1 500～2 000 倍液，也可用 25%增效喹硫磷乳油 1 000 倍液灌根防治。

（3）松大蚜。危害苗木嫩枝和针叶，引发黑霉病。可喷洒 50%辛硫磷乳剂进行防治。

樟子松（*Pinus sylvestris* L. var. *mongolica* Litv.）

一、生物学特性

别名　西伯利亚赤松、黑河赤松。

分类　松科（Pinaceae）松属（*Pinus* L.）的常绿乔木树种，树高可达 30m，直径可达 100cm。

分布　樟子松有 2 个生态类型，即山地樟子松和沙地樟子松。山地樟子松林在我国主要分布于大兴安岭海拔 300～900m 的山顶、山脊或向阳坡及小兴安岭北部海拔 200～400m 的低山上。沙地樟子松林主要分布在呼伦贝尔草原东部、海拉尔河中游、辉河流域和哈拉哈河上游一带的固定沙丘上。在山西、辽宁、甘肃、陕西、内蒙古、新疆等地都有栽培。

特性　耐寒，能耐极端最低温－50℃。对土壤水分要求不严。适应性强，在风积沙土、砾质粗沙土、沙壤、黑钙土、栗钙土、淋溶黑土、白浆土上都能生长，尤其是在沙地上生长良好。能耐轻度盐碱，在 pH 7.6～7.8，总盐量 0.08%薄层碳酸盐草甸黑钙土上，生长良好。对二氧化硫有中等抗性。

用途　我国北方防风固沙、水土保持及绿化的优良树种。樟子松材质轻软易于加工，纹理通直，耐水湿及真菌腐蚀。油漆性能良好，是良好的建筑用材。

二、育 苗 技 术

1. 育苗方法

樟子松常用的育苗方法为播种育苗和扦插育苗等。

1）播种育苗

（1）采种。9～10 月球果成熟，在春、秋季采种，露天日晒或干燥室干燥，清除种翅、夹杂物等，种子纯度可达 90%以上。

（2）育苗地准备。选择土壤肥沃、质地疏松、排水良好、地下水位低的中性或微酸性沙壤土作为育苗地。秋季结合深翻地施足底肥，整地作床，床高 15m，宽 100m，长度不限，干旱地区，可作低床。

（3）播种。春播前种子需进行催芽处理，方法如下：

① 温水浸种催芽。播前 5～7d，将种子消毒灭菌后，用 40～60℃温水浸泡一昼夜，捞出放在室内温暖处，每天用清水淘洗一次，当种子有 50%裂嘴时，即可播种。发芽率可达 34.5%。

② 湿沙层积催芽。播前 10～20d，在地势高，背风向阳的地方，设置埋藏坑，坑深、宽各 50 cm。在坑底铺上席子，将消过毒的种子混两倍湿沙放入坑内，夜间用草帘覆盖，白天将草帘掀起，上下翻动种沙，并适量浇水。种沙温度为 15～20℃，经 15～20d 后，待大部分种子裂嘴时，将种子取出播种，发芽率可达 62.5%。

③ 混雪催芽。此法效果较温水浸种好。播前 1～3 个月，把雪放在背阴处的坑中或地面上，厚度 30～50cm，将种子和雪按 1：3 体积混拌，放在容器中，置于雪上，再用雪将容器覆盖。在雪上覆 40～50cm 厚的杂草。于播种前 3～4d 取出，用 0.5%高锰酸钾消毒 2h 后，再用清水洗净，阴干后即可播种，发芽率达 70%。

④ 变温层积催芽。种子用 0.5%的高锰酸钾溶液消毒，温度控制在 25～30℃，溶液量应超出种子体积 3～4 倍，边放种子边倒溶液边搅拌 3h 后，捞出种子，放在 20～25℃的清水中浸种 24h，使种皮软化。然后进行变温处理，共分如下 3 个阶段：

温度为 10～15℃阶段：在室内进行。用细筛将河沙筛一遍，将消毒、洗净、控干的种子混以 2 倍体积的河沙，搅拌均匀后，放于室温为 10～15℃地方 10d 左右，每天翻动一次。

温度为 3～5℃阶段：经第 1 阶段后，将种沙置于 3～5℃的地方 6～8d，种沙湿度保持 40%～50%，每天上下午各翻动 1 次。当已伸长的胚根尖变得更短粗、胚茎略增长、子叶变大时，转入下一阶段。

温度为 20～25℃阶段：经第 2 阶段后，将种沙移至 10～15℃温度环境中适应 24h，然后转入 20～25℃室内进行高温催芽，种沙湿度应保持在 50%～60%，每天上下午各翻动 1 次。待 30%～40%的种子露白即可播种。

4 月中下旬播种，播前 7d 需进行土壤消毒。种子播种量每公顷约 60kg。采用条播方式，一般播幅宽 3～4cm，行距 8～10cm，覆土厚为 0.5～1cm，覆土后镇压。

（4）苗期管理。在沙区播种，上风向要设防风障。播种后要覆草，当幼苗出土达 50%时，将覆草部分撤除，当苗木全部出齐后，将草全部撤除；播后 15～20d，苗木出齐后。每周喷 1 次 0.5%～1.0%的波尔多液至 6 月下旬为止。

2）扦插育苗

（1）采条。4 月下旬至 5 月上旬，采集 2～3 年生苗木茎干或大龄苗木上的 1 年生侧枝作种条，随采随放入装有水的苗木罐内，或用湿润的草片包好后浇上水，置于阴凉处备用。

（2）插穗处理。将种条截成 10～15cm 长的插穗，留叶 15～20 束，插穗基部用利刀削成马耳形。用萘乙酸或吲哚乙酸各 100mg/L 浸泡插穗基部 5cm 以下处 24h 后即可扦插。扦插成活率可达 60%～80%。

（3）扦插。春季扦插以树液没有萌动或刚萌动初期为宜。株行距 10cm × 10cm，插穗下部插入土中 7cm 左右即可。

（4）苗期管理。插后浇透水，床面搭上塑料棚，注意遮荫、换气。适时灌溉、施肥，保持土壤湿润。经 140～150d 培育，1 年生苗木即可出圃。

3）容器育苗

（1）营养基质与容器。营养基质配方为 20%沙土+30%羊粪+50%针叶林地土壤或沙壤土。选择可降解的塑料薄膜容器，如蜂窝性塑料无底容器，规格为 4.1cm×12.0cm（宽×高）。基质装填不能太满，应与容器口有 0.5cm 的距离。播前浇水，使容器内基质沉实。可在容器中直播，每容器 2～3 粒种子，播后用手轻轻压实，覆疏松的腐殖质土 0.5～1.0cm。

（2）播种。播种前 5～7d，将种子放在 45℃的 5%高锰酸钾溶液中浸泡 2～3h，然后放在温暖地方湿沙层积催芽，待 1/3 以上的种子裂嘴时，即可容器播种。播后覆土 0.5～1cm，播种量为每杯 8～10 粒。

（3）苗期管理。播种后，将大棚密封保温，气温控制在 25℃以下，注意浇水、施肥。11 月初，用土覆盖苗床，厚度为 15～20cm，注意苗木防寒处理。苗木越冬后，翌年 3 月中旬，逐渐撤除防寒土，把容器苗移至炼苗场，并要适时灌水、施肥、除草和松土。

4）营养袋培育大苗

此法适用于 2 年生以上大苗培育。

（1）营养袋与基质选择。营养袋采用低压聚乙烯膜，袋底部打孔，规格为 30cm×28cm。培育基质为有机肥、沙子和土，比例为 1：3：6。

（2）育苗地准备。选择土壤肥沃、质地疏松、排水良好、地下水位低的中性或微酸性沙壤土作为育苗地。在选好的育苗地上挖取育苗槽，长 5～8m，宽 1.5m，深 25cm。

（3）苗木装袋。10 月下旬，选用生长健壮、顶芽饱满、根系发达的樟子松 2 年生苗木装袋。装袋前对伤根和部分主根进行修剪，再用 200mg/L 的 ABT3 号生根粉对苗木进行 0.2～0.6h 浸根处理。装袋时苗木置于营养袋中央，根系舒展，保证营养袋装满装实，深度以苗木原土印为准。将装好苗木的营养袋放置于育苗槽内，袋与袋之间的孔隙全部填实，在床面上覆 2～3cm 细土，灌 1 次大水使床面沉实。以后根据不同生长期进行相应抚育管理。

2. 病虫害防治

（1）立枯病、猝倒病及根腐病。为容器育苗的多发病。防治方法：①营养基质用 2%的硫酸亚铁溶液消毒，在幼苗期喷洒百菌清或百霉清稀释液，每隔 15d 喷洒 1 次。②幼苗期，避免棚内出现高温高湿，以免病害发生。③幼苗期，喷洒波尔多液（浓度为 1%），每隔 15d 喷 1 次，共喷洒 3～4 次。④幼苗速生期，喷洒 1%的硫酸亚铁，喷后要用清水洗苗。

（2）地老虎和蝼蛄。常危害幼苗。防治方法：喷洒辛硫磷毒杀。

油松（*Pinus tabulaeformis* Carr.）

一、生物学特性

别名 黑松、短叶松。

分类 松科（Pinaceae）松属（*Pinus* L.）常绿针叶树种，树高可达 30m，直径可达 180cm。

分布 自然分布很广，北至阴山，西至贺兰山，大通河、湟水流域一带，南至秦岭，东至蒙山。目前正向黄土地区和荒山丘陵发展。

特性 耐贫瘠、耐寒、耐旱，可耐－25℃低温，在年降水量 300mm 的地方能正常生长。喜光树种，1～2 年生幼苗稍耐庇荫，4～5 年生以上幼树需充足的光照。喜微酸性及中性土壤，在 pH7.5 以上的土壤上生长不良。在酸性母岩风化的土壤上和石灰岩山地生长良好。适生于棕壤、褐色土及黑垆土。在地下水位过高的平地或有季节性积水的地方不能生长。深根性树种，主根明显，在多裂隙母岩的山地上，主根深达 3m 以下。油松在 6～7 年时，即可开始开花结实，15～20 年以后，结实量增多，30～60 年为结实盛期。种子年间隔期为 2～3 年。

用途 我国北方地区的主要造林树种，也是优良的水土保持和绿化树种。材质坚硬，强度大，耐摩擦，可供建筑、桥梁、矿柱、枕木、电杆、车辆、农具、造纸和人造纤维等使用。可利用油松采松脂，提炼松节油，是工业上的重要原料。

二、育 苗 技 术

1. 育苗方法

油松育苗方法以播种育苗为主，方法如下。

（1）采种。9～10 月球果成熟。选择 20～50 年生健壮的林木作为母树采种。采后摊开晾晒，待种子脱翅后、风选、去杂，晒干贮藏。一般采用低温干燥贮藏法，贮藏前用三氯硝基甲烷消毒。种子的发芽力可保持 2～3 年。

（2）育苗地准备。选择地势平坦、具有排灌条件的沙壤土或壤土地为育苗地。如果在山区，育苗地坡度应选择 30°以下的阴坡、半阴坡，作水平梯田或反坡梯田。北方地区多采用高垄育苗，垄宽 60～70cm，高 15～20cm。

（3）种子处理。播前需进行种子消毒和催芽处理。通常用 0.5%甲醛溶液浸泡 15～30min，或用 0.5%高锰酸钾溶液浸泡 2h，进行催芽处理。也可采用温水浸种法催芽，参照樟子松种子处理。

（4）播种。春、秋两季均可播种，以春播为好。高垄条播，播幅 3～7cm，条距 20cm。

播前灌足底水，播后覆土 1～1.5cm，稍加镇压，7～10d 种子即可发芽出土。

（5）苗期管理。适时灌溉，结合灌溉，适时松土、施肥。生长前期追施氮肥，后期追施磷钾肥。每米留苗 100～150 株。

2. 病虫害防治

（1）猝倒病：危害幼苗茎基部及根部。可在幼苗出土 1～2 个月内，每隔 10d 喷洒 0.5%波尔多液，或喷洒 0.5%～1.5%硫酸亚铁溶液进行防治。

（2）油松毛虫。幼虫危害针叶，一年发生一代，每年 10 月危害幼苗。防治方法：①在幼虫越冬前，在树干胸高处束草诱杀越冬幼虫。②应用白僵菌和赤眼蜂防治。使用每毫升 1 亿孢子的松毛虫杆菌液于秋季防治 3 龄、4 龄幼虫，杀虫率达 96%～98%。

（3）油松球果小卷蛾。一年发生一代，4 月中旬至 5 月中旬为成虫盛发期和幼虫盛孵期。防治方法：在幼虫孵化初盛期，一般使用 20%甲氰菊酯乳油或 20%甲氰菊酯水乳剂，或 20%甲氰菊酯可湿性粉剂 1 500～2 000 倍液，或 10%甲氰菊酯乳油或 10%甲氰菊酯微乳剂 800～1 000 倍液，均匀喷雾。

（4）油松球果螟。一年发生一代，5 月中旬到嫩梢上危害。防治方法：①在幼虫转移危害期，喷洒 40%乐果乳剂 400 倍液。②成虫出现后，每隔 7d 喷 1 次 20%甲氰菊酯湿性粉剂 1 500～2 000 倍液。③卵期，每公顷施放 15 万头赤眼蜂。

黄连木（*Pistacia chinensis* Bunge）

一、生物学特性

别名　黄木连、黄连茶。

分类　漆树科（Anacardiaceae）黄连木属（*Pistacia* L.）落叶乔木，高达 30m，胸径达 2m。

分布　原产中国，分布很广，北自黄河流域，南至两广及西南各省，常散生于低山丘陵及平原，在河北、河南、山西、陕西等地集中分布。

特性　喜光，幼树稍耐阴，耐干旱瘠薄。对土壤要求不严，微酸性、中性和微碱性的沙质、黏质土均能适应，肥沃、湿润且排水良好的石灰岩山地生长最好。深根性，抗风力强，萌芽力强。生长较慢，寿命可长达 300 年以上。对二氧化硫、氯化氢和煤烟的抗性较强。

用途　鲜叶可提取芳香油。种子油可用作润滑油及制肥皂，亦可食用，但内含酸值较多，其味不佳。果实、树皮和叶可提取栲胶，果和叶可做黑色染料。叶芽、叶和树皮可入药，可清热解毒、祛暑止渴。

二、育苗技术

1. 育苗方法

黄连木的育苗方法以播种育苗为主，方法如下。

（1）采种。种子 10 月成熟。及时采收，放入 40～50℃的草木灰温水中浸泡 2～3d，搓烂果肉，除去蜡质，用清水洗净，阴干，于干燥通风处贮藏。

（2）育苗地准备。选择排水良好、土壤深厚肥沃的沙壤土作育苗地。每亩施入 4 000～5 000kg 基肥，并施 50%的辛硫磷 800 倍液 400kg，以防地下害虫。

（3）种子处理。播种前可用层积催芽法对种子催芽。选地势较高，排水良好的地块挖坑，将种子与湿沙按 1：3 的比例混合置于坑内。距地面 15cm 处填沙，上面覆土成屋脊状，在坑内竖一通气草把。翌年春季种子有 1/3 露白时即可播种。

（4）播种。春播一般在 2 月下旬至 3 月中旬。开沟条播，沟距 30cm，深 3cm。播前灌足底水，将种子均匀撒入沟内，覆土 2～3cm，轻轻压实，上盖地膜。每亩播种量 4～5kg。

（5）苗期管理。保持土壤湿润，一般 20～25d 出苗。苗高 3～4cm 时开始间苗，苗高 15cm 时定苗。结合灌溉，适时松土、除草、施肥。幼苗生长期以氮、磷肥为主，速生期氮、磷、钾肥混合使用，苗木硬化期以钾肥为主，停施氮肥。1 年生苗高约 60～80cm，每亩产苗 2.5 万株。

2. 病虫害防治

黄连木病害少、虫害多，苗期病害主要是立枯病，虫害主要有黄连木尺蛾。

（1）黄连木立枯病。防治方法：①播种前用 1%新洁尔溶液或 0.5%的高锰酸钾水溶液浸种 30min。并且每亩施 15～20kg 硫酸亚铁、3kg 呋喃丹进行土壤消毒。②幼苗出土后，可用 70%的敌克松 800 倍液进行防治，每隔 7～10d 喷洒一次，连续用药 2～3 次。

（2）黄连木尺蛾。黄连木尺蛾食性很杂，幼虫对黄连木危害严重。防治方法：①成虫发生期，早晨或雨后进行人工捕杀。②幼虫3龄以前，喷洒50%辛硫磷乳油1 000倍液或10%灭百可800倍液，效果良好。③可利用天敌，控制虫害（如用赤眼蜂防治黄连木尺蛾幼虫）。

侧柏 [*Platycladus orientalis*（L.）Franco]

一、生物学特性

别名　香柏、柏树。

分类　柏科（Cupressaceae）侧柏属（*Platycladus* Spach）针叶常绿乔木树种。树高可达 20m，胸径可达 100cm。

分布　在我国分布于内蒙古、河北、北京、山西、山东、河南、陕西、甘肃、福建、广东、广西、四川、贵州、云南、西藏等地，栽培几乎遍及全国，黄河及淮河流域集中分布。

特性　侧柏是温带树种，能适应干冷及暖湿的气候，在年降水量 300～1 600mm、年均气温 8～16℃的气候条件下生长正常，能耐−35℃的绝对低温。喜光树种，但幼苗和幼树都能耐庇荫。对土壤要求不严，对土壤酸碱度的适应范围较广，具有一定的抗盐碱能力，可在含盐量 0.2%的盐碱地上生长。浅根性树种。5～6 年生开始结实，对二氧化硫、氯气、氯化氢等有毒气体抗性中等。

用途　我国西北干旱地区的主要生态及绿化树种。木材可作建筑、造船、桥梁、家具、雕刻、文具等原料。种子、根、枝、叶、树皮等可入药。种子含油量22%（出油率18%），可榨油，供制肥皂和食用，在医药和香料工业上用途广泛。

二、育苗技术

1. 栽培品种

栽培品种有千头柏、金黄球柏和金塔柏。

2. 育苗方法

侧柏育苗方法主要有播种育苗和容器育苗两种方式。

1）播种育苗

（1）采种。果熟期9～10月。应选生长健壮的30～50年生壮龄母树采种。当球果果鳞由青绿色变为黄褐色，种鳞微裂时，立即采种，晾晒5～7d，使种子脱出，去杂，在通风干燥处干藏，如用密封容器可贮藏3～5年。出种率约为10%，种子发芽率70%～85%。

（2）育苗地准备。选择地势平坦、有灌排条件、肥沃的沙壤土或壤土作育苗地。结合深翻地施肥，每公顷施入有机肥37.5～75t。作床或作垄，干旱地区多用低床育苗。

（3）种子处理。播前应进行种子催芽处理。主要方法有混雪催芽、低温层积催芽和水浸催芽法，具体步骤参照樟子松播种育苗。

（4）播种。春播，3月中下旬至4月中下旬。垄播可采用双行或单行条播，双行播幅5cm，单行播幅12～15cm。低床条播，床面宽1m，床面低于步道，每床纵向（顺床）3～5行，播幅5～10cm。播后及时覆土1～1.5cm，然后镇压，再盖覆草。每公顷播种量以150kg左右为宜。

（5）苗期管理。播后要保持土壤湿润。及时间苗，每米垄留苗150株左右或每平方米床面留苗500株左右为宜。结合灌溉，苗期适时施肥、除草松土，全年追氮肥2～3次，每次每亩可施硫铵4～6kg。土壤封冻前灌足冻水，埋土防寒。

2）容器育苗

（1）基质与容器。基质选用黄心土60%+腐殖土30%+过磷酸钙2%+黏性土加沙8%，或圃地土78%、杂肥20%、磷酸钙2%。育苗容器可采用厚0.1mm的塑料薄膜容器袋，规格为8cm×12cm（宽×高），底部打孔。

（2）基质消毒。每立方米土用浓度3%硫酸亚铁溶液25kg，上面覆盖塑料薄膜，堆放7d。如有地下虫害时，每立方米土用浓度50%锌硫磷10～15g，搅拌均匀用塑料薄膜覆盖2～3d。

（3）播种。种子催芽方法同播种育苗。播种量为每容器杯3～4粒。

（4）苗期管理。播种后及时覆土，苗期保持基质湿润。低温干旱地区，可用塑料薄膜覆盖床面。幼苗出齐1周后定苗，每容器内留苗1株。结合浇水，合理施肥，生长期以施氮肥为主，生长后期停止使用氮肥，适当增加磷、钾肥。干旱风沙区，入冬前要浇一次透水，并设防风障。

3. 病虫害防治

（1）侧柏毒蛾。4～5 月和 8～9 月危害叶尖，严重时树冠呈现枯黄。防治方法：①6 月中旬至 7 月下旬幼虫危害期，喷洒 90%的晶体敌百虫或 80%的敌敌畏 800～1 000 倍液灭杀。②黑光灯诱杀成虫。

（2）红蜘蛛。群聚于小枝及鳞叶上，吸取树液，被害叶变成枯黄。防治方法：①早春喷洒 5%蒽油乳剂，毒杀越冬卵。②越冬卵孵化期（5 月中旬）喷洒杀虫双 500～1 000 倍液。③发生季节，喷洒 50% 1059，2 500～3 000 倍液，或 25%乐果 1 000～1 500 倍液，或三氯杀螨砜 600 倍液。

银白杨（*Populus alba* L.）

一、生物学特性

别名　白杨、罗圈杨。

分类　杨柳科（Salicaceae）杨属（*Populus* L.）落叶乔木，树高可达 10～30m。

分布　在新疆、甘肃、宁夏、青海、陕西、内蒙古、河南、山东、河北、辽宁等地均有栽培，以新疆最多，南疆各地更为普遍。垂直分布在海拔 450～750m。欧洲、北非及俄罗斯也有分布。

特性　对温度适应性较强，抗寒，耐高温，在－40℃条件下无冻害，且在夏季 40℃以上生长良好。喜光树种，不耐庇荫，耐大气干旱，稍耐盐碱，0～20cm 土层总盐量 0.4%以下时，对插穗的成活与生长无影响，总盐量 0.6%以上时，苗木生长很差，1.4%时不能成活。深根性树种，根系发达、萌蘖力强，适生于沙壤土和壤土。抗风力强，寿命较长。

用途　速生用材林树种，是四旁绿化和农田防护林的重要树种，是优良水土保持树种。银白杨干形通直，材质良好，是建筑、桥梁、门窗、家具、车辆、船只和造纸的良好材料。

二、育 苗 技 术

1. 育苗方法

银白杨育苗方法以播种育苗和扦插育苗为主。

1）播种育苗

（1）采种。果熟期 4 月上旬至 5 月中旬。当蒴果由绿变黄时，采收，风干，待蒴果开裂后，过筛净种，于干燥通风处贮藏。种子纯度 97%，千粒重 0.55g，发芽率 94%。

（2）育苗地准备。选择地势平坦、疏松肥沃的沙壤土和壤土作育苗地，播前深翻地，施肥，每公顷施腐熟有机肥 60t。

（3）播种。以夏播为主，灌溉后，按 20cm 行距条播，播幅宽 5cm。每公顷播种量 6～7.5kg，用土沙粪各 1/3 覆土，厚度以盖严种子为宜。

（4）苗期管理。6 月中旬至 7 月初，结合灌溉，适时除草松土，间苗，每米留苗 25 株。7 月中旬至 8 月上旬，追肥 1 次，每公顷施尿素 90kg。

2）扦插育苗

（1）采条。秋季落叶后，选择实生苗枝条或大树基干部 1～2 年生、粗 1～1.5cm 的枝条作种条，将种条与湿沙分层堆放在室外沟中，盖沙贮藏，温度应保持在 0～5℃。

（2）育苗地准备。选择无盐碱或盐碱轻的肥沃沙壤土作育苗地，结合深翻，每公顷施基肥 45t。整地作大垄，垄距 1.2m，底宽 70cm，上宽 40cm，高 30cm，长 15～20cm。

（3）插穗处理。扦插前，将插条剪成粗 1～2cm、长 20cm 左右的插穗，并对插穗进行催根处理。采用冷水浸泡、湿沙层积等方法，将插穗放入冷水中浸泡 5～10h，再用湿沙分层覆盖，5～10d 后扦插育苗。也可在扦插前用生根粉处理的插穗 24h，加速愈合生根和提高成活率。

（4）扦插。4 月中旬前后扦插，插前灌水，在垄缘两侧各插一行，扦插深度以插穗上口与垄面相平为宜，每米 10 株，每公顷插 12～15 万株。插后用地膜覆盖大垄。

（5）苗期管理。苗期保持土壤湿润，结合灌溉，合理施肥、松土除草。6 月底，每公顷追肥 120kg，7 月中旬，每公顷追肥 150kg。

2. 病虫害防治

（1）银白杨锈病。幼苗的主要病害之一，可造成大面积实生苗死亡，病菌在芽内和病斑内越冬。防治方法：①摘除病芽，剪除病枝。②选用抗病树种。灌水施肥不宜过多，苗木密度不宜过大，注意通风透光。③发病初期，每隔 10～15d 喷药 1 次，喷施 0.1～0.3°Bé 石硫合剂、硫酸铜半量式波尔多液（硫酸铜 0.5 份，生石灰 1 份，水 100 份）、400～500 倍的 65%可湿性代森锌、0.1%～0.5%退菌特、0.3%～0.5%敌锈钠或 200 倍氟硅酸钠均可。

（2）褐斑病。主要危害实生苗，病菌在有病的落叶上越冬。防治方法：苗木出土后，每隔 7～10d 喷 1 次药，可用等量式波尔多液、1%退菌特、代森锌等。

（3）白杨透翅蛾，又称杨透翅蛾。银白杨的主要蛀干害虫，主要危害顶芽和苗干。防治方法：①在夏、秋季节，对侵入不久的幼虫孔道，涂抹杀虫药，直接杀死幼虫。②在有虫粪的侵入道处，清除洞口虫粪，并用铁丝深挖洞孔，用镊子将蘸有乐果的 50 倍稀释液送入洞内，然后以黄泥封堵。③喷药防止成虫产卵，可喷洒甲氰菊酯制剂。

新疆杨（*Populus alba* L. var. *pyramidalis* Bunge）

一、生物学特性

别名　新疆铁列克。

分类　杨柳科（Salicaceae）杨属（*Populus* L.）落叶乔木，树高可达 30m，胸径可

达 60cm。

分布　我国主要分布在新疆地区。在内蒙古、陕西、甘肃、宁夏、青海等省区大量引种，东北亦引种，生长良好。

特性　较耐寒，能耐绝对最低温度－40℃时。抗热和大气干旱能力强，能耐绝对最高温度 40.1℃。较耐盐碱。在含盐量达 0.45%的黏土中生长旺盛。适应性强，在沙土、黄土、灰钙土、荒漠土上均能生长。喜光树种，根系较深，抗风力较强，并对叶部病害和烟尘，具有一定的抗性。寿命长，可达 70～80 年以上。果熟期为 5 月中旬。

用途　速生用材树种，多用于农田防护林和四旁绿化。木材纹理通直，结构较细，材质较好，是建筑、桥梁、门窗、家具等材料。

二、育 苗 技 术

1. 育苗方法

新疆杨为雄性树种，只能用无性繁殖育苗。目前，生产上主要采用硬枝扦插、嫩枝扦插和嫁接育苗。

1）硬枝扦插

（1）采条。秋季落叶后至土壤封冻前，采取优良母树上生长健壮、芽饱满、无病虫害、粗度大于 1cm 的 1 年生枝条作种条，1～2 年生苗木平茬条也可作种条，将种条截成长 20cm 的插穗，按每百根打捆。

（2）育苗地准备。选择土层深厚、肥力中等以上、含盐量低的壤土或沙壤土地作育苗地，秋季结合深耕（深度 25cm 以上）每亩施有机肥 4000～4500kg。整地作床，床宽 2～3m，长度视地块而定。灌足冬水。

（3）插穗处理。可用水浸处理插穗 25～30d，可使成活率由 50%提高到 90%。也可采用低温层积处理，在土壤上冻前，将插穗与湿沙，分层埋入坑中，最上层覆盖湿土，即可埋藏越冬。为防止坑内湿度升高，应加厚土层。

（4）扦插。翌年春季土壤解冻 20cm 时开始扦插，插条可以直插或斜插，斜插时插穗与地面夹角以 80° 左右为宜，最好取南北行，插穗根部向南，梢部向北倾斜，插穗上端露出地面 1～2cm，第 1 个芽微露地表，插后立即灌水。插穗上端扦插时不能碰伤插穗表皮。扦插行距 40～60cm，株距 10～20cm。

（5）苗期管理。插后 1 个月内要及时灌水，保持插床土壤湿润。萌芽后，选留一个健壮的芽。6～7 月施肥 2 次，每亩追肥尿素 12.5 kg 或碳铵 25 kg。适时松土、除草、施肥。立秋以后要控制灌水，苗木落叶后灌足冬水。上冻后可平茬，有利于苗木的第 2 年生长，翌年春应早灌春水。

2）嫩枝扦插

（1）采条。选取树干基部直径 0.4～0.6cm 的当年萌生的半木质化枝条，剪成长 10～15cm 的插穗。穗梢保留 2 枚叶片，其余叶片剪掉。随采，随处理，随扦插。

（2）扦插床准备。选择背风向阳、地势平坦、排水良好的地段作育苗地，作宽 1.2m、长 4m、高 20cm 的高床，床内铺沙或蛭石 15cm，床面搭设高 40cm 的拱棚。或在温室内扦插，也可采用全光喷雾育苗设备。

（3）扦插。扦插时间为 6 月中旬至 8 月中旬。插前将插条用 100mg/L 浓度 NAA、ABT 生根粉浸泡插穗 2～3h。按株行距 8cm×15cm 扦插，扦插深度 3～4cm，插后浇水且遮荫，温度保持在 20～25℃，相对湿度为 80%～90%。

3）嫁接育苗

用嫁接可提高新疆杨的苗木质量，常用方法如下：

（1）选择砧木和接穗。选用生长良好、胸径 2cm 以上的 2～3 年北京杨壮苗作砧木，或胸径为 3cm 以上的胡杨作砧木。秋季落叶后，选用粗壮的新疆杨枝条中下端做接穗，冬贮备用，或春季萌芽时选择与胡杨砧木同粗的新疆杨种条制作接穗，随采随接。

（2）嫁接。4 月 20 日至 5 月 10 日叶芽萌动时嫁接。嫁接前 1 周，将接穗浸在流动的清水里，使枝条充分吸收水分。以北京杨砧木时多采用劈接法，以胡杨作砧木时多采用皮下接、套接和芽接。芽接方式包括“T”型、方块芽接，采用 3%～5%的蔗糖溶液浸泡芽盾片，可将嫁接成活率提高 3～4 倍。

（3）苗期管理。嫁接后，及时抹除砧木上的萌芽，当接穗上的新梢长 20cm 时解绑，并立柱绑挂接穗新梢，防风折。秋后要培土至接口以上，防寒越冬。灌水、除草、松土、追肥等同常规管理。

2. 病虫害防治

主要害虫为五斑吉丁，幼虫危害苗木及根部。防治方法：对尚在皮下蛀食的幼虫，可在浸入处涂刷 40%乐果乳剂、50%马拉松乳剂或 40%亚胺硫磷乳剂 20～30 倍液。

胡杨（*Populus euphratica* Oliv.）

一、生物学特性

别名　胡桐、变叶胡杨、异叶杨。

分类　杨柳科（Salicaceae）杨属（*Populus* L.）落叶乔木，树高可达 10～20m，胸径可达 100cm。

分布　胡杨在欧、亚、非大陆均有天然林分布。世界最大的胡杨天然林分布在我国新疆和哈萨克斯坦。在我国主要分布于新疆、内蒙古西部、青海、甘肃和宁夏等 5 个省、自治区。我国 91.1%的胡杨林分布在新疆。

特性　喜光，耐盐力强，当可溶性盐总量在 2%以内，成年树尚可正常生长，2%～5%时，生长受到抑制。胡杨林土壤的腐殖质含量较高，一般多在 2%以上。耐高温、严寒、瘠薄，在年降水 10～50mm、极端气温－39.8℃和 43.6℃时能生长。主根不发达，深 50～80cm，侧根发达，长约十几米，根系萌生力强。8～10 年开始结实。

用途　是西北绿洲灌区的重要树种，也是西北盐碱地造林的优良树种。木材轻软，易干燥，可作造纸、火柴工业原料。木材干燥后，不裂不翘，是建筑、家具、桥梁等优良用材。嫩枝叶是良好饲料，也是沙区主要燃料。胡杨碱是优良的生物碱，可食用，可制肥皂或用作罗布麻脱胶、制革脱脂等。

二、育 苗 技 术

1. 育苗方法

胡杨育苗方法包括播种育苗、扦插育苗等，以播种育苗为主。

1）播种育苗

（1）采种。种子成熟期为 7～9 月。当蒴果颜色由绿色变成黄绿色，即可采种。种子晾晒后，干燥密封贮藏，贮藏温度低于 15℃，种子发芽率达 90%。

（2）育苗地准备。胡杨育苗对圃地要求较为严格，应选择含盐量低于 0.3%的肥沃沙壤或壤土作育苗地。结合深翻地施足底肥。开沟筑垄，垄高 30～40cm，垄底宽 50～60cm，或作畦，畦长 4～5m，畦宽 1～2m。

（3）种子处理。春、夏季播种。播种前先用冷水浸种 2h，然后捞出用 0.1%～0.5%高锰酸钾溶液浸泡 10～20min，再用清水洗净，再用水浸泡 8h 后播种。

（4）播种。因种子小，不易掌握播种量，常用 20 倍体积的细沙与种子充分混合后播种，每公顷播种量 4.5kg。垄播时，播前灌足底水，沿垄沟水线播种，播幅宽 2～3cm。畦面播种可撒播或条播，播前灌足底水，间距 30～40cm，播幅宽 10～15cm，播后覆沙，以不见种子为宜。

（5）苗期管理。幼苗注意遮荫，保持土壤湿润。播种 1 个月后开始施肥，每公顷 4.5kg 尿素，每周施 1 次。及时除草。移植苗培育时，主根剪留 18～20cm，株行距 10cm×10cm。栽后轻踩、灌水。移栽时间以土壤解冻后为宜，适时施肥。

2）扦插育苗

胡杨扦插育苗主要包括硬枝扦插、嫩枝扦插（或称绿枝扦插）和根插。

（1）硬枝扦插。①插穗采集，从枝条基部剪取的插穗，其生根率大于中部和梢部。②插穗处理。胡杨硬枝扦插难以生根，通常在扦插前对插穗进行处理，如浸水催根、沙藏催根、倒插在阳畦内催根等，生产上多采用生长调节剂（吲哚丁酸、萘乙酸、ABT 生根粉、2,4-D、腐殖酸等）处理插穗，生根率达 28%～52%，在相对湿度 90%以上时，用生长调节剂处理的硬枝插穗生根率达 62%～76%。

（2）嫩枝扦插。嫩枝扦插生根率高于硬枝扦插，但需要在温室或温棚内进行，棚内需安装喷雾装置，气温保持在 30℃左右，土温为 20～25℃，空气相对湿度在 90%以上，生根率最高可达 82%。

（3）根插。利用根切段作插穗扦插育苗，成活率可达 61%～75%。

2. 病虫害防治

（1）锈病。苗期发病率高，且传染速度快，是胡杨的主要病害。防治方法：①预防措施是防止苗木密度过大，当幼苗长到 50cm 时，把苗高 20cm 以下的叶片去掉，防止发病。②发病后，可喷 50 倍的锈钠或 0.5%的萎锈灵 2 000 倍液。

（2）木虱。是胡杨的主要害虫，危害苗木新梢，一年发生数代，越冬卵产生在枝条上，形成许多疙瘩。防治方法：可用氧化乐果防治。

欧洲黑杨（*Populus nigra* L.）

一、生物学特性

别名 黑杨。

分类 杨柳科（Salicaceae）杨属（*Populus* L.）落叶乔木，树高达 30m，胸径达 35cm。

分布 在我国主要分布于新疆，西北其他地区也有零星分布。

特性 喜光树种，幼苗较耐阴，抗寒性强，能耐－40℃低温。对土壤要求不严，适应性较强，在较湿润或较干旱的沙土、黏壤土或重黏土上能生长。喜生于湿润河滩细沙土、河岸沙壤土。不耐盐碱。萌蘖力强。生长迅速，2 年生苗高达 1.7～2m，40 年生树高达 30m 以上，50 年后趋向衰老。

用途 重要用材林、防护林和绿化树种。木材可供造纸和胶合板原料，可用作建筑、农具、箱板等材料，树叶可作饲料添加剂。

二、育 苗 技 术

1. 栽培品种

加龙杨是欧洲黑杨的主栽品种。

2. 育苗方法

欧洲黑杨扦插育苗成活率较低，育苗方法以播种育苗为主，方法如下：

（1）采种。果熟期为 6～7 月。选择 10～20 年生无病虫害、干形通直、生长健壮的优良母树，当蒴果由绿变黄露出花絮时，采下果穗放入室内摊晒晾干，待大部分蒴果开裂时，搓揉果穗，使种子脱落，风选过筛净种，贮存备用。欧洲黑杨种子小而轻，易丧失萌芽力，种子成熟后应及时采种并尽快播种育苗。

（2）育苗地准备。选择地势平坦、排水良好、有灌溉条件、无风害的湿润肥沃的沙壤土为育苗地。秋季施肥整地，翌年开春筑床或作垄，苗床宽 1.2m，长度依据生产条件和产苗量而定。床面要平坦、土壤疏松、无杂草和碎石，床面低于床埂 10cm。

（3）播种。播前苗床灌足底水，待水下渗后，将冷水浸泡过的种子拌 3 倍细沙均匀撒播或条播，行距 30cm，播后用腐熟粪拌 2～3 倍细土覆盖，厚度为 0.2～0.3cm，苗床上盖覆盖物保墒。

（4）苗期管理。播后要保持苗床土壤湿润，及时除草松土，当苗高达 4～6cm 时开始定苗，留苗株距为 5～10cm。在苗木速生期追施氮肥 1～3 次，每次每公顷 100kg 左右。8 月中旬后，逐渐减少灌水量或停止灌水，加速苗木木质化，以利苗木安全越冬。

3. 病虫害防治

黑杨的病虫害主要是杨叶甲。防治方法参照毛白杨。

小黑杨（*Populus simonii* Garr.×*P. nigra* L.）

一、生物学特性

分类　杨柳科（Salicaceae）杨属（*Populus* L.）落叶乔木，树高可达 24m，胸径可达 40cm。

分布　主要分布于我国东北地区，北起黑龙江省，南到黄河流域，北到新疆均有栽培。是新疆、黑龙江、吉林、辽宁西部地区积极推广的速生树种。

特性　小黑杨喜生于冷湿性气候及土壤肥沃的沙壤土，具有较强的抗寒、抗旱、耐瘠薄、耐盐碱能力。在年均气温－0.7℃的条件下能正常生长。生长迅速。

用途　干旱寒冷地区用材林、农田防护林、荒地造林及绿化优良树种。木材均匀，材质好，可作造纸、纤维、火柴杆等工业原料，可作民用建筑、家具及农业用材。

二、育 苗 技 术

1. 栽培品种

小黑杨是 20 世纪 50 年代由中国林业科学研究院从小叶杨与欧洲黑杨的杂交组合中选育的优良品种，在各地有不同的推广系号。

2. 育苗方法

小黑杨育苗方法以播种育苗和扦插育苗为主。

1）播种育苗

（1）采种。种子于 5 月中下旬成熟，蒴果成熟后立即采收，并将蒴果摊放在室内地面上，待蒴果全部开裂后过筛净种。种子净度 87%，千粒重 0.4g。

（2）育苗地准备。选择地势平坦、排水良好、土壤肥沃的沙壤土作苗圃地。结合深翻地施基肥，每亩 3 000kg，整地作垄，垄底宽 70cm，高 35cm，长 20m。

（3）播种。以夏播为主，一般在 6 月中旬左右。播前灌水，在垄两侧水线以上 2cm 处播种，播幅宽 5cm。播后用过筛的沙土、粪混合土覆盖，厚度以不见种子为宜。每亩播种量为 400～500g。

（4）苗期管理。播后适时浇水、除草，7 月苗木速生期结合浇水施氮肥 2 次，每次每公顷 90～120kg。8 月中旬减少灌水量，9 月停止灌水。当苗木长到 3～5cm 时，进行间苗、定苗，每米留苗 50 株，每公顷产苗量 135 万株。

2）扦插育苗

（1）采条。选用 1 年生苗枝条或采穗圃的种条作插穗。插穗长为 16～17cm，粗 0.8～

2.5cm，最好边采边插。

（2）育苗地准备。选择地势平坦、排水良好、土壤肥沃的沙壤土作育苗地。结合深翻地施基肥，每亩 3 000kg。小黑杨适于沟插，沟距 80cm，沟深 15cm，沟上口宽 25cm。

（3）扦插。多为春季扦插。插前灌水，在垄两侧水线以上 2cm 处扦插，每米 10 株。

（4）苗期管理。参照播种育苗。为保证苗木高生长，在 5～7 月进行摘芽处理。

3. 病虫害防治

（1）杨灰斑病。多危害苗木的嫩枝梢和叶片，一般 7 月发病，8～9 月发病最盛，9 月末停止发展。防治方法：①及时间苗，通风降温，减少发病。②6 月末开始喷洒 65% 代森锌 500 倍液，或喷洒 1：1：（125～170）波尔多液，每 15d 喷洒 1 次，喷施 3～4 次。

（2）天牛。防治方法参照白蜡树天牛防治。

小叶杨（*Populus simonii* Carr.）

一、生物学特性

别名　山白杨。

分类　杨柳科（Salicaceae）杨属（*Populus* L.）落叶乔木，树高可达 20m，胸径可达 55cm。

分布　在我国的北京、黑龙江、吉林、辽宁、内蒙古、河北、河南、山东、山西、陕西、甘肃、宁夏、青海、新疆、四川、云南、安徽、江苏、湖北等地均有分布。垂直分布最高可达海拔 3 000m。

特性　喜光树种，不耐阴。对气候适应性较强，耐寒、耐旱，能忍受 40℃的高温和－36℃的低温。在年降水量为 400～700mm、年均温度 10～15℃、相对湿度 50%～70% 的条件下生长良好。对土壤要求不严，在沙壤土、轻壤土、黄土、冲积土、灰钙土上均能生长，在山沟、河边、阶地、梁峁上都有分布。对土壤酸碱度适应性强，在 pH8.0 左右的土壤上能够正常生长。根系发达，沙地上实生幼林的主根深达 70cm 以上。

用途　是我国西北、华北、东北地区主要造林树种之一，广泛用于防风固沙、保持水土和四旁绿化。材质韧性好，耐摩擦，可作建筑、器具、造纸、胶合板、车轮板、压缩板、人造纤维等用材。树皮含鞣质 5.2%，可提制栲胶。叶片可供家畜作饲料。

二、育 苗 技 术

1. 育苗方法

小叶杨育苗方法以播种育苗和扦插育苗为主。

1）播种育苗

（1）采种。果熟期 4～6 月。当果皮变为黄褐色，部分果实裂嘴，刚吐白絮时，即可剪采果穗或采收落下的种子。果穗摊放于室内晾晒，待果实全部裂嘴时，将种子与絮毛脱离，收集过筛，每 32～50kg 果穗可产种子 1kg。干燥、密封和低温贮藏，种子含水率保持在 4%～8%。1 年后发芽率可保持在 80%左右。新采种子发芽率可达 95%以上。

（2）育苗地准备。选择沙质土壤作育苗地，秋季深翻，细致整地。

（3）种子处理。种子可随采随播，发芽率可达 95%以上。经过贮藏的种子，播前需对种子水浸处理催芽， 0.5%的硫酸铜溶液消毒。

（4）播种。5 月上、中旬播种，适时早播，以延长苗木生长期。播前灌足底水，待表土稍干即可播种。采用条播方式，播幅 3～5cm，或采用 10cm 宽幅条播，条距 10～20cm。播后用细沙覆盖 2～3mm，然后镇压、浇水。每公顷播种量 7.5～15kg。或在床面撒播，然后用三合土（细土、细沙和腐熟有机肥按 1：1：1，再加少量 5406 细菌肥）覆盖，以稍见种子为宜，稍作镇压后小水浸灌。

（5）苗期管理。保持苗床土壤湿润。当苗高达 5cm 时，进行间苗和定苗，留苗株距为 5～10cm。苗木速生期，施肥 3～5 次，除草 4～5 次。8 月底以后停止施肥浇水。

2）扦插育苗

（1）采条。春、秋两季，在生长健壮的幼树上采集直径 0.8～1.5cm 的 1 年生种条制作插穗。插穗长 15～20cm。秋采的插穗要窖藏。

（2）春季扦插。春季扦插在芽萌动前进行。扦插前，将插穗放入清水或流水中浸泡 3d，然后取出扦插。插后及时灌水，幼苗生根前浇水 1～2 次，以后，每 10～15d 浇 1 次水，6～7 月施肥 2～3 次。及时抹芽。苗床扦插株距为 20～30cm，行距为 30～40cm，每公顷插 10.5 万～13.5 万株。垄作扦插，每垄插两行，行距为 15cm，垄距 50～60cm，每公顷 22.5 万株左右。

（3）秋季扦插。在落叶后至土壤结冻前进行。采用直插法，扦插株距同上，插后覆土 6～10cm，翌年春天发芽前将土刨开，并增施有机肥，每公顷施 90t。

2. 病虫害防治

（1）腐烂病。危害树木主干及枝梢，幼树发病较重。防治方法：①合理整枝，在伤口处涂波尔多液或石硫合剂。②早春往树干上涂白剂，初发病树可在病斑上割成纵横相间的约 0.5cm 的刀痕，深达木质部，然后喷涂杀菌剂。效果较好的药剂有 1：（10～12）碱水、5%苛性钠水溶液、1：4：200 氯化汞、70%托布津 200 倍液、不脱酚洗油等。

（2）叶锈病。每年 6 月发病，7～8 月为盛发期。2 年生苗木受害严重。防治方法：病发期，每 10～15d 喷洒 0.3～0.5°Bé 的石硫合剂或敌锈钠 200 倍液，或 65%可湿性代森锌 250 倍液。

（3）立枯病、猝倒病。危害种芽、幼苗子叶等，并致苗茎腐烂和幼根腐烂。防治方法：①播种时在苗床或播种沟内撒药。每亩配制量为敌克松 1～1.5kg、苏铁（6401）2.5～3kg、五氯硝基苯代森锌合剂（1：1）2.5～3kg（适合我国北方地区）。将农药同 30～40 倍干燥细土混合均匀使用，或每亩施硫酸亚铁 15～20kg。②在幼苗发病期，可撒施上述农药，在天晴土干时，可洒敌克松 500～800 倍液、苏铁 6401 可湿性剂 800～1 000 倍液或 1%～3%硫酸亚铁溶液，以淋湿土壤表层为度。每隔 10d 喷施 1 次，共喷施 2～3 次。

硫酸亚铁对苗木有药害，施用后用清水冲洗苗木。也可喷施新洁而灭 5 000 倍液或 8∶2 草木灰石灰粉，效果也很好。

毛白杨（*Populus tomentosa* Carr.）

一、生物学特性

别名　大叶杨。

分类　杨柳科（Salicaceae）杨属（*Populus* L.）落叶乔木树种。树高可达 30m，胸径可达 50cm。

分布　分布较广，在我国主要分布于河北、北京、天津、山西、辽宁、内蒙古东南部、河南、山东、陕西、江苏、浙江、甘肃、宁夏等地。黄河中下游是适生分布区。垂直分布在海拔 1 500m 以下的平原、山谷地区。

特性　温带树种，在年均气温 7～16℃、绝对最低温度－32.8℃、年降水量 300～1 300mm 的条件下均可生长。耐寒性较差，在早春昼夜温差大的地方易受冻害。对水肥条件敏感，在肥沃、湿润的壤土或沙壤土上生长较快，但在干旱瘠薄或低洼积水的盐碱地及沙荒地上生长不良。稍耐盐碱，土壤 pH8.0～8.5 时，苗木生长正常。树高生长在 4 年前生长较快，16 年后生长下降。

用途　我国北方地区特有的速生用材林、防护林和四旁绿化树种。材质较好，物理力学性质中等，木材易干燥，加工性能良好，油漆及胶结性能良好，是建筑、家具、包装箱、火柴杆、造纸、纤维工业的原料。

二、育 苗 技 术

1. 栽培品种

三倍体毛白杨是目前生产中表现优良的品系之一。

2. 育苗方法

毛白杨育苗方法以扦插育苗、根插育苗和埋条育苗为主。

1）扦插育苗

（1）采条。一般在春季进行，选用当年生枝条的中下部做种条，种条粗 1.2～1.6cm。

（2）插穗处理。将种条截成 12～15cm 长插穗，穗材上切口剪平，下切口剪成斜面，上口距第一个芽为 1～1.5cm。剪好的插穗要用湿沙埋藏，待扦插前取出，清水浸泡 24h 后即可扦插。

（3）育苗地准备。育苗地应在秋季深翻，施足基肥，耙平后灌足底水。

（3）扦插。扦插一般在 4 月上中旬进行，采用大垄双行扦插，垄宽 60cm，株距 12～13cm，行距 15～16cm，每公顷插 27 万株。插后及时灌水。

（4）苗期管理。苗期每隔 10～15d 灌水 1 次。6～7 月追肥 2 次，每公顷追施氮肥

225～300kg，并适时松土除草。

2）根插育苗

（1）采条。选用优树直径 2～4cm 的根，截成长 20cm 的根穗。

（2）根穗处理。在温室用沙床（沙与土各 1/2）把根穗横放，上面盖沙 1～1.5cm，喷足水，并在上面覆盖塑料薄膜保持湿度。当根蘖萌生的枝条生长到 10～20cm 以上时，开始剪取根蘖条制插穗，穗长以具有 4～6 片叶子为准。

（3）扦插。在温室内进行嫩枝扦插，可加盖塑料薄膜，保持土壤湿度，生根率可达 80%以上。

（4）苗期管理。15～20d 嫩枝插穗生根，及时撤膜，炼苗 3～5d 后即可带土移植室外。已截取根穗的母根，还可继续发出萌蘖条制穗。以 20cm 的根穗为例，平均生产根蘖扦插苗 25～36 株。

3）埋条育苗

（1）苗床准备。埋条法采用低床，床长是种条的 2 倍，南北走向，床宽 2～2.4m。

（2）埋条。每床埋 4 行，南北向开沟，沟宽 15cm，沟深 10cm，行距 50～60cm。把两根种条搭梢置入沟内，上面用土覆盖 1～2cm。种条基部堆土 15～20cm。在种条基部边缘修侧灌渠，侧灌渠宽 0.4m ，种条用下切口从侧灌渠吸水。埋条后立即灌水。

（3）苗期管理。除第 1 次采用床面灌水外，生根前不往床面灌水，只利用侧灌灌溉，待种条生根发叶后再往床面灌水。当幼苗高达 10cm 左右时，开始向幼苗培土，促进幼茎生根，幼苗期共进行 2～3 次培土，厚度 30～40cm。第 1 次追肥后，给小苗培土成垄，此后可用垄沟进行灌溉和追肥。其他管理方面同扦插育苗。

3. 病虫害防治

（1）毛白杨锈病。幼苗和幼林的主要病害之一。春季发病。防治方法：①自发芽开始，每隔 3～5d 检查 1 次，发现病枝及时摘除。②病发期，每隔 10～15d 喷 1 次药。可选用 0.3～0.5°Bé 石硫合剂、1：2：200 的波尔多液、65%可湿性代森锌 400～500 倍液、50%退菌特 500～1 000 倍液或敌锈钠 200 倍液。

（2）黑斑病。主要危害实生苗。扦插苗受害较轻。2 年生以上幼苗和根蘖苗发病重。防治方法：病发期，每 10～15d 喷洒 0.3～0.5° Bé的石硫合剂或敌锈钠 200 倍液，或 65%可湿性代森锌 250 倍液。

（3）毛白杨根癌病。碱性地、低湿地和毛白杨连作育苗地发病率较高。防治方法：①及时烧毁病株。②育苗时，插穗用 0.1%升汞水消毒。

（4）白杨透翅蛾。幼虫危害苗木及幼树的主干和枝梢。防治方法：①成虫羽化前用毒泥堵塞虫孔，以杀死成虫，或将蘸有 40%乐果乳剂 50 倍液的棉球送入洞内，再用黄泥密封洞口。②在幼虫孵化末期用 50%速灭松乳剂或 18%杀虫双水剂 500 倍液喷洒苗木。

（5）天牛。防治方法参照白蜡树天牛防治。

（6）杨叶甲。杨叶甲又叫金花虫。幼虫和成虫均食害叶片。防治方法：用 25%溴氰菊酯 4 000 倍液或用杀螟松 1 500 倍液喷洒叶片。利用成虫的假死性，在其越冬后捕杀。

蒙古栎（*Quercus mongolica* Fisch. ex Ledeb.）

一、生物学特性

别名　柞树。

分类　壳斗科（Fagaceae），栎属（Quercus L.），落叶乔木，树高可达30m，胸径可达60cm。

分布　产于我国内蒙古、辽宁、吉林、黑龙江、河北、山西、山东、陕西、宁夏、甘肃等地。俄罗斯、朝鲜、日本也有分布，世界多地有栽培。

特性　喜光树种，喜凉爽气候，耐寒性强，能耐极端最低温－50℃。耐干旱、瘠薄，通常生于向阳干燥的山坡。喜中性至酸性土壤。主根发达，不耐盐碱。

用途　是防护林、用材林、经济林及薪炭林的优良树种。材质坚硬、纹理美观、抗腐耐水湿，可用于建筑装修等材料。种子、果实中淀粉含量高达50%，是重要的木本淀粉类能源植物资源。树皮和树叶均可入药，具有清热解毒，散瘀消肿的功效。枝干可用来培植木耳、香菇等菌类。

二、育 苗 技 术

1. 育苗方法

蒙古栎育苗方法有播种育苗和嫁接育苗，以播种育苗为主。

1）播种育苗

（1）采种。9 月中旬种子成熟，选择结种盛期、树干通直、无病虫害的优良母树采种，种子采收后，立即用冷水浸种 24h，杀死橡实中的橡鼻虫，同时将漂浮的不成熟、虫蛀种子捞出，也可以用甲维盐熏蒸一昼夜进行杀虫处理。经调制精选后的种子置于凉爽湿润处贮藏。贮藏方法有室内沙藏、窖内沙藏和流水贮藏法，应用沙藏法时，种子与湿沙比例为1∶3，种沙内必须间隔竖立草把，以利通气，防止种子发热霉烂。

（2）育苗地准备。选择地势平坦、排水良好、土质肥沃深厚、pH5.5～7.0的沙壤土和壤土作育苗地。秋季结合深翻地，进行土地施肥消毒，每平方米施入熟好的农家肥5kg，土壤消毒每亩可施2.5kg辛硫磷。整地作床，床高20cm，床面宽1.1m。

（3）种子处理。种子经上述浸种、净种及杀虫处理后可直接进行秋播，效果良好。经贮藏的种子，翌年春播种前1周将种子筛出，在阳光下翻晒，种子裂嘴达30%以上即可消毒播种。

（4）播种。播种前浇足底水。播种方式有撒播、条播和点播。撒播是将种子均匀撒在床面上覆土4～6cm，轻轻镇压；条播，行距20～25cm，播幅10cm，开沟深5～6cm，将种子均匀撒在沟内并覆土镇压；点播株行距8cm×10cm，深度5～6cm，每穴放一粒种子，种脐向下，播后覆土4～6cm轻轻镇压。撒播、条播的播种量每亩130～200kg，点播为100～130kg。

（5）苗期管理。保持地表土壤湿润。播种后15～20d出苗，当真叶出土4片时，切断主根，留主根长 6cm，可促进须根生长，切根后将土压实并浇水。苗木进入速生期，间苗、定苗，留苗密度 60～80 株/平方米。间苗后及时灌水，以防漏风吹伤苗根。适时松土、除草。结合苗木当年有 3 次生长的习性，进行 2 次追肥，在苗木第一次封顶后追施硝酸铵，每平方米 5g，在苗木第 2 次封顶后再施一次硝酸铵，每平方米 7g。

2）嫁接育苗

（1）选择砧木和接穗。选择蒙古栎实生苗作砧木。选择性状优良母株上的 1 年生健壮枝条剪取接穗，在 3 月下旬至 4 月上旬树液流动前采集，采回后立即放入 2℃的冷库内沙埋，贮藏备用。

（2）嫁接。在 5 月上、中旬树木发芽期嫁接最适宜。采取“舌接法”嫁接，效果较好。将砧木距地面 5～8cm 处水平剪断，要求剪口平滑。然后从砧木截面下 2.5～3.0cm 处往上削一斜面，呈舌状；在斜面由上向下 1/3 处顺着砧木下劈，长 1.5～2.0cm。提前把接穗从冷库中取出，用清水浸泡 2～4h，把穗条剪成 5～6cm 长的接穗，接穗上至少有 2 个饱满健壮的冬芽，在接穗侧芽的背面削 2.5～3.0cm 的长削面，然后在削面由下往上 1/3 处下刀劈 1.5～2.0cm 劈缝。把接穗的劈尖插入砧木的劈口中，使两者的舌状部位交叉起来，形成层对齐，向内插紧。

（3）接后管理。嫁接后及时浇 1 次透水，以保证接穗上水分的供应。15～20d 除 1 次砧芽，并对未成活的接穗及时补接。其他管理方面参照播种育苗。

2. 病虫害防治

主要虫害是栗实象鼻虫，成虫盛发期可用 90%敌百虫 1 000 倍液喷杀。

夏橡（*Quercus robur* L.）

一、生物学特性

别名 橡树、夏栎。

分类 山毛，夏栎榉科（Fagaceae）栎属（*Quercus* L.）落叶乔木，树高可达 40m，直径可达 100cm。

分布 原产欧洲，早年引入我国栽培，生长良好。在我国主要栽培于西北半干旱地区，以新疆北部较多。

特性 喜光，耐严寒，能忍受－40℃低温，但幼嫩枝叶不耐霜冻。耐大气干旱和高温，在降水量 200mm、蒸发量 1 500～1 600mm、7 月最高气温为 40℃的地区生长良好。较耐盐碱、对土壤要求不严，在干旱的石质坡地、碱化土、栗钙土、沙壤土上均能生长。根系发达，主根粗壮，20 年生根深达 5m，抗风力强，耐煤烟，耐短期水淹。幼龄期生长缓慢，10 年后生长迅速。通常在 20～30 年后开始结果，4～8 年 1 次丰产年。

用途 重要的速生树种之一，也是四旁绿化和庭园观赏树种。木材坚硬，是建筑、桥梁、车辆、造船和高级家具的优质材料。

二、育 苗 技 术

1. 育苗方法

夏橡育苗以播种育苗为主，方法如下。

（1）采种。8～9 月果实成熟，在结种盛期（30～80 年生）、干形通直、生长健壮、无病虫害的优良母树上采种。采集新鲜果实后，及时放在室内通风处摊开晾干，经过筛选去杂后，放在通风干燥处贮藏。

（2）育苗地准备。圃地应选择土壤深厚、肥沃、湿润、排水良好的沙壤土、壤土或灰褐色森林土为宜。夏末秋初，灌足底水，每公顷施基肥 45t，然后深翻细耙，并进行土壤消毒，当年秋末果实成熟后，立即整地作床，以平床为好，苗床长 5m、宽 1.2m 为宜。

（3）播种。种子无休眠期，宜在秋末冬初随采随播，秋播可提高种子成活率，苗木生长健壮。春播种子需进行沙藏处理，春播种子发芽率较低，一般降至 40%～50%。

（4）播种。采用开沟条播，每床 4 行，行距 30cm，株距 10cm，播种深度 5～6cm，每公顷播种量 2 250～3 000kg。

（5）苗期管理。播后保持苗床土壤湿润，依据量小次多的原则，适时浇水。播后 20～30d，幼苗即可出土。为防止土壤板结和促进苗木生长，浇水水后要及时松土除草。6 月上中旬至 7 月中下旬，施化肥 1～2 次。由于幼苗主根生长迅速，当幼苗长出第 2 片真叶后，应在 15cm 的土层深处截根，促进苗木茎叶的生长。一般 2～3 年生苗即可出圃造林。

2. 病虫害防治

幼苗出齐后每10d喷洒0.5%～1.5%硫酸亚铁溶液防治立枯病，喷20%乐果1000倍液防治蚜虫。

刺槐（*Robinia pseudoacacia* L.）

一、生物学特性

别名　洋槐。

分类　豆科（Leguminosae）蝶形花亚科（Faboideae）刺槐属（*Robinia* L.）落叶乔木。树高可达 20m，胸径可达 80cm。

分布　原产美国东部，20 世纪引入我国。在我国山东、辽宁、河南、河北、山西、陕西、甘肃、内蒙古、北京、安徽、江苏等地均有栽培。长江以南多为零星栽植。

特性　温带树种，喜光、不耐阴。在年平均气温 8～14℃、年降雨量 500～900mm 的地方，生长良好。喜湿润，但怕水涝。浅根性树种，主根不明显，侧根粗壮发达。对土壤适应性较强，耐干旱，瘠薄，在沙土、沙壤土、壤土、黏壤土、黏土、矿渣堆、紫色页岩、风化石、砾土上都能生长，在中性土、酸性土和含盐量 0.3%以下的盐碱土上都可正常生长。耐沙埋，根蘖性强，易于繁殖。一般 4～5 年开花结实，10～15 年以后进入结果盛期。

用途　重要的速生用材树种，也是华北、西北地区优良的保持水土、防风固沙和绿化树种。材质好，适于用作建筑、坑木、枕木、桥梁、地板、农具等。叶是优质饲料。根部有根瘤菌，能固氮，落叶改良土壤。花是优良蜜源植物，可作香料。树皮含鞣质，可作造纸、栲胶原料。种子含油率 12.0%～13.88%，为肥皂和油漆等原料。刺槐是落叶树中对二氧化硫抗性最强的树种之一。

二、育苗技术

1. 栽培品种

在我国栽培的有两个变型，即无刺槐和球冠无刺槐（用做行道树和绿化）。山东优选出用于造林的优良类型有箭杆刺槐、细皮刺槐、瘤皮刺槐（适于河滩沙地生长）。

2. 育苗方法

刺槐的育苗方法有播种育苗、扦插育苗、嫁接育苗及根段催芽育苗等，以播种育苗为主。

1）播种育苗

（1）采种。9～10 月，荚果由绿色变为赤褐色时，选择生长迅速、树干通直、圆满、无病虫害、10～30 年生的健壮母树采种。荚果收集后及时摊开曝晒，晒干后碾压脱粒，风选净种，于阴凉处干藏。如长期保存，可密封贮藏。干藏 2～3 年发芽率仍较高。种子千粒重 16～25g。

（2）育苗地准备。选择地势平坦、有排灌条件的中性沙壤土和壤土地作育苗地。秋季深翻整地，每亩施腐熟有机肥 3 000～5 000kg。整地时施入 50%辛硫磷乳油制成的毒土，防治地下害虫。作畦（床），畦（床）长 10m，宽 1m。

（3）种子处理。春播前要进行种子催芽处理。常用逐次增温浸种法催芽，先用 60℃热水浸种，自然冷却后再浸泡 24h，选出吸胀的种子。余下种子用 80℃热水浸种，自然冷却后再浸泡 24h，选出吸胀种子。未吸胀种子再用同法浸种 1～2 次，大部分硬粒种子都能吸胀。每次选出吸水膨胀种子，放置温暖处催芽。待种子约有 1/3 裂嘴露出白色根尖时，即可取出播种。

（4）播种。可在春季、夏季和秋季进行，北方地区多为春播，干旱地区多为夏播，盐碱地可在雨季后期（8 月中下旬），盐分已淋洗到土壤下层，且土壤湿度较大时抢墒播种。秋季播种育苗，一般在晚秋进行，种子不需催芽处理，此法在干旱地区应用较多。畦床纵向条播，每畦播 3 行。播前满足底水，待水渗下后即可开沟播种。沟深 3～4cm，沟距 40cm（边行距畦埂 10cm），播幅 3～5cm，播后覆土约 1cm。每公顷用种 30～45kg。

（5）苗期管理。当幼苗高达到 3～4cm 以后，开始间苗，待苗高 10～15cm 时定苗，每米播种沟留苗 10 株左右。苗期，北方地区全年可灌水 4～6 次，6 月上旬至 7 月中旬，结合灌水追肥 2 次，每次每公顷施尿素 75kg 或硫铵 112.5kg。如秋季不起苗，越冬前要灌 1 次冻水。苗期需用割梢打叶法抑制大苗，辅助小苗生长，一般在苗高 40～50cm 时进行，以后每隔 20d 进行一次，8 月中下旬结束。割后苗木高度不要低于 50cm，打叶量低于全量的 1/3。

2）扦插育苗

（1）枝插。①采条。秋、冬季，选用粗 1cm 以上的 1 年生萌条的中下部采条，剪成长 25cm 的插穗（剪在芽眼附近），沙藏。春季也可采条，边采边插。②插穗处理。翌年春季，沙藏插穗大都能形成愈合组织，对未形成愈合组织和春季采集制作的插穗，可用浓度为 200ml/L 的萘乙酸溶液浸条 5～10min，或用浓度为 100mg/L 的 ABT 生根粉（1 号）浸条 1～2h，插入沙坑中催根，用塑料薄膜覆盖，约半月后即可形成愈合组织。③扦插与管理。扦插一般在 4 月上中旬进行，插穗生根发芽后，浇 1 次水。苗木出齐后，每天喷 1 次肥水（50kg 水+0.5kg 尿素），连续喷 3 次。并及时抹芽，留 1 个壮芽。

（2）根插。春季选粗 0.5～2cm 的根，截成 15～20cm 长的小段，插入苗床，用塑料薄膜增湿催芽，提高发芽成苗率。

3）嫁接育苗

（1）选择砧木和接穗。利用 1～2 年实生苗平茬后的根桩作砧木。选用枝条中段作接穗，接穗粗 0.3～1.0cm，长 3cm，早春采集后用湿沙埋藏。

（2）嫁接。①在砧木萌动之后，放叶之前采用"袋接法"嫁接。在接穗芽上方 0.5cm 处剪成平口，在芽的对侧下方 0.5cm 处下刀，削成 1.5～2cm 的马耳形斜面，两侧微露形成层。同时，在砧木根茎上方 1cm 处削成马耳形斜面。嫁接时，用左手捏推砧木皮层形成裂缝，随即以右手将接穗下端插入皮层中，削面对着形成层（背靠背），削面插入约 2/3。接穗插入后，立即用湿土封住嫁接结合部，并将砧木周围表土疏松，把嫁接苗培在小土堆内，将穗头盖没 2cm，20d 即可愈合。②当砧木、接穗较粗时，可用"劈接法"嫁接，在芽萌动前进行。将砧木齐地面剪断，要求剪口平滑，然后从中间劈开 2～3cm 长的切口。接穗长 8cm（带 1～2 个芽），下端两侧削成 3cm 的楔形削面。然后将接穗插入砧木劈缝中，形成层对齐，用塑料薄膜条绑紧，再用湿土把砧木与接穗全部埋上，盖没接穗 1～2cm，便于保湿。20d 左右芽开始萌动，将土堆扒开露出接穗顶端。

（3）苗期管理。嫁接成活后，及时抹除砧芽，其他管理与扦插苗相同。

4）根段催芽育苗

刺槐根段繁殖系数高，根生苗既能保持母树优良性状，又具阶段发育的幼年性和一致性，适于大面积推广。

（1）根段选择。将刺槐优良无性系扦插苗的根系挖出，选取直径 0.2cm 以上的根段，剪成 3～5cm 长，细根宜长，粗根宜短。

（2）阳畦催芽。催芽时间因地区不同而不同。选择背风向阳、地势高燥的平坦沙土或沙壤土作畦，畦面与地面相平，畦宽 1m。畦埂高 10～15cm，结合整地施入磷肥，每公顷 600～750kg。每平方米撒播根段 300 根，覆土以不露根段为宜，然后喷足水，上盖塑料薄膜以增加温湿度。播后 20d 左右开始发芽。播根后前期气温低，畦内不宜多浇水。当阳畦内温度达到 30℃以上，及时进行侧方通风降温，勤浇水。

（3）芽苗移栽。幼苗高达 5cm 以上时，开始晾畦、炼苗。晾畦要在早晨或下午落日后进行，炼苗 3～5 d 后移栽。芽苗移栽宜早不宜迟，移大不移小。小苗和未发芽的根段应留在畦内继续催芽，芽苗移栽应选在阴天或下午 3 点以后进行，芽苗起出后，立即栽植。

（4）苗期管理。全年浇水 4～6 次，6 月下旬至 7 月中旬追施氮肥，每次每公顷 150～180kg，8 月施磷肥、钾肥。苗木期及时抹去竞争枝、双顶枝。

3. 病虫害防治

（1）立枯病。苗木出齐后，可每 10d 喷洒 1 次 0.5%～1%等量式波尔多液或喷洒 1%～2%硫酸亚铁药液进行防治。

（2）种蝇。是严重危害刺槐的害虫。经催芽的种子，播种前一定要用清水淘干净。当幼苗受害时，可用 50%可湿性美曲膦酯粉剂 500 倍液浇灌根部，效果良好。6～7 月发生蚜虫危害，可用 40%乐果乳剂 800～1 000 倍液喷雾。

白柳（*Salix alba* L.）

一、生物学特性

别名　柳树、新疆长叶柳。

分类　杨柳科（Salicaceae）柳属（*Salix* L.）落叶乔木，树高可达 20m，胸径可达 100cm。

分布　主要分布在我国新疆额尔齐斯河及其支流哈巴河、布尔津河一带，海拔 500～700m。生长于河湾、河滩和河岸阶地。俄罗斯、欧洲也有分布。

特性　喜光，不耐庇荫，抗寒性强，能忍耐－50℃的绝对最低气温。在最低气温常达－40℃以下的地区，很少有冻梢现象。耐热，抗大气干旱，耐水涝。在年降水量仅有 16.6mm、7～8 月气温高达 47.6℃的吐鲁番县，白柳生长良好。在洪水淹没 1～2 个月的低洼处，仍能生长。耐盐能力强，土壤含盐量 0.75%时，生长良好，土壤含盐量 1%时，生长受抑制。根系发达，萌芽力强，适生于湿润、肥沃、排水良好的淤积沙壤土、壤土和黏壤土上。

用途　是新疆平原地区速生用材和四旁绿化的主要树种，能抗煤烟气和烟尘，适于工矿区造林。木材轻软、结构较细、易切削、易胶黏、油漆性能好，可用作房屋、家具、农具用材，也可用于火柴、纸浆、箱盒、胶合板等制作。枝条可编筐、篮、柳条包、防护帽等，也可作薪材。幼嫩枝叶可作饲料和早春的蜜源植物。

二、育 苗 技 术

1. 育苗方法

白柳育苗方法以播种育苗和扦插育苗为主。

1）播种育苗

（1）采种。蒴果 5 月中旬成熟，当蒴果由绿变黄时选择生长健壮、树干通直、无病害的优良母树采种，采集后平摊于室内地面上，待蒴果开裂，搓动搅拌，过筛净种，种子含水量达到 9%时，装瓶密封，要求种子净度 86%～90%。千粒重为 0.4～0.6g。

（2）育苗地准备。选择湿润、肥沃、排水良好的壤土地作育苗地，经过施肥深翻，细致整地，即可开沟。沟距 70cm，沟长 50cm，沟深 15cm，沟口宽 30cm。

（3）播种。于 6 月中旬播种，播前沟内灌水。在水线以上 2cm 处沟的两侧各播种 1 行，播幅宽 5cm，播后用过筛的沙土和腐熟粪覆土，其厚度以不见种子为宜。每公顷播种量 7.5～9kg，产苗量 105 万株。

（4）苗期管理。播种地要保持湿润，种子出土后，每 1～2d 灌水 1 次，要小水慢灌，不可漫过苗行，下水口设置排水沟将多余水排出。苗高 5cm 左右进行间苗，每米留苗 45～50 株。7 月中旬苗木进入速生期，可适当减少灌次，加大灌量，每 7～9 d 灌水 1 次。及时松土、除草。苗木速生期，结合灌水每亩追施尿素 7 kg。

2）扦插育苗

白柳扦插生根容易，成活率高，在生产中应用较多。

（1）采条。选用茎秆粗壮、芽体饱满、无病虫害、粗 0.8～2.5cm 的 1 年生枝条作种条，剪去根梢，截成长 15～20 cm 的插穗。

（2）育苗地准备。选择地势平坦、排水良好、土壤肥沃的沙壤土作育苗地。结合深翻地施基肥，每亩 3 000kg。

（3）扦插。多为春季扦插。插前灌水，按行距 25～30 cm 、株距 3cm 扦插，插穗以露出地面 2 cm 左右为宜，插后及时灌水。

（4）苗期管理。适时浇水、除草。为保证苗木高生长，在 5～7 月进行摘芽处理。7 月苗木速生期结合浇水施氮肥 2 次，每次每公顷 90～120kg。8 月中旬减少灌水量，9 月停止灌水。1 年生扦插苗高达 2m 以上，根茎达 1.5cm 以上。每亩产苗量 7.5～8.0 万株。

2. 病虫害防治

（1）斑枯病。表现为叶片枯死，提早脱落。防治方法：①苗木稀植。②清理落叶，减少越冬病原菌。③发病严重地区，在苗木展叶后，每 10～15d 喷 1 次波尔多液，或 800～1 000 倍的可湿性退菌特等，共喷 3～4 次。

（2）锈病。危害叶片。防治方法：①育苗地远离大葱、洋葱栽植区。②育苗地从 6 月初开始，每 10～15d 喷 1 次波美 0.1～0.3°Bé 的石硫合剂、400～500 倍的 65%可湿性代锌森、300～500 倍的 65%可湿性福美锌（福美铁）、150～200 倍的 50%可湿性二硝散或 0.3～0.5%的敌锈钠（对氨基苯磺酸钠）等。

（3）杨毒蛾。发病严重时，常将叶片吃光。防治方法：①黑光灯诱杀成虫。②5 月幼虫取食期，喷撒 90%美曲膦酯 1 000 倍液或 50%二溴磷乳剂 800～1 000 倍液。

（4）芳香木蠹蛾。防治方法：①培育壮苗时，注意不损伤树皮，避免成虫产卵。②在成虫羽化初期，对苗木树干基部涂白，防治成虫产卵。③5～10 月用 40%乐果乳油

25～50 倍液注孔，然后用泥土封闭，毒杀幼虫。6 月中旬，用 50%杀螟松乳剂 1 000 倍液，喷洒成虫产卵集中的树干部位，触杀初孵化的幼虫。

旱柳（*Salix matsudana* Koidz.）

一、生物学特性

别名 柳树、江柳。

分类 杨柳科（Salicaceae）柳属（*Salix* L.）落叶乔木，树高可达 30m。

分布 分布较广，以黄河流域为中心，遍布华北、西北、东北、华东等地，垂直分布可达 1 600m。在分布范围内，多属人工栽植，在北方有些河流两岸的滩地、低湿地，也有小片天然林。

特性 喜光，不耐阴，较耐寒，能耐绝对最低温度－39℃。耐水湿、耐轻度盐碱，在含盐量 0.3%以下的土壤上，能正常生长。对土壤要求不严，在河滩、湿滩、干滩阶地上均生长良好。在通气良好的沙壤土上生长快、成材早。旱柳根系发达，侧根能耐一定风蚀和沙埋。生命力极强，50～60 年后生长仍很旺盛，寿命可达 100 年以上。

用途 黄河流域、华北及西北地区防护林、用材林和四旁绿化的优良树种。耐湿性良好，木材可作建筑、桩木、包装箱、胶合板、家具、小农具等用材。枝条可编筐。柳干可烧木炭，作薪材。细枝条和树叶可作饲料。花期早而长，为蜜源树种。

二、育 苗 技 术

1. 育苗方法

旱柳育苗方法主要有播种育苗和扦插育苗，生产上多采用扦插育苗。

1）播种育苗

（1）采种。4 月底至 5 月初果实成熟。当果皮变成黄褐色，部分果实裂嘴，刚刚吐出白絮时，立即采收，随后将采收的果穗摊放在室内晾晒，待果实全部裂嘴，用条子抽打，使种子和绒絮分离，经风选净种后即可播种。旱柳种粒极小，千粒重 0.167g。

（2）育苗地准备。育苗地宜选择在含腐殖质的沙壤土上，结合深翻，施肥消毒、整地筑床，播前灌足底水。

（3）播种。随采随播，发芽率高。播种前将种子和细沙混合拌匀，均匀播撒，每公顷播种量 3.75kg 左右，然后覆上细沙，稍见种子为宜，上盖一层干草即可。或将种子撒播于床面，用过筛的三合土（1 份细沙，1 份细土，1 份腐熟有机肥）覆盖，稍见种子为宜。

（4）苗期管理。苗木出齐后，勤浇水保持床面湿润。待幼苗出现 5～6 片真叶后，逐步揭去干草，减少浇水次数，增大浇水量，待苗高长至 4～8cm 时，开始间苗、除草、定苗，每平方米留苗 50 株左右。6 月下旬至 8 月中旬及时追肥。8 月底至 9 月初，停止浇水、施肥。

2）扦插育苗

（1）采条。选择 1 年生扦插苗干或壮龄树上的 1 年生健壮枝条（无病虫害）作种条，取其中下部制作插穗。

（2）插穗处理。把种条截成 15～20cm 长插穗，每个插穗保留 3～4 个芽苞，切口要光滑，上端齐平，下端剪成马蹄形。扦插前清水浸泡 1～3d。

（3）育苗地准备。选择轻质壤土、沙壤土作育苗地，插前要结合深翻，施足底肥。

（4）扦插。春秋两季均可，春季为好。春插时，插穗上部露出地面 1cm 左右，并要含有 1～2 个芽；秋插时，上剪口要与地面平齐。行距 40～50cm，株距 15～20cm。插后踏实，浇足水。

（5）苗期管理。幼苗期，每隔 15d 灌 1 次水，在 7～8 月苗木速生期内，追肥 2～3 次，以速效氮肥为主。

2. 病虫害防治

（1）柳锈病。主要危害播种苗。防治方法：喷施敌锈钠 200 倍液或 1∶1∶100 波尔多液，每 10d 喷治 1 次。

（2）立枯病和炭疽病。苗期喷洒 1%硫酸亚铁溶液防治。

（3）柳青蛾、柳天蛾。主要危害叶片。防治方法：喷施 80%的可湿性美曲膦酯 1 000～1 500 倍液喷杀。

（4）春尺蠖。危害叶片。防治方法：用春尺蠖多角体病毒防治。

（5）木蠹蛾。危害树干。防治方法：在树干上喷洒 40%的乐果乳剂或用杀虫双 1 000 倍液灭杀。

新疆大叶榆（*Ulmus laevis* Pall.）

一、生物学特性

别名 欧洲白榆、大叶榆、伊犁大叶榆。

分类 榆科（Ulmaceae）榆属（*Ulmus* L.）落叶乔木，树高可达 30m。

分布 在我国主要分布于新疆，北疆（伊犁、石河子）是新疆大叶榆的主要产区。在甘肃、陕西、青海、内蒙古、河北、山东、东北等地也有栽培。垂直分布于海拔 1 000m 以下的平原地区。欧洲及俄罗斯也有分布。

特性 喜光树种、适应性强、耐寒、耐高温、耐旱，能耐极端最高温 45℃，极端最低温－40℃。年降水量 200mm 左右条件下，生旺盛长。对土壤要求不严，喜生于土壤深厚、湿润、疏松的沙壤或壤土上，在 pH8.0 的沙壤土上生长良好。深根性树种，根系发达。8 年生开始结实。

用途 我国干旱区用材林、防护林和 “四旁绿化”的优良树种。材质硬度中等，是建筑、农具、车辆、细木工家具等用材，枝条可供编织筐篮。翅果含油率 27.7%，是工业上重要原料。枝、叶、树皮内含单宁，牲畜少食，是牧场防护林的理想树种。

二、育苗技术

1. 育苗方法

新疆大叶榆育苗方法主要有播种育苗和嫁接育苗。

1）播种育苗

（1）采种。5 月上中旬果实开始成熟，选择 10～25 年生健壮优良母树采种，种子采回后阴干，于密闭容器内避光保存。如当年播种，采回种子后，放在阴凉处备用。种子千粒重 10g，发芽率可达 85%。

（2）育苗地准备。选择深厚、疏松的沙壤或壤土作育苗地。结合深翻地，施加基肥并消毒土壤，整地作床，苗床以 4m × 20m 为宜。干旱地区宜采用低床育苗。

（3）种子处理。随采随播效果较好。陈贮种子播前需将种子混湿沙层积催芽，具体方法参照樟子松种子处理。

（4）播种。一般采用带状条播，行距 30～40cm，播种量为每公顷 60kg 左右，播后覆土 1～1.5cm。沙土或沙壤土上可采用干播，种子不必处理，干播后立即灌水，并连续灌水 2～3 次，直至种子发芽出土后，逐渐减少灌水次数，此法被群众称之为“水打滚播种法”。

（5）苗期管理。苗期要结合灌溉适时锄草松土，一般当年生苗木浇水 7～8 次，锄草松土 5～6 次。2 年生苗木灌水 5～6 次，锄草松土 3～4 次。经过抚育后，1 年生苗高生长达 50～80cm，2 年生苗木高 1～1.5m，每公顷产苗量 22 万～30 万株。

2）嫁接育苗

新疆大叶榆嫁接苗较实生苗生长迅速，1 年生实生苗高 0.5～0.8m，而嫁接苗高可达 2.6m。

（1）选择砧木和接穗。选择 2～3 年生新疆大叶榆实生苗或胸径 3cm 左右的当地榆作砧木，选用优良母树树冠中上部 1 年生枝条作接穗，幼树嫁接苗 1 年生枝条更好。3 月上旬采条，窖内冷藏。

（2）嫁接。4 月上旬至 5 月上旬，砧木已发芽时嫁接。主要采用枝接和芽接两种方式，枝接主要采用“腹接法”进行，有时也用“劈接法”，成活率达 80%以上。

2. 病虫害防治

新疆大叶榆苗期注意防治糖槭介壳虫、银纹天社蛾等虫害。防治方法：①喷洒美曲膦酯、青虫菌、白僵菌等。②清除被害木，加强抚育管理，增强苗木对病虫害的抗性。

大果榆（*Ulmus macrocarpa* Hance）

一、生物学特性

别名　黄榆。

分类　榆科（Ulmaceae）榆属（*Ulmus* L.）落叶乔木或灌木，高达 20m，胸径达 40cm。

分布　分布在朝鲜、俄罗斯中部以及我国安徽、吉林、甘肃、山西、山东、河南、辽宁、青海、陕西、黑龙江、河北、江苏、内蒙古等地，多生长在海拔 700～1 800m 的黄土丘陵、台地、山坡、谷地、固定沙丘，目前尚未人工引种栽培。

特性　喜光树种，耐干旱瘠薄，根系发达，萌蘖性强，寿命长。适应碱性、中性及微酸性土壤，可在含盐量 0.16%土壤中生长。

用途　冠大荫浓，树体高大，适应性强，是世界著名的四大行道树之一，也可作防风固沙、水土保持和盐碱地造林的重要树种。木材坚硬、纹理直、韧性强、弯挠性能良好、耐磨损，可供车辆、农具、家具、器具等用材。翅果含油量高，是医药和轻、化工业的重要原料。种子发酵后与榆树皮、红土、菊花末等加工成荑糊，可药用以杀虫、消积。

二、育苗技术

1. 育苗方法

大果榆的育苗方法以播种育苗为主，也可采用分株育苗。

1）播种育苗

（1）采种。5～6 月种子成熟，当果实由绿色变为黄白色并有少数开始飞落时，选择 15～30 年生的健壮母树及时采收。种子最好随采随播，如不播种，采后应置于通风处阴干，清除杂物，密封贮藏。

（2）育苗地准备。育苗地选择排水良好、土层深厚疏松肥沃、有机质含量高的沙壤土或壤土。秋季结合深翻地，每亩施基肥 2 000～3 000kg，撒敌百虫粉剂 1.5～2.0kg，防治地下害虫。翌年春整地作床，床长 10m，宽 1.2m。播种时需先灌水，待水分全部渗入土中、土不粘手时播种。

（3）种子处理。随采随播种子不作处理。陈贮种子播种前用冷水浸泡 1d，捞出后将种子与湿沙按 1:2 比例混合层积催芽，待种子露白时即可播种。

（4）播种。5 月下旬播种。采用条播方式，播幅宽 5～10cm。播后覆土 0.5～1.0cm，稍加镇压，可加草帘覆盖，以保持土壤湿润。每亩播种量 2.5～3.0kg，播后 10d 即可出苗。

（5）苗期管理。幼苗长出 2～3 片真叶时，开始间苗。苗高 5～6cm 时定苗，留苗间距 10～15cm，每亩留苗 3 万株左右。间苗后及时灌水，适时除草、松土。6～7 月追肥，每亩施有机肥 100kg 或硫铵 4kg，每隔半月追 1 次肥，8 月初停止追肥，以利幼苗木质化。

2）分株育苗

分株时间多在春、秋季进行。用利刀将母株根部根蘖苗、根芽直接切离后栽植。分株繁殖苗木由于在栽植时根系被截断，苗木内部水分供应不足，必须加强供水，在分株后应连续灌水 3～4 次，且灌水量要大，间隔时间也不能太长。

2. 病虫害防治

大果榆病害较少，易受黑绒金龟子、榆天社蛾、榆毒蛾等危害。

（1）黑绒金龟子。可用 50%甲维盐乳剂 800～1 000 倍液毒杀，或在成虫出现盛期，震落捕杀或灯光诱杀。

（2）榆天社蛾。榆天社蛾成虫有较强趋光性，夜间可用灯光诱杀。其幼虫群集时，可喷洒 90%敌百虫 800～1 000 倍液毒杀。

（3）榆毒蛾。秋季在树干束草或在树干基部放木板、瓦片等诱杀幼虫，用苏云金杆菌或青虫菌 500～800 倍液喷杀幼虫。成虫可用黑光灯诱杀。

榆树（*Ulmus pumila* L.）

一、生物学特性

别名　家榆、榆钱、春榆、白榆

分类　榆科（Ulmaceae）榆属（*Ulmus* L.）落叶乔木，高达 25m，胸径可达 100cm 左右。

分布　主要分布于我国东北、华北、西北及西南等地区，常生于海拔 1 000～2 500m 以下的山坡、山谷、川地、丘陵及沙岗。长江下游各省有栽培。朝鲜、前苏联、蒙古也有分布。

特性　喜光树种，在寒温带、温带及亚热带地区均能生长。耐旱，耐寒，耐瘠薄，适应性很强。根系发达，抗风力、保土力强。萌芽力强，耐修剪。生长快，寿命长。能耐干冷气候及中度盐碱，不耐水湿（能耐雨季水涝）。对土壤要求不严，以深厚肥沃、湿润、排水良好的沙壤土、轻壤土生长最好。生长快，寿命长。抗污染强。

用途　可作西北荒漠、华北及淮北平原、丘陵及东北荒山、砂地及滨海盐碱地的造林树种及四旁绿化树种。能在河滩生长成材。木材直，可作房屋、家具、农具等用材。果、树皮和叶入药。嫩果和幼叶食用或作饲料。叶面滞尘能力强。

二、育 苗 技 术

1. 育苗方法

榆树育苗主要采用播种育苗，也可用分蘖和扦插育苗。

1）播种育苗

（1）采种。4～5 月果实成熟，当果实由绿色变为黄色时，选择 15～30 年生的健壮母树，及时采种，置于通风处阴干，不能暴晒。种子千粒重约 7.7g，发芽率 65%～85%。

（2）育苗地准备。选择排水良好、土层厚而肥沃的沙壤土地作为育苗地。播前结合翻地每亩施有机肥 4 000～5 000kg，整地后灌足底水。

（3）播种。可采用畦播或垄播。种子宜随采随播，榆树种子较轻，播种前可先将种子喷湿。开浅沟将种子播入，覆土 0.5～1cm，稍加镇压，便于种子与土紧密结合和保墒。播种后不要大量浇水，只可喷淋地表，以免地表板结或冲走种子。

（4）苗期管理。播种后约 10d 幼苗出土，小苗长到 2～3 片真叶时，开始间苗，苗高 5～6cm 时定苗，每公顷均匀留苗 45 万株左右。间苗后要适当灌水，保持土壤湿润。6～7 月份追肥较好，每公顷施硫铵或复合肥 60kg，每隔半月追肥 1 次，8 月停止浇水、追肥，促进苗木木质化。旱地育苗要注意防旱。

2）扦插育苗

扦插育苗成活率高，达 85%左右。扦插苗生长快，管理粗放。

（1）采条。春季萌芽前，选择充实健壮、直径在 0.5cm 以上的 1 年生枝条作种条，剪制成 27～33cm 的插穗。

（2）插穗处理。生根粉 ABT-1 和萘乙酸都对榆树生根有促进作用。以浓度 1 000mg/kg 的 ABT-1 滑石粉速蘸效果最佳，生根率可达 91%，根系发育良好。

（3）扦插。按株行距为 27～33cm 进行扦插，插后浇水，使插条与土壤密接。

（4）插后管理。插后每隔 10～15d 浇 1 次水，促使插条生根发芽。6 月中旬至 7 月下旬进行 2 次追肥，每公顷施硫铵或复合肥 60kg。8 月停止浇水、施肥。由于扦插后，插穗萌芽较快，萌芽量多，必须及时摘芽，培育健壮主稍。

2. 病虫害防治

（1）立枯病。幼苗出土后的一个月内易发生立枯病，可喷洒 600 倍多菌灵或 100 倍等量式波尔多液预防，每半月一次，连续喷 3～4 次。

（2）蚜虫、榆金花虫。榆树幼苗易受蚜虫、榆金花虫危害，蚜虫初发期可喷洒 3 000 倍吡虫啉防治，榆金花虫可喷洒 1 500 倍高效氯氰菊酯防治。

参 考 文 献

曹贵成, 孙文江. 2009. 西伯利亚落叶松育苗技术. 中国园艺文摘, 25(1): 105

樊厚宝, 臧润国, 李德至．1996. 蒙古栎种群天然更新的研究．生态学杂志, 15(4): 15～20

郭玉红, 郎南军, 温绍龙, 等. 2011. 华山松育苗技术研究. 广东农业科学, (6): 58～59

哈有俊. 2009. 青海云杉育苗与造林技术. 现代农业科技, (14): 197～202

郝永祯. 2013. 刺槐播种育苗技术. 现代农业科技, (1): 171～180

侯志华, 晏增, 王文君, 等. 2012. 臭椿的育苗及栽培技术. 河南林业科技, 32(4): 69～70

黄成就. 中国植物志.北京:科学出版社,1998

黄秦军, 李文文, 丁昌俊. 2013. 蒙古栎嫩枝扦插繁殖技术研究. 西南林业大学学报，33(1)：27～33

黄三祥, 李新彬, 林田苗, 等. 2003. 沙地云杉育苗技术及苗木年生长规律研究. 北京林业大学学报, 6(25): 11～14

金雅琴, 李冬林. 2009. 复叶槭苗期生长特性及育苗技术研究. 江苏农业科学, (3): 214～215

库尔班・哈斯木. 2011. 大果榆苗木繁育技术. 农村科技, (9): 56

李云峰, 苏亮明. 2005. 新疆杨硬枝扦插育苗技术. 内蒙古林业科技, (2): 51～52
刘鸿岩, 杜竹静, 姜圣美. 2009. 沙枣栽培技术. 现代农业科技, (5): 37
卢根良, 陈永卫. 2005. 油松容器育苗及造林技术. 陕西林业科技, (3): 78～79
吕荣芝. 2005. 垂枝桦引种育苗试验. 东北林业大学学报, 33(3): 99
马军爱, 杜东明, 蔡胜利. 2013. 园林绿化植物皂荚的繁殖育苗技术. 现代园艺, (14): 53, 55
仇东. 2011. 班克松育苗技术. 内蒙古林业调查设计, 34(3): 40～41
热西达. 2008. 库尔孜拉. 夏橡育苗技术. 农村科技, (6): 73
任艳艳. 2008. 元宝枫播种育苗技术. 河北农业科技, (11): 50
史政宾, 杨亚敏. 2013. 白蜡树育苗繁殖栽培管理技术. 现代园艺, (4): 56
宋瑞丰, 邓丽娟. 2012. 蒙古栎育苗及栽培技术.安徽农学通报, 18(18):184～188
韦新和, 奚钊. 2012. 榆树的形态特征及繁殖育苗技术.吉林农业, (10), 166～166
徐小丽. 2007. 黄连木育苗技术. 陕西林业, (02): 35
杨雪峰, 邵洪生, 尹忠山, 等. 2013. 蒙古栎播种育苗试验初报，吉林林业科技, 42(1): 13～15
叶景丰, 潘文利, 范俊岗, 等. 2011. 美国白蜡扦插育苗技术. 北方园艺, (4): 78～79
易淑江, 牛文星, 侯林山, 等. 2009. 胡杨育苗技术. 农村科技, (6): 25
张桂汉, 罗书发. 2012. 土石山区黄连木抗旱造林技术探析. 现代园艺, (9): 35～26
张晓青, 李冬梅. 2011. 樟子松育苗技术. 青海农林科技, (4): 87～88
张瑛春. 2007. 白皮松播种育苗技术研究. 甘肃科技, 23(10): 249～250
张智勇. 2009. 银白杨扦插育苗技术. 内蒙古林业调查设计, 32(2): 41～43
郑万钧. 2004. 中国树木志. 北京: 中国林业出版社, 2340～2343
支恩波, 李新利, 李向军, 等. 2012, 不同育苗基质对白榆长根苗生长的影响. 林业实用技术, (11): 28
周荣飞. 2011. 大沙枣地膜扦插育苗技术. 农村科技, (1): 47
周以良. 1992. 黑龙江植物志. 哈尔滨: 东北林业大学出版社
周浙昆. 1992. 中国栎属的起源演化及其扩散. 云南植物研究, 14(3): 227～236
朱建忠, 徐晶. 2011. 白柳扦插育苗技术. 农村科技, (2): 57
祝岩. 2007. 林木扦插繁殖技术研究进展及其应用概述. 福建林业科技，34(4): 270～273

第十二章　灌木繁殖技术

沙冬青[*Ammopiptanthus mongolicus*（Maxim. ex Kom.）Cheng f.]

一、生物学特性

别名　大沙冬青、蒙古黄花木、蒙古沙冬青。

分类　豆科（Leguminosae）沙冬青属（*Ammopiptanthus* Cheng f.）常绿灌木，高 1～2m，冠幅约 2m。

分布　天然分布在内蒙古鄂尔多斯台地西北部、乌兰布和沙漠、腾格里沙漠、巴丹吉林沙漠，宁夏西北部，甘肃靖远、民勤等地。分布范围东经 105°～108°，北纬 37.5°～41.5°。在东阿拉善地区常形成常绿灌木群落。

特性　耐旱，其耐旱性高于黑沙蒿、花棒等。耐寒、耐高温，能耐极端最低温－40℃和极端最高温 60℃。耐盐碱，苗木在含盐量 0.9%条件下生长正常。深根性植物，根系发达，萌芽能力较强。对水分敏感，土壤含水量过高时生长不良。在年降水量低于 200mm，蒸发量 2 000～4 000mm，夏季温度 35℃以上，冬季在－30～－20℃，无霜期 168d 地区生长良好。

用途　中国荒漠地区唯一的强旱生常绿阔叶灌木，属第三纪残遗种，是我国珍稀濒危三级保护植物，也是西北地区良好的固沙及水土保持树种，还是沙区的景观树种。枝叶可作燃料、饲料、药材和杀虫剂。种子含有丰富的亚油酸，其含量远远超过花生油、大豆油、向日葵油、油菜油。

二、育 苗 技 术

1. 育苗方法

沙冬青育苗以播种育苗、容器育苗为主。

1）播种育苗

（1）采种。6 月中下旬荚果成熟，不易开裂。采集后，揉搓、风选去杂质，晒干，密封贮藏。种子千粒重 82g，平均发芽率 64.8%。

（2）育苗地准备。选择地势平坦、土壤肥沃、疏松沙壤土的台田地作育苗地。深翻 20～30cm，整地作床，床长 6～8m，宽 2～4m；垄宽 30cm，高 20cm。施足底肥，灌足底水。

（3）种子处理。播前 10d 进行种子催芽处理，先用 50～60℃温水浸种 24h，清除秕粒，再用冷水浸泡两昼夜，换清水 2～4 次，然后将吸胀的种子放在 0.5%高锰酸钾溶液中浸泡消毒 30min，用清水冲净，再放入育苗箱，上部用湿纱布覆盖，每天喷水 2～3 次，经常翻动种子。也可将种子与湿沙混合催芽，20～25℃条件下，4～6d 种子露白后即可播种。

（4）播种。4 月中旬至 5 月初，垄上开沟，将种子撒播在沟内，用蛭石覆盖 1～1.5cm，并及时喷水。

（5）苗期管理。播后保持土壤湿润，及时除草松土。7～8d 后即可出齐苗，15d 后开始展叶，90d 后萌发新枝，苗高达 8～10cm，地径 3～4mm。

2）容器育苗

（1）基质。基质为 70%的山坡草皮熟土，加入厩肥 20%、过磷酸钙 3%、硫酸亚铁 0.5%、锯末（蛭石）6.5%。用 0.5%高锰酸钾喷洒消毒，混合搅拌均匀后装入容器。

（2）播种。播前先将容器中基质做成凹状，将已催芽的种子播入 2～3 粒，用蛭石覆盖 1～1.5cm。

（3）苗期管理。参照播种育苗。

2. 病虫害防治

沙冬青抗逆性强，很少发生病虫害，苗期注意防治木虱虫害。防治方法：①危害期，喷水冲掉絮状物，消灭若虫和成虫。喷洒 10%吡虫啉可湿性粉剂 2 000 倍液或 1.8%阿维菌素乳油 2 500 至 5 000 倍液，再加洗衣粉 300 至 500 倍液，提高药效，10d 后再喷 1 次，防治成、若虫效果较好。②若虫初龄期或大发生期，先用稀释 100 倍的生态箭杀菌消毒，再喷施 1 500 倍的绿丹二号，十分有效。

紫穗槐（*Amorpha fruticosa* L.）

一、生物学特性

别名　棉槐、紫花槐。

分类　豆科（Leguminosae）蝶形花亚科（*Papilionatae* Taub.）紫穗槐属（*Amorpha* L.）落叶灌木，树高 1～4m。

分布　原产于北美洲，20 世纪初引入我国。在我国东北、华北、西北，长江、淮河流域的平原、盆地，海拔 1 000m 以下的丘陵山地均有栽培。

特性　适应性强。耐高温，能耐 74℃的沙面高温。耐盐碱，并能降低土壤盐分。耐湿，不淹没顶梢，在流水中浸泡 1 个月不死亡。耐旱，在干旱荒漠区年降水量 200mm 条件下，能正常生长。对土壤要求不严，在沙土、淤土、黏土、中性土、盐碱土、酸性土、黄土、红土及沙荒盐碱地上均可生长，以沙壤土生长最好，2～3 年即能郁闭成林。

用途　是草原防风固沙、保持水土的先锋树种。萌芽力强、热值高，是沙区能源树种。鲜枝叶富含氮、磷、钾，且营养丰富，是优良绿肥与饲料树种。根部有根瘤，可增加土壤含氮量和有机质。枝条可编篮、筐等，也是人造纤维板和造纸原料。种子含油率 15%，可作油漆芳香油、甘油及润滑油。花为蜜源。皮制栲胶。

二、育 苗 技 术

1. 育苗方法

紫穗槐常用的育苗方法有播种育苗、扦插育苗和容器育苗。

1）播种育苗

（1）采种。9～10 月上旬，当荚果由绿变红褐色时，即可采收，于阳光下摊晒 5～6d，风选、去掉果皮，于干燥通风处贮藏。种子千粒重 10.5g，发芽率 90%。

（2）育苗地准备。选择地势平坦、排灌方便、土层深厚的沙壤土作育苗地。秋季深耕 25～30cm，翌年春天土壤化冻后细致整地作床作垄。床长 10～20m，床宽 1～1.2m，垄底宽 70cm，面宽 30cm，高 15cm。施足底肥，每亩施厩肥 37.5t。

（3）种子处理。春播前需对种子进行催芽处理，常用方法有以下几种：①将种子清水浸泡 1～2d，每天换清水 1 次。待种子吸胀后，用清水冲洗 1～2 次，放在温暖、湿润条件下催芽 3～5d，待种子裂嘴露白时即可播种。②将种子直接用清水浸种 1～2d，捞出待稍干后即可播种。③将种子放入 70℃温水中，搅拌 10～20min 后，待自然冷却后，再浸泡 1～2d 后即可播种。④用草木灰液或 6%的生尿水液浸种 6～8h，用清水冲洗，捞出置于温暖处，上盖湿覆盖物，每日翻动并喷温水 1～3 次，待种子大部分露白时，将种子晾至松散状态，即可播种。

（4）播种。可春播、秋播。①春播，多在当地晚霜后播种，采用垄撒播或条播，播前灌水，2～3d 即可播种。撒播，播幅宽 25cm，播后覆土 1～3cm，镇压。条播，每垄面开两条沟，行距 15cm，沟深 3cm，播幅宽 3～5cm，覆土厚度 1～3cm。每公顷播种量 45～75kg，每公顷产苗量 40.5 万～45 万株。②秋播，种子不需催芽处理，播前灌底水，翌年耙耕保墒。

（5）苗期管理。播后 5～10d 幼苗全部出土。苗高 3～5cm 时开始间苗，苗高 6～8cm 时定苗，每米垄面留苗 25～30 株，每公顷产苗 37.5 万～45 万株。间苗后，结合灌水，除草施肥。全年灌水 3～5 次，苗木速生期适当追施 1～2 次氮肥，每公顷 150～225kg。

2）扦插育苗

盐碱地上多采用扦插育苗，以春季扦插为主，方法如下：

（1）采条。一般在 3 月下旬至 4 月上旬，选择无病虫害、健壮、芽饱满、粗度 1.2～1.5cm 的 1 年生枝条作种条。

（2）插穗处理。将种条剪成长 15～18cm 的插穗，采用冷水浸泡、湿沙层积等方法催根处理 2～3d。

（3）扦插。扦插前一周用 0.3%的高锰酸钾溶液消毒床面，按行距 40cm，株距 8～10cm 的规格扦插于苗床上，每公顷插条量为 18 万～22.5 万株。

（4）苗期管理。插后，连续浇 2 次水，然后松土保墒。苗木成活后，及时抹去过多萌条，每株留条 1～2 个。其余措施与播种育苗相同。

3）容器育苗

（1）基质。基质为土质疏松均匀且未经耕种的土壤，用硫酸亚铁喷洒消毒。

（2）种子处理：将种子用 60～70℃的温水浸泡 24h，捞出摊放在阴凉处，待有 50%以上的种子露白时，即可播种。

（3）播种。每个容器内点播 5～7 粒种子，干土覆盖 2cm，播后灌溉。

2. 病虫害防治

（1）大蓑蛾。幼虫危害叶片。防治方法：冬季可摘除蓑囊；7～8 月喷 90%的美曲膦酯 200～250 倍液。

（2）金龟子和象鼻虫。危害苗木，可用 90%美曲膦酯或 50%马拉松乳液 500 倍液毒杀，效果较好。

（3）紫穗槐豆象。危害种子，在成虫羽化盛期，喷 90%的美曲膦酯 1 000 倍液防治，或在播种前用 80℃左右热水浸种，杀死种内幼虫。

蒙古扁桃 [*Amygdalus mongolica* (Maxim.) Ricker]

一、生物学特性

别名　蒙古杏、山樱桃。

分类　蔷薇科（Rosaceae）桃属（*Amygdalus* L.）旱生落叶灌木，株高 1～2m。

分布　主要分布于我国阴山、巴丹吉林沙漠、腾格里沙漠、河西走廊的沙漠、石砾戈壁等地。蒙古国和俄罗斯也有分布。

特性　喜光、耐高温，可耐 55℃地温、42℃气温。耐寒、耐旱，在年均温度 3℃、最低气温−33℃、年降水量 200mm 以下、蒸发量高达 2 500mm 以上、土壤沙层含水量 1%～2%条件下正常生长。抗风蚀、极耐贫瘠，能在黄土丘陵，沙地，石质山地上生长。稍耐盐碱，在 pH 8.0～8.8 的土壤上正常生长、开花、结实。根系发达，主根深达 1m 以上，并且萌蘖力较强。实生苗第 4 年可开花，5～6 年可结实。

用途　我国戈壁、荒漠、半荒漠地带山地的特有植物种。干旱、半干旱地区优良固沙、绿化观赏植物种。嫩叶是优良饲料。枝条可作薪材。种仁入药，主治慢性便秘、腹水、脚气、水肿等病症；种仁含油率较高（40%），可供食用和工业用。

二、育 苗 技 术

1. 育苗方法

蒙古扁桃育苗方法主要以播种育苗、嫁接育苗和组培育苗为主。

1）播种育苗

（1）采种。8 月果实成熟，选择健壮、无病虫害的母株采种，及时摊晒晾干，净种贮藏。

（2）育苗地准备。选择地势平坦、排水良好、有灌溉条件的沙壤土作育苗地。整地、施底肥、作床。

（3）种子催芽处理。①春播前 2～3 个月，先用 0.3%～0.5%的高锰酸钾浸泡种子 10～20min，清水冲洗后，用 30～50℃温水浸种 2h，并不断搅拌，待水温自然冷却后，浸泡 2d，每天换水 1 次，待吸足水后，将种子与湿沙按 1：3 比例混合，置于 0～4℃低温条件下放置 60～70d，即可带沙直播，出苗率达 90%以上。②或春播前 15d，用 0.5%高锰酸钾溶液浸泡 10min，清水冲洗后，用 30～50℃温水浸种 2h，搅拌至水温冷却，再浸泡 2d，将种子取出置于 23～25℃的地方催芽，即可播种，出苗率可达 96%。③也可春播前 1 个月将种子用 35～40℃温水浸泡 72h，种子吸足水后与湿沙混匀放入低温窖 15～20d，再置于室内 11～14d，温度 20℃左右，待种子露白即可播种，出苗率可达 90%。④秋播前用 30～50℃温水浸种，不断搅动 2～3h 后，水温冷却，再浸泡 2d，每天需换水 1 次，2d 后即可取出直接播种。

（4）播种。可春播或秋播，春播在 4 月上中旬，秋播多在深秋进行。采用条播，行距 20～25cm，株距 2～3cm，播后覆土 2～3cm，可采用基质覆土（按 1∶1 的腐殖质+沙土），然后踏实。

（5）播后管理。插后及时浇水，3～7d 出齐苗，在遮荫处放置 2～3d 后，移到直射光下炼苗生长。待苗高 3～4cm 时，及时松土除草，出苗后 2 个月可移入大田管理，当年苗高可达 23～50cm。

2）嫁接育苗

（1）选择砧木与接穗。选择 1～2 年生基径为 1cm 的生长健壮、无病虫害的蒙古扁桃实生苗作砧木，从耐寒、抗病虫害、高产的 2 年生母株上选择生长健壮、木质化的枝条作穗条，长度为 10～12cm。

（2）嫁接。一般在 7 月进行，多采用“T”芽接法。将接穗上选中的饱满芽削成盾形，然后将芽连同皮层及形成层一同剥下，将其插入砧木离地面 10～20cm 处的宽 1cm、长 2cm 左右的“T”字形切口中，并将其用塑料薄膜包好，在离接芽 2cm 以上处剪去砧木。

（3）苗期管理。插后 10d，接芽开始萌动发绿，及时解除绑扎物。8 月底停止浇水，控制嫁接苗徒长，促进苗木木质化。1 年生实生苗和 2 年生嫁接苗均可出圃定植。其他管理与播种育苗相同。

3）组培育苗

（1）材料选择与处理。选取实生健壮苗的幼嫩茎段，用饱和洗衣粉水刷洗表面，并用清冲洗 1 h，置于超净工作台用 75%酒精浸泡 1 min，0.1%升汞振荡消毒 5～6 min，无菌水冲洗 5～6 次，无菌滤纸吸干表面的水。用无菌剪刀将材料剪成单芽茎段，备用。

（2）愈伤组织诱导及幼苗形成。愈伤组织诱导培养基为 MS+6－BA1.00mg/L+NAA0.10mg/L+30g/L 蔗糖+5g/L 琼脂粉，pH 值 6.0～6.2。继代芽分化培养基为 MS+6－BA 0.80mg /L+IAA1.50 mg /L+NAA0.05mg/L+30g/L 蔗糖+5g/L 琼脂粉，pH 值 6.0～6.2。

（3）根的培养。生根培养基为 1/2MS+IBA0.50mg /L+根皮苷 5.00mg/L+ 15g/L 蔗糖+5g/L 琼脂粉，pH 值 6. 0～6. 2；以草炭∶蛭石∶珍珠岩=2∶1∶1 为移栽基质效果最好。

2. 病虫害防治

（1）蛴螬。食幼苗根，可在 5 月底结合灌水，每公顷施入 3%呋喃丹颗粒剂 37.5～45.0kg 防治。

（2）蚜虫。危害细枝嫩叶，可喷施 800～1 000 倍液的乐果乳油防治。

榆叶梅（*Amygdalus triloba*（Lindl.）Ricker）

一、生物学特性

别名　小桃红、山樱桃。

分类　蔷薇科（Rosaceae）李属（*Prunus* L.）落叶灌木或小乔木，高 2～5m。

分布　天然分布我国东北、华北及华东各地。在西北各地有栽培，生长表现良好。

特性　温带树种，喜光、耐寒、耐干旱，能耐极端最低温−41.5℃、极端最高温 43.9℃。较耐盐碱，在土壤总含盐量为 0.3%～0.4%时，能正常生长。在降水量 61.5mm、蒸发量 3426mm 的地区，有灌溉条件下，林木均可正常生长。对土壤要求不严，生长于沙土、沙壤土、壤土、黏壤土等多种土壤上。适生于中性至微碱性而肥沃、疏松的沙壤土。

用途　榆叶梅先花后叶，花果红色，是珍贵的观赏及庭园绿化树种，也可作盆景与切花。

二、育 苗 技 术

1. 育苗方法

榆叶梅育苗方法以播种育苗、扦插育苗、压条育苗为主。

1）播种育苗

（1）采种。果熟期为 7～8 月，待果实充分成熟后，选择健壮母株采集，及时摊晒，去除果肉及杂质，置于阴凉干燥通风处贮藏。种子净度 95%，千粒重 500g。

（2）育苗地准备。选择地势平坦、有灌排条件、土壤肥沃的沙壤土作育苗地。播前深翻地 30cm，每公顷施入基肥 45t，结合整地作畦。缓坡地可采用沟植沟灌，沟距 80cm，深 15cm，上口宽 30cm，沟长 50cm，将沟两侧土耙平，以备播种。

（3）种子处理。秋播种子不需处理，春播种子需催芽处理，方法如下：①露天混沙埋藏法，较常用，于 11 月下旬结冰前，在排水良好的沙壤土上挖埋藏坑，坑深 70cm、宽 80cm，长度视种子量而定。坑底铺 5cm 厚的湿沙，将混湿沙的种子（沙、种比例为 3∶1）拌匀后倒入坑中，距地面 30cm，上埋湿沙 5cm，再埋湿土，略高于地面。②混沙变温催芽法，用 80%的稀释硫酸溶液浸种，搅拌，种子变褐色时捞出，用冷水冲洗 3 次后，再用冷水浸泡 2d，捞出控干，混两倍于种子的湿沙，装入木箱，置于 16～−5℃条件下贮藏 10d 后，移置 15～20℃室内催芽 10d，再移置室外低温处理（−8～−2℃）10d，最后移置室内 18～22℃催芽。每隔 3～5d 翻动 1 次，直至 4 月下旬，当种子大部分露白时，即可播种。发芽率可达 91%。

（4）播种。春播于 3 月下旬至 4 月上中旬，秋播于 11 月中旬。采用畦播，也可采用细流沟播，顺沟沿 1～2cm 开播种沟，深 3cm。每米播种量 27g，覆土厚 3cm，略加镇压。每公顷播种量 450kg。

（5）苗期管理。播后 15～17d 可出齐苗，此间保持土壤湿润。 8 月后控制浇水，9 月中旬停止浇水，年灌水 8～10 次。细流沟灌育苗，应保持行间土壤疏松，年松土除草 5～6 次。苗木速生期，可追施尿素 1～2 次，每公顷 120～150kg，施后灌水。苗高达 4cm 时，进行间苗，间去病劣株，间苗后立即灌水；苗高达 5～6cm 时，开始定苗，每米留苗 25 株。当年可出圃定植。

2）扦插育苗

可采用嫩枝扦插，也可采用硬枝扦插。

（1）采条。①嫩枝扦插：在春末至早秋植株生长旺盛期，选择优良母株当年生粗壮枝条作种条，剪成 5～15cm 长插穗，每段插穗有 3 个以上叶节。②硬枝扦插：在早春气温回升后，选取去年的健壮枝条做插穗。每段插穗保留 3～4 个叶节。

（2）扦插。常于春末秋初用当年生的枝条进行嫩枝扦插，或早春用去年生的枝条进行老枝扦插。

3）压条育苗

采用高空压条法。选取健壮的枝条，从顶梢以下大约 15～30cm 处把树皮剥掉一圈，剥后的伤口宽度在 1cm 左右，深度以刚刚把表皮剥掉为限。剪取长 10～20cm、宽 5～8cm 的薄膜，上面放些湿土，把环剥的部位包扎起来，薄膜的上下两端扎紧，中间鼓起。约 4～6 周后生根，把枝条和根系一起剪下，就成了一棵新的植株。

2. 病虫害防治

（1）叶部病害，春季比较严重。防治方法：①早春萌芽前，对植株喷施 1 次石硫合剂，预防病害。②花谢展叶后，再连续喷两遍 75%甲基托布津 1 000 倍液，每次间隔 10d。

（2）红蜘蛛、蚜虫、叶跳蝉等虫害，春季较严重。防治方法：可选用广谱杀虫剂喷杀，但应注意不要发生药害。

罗布麻（*Apocynum venetum* L.）

一、生物学特性

别名　红麻、野麻、茶叶花。

分类　夹竹桃科（Apocynaceae）罗布麻属（*Apocynum* L.）直立半灌木，高 1.5～3m，一般高约 2m，最高可达 4m。

分布　在我国天然分布在科尔沁沙地、毛乌素沙地、乌兰布和沙漠、腾格里沙漠、巴丹吉林沙漠、河西走廊沙地、准噶尔盆地、伊犁河谷、塔里木盆地、柴达木盆地。在盐碱荒地、沙漠边缘、河流两岸、冲积平原、河泊周围及戈壁荒滩上有野生。

特性　有极佳的生态适应性，具有耐旱、耐盐碱、耐寒暑，适应力强的特点，对土壤要求不严，在其他植物不能生长的荒滩地也能良好生长。

用途　是纤维植物，其茎皮纤维具有细长、柔韧、有光泽、耐腐、耐磨、耐拉等性能，为高级衣料、渔网丝、皮革线、高级用纸等原料，在国防工业、航空、航海、车胎、机器传动带等方面均有用途。叶含胶量达 4%～5%，可作轮胎原料。嫩叶蒸炒揉制后当茶叶饮用，有清凉去火功用。种毛白色绢质，可作填充物。麻秆剥皮后可作保暖建筑材料。根部含有生物碱，供药用。花期较长，具有发达的蜜腺，是良好的蜜源植物。

二、育苗技术

1. 育苗方法

罗布麻的育苗方法主要有播种育苗、根茎育苗、分株育苗。

1）播种育苗

（1）采种。当果实从绿色转变为黄色时，选择植株高大、健壮、分枝少、节间长的植株，采集成熟度好的大果荚，稍加晾晒。将果荚装入编织袋，扎紧袋口，在平整的地面上棒击打编织袋，风选，收集种子，晾晒 2～3d，置于阴凉、干燥、通风处保存。种子生活力可达 4 年之久。

（2）育苗地准备。选择排水良好、土质疏松的土壤为育苗地。3 月中旬春灌，灌水量每亩为 200m^3，灌溉后适墒整地作畦。

（3）种子处理。将种子放在清水中浸泡 24h 后摊放于室内，厚 1～2cm ，保持湿润，露白时即可播种。

（4）播种。4 月上中旬播种。畦上开沟，沟宽 30cm，沟深 0.5～1cm，将种子与细湿沙搅拌均匀播入，覆土 0.5 cm，镇压后浇水，畦面盖杂草。

（5）苗期管理。出苗后，及时除草。幼苗期，适时灌水，保持土壤湿润。苗高 5cm 以上时，结合松土除草间苗定苗，株距保留 5～8cm。苗高 10cm 时，结合灌溉，每亩施氮肥 3～5kg，6 月下旬至 7 月中旬追肥 2 次，每亩磷肥 10kg、钾肥 5kg，7 月下旬停止施肥。

2）根茎育苗

罗布麻地下根茎萌蘖力很强，可达 3～4cm。将根茎刨出剪成 10～15cm 的根段，每段带有不定芽，按行株距各 30cm，挖宽、深各 15cm 的穴，每穴放 2～3 条根段，覆土浇水，月余即发芽生根。

3）分株育苗

植株落叶后、春季萌芽前，将根茎发出的株丛挖出，带有须根，进行分株移栽。栽后保持土壤湿润，以利生发新根。出苗后，幼苗生长缓慢，及时松土除草。苗高 3～5cm 时，按株距 5～8cm 间苗。苗高 7～10cm 时，施农肥 1 次，促使幼苗生长。6 月上旬，每亩施尿素 10kg，使茎叶生长茂盛。

2. 病虫害防治

罗布麻在生长期间很少发生病害，病害主要是叶锈病。防治方法：①发现叶锈病，用 50%退菌特 600～800 倍液喷洒，如需再次施药，应间隔 7～10d。②及时清除病株，销毁病株，减少传染源。

差巴嘎蒿（*Artemisia halodendron* Turcz. ex Bess.）

一、生物学特性

别名 盐蒿。

分类 菊科（Compositae）蒿属（*Artemisia* L.）落叶半灌木，株高 0.5～1.5m。

分布 主要分布在辽宁、吉林、黑龙江（科尔沁沙地）、内蒙古、宁夏东部等地。

特性 耐寒，能耐极端最低温－40℃。耐高温，在沙面 60 ℃高温下不灼伤。耐风蚀，根系被风蚀裸露不死。耐旱，沙土含水量低于 0.95%时，苗木才萎蔫。喜光，不能在荫蔽条件下生长。耐贫瘠，在流动沙丘上能正常生长。沙埋后，枝条年平均生长量可达 40～50cm。萌生能力强，根系发达，垂直根达 2m，水平根达 3m 以上。

用途 固沙先锋树种，枝条匍匐生长，防风固沙效果显著。重要的放牧草场。其他用途同白沙蒿和黑沙蒿。

二、育苗技术

1. 育苗方法

差巴嘎蒿育苗方法为播种育苗和扦插育苗。

1）播种育苗

与白沙蒿相同。

2）扦插育苗

（1）采条。土壤解冻期或雨后，选择生长健壮的母株，于基部截取当年生的 25～30cm 的枝条，枝条基部带有一定数量的不定根。随采条随扦插。

（2）扦插。扦插深度为 20～25cm，枝条呈 30°～60°，覆土踩实，株行距 2m×2m，每穴扦插 3～5 株。

2. 病虫害防治

与白沙蒿相同。

黑沙蒿（*Artemisia ordosica* Krasch.）

一、生物学特性

别名 油蒿、鄂尔多斯蒿。

分类 菊科（Compositae）蒿属（*Artemisia* L.）落叶半灌木，株高 0.5～1.0m。

分布 广泛分布在半荒漠和干草原的固定、半固定沙地，常与柠条、猫头刺等混生，流沙区不见天然分布。在库布齐沙地、毛乌素沙地、乌兰布和沙漠、腾格里沙漠、河西走廊沙地都有分布，是鄂尔多斯高原的优势建群种，垂直分布在海拔 1 000～1 500m。

特性　典型的旱生沙生植物，具有较强的抗旱、抗寒和耐沙埋抗风蚀能力，但抗风蚀和耐沙埋性能不如白沙蒿。适宜生长于干旱的固定、半固定沙地，年降水量 150～400mm 的地区。根系发达，主根深达 1.5～2.0m，侧根密集，多分布在 50～60cm 沙层。黑沙蒿寿命较白沙蒿长，可达 10 余年。发叶较早，3 月上旬萌发，8 月上旬开花，9 月中旬结实，11 月中旬成熟并落叶。

用途　自身繁殖能力强，是流动沙丘固沙造林的先锋树种，也是沙区飞机播种的主要树种。还是沙区牧场和薪炭林树种，其他与白沙蒿基本相同。

二、育 苗 技 术

1. 育苗方法

育苗方法主要有播种育苗和容器育苗。

1）播种育苗

与白沙蒿相同。

2）容器育苗

与白沙蒿相同。

2. 病虫害防治

与白沙蒿相同。

白沙蒿（*Artemisia sphaerocephala* Krasch.）

一、生物学特性

别名　籽蒿。

分类　菊科（Compositae）蒿属（*Artemisia* L.）半灌木，株高 0.4～1.0m，最高可达 2.0m。

分布　是我国西北、华北、东北荒漠半荒漠地区流动沙丘及半固定沙丘的特有植物，产于毛乌素沙地、库布齐沙漠、乌兰布和沙漠、腾格里沙漠，分布于东经 96°～109°，北纬 37°～45°的内蒙古、陕西、宁夏、甘肃、青海、山西及新疆等地。

特性　多年生超旱生半灌木。耐干旱，沙土含水量大于 1%即可存活。在地表温度高达 60℃不会枯死。适应性强、耐瘠薄，在年降雨量不足 100mm 的干旱环境中以及贫瘠的流动沙丘上，均能正常生长发育。轴根系植物，主根粗壮，侧根发达，根幅约为冠幅的 7.5 倍。种子萌发能力强。常与花棒、柠条等植物混生，或形成单一优势群落，适宜生长于流动、半流动沙丘。当流动沙丘被固定后则逐渐衰退，为黑沙蒿所代替。寿命 4～5 年。

用途　是治沙工程的先锋植物种，是流沙地重要植树种。白沙蒿枝叶可作饲料，也可作薪材，种子可入药，也可提取籽蒿胶，应用于食品、医疗及日化行业。种子含脂肪量21.5%，可榨油食用。

二、育苗技术

1. 育苗方法

白沙蒿的育苗方法主要有播种育苗、容器育苗、组培育苗。

1）播种育苗

（1）采种。种子成熟期为9月中下旬，选择种壳黑褐色，粒大、饱满的种子及时采收，清除杂物，晒干贮存。种子千粒重0.5～0.7g。

（2）育苗地准备。选择地势平坦、有灌溉条件沙土或壤土作育苗地，秋季深翻后灌足底水，耙耱整平，镇压保墒，播种前施足底肥。

（3）播种。一般人工播种，主要采用条播方式。宜在春季土壤解冻含水量较多时底进行，播深0.5cm左右，一般可将种子直接播在表面，上覆一层薄薄的沙子即可，切忌深播。播种量每公顷15～18kg。播后可覆盖薄膜保墒。

（4）苗期管理。播种后要保持苗床土壤湿润，按时浇水，出苗前切忌大水。若有覆膜应在出苗后及时揭膜，及时松土除草。

2）扦插育苗

（1）采条。选择1年生健壮萌发条作种条，为促进根际萌发更多健壮的茎条，应注意平茬更新。

（2）扦插。春、秋雨季均可扦插，最好随割随扦插。带状挖穴扦插，带间距3～4m，穴宽30cm，穴深40cm，每穴放2束，每束6～8根。这样配置1～2年即可形成绿蒿群，起到防风和稳定沙面的作用。

3）容器育苗

白沙蒿容器育苗也主要采用种子播种，选取籽粒健康饱满、大小均匀的种子。容器可选用多种材质，如塑料容器营养杯、无纺布容器、生态纸杯等。容器育苗基质可直接用沙土，或草炭+珍珠岩+蛭石。可将种子直接播在基质表面，然后上覆一层薄沙即可。

2. 病虫害防治

苗期注意防治蛴螬、蝼蛄、椿象、蓟马、金龟子、黏虫等害虫。防治方法：早春清除田间杂草和枯枝残叶，集中烧毁或深埋，消灭越冬成虫和若虫，发病期用2.5%敌百虫粉防治，每公顷施喷30～37kg。

沙木蓼（*Atraphaxis bracteata* A. Los.）

一、生物学特性

别名　扁蓄柴、红柴。

分类　蓼科（Polygonaceae）木蓼属（*Atraphaxis* L.）落叶灌木，株高 1～3m。

分布　主要分布于中国腾格里沙漠、巴丹吉林沙漠、库布齐沙漠、乌兰布和沙漠、毛乌素沙地等地。

特性　抗旱、耐瘠薄、耐寒、耐高温、抗风沙。对土壤条件不苛求，在流沙地、固定沙地、平滩地等均能生长。但在疏松的固定、半固定沙地上，成活率更高。它适生于流动沙丘的丘间低地，覆沙的戈壁和低山区。沙埋后常出现在背风坡和丘顶，生长较旺盛。根系发达，5 年生植株的主根达 2.85m，侧根幅达 $24m^2$。萌蘖力强。

用途　荒漠、半荒漠区的优良固沙树种。热值高，是优良薪柴。枝叶营养丰富，是优良饲料。还可作编筐、耙、篱笆等材料及包装材料。

二、育 苗 技 术

1. 育苗方法

沙木蓼的育苗方法以播种育苗和扦插育苗为主。

1）播种育苗

（1）采种。6 月至 8 月种子成熟，选择生长健壮、无病虫害的母株采种，果实采收后，干燥、风选、去杂质，贮藏备用。种子千粒重 5.1g，发芽率可达 50%左右。

（2）育苗地准备。选择地势平坦、有灌溉条件、土壤肥沃、疏松的沙地或沙壤土作育苗地。秋季深翻地 25～30cm，结合整地，施肥，灌水。

（3）播种。4 月下旬至 5 月上旬播种。播种前用清水浸泡种子 1～2d 后，捞出拌上少量干沙即可播种。采用条播，行距 30cm，播后覆土 0.5～1.0cm，镇压即可，每公顷播种量为 11.25kg，产苗 112.5 万株。

（4）苗期管理。播后保持苗床土壤湿润，适时浇水、松土除草、定期间苗。在苗木速生期内应施肥 1～2 次。越冬前灌溉一次。

2）扦插育苗

（1）采条。选择生长健壮的母株，采集 1～2 年生枝条，截成 20～30cm 或 40cm 长的插穗，上端剪平，下端削成斜面即可。

（2）育苗地准备。与播种育苗相同。

（3）扦插。3 月底至 4 月初扦插，垂直插入，上部与地面平行，行距为 40cm。

2. 病虫害防治

沙木蓼在育苗过程中，一般没有病虫害现象。

蓝果小檗（*Berberis veitchii* Schneid.）

一、生物学特性

别名　巴东小檗。

分类　小檗科（Berberidaceae）小檗属（*Berberis*. L.）常绿灌木。株高 1～2m。

分布　产于四川、湖北、贵州北部，主要分布于陕西、河南、湖北、湖南等地。

特性　喜光、耐湿润、耐干旱、耐寒，能耐极端最低温－42.5℃，无冻害。在降水量 61.5～300mm、蒸发量 3 426.7mm、空气相对湿度 20%～62%、极端最高温 42.5℃条件下，能正常生长。对土壤要求不严，在沙壤土、黏壤土及石质山地均能生长。适宜生长于中性、微酸性土壤。多生长在海拔 500～4 000m 的山地、丘陵、沟边、河流及岩石隙间。

用途　干旱地区城乡绿化的优良树种。叶和果实含有 6%苹果酸，可作果酒、果子酱、糕点、糖果等。树皮和根可作皮毛黄色染料。是很好的蜜源植物，也是优良的薪材树种。

二、育 苗 技 术

1. 育苗方法

蓝果小檗育苗方式以播种育苗为主，方法如下：

（1）采种。8～9 月果熟期，选择优良、健康母株采种。将采集的浆果放入容器内捣碎、洗净、晒干、贮藏。如果浆果已干，可用冷水浸泡，软化并揉去果皮，洗净，晒干、贮藏。种子千粒重 10.46g，发芽率 80%～90%。

（2）育苗地准备。选择肥沃的沙壤土作育苗地，每公顷施厩肥 30t，结合深翻，打埂作畦，畦长 5m，宽 1.2m，畦面平整。

（3）种子处理。秋播不需种子催芽处理。春播需进行种子催芽处理，以露天混沙催芽较好，具体方法有下面 2 种：①11 月中下旬，挖深 70cm、宽 60cm 的深坑，坑底铺 5cm 湿沙，将种子与 2 倍的湿沙混拌均匀倒入坑中，上覆 5cm 湿沙，然后填埋湿润土壤，略高于地面即可。翌年 3 月中旬至 4 月中旬，待种子露白时，取出播种。②也可将混 2 倍于种子的湿沙装入木箱，置于室内催芽。11 月至翌年 1 月，需要在–10℃以下的温度下冷藏，2～4 月，要逐渐加温， 3 月时，室内温度保持 18～22℃，此间，应经常加水并翻动，待种子露白时，即可播种。若种子已露白，但播期未到，可将种子移置在地窖里，控制芽的生长。

（4）播种。春播时间为 3 月下旬至 4 月中旬，秋播时间为 11 月中旬。多采用条播，行距为 40cm，每米播种量 2g，每公顷播量为 52.5kg，播后覆土 2cm，略加镇压。每公顷产苗量约 39 万株。

（5）苗期管理。年灌水 8～10 次，年松土除草 5～6 次，7 月上旬追施尿素 1 次（10kg），施肥后立即灌水，苗高达到 3cm 时，及时间苗。苗高达到 4～5cm 时，定苗，每米留 16 株。1 年生苗木达到 50～70 cm 高时，即可出圃造林。

2. 病虫害防治

蓝果小檗幼苗易染锈病，发病严重时，会导致苗木死亡。防治方法：①苗木密度不宜过大，保持良好的通风透光环境；控制土壤湿度，8 月上旬以后减少浇水次数，降低诱发病害的概率。②发现病叶和病株，及时清除烧毁，防止蔓延。③发病时，喷洒 0.1～0.3°Bé 的石硫合剂，每隔 10d 喷洒 1 次，连续喷洒 3 次即可。

白皮沙拐枣 [*Calligonum leucocladum*（Schrenk）Bge.]

一、生物学特性

别名　白杆沙拐枣、淡枝沙拐枣。

分类　蓼科（Polygonaceae）沙拐枣属（*Calligonum* L.）落叶灌木，高 0.5～1.2m。

分布　分布于我国新疆古尔班通古特沙漠南部。在俄罗斯及中亚地区也有分布。常与梭梭、多枝柽柳等荒漠小乔木或灌木混生，呈片状或块状分布。

特性　极喜光、耐高温、耐严寒，能耐极端最高温 47.6℃，极端最高温–40℃。耐干旱、不耐庇荫、耐瘠薄，在年降水量 16.6mm、蒸发量 3 003mm、地下水位 5m 以下的吐鲁番沙地和砾质戈壁上生长健壮。不耐盐碱、水湿，在黏土或排水不良的壤土上生长不良。根系发达，垂直根长 3～4m，水平根长达 20m。有较强根蘖能力，抗风蚀，耐沙埋。适生于海拔 500～1 200m 沙地和砾质戈壁上。在极为干旱的沙漠地带，通常二次开花，第 1 次 5 月底，6 月底至 7 月初果实成熟，第 2 次 9～10 月初开花，10 月底果实成熟。

用途　是荒漠地区的观赏树种，也是优良的薪炭材，热值为 20 034kJ/kg。嫩枝幼果是骆驼和羊的饲料。材质坚硬，可制作小农具和纤维板。

二、育 苗 技 术

1. 育苗方法

白皮沙拐枣育苗方法以播种育苗为主，方法如下：

（1）采种。6 月底和 10 月中下旬果实成熟，选择优良母株及时采种。采回翅果后，曝晒 3～4d，揉去果翅，去掉杂质，经风选后贮藏于室内通风处。

（2）育苗地准备。选择地下水位低、土层深厚、无盐碱、排水良好的沙土或沙壤土。秋季结合深翻地施足基肥，灌足底水，翌年春季，整地筑床，一般采用平床，苗床 5m × 1m 或 10m × 2m，也可采用大田式育苗，在多风地带应设置沙障。在沙土或沙壤土上，可不整地。

（3）种子处理。春播前应对种子进行催芽处理。播前用凉水浸泡 2～3d 或用 30℃温水浸泡 1d，待种实吸胀后捞出装袋或拌湿沙，堆入室内，室温保持在 30～35℃，或每天上午 11 时至下午 5 时置于阳光下曝晒，并经常洒水和翻动，待种实露白后即可抢墒播种。或在入冬后将种实拌沙，比例为 1∶2，堆于室外向阳处，厚度 20cm 左右，上面覆盖湿沙 10～20cm，翌年春季土地解冻后即可播种。秋季播种，种子不用催芽，随采随播。

（4）播种。春播或秋播均可，但秋播好于春播。采用开沟条播，沟深 6cm，行距 30cm，每公顷播种量 90～120kg。

（5）苗期管理。幼苗较耐旱，播种当年 6～7 月可灌 1 次水，切忌大水漫灌和灌水过多，否则会引起白粉病。风沙区不宜多松土，一般 1～2 次即可。

2. 病虫害防治

（1）白粉病。危害 1 年生枝条。防治方法：发病后可用 0.1～0.3°Bé 石硫合剂，或喷洒 0.5%波尔多液。

（2）枯枝病。主要危害 1 年生和 2 年生枝条。防治方法：喷洒 0.1～0.3°Bé 石硫合剂或波尔多液。

（3）沙拐枣蛀虫。危害幼苗。防治方法：发生虫害时，喷洒美曲膦酯。

（4）鼠害。危害育苗地。防治方法：使用含 5%的磷化锌的毒饵诱杀；或用 5%磷化锌拌种后播种育苗。

东疆沙拐枣（*Calligonum klementzii* A. Los.）

一、生物学特性

别名　奇台沙拐枣。

分类　蓼科（Polygonaceae）沙拐枣属（*Calligonum* L.）落叶灌木。

分布　天然分布在新疆东北部的半流动沙丘上，在甘肃河西走廊和宁夏均有栽培。天然分布在东经 88°～90°，北纬 42°～44°，海拔 700～1 200m 的地区。引种区海拔范围为–70m～1 350m。

特性　耐热、耐寒、耐旱，降水量 200mm 左右，能在沙丘天然更新；降水量大于 300mm 时，生长不良。喜生于流动、半流动沙丘或平缓沙地，具有生长迅速，抗风蚀沙埋等特点。根部没有萌蘖能力，而枝干有较强的萌蘖能力。5 年生皆伐平茬作业，产量较天然林提高 2 倍。具有二次开花特性，果熟期较短。

用途　是优良的固沙树种和薪炭林树种。也是制作纤维板原料。嫩枝叶为羊、马、骆驼的饲料。花含蜜，是蜜源植物。

二、育苗技术

1. 育苗方法

东疆沙拐枣育苗方法可以采用播种育苗和扦插育苗，生产上以播种育苗为主。

1）播种育苗

参照白皮沙拐枣。

2）扦插育苗

选取健壮母株上的 1～2 年生枝条，剪成长 15～20cm 的插穗，随采随插，行距 30cm，株距 10cm。苗期管理参照白皮沙拐枣。

2. 病虫害防治

参照白皮沙拐枣。

柠条锦鸡儿（*Caragana korshinskii* Kom.）

一、生物学特性

别名 大柠条、柠条、白柠条。

分类 豆科（Leguminosae）蝶形花亚科（*Papilionatae* Taub.）锦鸡儿属（*Caragana* Fabr.）落叶灌木，有时为小乔木。株高1～4m。

分布 主要分布在我国黄河流域以北的内蒙古、宁夏、甘肃、新疆、青海、山西、陕西等地，以甘肃、宁夏的腾格里沙漠和巴丹吉林沙漠东南部、内蒙古鄂尔多斯、陕西的毛乌素沙地、宁夏河东沙地等分布较多，常呈块状分布于固定、半固定沙地，剥蚀丘陵低山上。

特性 有良好的抗逆性，在－32～－20℃的低温区能正常生长。夏季能忍耐55℃的地温。喜光，不耐庇荫，遮荫条件下生长不良，结实量少。极耐干旱瘠薄，在黄土丘陵区、沙地、山地、河谷阶地上均能正常生长。适于在沙壤土、黏壤土、棕壤土、黑垆土和栗钙土上生长。根系发达，萌蘖力强。

用途 黄土高原、沙地和山地的防风固沙和水土保持优良树种。是良好的饲料树种。可作造纸、箱板及纤维板材料。是优良薪炭林树种。种子可酿工业酒精，可代替豆油和麻油酿造醇酸树脂漆和水溶性电泳漆。根、花、种子可入药。

二、育苗技术

1. 育苗方法

柠条的育苗方法以播种育苗和容器育苗为主。

1）播种育苗

（1）采种。6月上旬至7月上旬果实成熟。当果荚变硬并呈黄棕色时，及时采收。果熟期很短，为3～7d，应随熟随采。采回的荚果要晒干捶打，去除荚壳杂物，取得纯净种子。种子千粒重35～50g，当年种子发芽率达90%左右，存放3年后，发芽率下降至30%左右。

（2）育苗地准备。选择有灌溉条件，地下水1.5m以下，排水良好且无盐碱和轻度盐碱的沙壤土作育苗地。秋季，结合深翻整地，打埂作畦，畦长约20m、宽约2.4m，灌足冬水。

（3）种子处理。春播种子需进行催芽处理，先将种子用45℃温水浸泡1d，然后将种子捞出，堆于室内闷种，上盖麻袋，室温要保持在20℃左右，此间需要经常洒水和翻动种子，7d后待种子大部分露白时即可播种。或播前用1%的高锰酸钾将种子消毒，再用清水冲洗干净，然后混湿沙埋藏，待种子裂嘴时，即可播种。

（4）播种。春播和秋播均可，以春播较好。在3月下旬至4月上旬抢墒早播，一般采用条播，行距20cm，播种深度宜浅不宜深，一般为2～3cm，播后覆土1.5～2cm，略加镇压即可。每公顷播种量为45～120kg，播后10d左右出芽。秋播要求与春播相同。

（5）苗期管理。在苗高达 3cm 时，灌 1 次水，以后根据土壤墒情灌水，全年灌水 5～7 次。苗木生长早期，要适时除草、松土，全年 4～5 次。待苗高 4～5cm 时，进行间苗定苗，每米留苗 25～30 株。苗高达 30cm 时即可出圃造林。

2）容器育苗

（1）基质。基质为 70%的熟化耕作土，20%的细沙，10%充分腐熟的厩肥，并加 2‰多菌灵消毒。

（2）种子处理。用水洗法选出饱满健康的种子，用 1%的高锰酸钾溶液消毒 20min，然后用 30℃的温水浸泡 12h，捞出后混沙催芽，待有 50%以上的种子露白时，即可播种。

（3）播种。播种前一天灌透水，渗水后容器口留 1～2cm 深的空处，翌日于空处点播 10～15 粒种子，覆肥沙混合土，肥、沙、土比例为 2∶4∶4。

（4）苗期管理。参照播种育苗。

2. 病虫害防治

（1）豆象幼虫危害种子。防治方法：播种前用 60～70℃水浸泡种子 5min，浸泡后打捞漂浮种子焚毁。

（2）锦鸡儿种子小蜂、锦鸡儿荚螟、春尺蠖等害虫危害叶片和嫩芽。防治方法：①成虫盛发期，施放杀虫烟剂，亩用剂量 1.5kg。②播种前，用 80℃热水浸种 30min，再加凉水降温浸种，然后播种即可起到灭虫作用。

（3）叶锈病，危害幼苗叶片。防治方法：①从 5 月中旬开始，对苗木定期喷药，每隔半月喷 1 次 160 倍的石灰倍量式波尔多液，连续喷 2 次，可预防叶锈病的发生。②发现锈病时，可用 0.3～0.5°Bé 石硫合剂，每隔 10d 喷 1 次，连续喷 2～3 次。③消灭病源，及时清除病株，焚毁枯枝落叶。

小叶锦鸡儿（*Caragana microphylla* Lam.）

一、生物学特性

别名 牛筋条、黄柠条。

分类 豆科（Leguminosae）蝶形花亚科（*Papilionatae* Taub.）锦鸡儿属（*Caragana* Fabr.）落叶灌木，有时为小乔木。株高 1～1.5m。

分布 分布较广，东起西伯利亚，西至我国新疆均有生长。在我国甘肃、宁夏、内蒙古、青海、陕西、山西、山东、河北、辽宁、吉林等地都有分布，以内蒙古西部和陕西北部最为集中。大多垂直分布于海拔 1 000～2 500m 的黄土丘陵沟壑地区和沙漠绿洲，在海拔 3 800m 的祁连山也有分布。

特性 喜光树种，耐旱、耐寒、耐高温，在沙层含水率为 2%～3%的流动沙地、丘间低地及固定、半固定沙地上均能正常生长，降水量 100mm 时，也能正常生长。在沙面温度 62℃、最低气温–35℃的条件下，未有受害现象。在土壤 pH＞8.0 的盐碱地上不易成活。根系发达，固沙能力强。萌蘖力极强，4～5 年平茬 1 次，经平茬复壮后，寿命可延长至 80 年。

用途 西北地区防风固沙、水土保持的优良树种，也是优良饲料。可入药，花有解毒作用。枝可作燃料，也可作造纸和纤维板原料。

二、育苗技术

1. 育苗方法

小叶锦鸡儿育苗方法有播种育苗、容器育苗、组培育苗。

1）播种育苗

（1）采种。6 月中下旬至 7 月，当荚果变硬，种子呈浅黄或米黄色时，应及时采收，随熟随采收。采回的荚果，晒干敲打、去皮除杂，得纯净种子。用高锰酸钾消毒后贮藏。种子千粒重 35～50g。种子当年发芽率在 90%以上，贮藏 3 年后发芽率降至 30%。

（2）育苗地准备。育苗地宜选择地势平坦、排水良好、地下水位 2m 以下的沙壤土。育苗前一年，要深翻整地，翌年春土壤解冻后作床。

（3）播种。5 月初苗床灌足底水后，即可播种。播前将种子用 1%的高锰酸钾消毒，然后用清水洗净，再混沙催芽，当种子裂嘴露白时，即可播种。亦可不催芽，直接播种。采用条播方式，播种沟深 3～4cm，行距 20～25cm，覆土 3～4cm，播后镇压。每公顷播种量 97.5～112.5kg。

（4）苗期管理。播后 10d 即可出芽。幼苗出齐后，每隔 5～10d 浇 1 次水，苗高达 4～5cm 时，每隔 15～20d 浇 1 次水。幼苗生长期，及时除草和松土，约 5～7 次。苗木达到 4～7cm 时进行间苗定苗，每米留苗 25～30 株。当年苗高达 30～40cm，地径 0.5cm 左右时，可出圃造林。

2）容器育苗

（1）基质。基质选用耕作土，并混合适量的磷肥和氮肥。将混合均匀的基质用 0.5cm 的筛网过筛后，填充装满容器。播种前 15d，用 2%～3%的硫酸亚铁消毒。播种前灌足底水。

（2）种子处理。将种子用 0.5%的高锰酸钾溶液消毒 2h，然后用清水浸泡 10h，捞出后置于室内催芽，注意保持湿润，及时翻动。待有 1/3 以上的种子露白时，即可播种。

（3）播种。4 月中下旬至 5 月初播种。播种前灌足底水，每穴播种 2～3 粒，深度为 1～2cm，可用基质土覆土。播种后用 800～1 000 倍液的代森锌溶液进行消毒，并浇透水，保持湿润。

（4）苗期管理。参照播种育苗。

3）组培育苗

（1）材料选择与处理。取当年生带腋芽的幼嫩茎段，经流水冲洗 1h 后，先用 70%的酒精灭菌 30 s，无菌水清洗 3～4 次，再用 0.1%升汞和 2%次氯酸钠进行灭菌，时间为 3min，最后用无菌水冲洗 4～6 次，用滤纸吸干待用。在无菌条件下切割柠条茎段，每个茎段含 1 个芽，长 1～1. 5cm。保留腋芽幼嫩的叶片，接种在培养基上，在培养室进行培养。

（2）愈伤组织诱导及幼苗形成。将切割的柠条茎段接种在经过 0.5mg/L 的 6－BA 和 0.01 mg/L IAA 处理的 MS 培养基上，MS 培养基中附加 30g/L 蔗糖、8g/L 琼脂。在培养室进行初代培养，20d 后选取培养成功的无菌苗在原培养基上进行继代培养。每 20d 继代 1 次，连续继代 4 次。

（3）根的培养。将继代培养成功的芽苗，切割成 2～3cm 带芽茎段，转入用 0.5mg/ L IAA 处理的 1/2MS 培养基中进行生根培养，培养基中附加 15g/L 蔗糖、7g/L 琼脂。培养条件：温度 25℃±2℃，相对湿度 60%～75%，光照度 2 000 lx，光照 12 h/d。

2. 病虫害防治

参照柠条锦鸡儿。

蒙古莸（*Caryopteris mongholica* Bge.）

一、生物学特性

别名　白蒿、山狼毒。

分类　马鞭草科（Verbenaceae）莸属（*Caryopteris* Bge.）落叶小灌木，高 15～40cm。

分布　分布于我国内蒙古、山西、陕西，甘肃、青海等地。常见于典型草原带的石质山地、石砾质坡地，荒漠草原带、荒漠带东部边缘的沙地、干河床底部和山坡石缝间。

特性　旱生植物。耐寒性较强，在绝对最低气温达－38℃～－37℃时，仍能正常生长。极喜光植物，对土壤要求不严格，在流动沙丘和黄土高原上都能生长。短轴根型植物，根茎埋于土中，枝条在适宜的水分和温度条件下发出不定根，萌蘖性强，主侧根均发达。

用途　低等级饲用植物。花、枝、叶可入药。叶与花亦可提取芳香油。

二、育 苗 技 术

1. 育苗方法

蒙古莸育苗方法有播种育苗和扦插育苗，主要以播种育苗为主。

1）播种育苗

（1）采种。10 月种子成熟，种子成熟后开裂，需选择健康优良母株及时采摘。除去杂质，晒干，以 4℃恒温冷藏，千粒重约 12g。

（2）育苗地准备。选择避风向阳、浇灌方便的地块作育苗地。深翻地 25～30cm，施足底肥，肥料以羊粪为主。清除多年生草根，做到土松土细。结合整地作畦，畦面平整，约 3m 宽。

（3）种子处理。播种前 2～3d，将种子用温水喷洒翻动，种子充分吸胀，以种子不黏手为宜。种子萌发的最适温度为 20℃～25℃。

（4）播种。5 月中旬播种，将畦面一分为二进行条播。条播前浇一次底水，1～2d 后播种。播幅宽 20cm，间距 20cm，覆土厚度 1.0～1.5cm，播后浇水，每亩播种量 1kg。

（5）苗期管理。出苗期适宜温度为 15～28℃，适时浇水。出苗后，每隔 6～7d 浇一次水。高生长期，及时中耕、锄草、施肥。7 月中旬，幼苗高 40～50cm，开始开花，此时应减少浇水次数，可提高种子饱满度、促进枝条分蘖、增加冠幅。9 月减少浇水，提高枝条木质化程度，增强越冬能力。

2）扦插育苗

可春扦，也可夏插。春季 4 月中旬，选择健壮母株，截取 1 年生枝条，剪切 10～15cm 长插穗。插穗不需任何处理，即可生根。扦插深度 15cm，边采条边扦插，成活率可达 70%以上。夏季亦边采条边扦插，成活率可达 85%以上。

2. 病虫害防治

幼苗期小地老虎危害蒙古莸幼茎。防治方法：采用人工捕捉或拌毒饵诱杀。

驼绒藜 [*Ceratoides latens*（J. F. Gmel.）Reveal et Holmgren]

一、生物学特性

别名　优若藜。

分类　藜科（Chenopodiaceae）驼绒藜属（*Ceratoides* (Tourn.) Gagnebin）半灌木，高 30～100cm，多分枝。

分布　驼绒藜分布于科尔沁沙地、浑善达克沙地、毛乌素沙地、库布齐沙漠、乌兰布和沙漠、腾格里沙漠、河西走廊沙地、塔里木盆地、准噶尔盆地、吐鲁番盆地、焉耆盆地以及青海、西藏等地区。国外分布较广，欧亚大陆的干旱地区都有分布。

特性　温带旱生半灌木，抗旱、耐寒、耐瘠薄。根茎较粗壮，常裸露地表，主根入土 60cm 左右，侧根发育较差，根系暴露土外较多，容易枯死。驼绒藜刈割后再生力较差，一年只能刈割一次。适宜于年积温 1 700～3 000℃及年降水量在 100～200mm 的干旱与半干旱气候条件下生长，土壤为棕钙土、灰钙土、灰棕荒土或棕色荒漠土。主要分布于荒漠、荒漠草原地带。驼绒黎在 8 月中下旬开花，花为黄白色。雌雄同株，9 月果实成熟，种子不易脱落。

用途　中上等饲用材料，骆驼、山羊、绵羊、马四季均喜食。是防风固沙、保持水土的优良植物种。

二、育 苗 技 术

1. 育苗方法

驼绒藜育苗方法以播种育苗为主，方法如下：

（1）采种。9 月中下旬，选择壮龄、无病虫害、果实饱满的优良母株采种。采种时连同胞果一起摞收，种子不宜挤压，阴干，装袋封口，放置库房贮存。千粒重仅 2g 左右。种子发芽能力强，但寿命较短，发芽能力一般只能保持 8～10 个月。

（2）育苗地准备。选择地势平坦、土粒细碎、通风向阳、排灌良好及土壤肥沃的沙质土壤作育苗地。结合深翻地，施底肥，每公顷施农家肥 15 000kg 左右，二胺肥 150kg 左右。播前精细整地，消除杂草、严格进行土壤消毒，可用代森锌拌成药土，3～5g/m^2 撒于床面。

（3）种子处理。播种前要进行种子处理。驼绒黎种子小而轻，胞果密生白色绒毛，籽粒之间常黏结在一起，不便播种，播前应晒种，轻压或搓揉使种粒之间分离，去杂净种，然后用湿沙与种子混合拌匀播种。

（4）播种。一般在 4 月下旬至 5 月上旬播种。播种前灌足底水， 2～5d 视墒情即可开沟条播，沟深 3～5cm，条距 15cm。将种子均匀播撒在条沟内，覆细沙 0.6～0.8cm，轻微镇压，然后覆土不超 2cm，踩实。每公顷播种量 7.5kg。

（5）苗期管理。播种后 3 d 即可出苗，7d 后出苗整齐，出苗后 1 个月进入生长高峰期。苗高 15cm 以上时，定苗，株距 11～22cm，行距 15cm。每公顷保苗 30 万～60 万株。苗期保持苗床湿润，不要漫灌以避免土壤板结。结合灌溉追肥，每公顷尿素 150～225kg。当年苗高生长至 60～70cm 时，秋后或翌年春季即可出圃。

2. 病虫害防治

主要虫害是蛴螬。防治方法：结合追肥，每公顷用乐果 7.5kg、美曲膦酯 11.25kg 兑成 800 倍液进行喷洒。

丝棉木（*Euonymus bungeana* Maxim.）

一、生物学特性

别名　桃叶卫矛、白杜、月牙树。

分类　卫矛科（Celastraceae）卫矛属（*Euonymus* L.）落叶灌木或小乔木。

分布　产于科尔沁沙地、浑善达克沙地、毛乌素沙地，分布于我国东北、华北、华中、华东等地，西北新疆准噶尔盆地、天山、伊犁、石河子、乌鲁木齐、甘肃兰州、天水小陇山等地区也有分布和栽培。

特性　喜光树种，稍耐阴，对气候适应性强。耐旱、耐寒，能耐极端最低温–39.5℃、极端最高温 42.2℃。在蒸发量 2 000mm 以上、降水量 250mm 左右的生境中，利用地下水灌溉，能正常生长。多生于硬梁地、山坡、草地和固定沙地。较耐盐碱。根系深而发达，能抗风，根蘖萌发力强，生长较缓慢。对二氧化硫和氯气等污染气体吸收能力强。种子有橘红色假种皮。

用途　常作为庭园观赏植物，木材供家具和雕刻之用。根皮可入药，有医疗保健之功能。

二、育 苗 技 术

1. 育苗方法

丝棉木育苗方法主要有播种育苗、扦插育苗、组培育苗。

1）播种育苗

（1）采种。果熟期9～10月，在生长健壮、无病虫害的母株上剪取果穗，揉搓去掉假种皮，及时摊晒晾干，于干燥通风处贮藏。

（2）育苗地准备。选择地势平坦、土壤肥沃、排灌良好、pH 7～8的沙土、壤土和沙壤土作育苗地。前一年深翻地25～30cm，每公顷施入基肥45 000kg。结合整地，打埂作畦，畦长15m，宽2m。

（3）种子处理。秋播种子不需催芽处理，春播需作催芽处理，方法如下：①低温层积处理。在11月中下旬，挖70cm深、60cm宽的深坑，坑底铺5cm湿沙，将种子与2倍的湿沙混拌均匀，倒入坑中，上覆5cm湿沙，然后填埋湿润土壤，略高于地面即可。翌年3月中旬至4月中旬，待种子露白时，取出播种。②也可将混2倍于种子的湿沙装入木箱，置于室内催芽。11月至翌年1月在10℃以下的温度下冷藏，2～4月逐渐加温，特别在3月时，要使室内温度保持在18～22℃，此间，应经常喷水、翻动，待种子露白时即可播种。③雪藏法，12月将种子混2倍湿沙，装入木箱，埋入雪中，待雪化后移至室内高温催芽，室温为20℃左右，待大部分种子露白时，即可播种。④播种前1周用80℃的温水加上小苏打粉，配成5%的苏打水溶液，将种子浸泡48 h以上，不断搅拌，使种皮溶解，将种子捞出，摊开晾晒，种子半干时碾搓，用清水将假种皮与种子分离。将种子用0.5%高锰酸钾溶液浸种2 h，捞出后用清水清洗2次，用70～80℃温水浸种24 h后与湿沙1∶3混拌，在室外向阳背风处催芽4～5 d后，待1/3种子露白即可播种。

（4）播种。春播为4月中旬，秋播为11月中旬。采用条播法，行距为60cm，播后覆土2cm，略加镇压即可。每米播种量4.5g。

（5）苗期管理。苗木出齐后，保持苗床土壤湿润。6月底以后可减少灌水次数，加大单次灌水量，全年灌水9～11次。灌水后及时松土除草。苗高达3cm时，开始进见苗；苗高达5cm时，开始定苗，株距4cm左右，每米25株。苗木速生期要追肥2次，每次每公顷施尿素105kg，施肥后立即浇水。8月中下旬停止除草松土浇水。当年生苗木即可出圃定植。

2）扦插育苗

可采用嫩枝扦插，多在夏季6月上中旬进行，随采随插。也可采用硬枝扦插，方法如下：

（1）采条。一般在秋季落叶后至冬季，选择1年生健壮，充分木质化，无病虫害的枝条。将枝条剪成12～15cm长插穗，每段插穗上保留3片叶。采用低温层积贮藏，具体方法：选择地势较高，排水良好的背阴处挖沟，沟宽1m，深度60～80cm，先在沟底铺一层5cm厚湿沙，将插穗50枝一捆，与湿沙分层堆放在沟内，当穗条距地面20cm时，用湿沙填平，覆土成屋脊状，中间插一草把以利通气。

（2）插穗处理。扦插前 6～8d，用流水浸泡插穗。亦可用 1%的蔗糖溶液浸泡 24h。扦插深度为插穗长度 1/2～2/3，株距 20cm，行距 40cm。插入后轻压，不让叶片贴地。

（3）苗期管理。扦插后及时浇透水 1 次，遮荫，注意保持土壤湿润，适时松土除草施肥。

3）组培育苗

（1）材料处理。将丝棉木外植体用流水冲洗 30 min 后，用浓度 70%的酒精消毒 30s，然后用 0.1%氯化汞溶液振荡消毒 5min，再用无菌水清洗 3～5 次。最后将外植体剪成 1.5cm 的茎段。

（2）外植体的诱导。将备好的外植体接种到初代 MS 培养基上进行培养，初代培养基中含 5.4 g/L 琼脂、30g/L 蔗糖、0.3mg/L 6—BA 和 0.1mg/L NAA。

（3）根的培养。选取超过 2cm 高的幼苗接种继代培养基上进行根系的诱导培养，继代培养基为 1/2MS 培养基，其中含 5.4 g/L 琼脂、15g/L 蔗糖、3mg/L 根皮苷、0.4mg/L IBA 和 0.1mg/L NAA。

2. 病虫害防治

丝棉木金星尺蠖，又名卫矛尺蠖，主要食叶片。防治方法：①采用黑光灯诱杀成虫。②结合树木养护管理，人工消灭蛹。③幼虫危害期，喷施生物制剂 Bt 乳剂 600 倍液。虫、螨并发时，可喷 20%菊杀乳油 2 000 倍液防治。

裸果木（*Gymnocarpos przewalskii* Maxim.）

一、生物学特性

别名　瘦果石竹。

分类　石竹科（Caryophyllaceae）裸果木属（*Gymnocarpos* Forsk.）旱生稀有半灌木，高 20～80cm。

分布　主要分布于乌兰布和沙漠、腾格里沙漠、巴丹吉林沙漠、河西走廊北部荒漠地带、新疆南部哈密盆地、塔里木盆地等地。垂直分布于海拔 800～2 200m。

特性　喜光性极强，耐高温，夏季可忍耐 60℃地温。抗干旱性极强，在干旱荒漠区沙层含水量为 1%～2%时，能正常发育开花结实。根系发达，一般主根较长。萌芽力较强。在年降水量 100mm 以下、蒸发量高达 2 500mm 以上的覆沙棕钙土上能正常生长。耐寒，在年均温度 2℃、最低气温–40℃条件下，能旺盛生长。极耐瘠薄，在恶劣的荒漠、沙漠、石质山地上能够生存和繁殖。裸果木结实率低，饱满度差，种子成熟后易被风吹失。裸果木生根困难。

用途　是荒漠砾石质戈壁优良固沙造林树种。枝叶富含营养成分，含粗脂肪 2.027%、粗纤维 51.5%、粗蛋白 3.9%、无氮浸出物 26.958%、粗灰粉 13.971%，是牲畜优良饲料。

二、育 苗 技 术

1. 育苗方法

裸果木的育苗方法主要有播种育苗、扦插育苗、组培育苗。

1）播种育苗

（1）采种。6～7 月种子成熟期，及时采收，在无风处揉搓净种，置通风干燥处贮藏。种子千粒重为 1.305g。

（2）育苗地准备。选择地势平坦、地下水位低、排灌方便、土层深厚的为沙壤土作育苗地。结合深翻地，每亩施 1kg 辛硫磷毒杀地下害虫，施足底肥，灌足底水。整地作床。

（3）种子处理。该种子易感染细菌，播前用 0.3%高锰酸钾溶液浸泡 2～5h 脱菌。然后，用温水浸泡种子 2～3h，即可播种。

（4）播种。一般在 4 月中旬，平均气温 10℃以上时播种，采用开沟点播方式，行距 30cm，株距 5cm，播深 2cm，播后覆土 0.5～0.7cm，轻微踏实。

（5）苗期管理。播种后，应保持床面湿润，可覆盖塑料薄膜，待出苗后，揭去塑料。5～10d 发芽出土，16d 左右苗木出齐，一般出苗率在 95%以上。幼苗出土后，减少浇水量，本着少量多次、早晚浇灌的原则，切忌大水漫灌。为了减少风蚀，应减少除草、松土次数，当杂草大时，可适当拔草。当年生幼苗平均苗高仅为 3.5cm，最高可达 5.6cm。

2）扦插育苗

（1）采条。在健壮母株上选取粗 0.3～0.5cm 的 2 年生枝条作种条，剪切成 10～15cm 长的插穗。

（2）插穗处理。扦插前用生物激素处理，能提高成活率，如用 ABT_1 生根粉 100～150mg/L 溶液蘸根扦插。

（3）扦插。扦插的最佳时间为春季。采用直插或斜插法，插孔要大于插穗直径 2 倍，深度以插穗上部保留 1 个芽为准，插后填土踏实。扦插成活率为 40%～80%。

（4）苗期管理。与播种苗相近，除灌水措施外，需要追施化肥 2～3 次。当年生扦插苗高可达 10cm，少部分当年可开花结实。1 年生扦插苗当年可以移植。

3）组培育苗

（1）材料选择与处理。将饱满的种子置于垫有潮湿滤纸的培养皿内，在 26～28℃培养 5d，切取下胚轴，用 70%酒精冲洗 10s，再用 0.1% $HgCl_2$ 消毒 10min，然后用无菌水冲洗 5 次。

（2）愈伤组织诱导。将灭菌后的下胚轴接种到 MS 培养基上，培养基含 3%蔗糖、0.7% 琼脂、1.0mg/L 6－BA 和 0.5mg/L NAA，pH 为 5.8。培养温度 22℃～25℃，光照强度 2 000lx，光照时间为 16h。

（3）芽的形成。将诱导出的愈伤组织接种到继代 MS 培养基诱导芽的形成，培养基中含 3%蔗糖、0.7% 琼脂、1.0mg/L 6—BA。

（4）根的分化。形成芽后，将之接种到 1/2MS 根系诱导培养基上，切口端略微朝上进行根系诱导与分化。

2. 病虫害防治

裸果木易遭鼠害，将磷化锌与胡萝卜、葵花籽搅拌后作饵诱撒在幼苗行内和苗床四周可防治和减轻鼠害。

梭梭 [*Haloxylon ammodendron*（C. A. Mey.）Bge.]

一、生物学特性

别名　梭梭柴。

分类　藜科（Chenopodiaceae）梭梭属（*Haloxylon* Bge.）落叶灌木或小乔木，树高 3～8m。

分布　广泛分布于亚、非荒漠区。在我国主要分布于准噶尔盆地、塔里木盆地东北部、东天山山间盆地，河西走廊、腾格里沙漠，巴丹吉林沙漠、乌兰布和沙漠、巴音温都尔沙漠等地，柴达木盆地也有少量分布。垂直分布于海拔 150～2 600m。

特性　超旱生、耐干旱，可在降水量 30～50mm 的极端干旱地区生长；适生于干旱荒漠地区的固定、半固定沙地、砾石、戈壁滩。耐高温，能耐极端最高温 42℃。耐严寒，能耐极端最低温－42℃。抗盐碱，在土壤含盐量 1%时生长良好，最大耐盐范围为 4%～6%。根系发达，垂直主根深 5m 左右，水平根 5～10m，幼龄期时的根系生长比地上部分快。4～6 年生时，高生长加快，10 年以后进入壮龄期，20 年后生长逐渐衰退。

用途　是我国西北干旱荒漠地区防风固沙的优良先锋树种。材质坚硬，热值高，是优质薪炭材。嫩枝无毒，是骆驼和羊的好饲料。枝干可制作碳酸钾等工业原料。梭梭树根寄生的肉苁蓉是名贵中药材。

二、育 苗 技 术

1. 育苗方法

梭梭扦插不易成活，目前生产上采用播种育苗，方法如下。

（1）采种。9～10 月果实成熟。当果实由绿色变成淡黄色或褐黑色时，选择壮龄植株作为采种母株，及时采种，晾晒，清除杂物，于干燥通风处贮藏。种子千粒重 2.3～3g，发芽率 85%。

（2）育苗地准备。选择地势平坦、土壤含盐量小于 1%、地下水位高于 1～3m、排灌方便的沙土或沙壤土作育苗地。结合深翻地 30～35cm，施厩肥，整地作床。播前灌足底水，播种前用 3%～5%高锰酸钾或 50%多菌灵对土壤进行消毒。

（3）播种。春播、秋播均可，以 11 月下旬秋播为好。将种子撒于床面，轻耙镇压即可。春播在 3 月上中旬至 4 月底进行，播种前，用 0.3%高锰酸钾或硫酸铜溶液浸种 20～30min，然后捞出拌沙播种于苗床上，行距 25cm，覆土厚 1cm，播后浇水。每公顷播种量为4.5～7.5kg。1年生苗高可达21cm，根径0.2cm。

（4）苗期管理。出苗后浇水要次多量小，切忌大水漫灌。苗木生长期，要浇1～2次水，以早晨、傍晚为宜。并要适时松土、除草。

2. 病虫害防治

（1）白粉病。7月上旬至8月上旬危害幼苗。防治方法：①避免在潮湿地方育苗，少浇水，使苗木生长有一个干燥环境。②发病期，可用石灰硫黄合剂、多硫化钡等药液喷洒，每隔10d喷洒1次，连续3～4次。

（2）根腐病。发病时，幼苗根部腐烂，地上部分枯死。防治方法：①减少灌溉量，降低土壤湿度。②应及时拔去死株，然后用1%～3%硫酸亚铁药液沿根喷施，或用5%高锰酸钾或用1：1：200的波尔多液喷洒。

（3）鼠害。大沙鼠啃食梭梭苗木根部和枝条。防治方法：可用磷化锌制成毒饵和毒枝诱杀，或将梭梭幼嫩枝喷洒磷化锌，插在大沙鼠经常出入的洞口外诱杀。

白梭梭（*Haloxylon persicum* Bge. ex Boiss. et Buhse.）

一、生物学特性

别名　梭梭树。

分类　藜科（Chenopodiaceae）梭梭属（*Haloxylon* Bge.）落叶灌木或小乔木，高1～7m。

分布　在我国准噶尔盆地古尔班通古特沙漠中分布较广，乌伦古河、额尔齐斯河沿岸沙地和塔克尔莫乎尔沙漠也有零星分布，垂直分布在海拔1 000m以下。

特性　耐瘠薄、耐高温、耐寒。抗盐性强，在含盐量2%以下的盐化沙丘、沙地上生长良好。抗旱性极强，成年植株在6m以内的沙层含水量为1%～2%时，能正常生长。根系强大，垂直根系可达4m，水平根系可达10m。白梭梭生长较快，直播苗当年可达60cm左右，第3年高达1.5～2m，并有少量开花、结实。种子较小，成熟后遇风极易脱落飞散，而且种子生命力较短。

用途　是我国干旱荒漠区固沙造林的优良植物种。也是优良的薪材和饲料植物种。

二、育苗技术

1. 育苗方法

白梭梭扦插不易成活，目前生产上采用播种育苗，方法如下：

（1）采种。9～10月底种子大量成熟，选择壮龄植株作为采种母株，及时采集，摊晒。当含水量低至10%以下时，风选除杂去翅，置于干燥处贮藏。一般条件下可贮藏半年，发芽率约80%左右；半年后发芽率迅速下降，采种后9个月，完全丧失发芽能力。种子千粒重约4g。

（2）育苗地准备。选择盐碱轻，地下水位低，排灌方便，有林带或沙障庇护的沙土或沙壤土作育苗地。采用苗床育苗，床面宽2～3m，长5～10m，高床、平床皆可。

（3）播种。早春播或秋播都可。早春播种，苗木生长期长，有利于提高苗木质量。一般在地表白天化冻5cm左右时，抢墒播种。秋播宜在11月初至土壤封冻前进行。亩播量（去翅纯种）以2.5kg为宜。常用单行式条播，行距25～30cm。覆土不宜过厚，沙壤土为1～1.5cm，沙土为2～3cm。

（4）苗期管理。苗期耐旱，土壤过湿易引起根腐。如果苗木生长正常，不需要轻易浇水。年降水量100～150mm地区，全年灌溉1～2次即可。苗期应适当松土、锄草。当苗高达50～60cm时，即可出圃造林。

2. 病虫害防治

同梭梭。

羊柴（*Hedysarum laeve* Maxim.）

一、生物学特性

别名　蒙古岩黄芪、踏郎。

分类　豆科（Leguminosae）蝶形花亚科（*Papilionatae* Taub.）岩黄芪属（*Hedysarum* L.）落叶小灌木，高0.5～1m。

分布　分布于亚洲中部，在我国主要分布于内蒙古、宁夏、陕西、甘肃、河北等省。东北也有少量分布。其地理分布为东经105°～125°、北纬37.4°～48°，垂直分布于1 000～1 500m，多见于固定和半固定沙地。

特性　抗逆性强，耐寒、耐旱、耐高温、耐瘠薄。在冬季－30℃低温和夏季50℃高温条件下能正常生长。50cm沙层含水率0.72%条件下能生长。不耐涝，在湿润丘间低地生长不良。喜适度沙埋，20cm以下的沙埋有利于苗木生长。抗风蚀，但不喜风蚀，风蚀大于20cm，生长量下降85%左右。浅根性树种，主根一般深1～2m，侧根发达。根系有丰富的根瘤。

用途　干旱草原和荒漠草原、流沙地的重要植物种。枝叶营养丰富，含粗蛋白16.4%～20.3%、脂肪约3.8%、纤维素约25.5%，是牲畜的优良饲料。种子含油率约10.3%，含蛋白质约32%，可食用，是较好的木本饲料。花期长，是沙区的蜜源植物。根蘖力强，生物量较高，热值高，是较好的薪炭材树种。

二、育 苗 技 术

1. 育苗方法

羊柴的育苗方法主要有播种育苗和容器育苗两种。

1）播种育苗

（1）采种。9～10月种子成熟，选择健康母株及时采收，晒干，于干燥通风处贮藏。

种子千粒重约 13～16.5g。

（2）育苗地准备。选择有灌溉条件、背风向阳、排水良好、土壤疏松的沙壤土或壤土作育苗地。整地作床，可作成 2m 宽、10m 长的简易苗床，苗床之间留步道，步道要高于床底 10cm。播前施足底肥，并适当加入磷肥。

（3）种子处理。发芽最适宜温度为 25～30℃。播种前用 40～50℃温水浸泡 2d，然后混沙堆放，每天浇水 1 次，保持湿润，待种子裂嘴露白时，即可播种。

（4）播种。3 月中下旬至 4 月上旬播种，采用条播，株行距 15～20cm，播种深度 2～3cm，播后覆土轻压，浇水。每亩播种量为 3～4kg。播后 1～2d 种子即可发芽，7～10d 幼苗出土。

（5）苗期管理。当苗高达到 30cm 左右时，即可出圃造林。

2）容器育苗

（1）基质。基质的配制比例为 60%黏土、30%沙子及 10%粪肥。在装容器前，要充分粉碎、过筛、掺匀。

（2）播种。将基质装入容器内，上方留 2～3cm，将容器整齐摆放在苗床上，挤紧靠实。播种前将容器浇足底水，然后用处理过的种子播种，每个容器杯播 3～5 粒种子，播后覆沙 1～1.5cm，覆土后再喷 1 次水即可。

（3）苗期管理。苗期要定时浇水。发芽出土前，要保持土壤湿润，每天浇 3～4 次水。种子出土后，每天浇 2～3 次水。当幼苗长出 2～3 片真叶时，要追施少量复合肥，每 30 平方米施 0.5kg。当地上部分长出 5～6 片真叶，苗高达 10cm 时，即可出圃。

2. 病虫害防治

羊柴蚜虫危害苗木。防治方法：敌杀死、速灭杀丁、氯氰菊酯和大灭菊酯等农药对羊柴蚜虫均有显著的杀伤效果。

花棒（*Hedysarum scoparium* Fisch. et Mey.）

一、生物学特性

别名　细枝岩黄芪。

分类　豆科（Leguminosae）蝶形花亚科（*Papilionatae* Taub.）岩黄芪属（*Hedysarum* L.）落叶大灌木。

分布　主要分布于我国巴丹吉林沙漠、腾格里沙漠、河西走廊、巴丹吉林沙漠等地，西至古尔班通古特沙漠，东至乌兰布和沙漠均有分布，地理分布为北纬 37°～50°、东经 87°～105°。现在已引种到河东沙地、乌兰布和沙漠、毛乌素沙地和辽河沙地一带。

特性　喜光树种。耐旱，年降水量小于 100mm、沙层水分 1%以下时能正常生长。耐盐碱，土壤平均含盐量为 0.27%时能正常生长。耐热、耐寒，在夏季极端最高温 40～48℃，冬季极端最低温－34℃的戈壁、沙地，生长良好。耐沙埋能力强，当沙埋深度达枝高 50%时，生长正常。根系发达，主根可达 60～70cm，侧根可达 5～6m。幼龄期生长较快，3年就可郁闭，开始结实，20年后进入衰老期。

用途　是我国西北地区优良防风固沙树种。枝叶是较好的木本饲料。茎干热值高，可作薪材。枝条可编篱笆，搓绳或织麻袋。也是沙区的蜜源植物。

二、育 苗 技 术

1. 育苗方法

花棒的育苗方法主要有播种育苗、容器育苗和扦插育苗。

1）播种育苗

（1）采种。10月下旬果实成熟，荚果成熟后易开裂，当荚果由绿色变成黄灰色时，选择5～10年生壮龄母株，及时采种，摊晒、脱粒、过筛除杂，待种子含水量降到7%左右时，置于室内干燥通风处贮藏。种子千粒重25～40g，发芽率95%以上，保存5年后，发芽率仍在80%左右。

（2）育苗地准备。选择背风向阳、地势平坦、排灌方便的沙质和轻壤土作育苗地。前一年秋季，结合深翻地施底肥，每公顷45～60t，整地，灌足底水越冬。

（3）种子处理。播种前10d左右，用30℃温水浸种3～4d，或用40～50℃温水浸种2～3d，然后种子、湿沙按1∶2比例混合，催芽3～4d，每天洒水，保持湿润，大部露白时即可播种。

（4）播种。4月下旬播种，播前灌水，待水落干后，开沟条播，行距20～30cm，播深3～4cm，播后覆沙3cm厚，略加镇压。亩播种量为2.5～8kg，

（5）苗期管理。播后 7～15d 左右就可出齐苗。苗期少灌水，做到水过地干，不能积水，以免死苗。根据土壤板结情况，适时松土除草。当年育苗，秋季即可出圃。

2）容器育苗

（1）基质配制。黏土、沙土、粪肥的比例为60%、30%和10%。

（2）播种。将配制好的基质混拌均匀，装入容器，上方留空2～3cm，将容器整齐摆放在苗床上。播前进行种子处理，同播种育苗。播前灌足底水，每个容器播种3～5粒，播后覆沙1～1.5cm，覆土，喷水1次。

（3）苗期管理。发芽前，每天浇水3～4次。种子出土后，每天浇水2～3次。，当幼苗长出2～3片真叶时，要追施复合肥，每平方米施0.05kg为宜。待苗木长出5～6片真叶，苗高10cm时，即可出圃造林。

3）扦插育苗

扦插育苗可结合平茬复壮，采集1～2年生的枝条，选用粗0.7～1.5cm的枝段，截成长50～60cm的插穗，放在清水中浸泡1～2d后，取出扦插，插穗露出地面1～2cm。在水分条件好或能灌溉的丘间低地和滩地上，扦插成活率高，生长较好。

2. 病虫害防治

（1）白粉病。7～8 月发病率最高，可喷洒 0.3°Bé 石硫合剂，每隔 10d 喷洒 1 次，

连续 3 次。

（2）蚜虫。5～8 月危害幼苗，可用 40%的乐果 2 000～3 000 倍液。

（3）花棒毒蛾。食叶害虫，1 年 1 代，以卵越冬，在冬春季卵孵化前，用 90%的美曲膦酯 1000 倍液喷洒消灭虫茧。

（4）鼠害、兔害等。用氟乙酰胺作毒饵灭杀，或用浓度为 0.1%～1.0%的药液浸种或拌种。

半日花（*Helianthemum songaricum* Schrenk）

一、生物学特性

别名　好日敦一哈日。

分类　半日花科（Cistaceae）半日花属（*Helianthemum* Mill.）强旱生落叶小灌木，高 10～15cm。

分布　主要分布于我国内蒙古西鄂尔多斯桌子山海拔 1 000～1 300m 草原化荒漠区的石砾质山麓和低山石质残丘坡地上，在新疆准噶尔盆地也有零星分布，有强石质化生境特点。呈岛状残遗分布，多形成建群种群落。自然分布区位于北纬 39°13′～40°11′，东经 106°40′～107°44′，分布区基本属于西鄂尔多斯国家级自然保护区，集中分布于半日花核心区。

特性　半日花科植物为地中海植物区系的特征植物，是亚洲中部荒漠特有种，天然更新能力差，在分布区内很少看到幼苗。花期长，可以连续不间断开花，从 5 月到 10 月份都有开花植株。对水分敏感，丰水年枝叶生长旺盛且花量较多。植株矮小，高一般不超过 20cm，灌丛冠幅约在 20cm。分布区属于典型的大陆性季风气候，年平均气温 6.8～9.7℃，极端最高温 37.3～39.5℃，极端最低温–35.7～–32.6℃。年平均降水量 90～180mm。年均蒸发量 2 462～3 217.7mm。无霜期 156～159d。

用途　半日花地上部分可做染料。近年来，有利用半日花提取物作植物源农药的相关发现。

二、育苗技术

1. 育苗方法

半日花繁殖困难，目前以播种育苗为主，方法如下：

（1）采种。7～10 月份，选择健壮母株，采集颗粒饱满种子，摊晒、除杂后，在冰箱内低温贮存或室外低温沙藏。千粒重约 1.813g。

（2）育苗地准备。选择地势平坦、排水良好、土壤肥沃的沙壤土为好，前一年整地，施基肥，灌底水。

（3）种子处理。种子无休眠期，播前用 35～40℃温水浸泡 24～36h，然后待 5%～10%种子吐芽时，即可播种。

（4）播种。春、夏季均可播种，以 4 月上中旬播种为好。采用点播，播后覆土 0.3～

0.4cm，然后立即灌水。

（5）苗期管理。播后2～3d出齐苗，出苗率在90%左右，半日花播种后发芽容易，但幼苗特别纤弱，极易大批死亡，一定注意管护。

2. 病虫害防治

半日花抗性强，很少发生病虫害。

沙棘（*Hippophae rhamnoides* L.）

一、生物学特性

别名　酸刺、黑刺、醋柳。

分类　胡颓子科（Elaeagnaceae）沙棘属（*Hippophae* L.）落叶灌木或小乔木，树高约2m，偶达10m。

分布　广泛地分布于欧亚大陆温带、寒温带，从湿润生境到干旱荒漠区均有分布。在我国主要分布于西北、华北和西南各地，集中分布于黄土高原。垂直分布海拔550～4000m。

特性　喜光树种。耐寒、耐高温、耐水湿和盐碱、耐干旱瘠薄；抗风沙、耐沙埋。对气候和土壤要求不严，喜疏松、湿润的微酸性、中性和碱性土壤，pH6.5～9.5。根系发达，集中分布于20～50cm土层，垂直根系可达4m。萌芽力和根蘖力极强。有根瘤，生长快，通常3～5年后开始结实，7～15年为盛果期，30～40年后开始衰老，树龄可达60～80年。

用途　是三北地区水土保持林和防风固沙的优良植物种。根系具有根瘤，能固氮改良土壤，是沙区较好的绿肥植物。热值高，是优质薪材。果实含有多种维生素和多种氨基酸黄酮类物质，具有重要医疗保健价值。果实可制作果汁、果酱、糕点、酿酒、酿醋等，种子出油率高，可达18.8%，具有食用价值。树皮、树叶、含单宁，可提制染料、香料和鞣革原料。

二、育苗技术

1. 栽培品种

主要栽培品种分经济型、牧草型、观赏型及生态经济型等。经济型的有‘乌兰沙林’、‘辽阜1号’、‘辽阜2号’、‘乌兰格木’、‘丘依斯克’、‘橘大’、‘橘丰’；牧草型的有‘草新1号’和‘草新2号’；观赏型的有‘红霞’和‘乌兰蒙沙’；生态经济型的有‘森淼’等。

2. 育苗方法

沙棘育苗容易。常用方法有播种育苗、扦插育苗等。

1）播种育苗

（1）采种。果熟期 9～10 月，果宿存至翌年 3 月。通常冬季采种，也可秋季采种。种子呈棕黑色且有光泽时采收，去除果皮，得净种，于干燥通风处贮藏（0～5℃），可贮藏 2～3 年。种子千粒重 7～10g。

（2）育苗地准备。选择地势平坦、排灌方便、土质疏松的沙壤土作育苗地。秋季深翻地 30cm，施足底肥，灌足底水。整地作床，可选用高床、低床或平床。干旱多风地区，要在春播前 3～5d 把床做好。风沙危害和干旱严重地区，要架设塑料拱棚。

（3）种子处理。春播前常进行催芽处理。用 0.5%的高锰酸钾溶液消毒 30min，洗净后用 40～60℃温水浸种 1～2d，捞出后按 1：（2～3）的比例混入湿沙，堆放背风向阳处，用铺覆盖物增温。或采用室内催芽（30～35℃），每天翻动 1～2 次。待 1～2 周后，当 1/3 种子裂嘴露白时即可播种。

（4）播种。春播为宜。4 月中旬至 5 月初，土层 5cm 处地温达 9～10℃时，即可播种。也可秋播，宜晚不宜早，一般在 10 月底至 11 月初，翌年 4 月出苗，比春播早出苗 10～14d。多采用条播，行距 20～30cm，播幅宽 10～15cm，沟深 2～3cm，覆土厚 1～1.5cm，轻度镇压。每公顷播种量 50～60kg。

（5）苗期管理。播后上铺覆盖物保温，待幼苗大量出土时，及时撤除。幼苗长出两对真叶后，间苗；15d 后定苗，每米留苗 20 株左右。间苗后要及时松土、除草、浇水、施肥。移苗时，可用 0.002%或 0.004%的阿司匹林溶液作为安根水将土淋透，移植成活率达 97%。每公顷产苗 60 万株左右。1 年生苗高大于 30cm、地径大于 5mm、根长大于 20cm 时，可出圃造林。三北地区一般春季出圃。

2）扦插育苗

主要是嫩枝扦插、硬枝扦插和根插。

A. 嫩枝扦插

（1）采条。6 月上旬至 8 月初，选取健壮母株向阳部位 1～2 年生、粗 0.3～0.5cm 的嫩枝条，截成 10～14cm 长的插穗，带 2～3 对叶片，插穗上部剪平，下部削成马耳形。

（2）插穗处理。切制后的插穗立即放入水中浸泡，然后速蘸萘乙酸 500mg/L 溶液，插入苗床，及时灌水；或在晚上将插穗基部 2～3cm 浸入 0.005%吲哚丁酸或 0.01%吲哚乙酸溶液 12～16h，次日清晨取出，在大棚内扦插；或把插穗基部 2～3cm 浸泡在 0.006%浓度萘乙酸的 20～25℃溶液中 4～5h。然后扦插；或用 ABT1 生根粉溶液处理插穗，将插穗基部 2～3cm 浸泡 30～60min 后即可扦插。

（3）苗床准备。嫩枝扦插一般在温室内进行，插前在苗床底层铺 30～40cm 的砾石排水层，然后将细土与腐殖质按 1：1 比例混合铺 20～25cm，上面再铺 2～3cm 厚的河沙作为生根基质，或按 3：1 的沙与泥炭混合物配制成基质，或将河沙与锯末混合物作为扦插基质。插前压实浇透，用高锰酸钾加清水溶液喷洒消毒。

（4）扦插。5 月底至 8 月初扦插，株行距 3cm × 7cm，插深 2.5～3cm，每平方米插 470 根，插后浇水。也可不作床，在塑料棚里采用容器嫩枝扦插育苗。

（5）插后管理。插后 20～25d 内，基质温度要达 25～30℃，大气相对湿度为 90%～

100%。插穗发芽后，要移植到育苗地培育，株行距 25～70 cm。

B. 硬枝扦插

（1）采条。春秋两季都可采条，但秋季较好。3～4 月，选择中龄健壮母株 2～3 年生枝条，截取长 15～20cm，粗 0.5～1.0cm 的插穗，上端剪平，下端剪成马耳形。或在 10 月至翌年 1 月，选择直径 0.7～1.5cm 的枝条作种条。

（2）插穗处理。硬枝扦插育苗以春插为好。可将插穗置于 5℃以下低温保存 3～4 周，插前 1 周，将插穗浸入清水中，每日早晚换水，3～5d 后取出，将插穗下端 3～4cm 放入 0.01%浓度的吲哚乙酸溶液，或 0.05%浓度的赤霉素溶液中浸泡 16～24h，即可扦插；或将插穗倒置于宽 2m、深 25cm 的沟内，覆土约 10 cm，浇透水，15～20d 后，即可取出扦插；或将浸泡过水的插穗，速蘸 300～500mg/L 的萘乙酸（NAA）后插入苗床。秋插时，需将种条沙藏越冬，翌年 5 月初取出枝条，截成 10～20cm 长插穗，放在水中浸泡 18～30h 后插入苗床。

（3）育苗地准备。育苗地经过细致整地后，做成高 18～20cm、宽 1～1.5m 的苗床。在苗床上挖沟，沟深 10～12cm、宽 1cm。将插穗直插或斜插于沟内，地面上保留 2～3 个芽。株行距为 12 cm × 70cm。

（4）苗期管理。插后及时灌水、松土、施肥。灌水量为每公顷 100～200m^3，6～8 月施肥 3 次。硬枝扦插育苗，最好在塑料大棚内进行。若在裸露地，扦插后应设置遮荫篷，当插条长到 8～12cm 时，可将遮荫篷逐步拆除。

C. 根插

（1）采根。秋末至春分，树液停止流动期间，选择 4～6 年生健壮母株，选取 2～3 年生、粗约 1cm 的水平根作为种根。取根部位应距母株基部 1m 以外，截取 1～2cm 粗的侧根，截成 15～20cm 的根穗，上端剪平，下端剪成马耳形。

（2）根穗处理。秋季采根，需沙藏处理。选择地势高燥、背风向阳处，挖 0.6～0.8m 深，1m 宽的南北窖。窖底铺 3～5cm 的湿沙，将根穗上下倒置，分层堆放（各层湿沙厚度 5cm），上部填入湿沙，顶部高出地面 10～15cm，堆成屋脊形。窖中每隔 1～1.5m 处，插一把草，插到底部，防止根穗腐烂，窖内温度为 0～5℃。

（3）扦插。春季采根，插前浸泡 1d 后，即可扦插。秋季采根，翌年春插前，将根穗放入清水中浸泡 3～4d 后即可扦插，插深 30cm，直插、斜插均可，但在旱地苗圃地直插较好。根穗上端与地面平行，随后踩实。

3. 病虫害防治

（1）干枯病。危害枝条。防治方法：4 月下旬开始，开穴浇灌 40%多菌灵胶悬剂 500 倍液或甲基托布津 800 倍液，每月 1 次，连续 3～5 次。

（2）沙棘蚜虫。危害嫩枝幼叶。防治方法：可喷洒 10%吡虫啉 2 500～3 000 倍液。

胡枝子（*Lespedeza bicolor* Turcz.）

一、生物学特性

别名　麻条。

分类　豆科（Leguminosae）蝶形花亚科（*Papilionatae* Taub.）胡枝子属（*Lespedeza* Michx.）落叶灌木，树高 1～2 m。

分布　分布于中国辽宁、吉林、黑龙江、河北、山西、陕西、甘肃、宁夏、青海、内蒙古、山东、河南、安徽、浙江、湖北等地。西伯利亚东部、朝鲜和日本也有分布。

特性　喜光，在全光照条件下生长旺盛。较耐寒，在－30℃低温下无冻害。耐旱性稍弱，沙层内含水率低于 0.77%时，植株开始萎蔫。能耐一定盐碱。极耐风蚀，根系风蚀裸露，仍能生长。浅根性树种，须根极为发达，根幅可达 2.1～3.6m。根具有大量固氮根瘤。根的萌芽力极强，耐平茬。对土壤要求不严，在风沙土、栗钙土和黑土上均有分布，但在肥沃湿润、中性和微酸性的山地棕壤土和褐色土上生长最好。寿命长，生长快，当年苗木高可达 1m。

用途　优良的水土保持植物种。热值高，是优质薪材。枝条含纤维高，可达 41%，出麻率高，可达 32%，是制绳和纤维板的好原料。嫩枝和叶富含营养，是优质饲料。种子含油高，可榨油供制肥皂和工业用油。根可药用，具有大量根瘤，可固氮改土。

二、育 苗 技 术

1. 育苗方法

胡枝子以播种育苗为主，方法如下：

（1）采种。9 月中下旬，选择 6～8 年生健壮母株采种，晒干、碾压、清除杂物、于干燥通风处贮藏。种子千粒重为 9～15g。

（2）育苗地准备。选择有灌溉条件的中性沙质土作育苗地。播种前，结合细致整地，每公顷施底肥 22.5～30t，然后灌足底水。

（3）种子处理。春播前进行种子催芽处理，将种子放在 60℃温水中浸泡催芽。待种子裂嘴露白时播种。

（4）播种。4 月下旬至 5 月上旬播种。采用条播，行距 15～30cm，播幅宽 4～6cm，每公顷播种量为 75kg。播后覆土 1～2cm，然后盖上草帘，播后立即灌水。

（5）苗期管理。出苗期，应小水喷洒，保持土壤湿润，切忌大水漫灌。苗木出齐 20d 后，开始间苗和定苗，大田式育苗每平方米留苗 30～35 株，床作育苗每平方米留苗 70～85 株。 6～7 月追肥 2～3 次，秋季进行 1～2 次割梢，以促进苗木生长、木质化。

2. 病虫害防治

主要病害为白粉病和根腐病，防治方法参照梭梭。蚜虫危害幼苗，可用 40%的乐果 2 000～3 000 倍液防治。

西伯利亚白刺（*Nitraria sibirica* Pall.）

一、生物学特性

别名　小果白刺。

分类　蒺藜科（Zygophyllaceae）白刺属（*Nitraria* L.）落叶灌木，株高可达 1.0m，甚至更高。

分布　主要分布于蒙古、俄罗斯及我国新疆、西藏、甘肃、内蒙古、宁夏等地。生于盐碱化低地及干旱山坡。

特性　耐贫瘠，且耐盐碱能力非常强，可在含盐量高达 1%的重盐碱地正常生长。其耐水湿又耐干旱，耐高温又耐严寒，对恶劣生境有极强的适应能力。

用途　我国荒漠区优良旱生植物种，防风固沙效果显著。其浆果营养丰富，且可药用，根部是两种珍贵药材肉苁蓉和锁阳的寄生处，嫩枝和叶的粗蛋白、粗纤维的含量高，可作优良饲料。

二、育 苗 技 术

1. 育苗方法

西伯利亚白刺育苗方法主要有播种育苗、扦插育苗及组培育苗等，生产上以播种育苗为主。

1）播种育苗

（1）采种。8 月果实成熟，当果实颜色呈暗红或紫黑色时及时采摘。去除果肉，种子晾干后贮藏。

（2）育苗地准备。同唐古特白刺。

（3）种子处理。播种前种子需进行催芽处理。入冬前先用 0.5%高锰酸钾溶液浸种消毒，将种子与湿沙比 1∶3 混匀挖坑贮藏，春季播种前将种沙取出置于朝阳面堆积催芽，种子 1/3 露白时即可播种。或春季播种前先将种子用 40～50℃温水浸泡 24h，再用 ABT 生根粉 10 倍稀释液浸 0.5h，按种沙比 1:3 混匀置于 15～20℃温度下湿沙层积催芽，每天翻动，种子露白即可播种。

（4）播种。4 月上中旬日均温稳定在 10℃以上时播种。开沟条播或垄播，沟（垄）距 30cm，播种深度为 2～3cm，播后镇压，并立即浇水。播种量每亩 12～15kg。容器播种一般每容器 8～10 粒，注意棚内通风良好空气湿度不宜过大，基质严格消毒。

（5）苗期管理。适时施水，注意浇透但积水。出苗 20d 后施氮肥，如尿素，硝酸铵，生长期多施磷肥钾肥，如磷酸二氢钾，8 月中下旬以后停止浇水、施肥。及时松土、除草。

2）扦插育苗

西伯利亚白刺可用硬枝扦插和嫩枝扦插进行育苗，同唐古特白刺。

2. 病虫害防治

苗期注意防治锈病、白粉病、立枯病、潜叶蛾和灰斑古毒蛾等病虫害。

（1）锈病。危害叶片。防治方法：用 1.5%多抗霉素 800 倍液、80%代森锰锌 1 500 倍、25%粉锈宁 1 500～2 000 倍液、0.2～0.4 波美度的石硫合剂。

（2）白粉病。危害植株叶片。防治方法：在生长季节可喷 70%甲基托不津可湿性粉剂 700～800 倍液、或 1.5%多抗霉素 800 倍液、或 50%多菌灵可湿性粉剂 500～1 000 倍液。

（3）立枯病。同唐古特白刺。

（4）潜叶蛾和灰斑古毒蛾。同唐古特白刺。

唐古特白刺（*Nitraria tangutorum* Bobr.）

一、生物学特性

别名　白刺、沙漠樱桃。

分类　蒺藜科（Zygophyllaceae）白刺属（*Nitraria* L.）落叶灌木，高 0.3～1.0m。

分布　我国特有种，分布于新疆、西藏、甘肃、内蒙古、宁夏等地。

特性　耐旱、耐寒、耐高温、耐瘠薄、极耐沙埋。在气候极端干旱，年降水量 100mm 以下区域能生长和繁衍。根系发达，单株白刺根系总长度可达株高 30 倍，平卧枝极易产生不定根，沙埋后枝条遇降水能迅速萌生新枝条，不断积沙形成白刺包。在沙区，如无沙埋生长将减弱或衰退。盐碱能力强，生长地的土壤多为沙土、盐化沙土、堆积风积龟裂土、结皮盐土和山前棕钙土等。

用途　我国荒漠区的优良旱生植物，防风固沙效果显著。枝叶营养价值高，粗脂肪含量高于豆科与禾本科牧草，无氮浸出物和粗灰分含量较高，骆驼、绵羊、山羊等喜食。白刺果有“沙漠樱桃”之称，果肉和果汁富含营养，可制饮料，具有很好的医疗保健和药用价值。

二、育 苗 技 术

1. 育苗方法

唐古特白刺育苗方法有播种育苗和扦插育苗。

1）播种育苗

（1）采种。7 月果实成熟，在生长健壮、无病虫害的优良母株上采集核果，摊晒晾干除杂，贮藏备用。

（2）育苗地准备。选择地势平坦、土层深厚、肥沃、疏松透气的土壤做育苗地。秋季结合深翻地（25～30cm）使足底肥，整地作床，灌足底水，翌年春播种。

（3）种子处理。白刺种子有坚硬的内果皮，需进行催芽处理。入冬后按种与湿沙比

1：3 混匀挖坑层积贮藏，播种前将种沙取出并于朝阳面堆积催芽，待种子 1/3 露白时即可播种。或用 60℃左右的温水浸泡，至种仁吸水膨胀后与湿沙混匀，于背风向阳处催芽，常上下翻种，使内外温度、湿度保持一致，种子露白后即可播种。

（4）播种。4 月下旬开始播种，开沟条播，沟宽 8～10cm，沟距 30cm，播后覆沙 2～3cm，稍加镇压，立即灌水。播种量每亩 10～12kg。

（5）苗期管理。幼苗初期生长缓慢，适时浇水保持土壤湿润。3～4 片真叶后，结合浇水追施适量化肥，7～8 月再追肥 1 次。及时除草、松土。8 月停止浇水。

2）扦插育苗

（1）采条。入冬后或春季枝条萌动前，选择健壮、无病害、粗 0.5～1.5cm 的 1 年生枝条作种条，剪制成 20cm 长的插穗，湿沙层积贮藏。嫩枝扦插选用当年生木质化枝条，剪制成 15cm 左右的插穗，上部留 3～4 片叶。

（2）育苗地准备。同播种育苗。

（3）插穗处理。嫩枝插穗扦插前用 ABT 生根粉浸泡基部，以提高成活率。

（4）扦插。硬枝扦插于 4 月下旬进行。苗床内按 20cm×20cm 的株行距扎孔扦插，深度以 10～15cm 为宜，插后填土踏实，并立即浇水，不宜大水漫灌，苗木成活率也可达到 90%。嫩枝扦插可在 6 月下旬至 7 月中旬进行，在全光喷雾沙盘上成活率较高，可达到 75%～85%。

（5）苗期管理。参照播种育苗。

2. 病虫害防治

白刺苗期易发立枯病、潜叶蛾和灰斑古毒蛾等病虫害。

（1）立枯病。危害苗木基部根茎。防治方法：可用五氯酚钠 0.3%～0.4%溶液灌浇或撒施石灰粉进行土壤消毒，发病初期用 70%敌克松可湿性粉剂 0.067%～0.1%溶液喷洒，或用五氯酚钠 0.33%～0.4%溶液浇灌苗根。

（2）潜叶蛾和灰斑古毒蛾。吸食嫩枝叶。防治方法：用黑光灯诱杀；幼虫可用 25%乐果按每亩 200～250ml 超低量喷雾，或用马拉硫磷 50%乳油 0.1%～0.125%溶液喷雾毒杀。

杠柳（*Periploca sepium* Bge.）

一、生物学特性

别名 羊奶子、羊角桃。

分类 萝藦科（Asclepiadaceae）杠柳属（*Periploca* L.）落叶缠绕灌木，高达 1m 以上。

分布 分布在吉林、辽宁、内蒙古、河北、山西、河南、陕西、甘肃、宁夏、四川、山东、江苏等地。生于黄土丘陵、固定或半固定沙丘。常见于海拔 400～2000m 的干燥山坡、砂质地、砾石山坡上。

特性 喜光，耐旱性强，在降水量 200mm 的沙丘上，生长良好。抗涝能力强，幼苗能耐积水。耐盐碱，在土壤 pH 9.5 条件下正常开花结实。抗风蚀、沙埋能力强。主侧根发达，根长是植株地上部分的 2～3 倍。一般 2～3 开花结果。果熟后果皮开裂，种子借种毛可随风飘散。

用途　萌蘖力强，热值高，可作薪炭林。是防护林和水土保持林的优良树种。茎、皮、根可入药。种子可榨油。

二、育苗技术

1. 育苗方法

杠柳育苗方法采用播种育苗和扦插育苗，以播种育苗为主。

1）播种育苗

（1）采种。10 月最佳，此时果皮不开裂，种子较干，将采集的果荚去掉荚皮和种毛后放在干燥通风处保存。也可将荚果装在麻袋内，置于通风干燥处越冬，翌年播种前取出，反复敲打揉搓，使白色种毛与种粒脱离，除去种毛和杂质，即获得纯净种子。种子千粒重约 7.66g。

（2）育苗地准备。选择平坦、疏松、排水良好的沙质壤土作育苗地。整地作床或作垄，施底肥。一般床面宽约 1m，床面长 10～20m，留出步道；垄宽约 70cm。播种前浇透水。

（3）种子处理。播种前将种子用 40～50℃热水浸泡 4～5h，待种子膨胀，并有 1/3 露白后即可播种。

（4）播种。4 月上、中旬播种，撒播或条播，覆土厚 1.5～2.5cm。风沙干旱区可适当深播。亩播种量 1kg。

（5）苗期管理。播种后及时浇水，保持苗床湿润。7～10d 即可出苗，留苗 100～150 株/m^2，适时松土除草。

2）扦插育苗

在健壮母株选择粗 0.5～0.8cm 的 1 年生枝条作种条，剪成 10～20cm 长插穗。随采随插，直插入土，地上留 1cm，踩实后覆盖塑料薄膜，新梢长到 10cm 后取掉塑料薄膜，成活率可达 98%。

2. 病虫害防治

杠柳抗性极强，病害很少发生。虫害主要有蚜虫等，可用美曲膦酯防治。

金露梅（*Potentilla fruticosa* L.）

一、生物学特性

别名　金老梅、金蜡梅。

分类　蔷薇科（Rosaceae）委陵菜属（*Potentilla* L.），落叶灌木或小灌木，高 1m

左右。

分布　广泛分布于北半球亚寒带至北温带的高山地区，在甘肃、内蒙古、新疆、青海、四川、云南等地均有分布。

特性　适应性强，耐干旱瘠薄，生于海拔 1 000m 以上干旱阳坡或岩石缝中、戈壁边缘、河谷、山地草原、林缘及高山灌丛中。极其耐寒，可忍受−50℃的低温。

用途　金露梅枝叶繁茂，花为金黄色，鲜艳，花期长达半年，为优良观赏花木。可配植于高山园或岩石园，也可片植于公园、花园等处，还可盆栽观赏。叶可以代茶，叶片及果实含有单宁，花可入药，也是骆驼、牛、羊等的好饲料。

二、育 苗 技 术

1. 育苗方法

金露梅的育苗方法有播种育苗和分株育苗，以播种育苗为主。

1）播种育苗

（1）采种。9～10 月果实成熟，当果实呈橙色时，选取生长良好的母树及时采收，晾干后搓揉除杂，低温干燥贮藏。千粒重约 0.2g。

（2）育苗地准备。选择质地疏松、排水良好的微酸至中性的沙壤土或壤土作育苗地。秋季深翻（25～30cm），翌年春浅翻（22～25cm），每公顷施腐熟的农家肥 150t 和磷酸二铵 300kg、硫酸钾 300kg，同时，每公顷施入 225kg 硫酸亚铁与 1.5L 甲胺磷混合物进行土壤消毒。

（3）种子处理。播种前种子需进行层积催芽。上冻前，先将种子用 45℃的温水浸泡 48h，用 2‰的高锰酸钾溶液浸泡 20min，洗净后与 3 倍于种子的湿沙混合均匀放入沙藏坑。春季播种前将种沙取出，拌匀成堆催芽，适时洒水保持湿度，勤翻动，待 20%左右的种子露白即可播种。

（4）播种。5 月中旬播种，宽幅条播，播幅 15～20cm，播幅间距 10cm，每公顷播种量 150kg。播后用已消毒的腐殖质土覆盖，厚度 0.2～0.3cm，覆土后立即镇压，灌足水。

（5）苗期管理。出苗前，每天洒水 1～2 次，保持苗床湿润。待苗木长出真叶后即可追肥，前期以叶面喷施硫酸铵为主，每次间隔期 10d，每公顷 20～70kg，肥量可逐步递增。7 月下旬开始改喷磷酸二氢钾，每公顷用量 1.8kg。适时浇水保湿，结合除草进行松土。苗高 1cm 左右开始间苗、补苗及定苗，株行距 4cm×5cm。

2）分株育苗

金露梅的分株育苗一般在春季或秋季进行。分株时需带土球，尽量不要破坏根系。可边采挖，边包装。

2. 病虫害防治

苗期注意防治猝倒病、蛴螬和蚜虫等病虫害。

（1）猝倒病。危害苗木基部和茎部。防治方法：播种前 5d 用 2%～3%硫酸亚铁水溶液喷洒苗床表面。发病期施喷 70%甲基托布津可湿性粉剂或 50%多菌灵超微可湿性粉剂抑制病害蔓延。

（2）蛴螬和蚜虫。危害萌发种子、幼苗根茎。防治方法：蛴螬防治可在苗木行间打孔注入 40 倍液 70%甲胺磷，虫害严重时，可选用绿僵菌防治。蚜虫可施喷 40%氧化乐果乳油 1 000～1 500 倍液、20%速灭杀丁乳油 2 000 倍液或 2.5%敌杀死乳油 3 000 倍液进行防治。

小叶金露梅（*Potentilla parvifolia* Fisch. ex Lehm.）

一、生物学特性

别名 柏拉。

分类 蔷薇科（Rosaceae）委陵菜属（*Potentilla* L.），落叶小灌木，高 50～100cm。

分布 生态幅较宽，生于温性山地至高寒草甸。在青海、西藏、四川、内蒙古、宁夏、山西、新疆、甘肃等地均有分布，是四川阿坝地区海拔 3 000～5 000m 山地的建群种或优势种。

特性 旱中生灌木，耐干旱，耐瘠薄，耐寒，可耐－50℃低温。生于海拔 900～5 000m 的干燥山坡、草原、林缘、沟谷及岩石缝中。喜微酸至中性、排水良好的湿润土壤。

用途 植株紧密，花色艳丽，花期长，为良好的观花树种，可在园林绿化中作为绿篱、球形造型，也可片植。花叶能药用，叶可代茶，对治疗湿寒脚气、痒疹、乳腺炎具有明显效果，还可作中等饲料。

二、育 苗 技 术

1. 育苗方法

小叶金露梅可以通过播种育苗、分株育苗等进行培育。

1）播种育苗

（1）采种。果实 9 月成熟，呈橙色，可随成熟随采集。经晾干、揉碎、去皮后于通风处贮藏。

（2）育苗地准备。选择微酸至中性、排水良好的湿润土壤作育苗地。结合翻耕撒施辛硫磷颗粒或溶液进行土壤消毒。按东西方向作床，床宽 2m、长 10m 左右。播种前 7d 床面喷施 5%硫酸亚铁溶液再次消毒。

（3）种子处理。播种前 10d 左右进行种子催芽处理。先将种子清水洗净，去除杂物及秕种，浸泡 24h，并用 0.3%高锰酸钾或硫酸铜溶液浸种 0.5h 消毒，种子与沙以 1∶5 的比例混合，湿度以一握成团，一触即散为宜，温度 1～5℃。每天翻动 1～2 次，使沙堆内外温度基本保持一致，适当补水，待 1/3 种子露白即可播种。

（4）播种。播种时间为 5 月中旬，采用宽幅条播，可用播幅为 10～15cm 播幅间距

20cm 的播种板播种。播种时将种沙一起播入地里，按 150kg/hm^2 净种的播种量均匀播种，播后用消过毒的腐殖质土覆盖，厚度 0.5cm， 覆土后立即镇压，浇足底水，待土壤半干后，及时用高 50cm 的遮荫网遮荫，遮荫网密度要大一些。天气晴朗每天洒水 3～4 次，如有降水则不洒水。

（5）苗期管理。参照金露梅播种育苗。

2）分株育苗

同金露梅。

2. 病虫害防治

同金露梅。

火炬树（*Rhus typhina* L.）

一、生物学特性

别名　鹿角漆。

分类　漆树科（Anacardiaceae）盐肤木属（*Rhus* L.）落叶大灌木或小乔木，高 2～6m。

分布　原产于北美洲，欧洲、亚洲及大洋洲等许多国家。分布范围东经 70°～125°，北纬 30°～48°，海拔 3.5～1 500m。我国自 1959 年引入栽培，在东北、华北、西北栽培较多，包括河北、山东、山西、陕西、河南、甘肃、宁夏、内蒙古、辽宁、吉林等地。

特性　喜光、耐瘠薄、忌水湿。适应性极强，在年降水量 400mm 以上，温度 42～35℃，年平均气温 8℃以上地区，生长良好。最低温－25℃以下地区，幼龄期易受冻害。既耐盐碱，也抗酸，在 pH 8.5～9.0 的强碱性土及 pH5.5 的酸性土壤上均能正常生长。根系发达，一般根深 50cm 左右，3 年实生苗根幅可达 10m 以上。根蘖力极强，5 年生苗木，可萌发 15～20 株萌蘖苗。寿命短，约 15 年开始衰退。但自然根蘖更新能力强，稍加抚育，就可恢复林相。一般 4 年生可开花结实。果实在 9 月中下旬成熟，可在枝上宿存至 11 月。

用途　是优良的防风固沙、水土保持及园林绿化植物种。叶内含单宁 13%～17%，是制取鞣酸的原料。果实含有柠檬酸和维生素 C，可制取饮料。种子可榨油，供制肥皂和蜡烛。树皮内层有止血功能。木材纹理美观，可作雕刻、旋制工艺品等。

二、育 苗 技 术

1. 育苗方法

火炬树育苗方式有播种育苗、根插育苗、根蘖育苗和组培育苗等方法。

1）播种育苗

（1）采种。7～9 月，果穗成熟后，选择健壮母株采集果穗，晾晒 2～3d，先用木棍敲打，再将果实放入 3%的碱水中浸泡 2h 左右，去掉杂质果皮，晒干，即得纯种。种子千粒重为 9～10g。

（2）育苗地准备。选择地势平坦、灌溉方便、土壤肥沃的土地作育苗地。秋季深翻地，每公顷地施 37.5～75t 基肥、12.5kg 磷肥，可用辛硫磷等农药进行土壤处理。翌年春季，整地作床，播前苗床灌足底水，待土壤合墒时，开沟待播，沟深 2～3cm，沟底耧平。

（3）种子处理。催芽方法可用越冬层积低温催芽或碱水烫种法催芽。

① 越冬层积低温催芽法。选择地势高燥、排水良好、背风向阳处挖埋藏抗。坑深 1m 左右，长、宽根据种子量而定。纯净种子与湿沙（沙的含水量为沙子最大持水量的 60%）按 1：3 混拌均匀，或一层种子一层湿沙埋入坑内，距地面 10～20cm 处用纯沙填平，上面用土覆盖呈屋脊状。翌年春季播种前起出种子即可播种。

② 碱水烫种催芽法。播种前 7～10d，用 80℃以上的 5%碱水烫种，待水冷却到不烫手时，用手搓掉种皮蜡质，再用 45℃的 2.5%碱溶液浸泡 48h，然后捞出，按 1：2 种沙比混合，置于温度 18～20℃下催芽，上盖塑料薄膜，保持湿润，每天翻 2～3 次，当有 50%种子裂嘴露白时即可播种。

（4）播种。一般在 4 月初到中旬，采用开沟播种，将种子均匀撒入沟内，每公顷播种量 7.5kg 左右，覆盖营养土（风化细土：腐熟细粪=3：1），然后再覆盖原土厚 1～1.5cm，轻压，上铺稻草或塑料薄膜。有灌溉条件的地方宜浅播，覆土厚 0.5～0.8cm，稍加镇压，覆草或经常保持床面湿润。

（5）苗期管理。出苗后及时松土除草，适度浇水，促进根生长。苗高约 10cm 时间苗，苗高约 15cm 时定苗，株距 15～18cm。7 月上旬至 9 月上旬为速生期，应适时灌水、追肥、松土、除草，一般 10～15d 灌水 1 次，结合灌水追施尿素 3 次（6 月下旬以后，每 15d 施 1 次），每公顷用量为 1 125kg。9 月下旬停止灌水，防止徒长。

2）根插育苗

（1）采根。秋季或春季，在火炬树周围距根茎 0.5m 处，挖深 30cm 的沟，将粗 0.5cm 以上的根切断、挖出；也可秋季起苗时，将粗 0.5cm 以上的根剪下，并剪成长 15～18cm 的根穗。

（2）根穗处理。秋季剪切的根穗，50 株一捆，可进行低温层积沙藏，待翌年春季扦插。

（3）扦插。一般采用春插，3～4 月中旬，先在床面扎孔，将根穗插入孔中，株行距 20cm × 30cm，根穗上端离地面 0.5～1.0cm，插后踏实，及时灌水。也可在苗床上开沟扦插，沟深 20cm，根穗斜插沟内，根穗上端低于地面 1cm，覆土镇压并灌水。

3）根蘖育苗

于春季树芽萌动前，在床面开 2～3cm 深的沟，将根穗平放于沟底，覆土镇压及时灌水。秋季起苗后，及时耙平苗床，于封冻前灌 1 次防冻水，再覆土 10cm，翌年解冻后除去防冻土并灌水，每公顷产苗量 37 500～60 000 株。苗期管理同播种苗。

4）组培育苗

（1）材料选择。5～6 月选用多年生植株当年生嫩枝作外植体，将其剪成 2～3cm 茎段。

（2）材料处理。把取来的外植体用清水冲洗 30min，在无菌条件下用 70%酒精浸泡茎段 20s、茎尖 10s，然后在 0. 1%升汞+氯化钠溶液中轻轻不断摇动 4～5min，用无菌水冲洗 3～4 次，剥去茎尖外层包叶，用手术刀切取 0.1～0. 2 的茎尖，接入 MS+ 6BSmg/L 培养基上培养。

（3）培养基选择。诱导芽增殖的最佳培养基是 MS+ BA2. 0mg/L，诱导植株生根培养基是 1/2MS+ IBA1. 0mg/L。

2. 病虫害防治

苗期易受白粉病感染，多发生在初夏高温季节，可喷 50%代森铵 800～1 000 倍液防治。

玫瑰（*Rosa rugosa* Thunb.）

一、生物学特性

别名　红刺玫。

分类　蔷薇科（Rosaceae）蔷薇属（*Rosa* L.）落叶直立丛生灌木，高 1～2m。

分布　原产我国北部，现各地均有栽培，以山东、江苏、浙江、广东为多。

特性　喜光、耐寒、耐旱，能耐极端最低温－30℃，极端最高温 40℃。对土壤要求不严，在微酸性、中性、微碱性土壤上能生长。不耐积水，遇涝则下部叶片黄落，甚至全株死亡。萌蘖力很强，生长迅速。

用途　是优良的水土保持树种。玫瑰花大而艳丽，可作香料和提取芳香油，果实含维生素 C，具有极高观赏价值、经济价值及生态价值。

二、育 苗 技 术

1. 育苗方法

玫瑰育苗方法以扦插育苗、压条育苗、分株育苗和组培育苗为主。

1）扦插育苗

（1）采条。①春插，2 月中旬至 3 月下旬，选择健壮、无病虫害的母株，剪取 1 年生粗壮硬枝，截成长 8～15cm 的插穗。②夏插，可在 6 月中旬至 7 月上旬选用当年生、花后充实嫩枝条。③秋插，可在 9 月至 10 月上旬选用当年生半木质化至木质化枝。夏插和秋插插穗长度 6～10cm，插穗上部留 2～3 个复叶，插穗基部双面反切。

（2）插穗处理。插穗可用生根粉处理，或用吲哚丁酸 0.001 5%～0.002 5%液处理 24h，温水处理也有效果。

（3）苗床准备。可选用绵沙土、沙土、蛭石、珍珠岩或 1/3 生黄土与 2/3 沙混合土作基质，也可选用中性或微酸性中壤或沙壤的圃地土做基质。基质可分层铺设，下层用粗砂，中层铺圃地土，上层铺沙壤土或绵沙土。

（4）扦插。春插、夏插、秋插均可。春插在 2 月中旬至 3 月下旬，夏插在 6 月中旬至 7 月上旬，秋插在 9 月至 10 月上旬。扦插深度为插穗的 1/2 为宜，每平方米可插 100～160 株，插后压实土壤。夏季或干旱季节扦插时，可先将插穗基部蘸泥浆再插，同时浇水遮荫。

（5）苗期管理。插后立即浇水、但要防止过湿。根出齐后，可施含氮、磷、钾 3 要素液体肥料或其他肥料。适时清除杂草落叶，入冬前，灌冬水。

2）压条育苗

6 月下旬，选择当年新生枝条，就近挖坑，坑深 5～10cm。将枝条距梢端 30cm 处的皮部刻伤（也可在刻伤处使用生长激素促进生根），将刻伤枝条压入坑内，使刻伤处置于坑底，盖土压实，使顶梢露出土面 20cm。25～30d 后，刻伤处就能长出新根，40d 左右，从生根处与母株分离。

秋季或翌年春季也可进行平茬，6～7 月当新枝长到 30～40cm 时，进行堆土压埋，土堆高 20～30cm。30d 左右可长出新根，然后进行剪断分株。

3）分株育苗

早春萌芽前，挖出全株，抖散株丛宿土，将枝条剪开，每枝都带根系。分开后剪除一部分枝叶，随即重新栽植。栽植时应设立支柱，同时注意水肥管理。也可母株不动，将新株切开另行栽植。

秋季也可分株，可 2～4 年进行 1 次。

4）组培育苗

（1）材料选择与处理。选择侧芽饱满且未萌发的茎段作外植体，将其切成 1 cm～1.5 cm，用饱和洗衣粉溶液漂洗 10 min，然后置于流水下冲洗 30 min，除去表面污物。接种前用 75%的酒精消毒 30s，再用 0.1%氯化汞溶液浸泡 5min～6 min，用无菌水冲洗 3～5 次，最后用无菌滤纸吸干植物材料表面的水分，准备接种。

（2）愈伤组织诱导及幼苗形成。玫瑰茎段在 MS+BA2.5 mg/L+NAA0.2 mg/L 培养基上能很好地诱导芽形成，诱导率 90%以上。

（3）根的培养。在继代培养基 MS+BA3 mg/L +NAA0.1 mg/L 中增殖系数为 4。生根培基为 1/2MS+NAA0.5 mg/L。

炼苗 1 周，移植至蛭石中，经过 1～2 个月，即可定植于富含腐殖质的砂质壤土中。

2. 病虫害防治

白粉病多发生于嫩叶，防治方法参照白皮沙拐枣。

黄刺玫（*Rosa xanthina* Lindl.）

一、生物学特性

别名 刺玖花、黄刺莓、破皮刺玫、刺玫花。

分类 蔷薇科（Rosaceae）蔷薇属（*Rosa* L.）直立灌木，高2～3m。

分布 原产我国东北、华北至西北地区，生于向阳坡或灌木丛中，现各地广为栽培。

特性 喜光，稍耐阴，耐寒力强，耐干旱，耐瘠薄。对土壤要求不严，在盐碱土、沙土、壤土、轻黏土中都能正常生长，以疏松、肥沃土、排水良好的沙壤土中生长最好。不耐水涝，少病虫害。

用途 北方春末夏初的重要观赏花木，开花时一片金黄，鲜艳夺目，且花期较长，适合庭园观赏，丛植，作花篱。

二、育苗技术

1. 栽培品种

有单瓣黄刺玫和重瓣黄刺玫，其中重瓣黄刺玫花形美观、颜色鲜黄、耐干旱、对土壤适应性强，在北方城市园林绿化中应用广泛。

2. 育苗方法

黄刺玫的育苗方法有播种育苗、扦插育苗、埋根育苗、分株育苗等。

1）播种育苗

因重瓣品种不结实，多用于单瓣品种育苗。

（1）采种。果熟期7～8月，当果实呈红褐色时，选择生长健壮、树干通直、干型好、无病虫害的优良母株采种，摊晒晾干，净种后装袋贮藏。

（2）育苗地准备。选择地势平坦、灌排水条件良好、土壤肥沃、疏松的沙壤土作育苗地。播前结合深翻（25～30cm）施足底肥，耙耱整平，灌足底水。

（3）种子处理。春季、夏季播种，种子需经沙藏越冬，层积催芽。秋季播种，种子可不作催芽处理，随采随播。

（4）播种。春季、夏季、秋季均可。穴播，每平方米1穴，每穴15粒种子，播后覆土2～3cm，轻压后灌水。出苗率较高。

2）扦插育苗

（1）采条。在生长健壮、树干通直、干型较好的母株上，选择2～3年生光滑青色的枝条，截成长15～20cm的插穗，保留2～4个芽，上端剪平，下端呈马蹄形，低温层积沙藏。嫩枝扦插于6月中旬至7月下旬进行，随采随插，剪取健壮植株上当年生木质化枝条作插穗，长10～15 cm，上部留2～3枚叶片。

（2）育苗地准备。同播种育苗。

（3）扦插。硬枝扦插于春季土壤解冻时进行。插前将插穗用水浸泡或用 ABT 生根粉速蘸。扦插时，插穗露出地面 3～5cm，株行距 8 cm。嫩枝扦插插穗用 50 mg/L 吲哚丁酸溶液浸 48 h，扦插深度深 5 cm 左右，保持土壤湿润。约 40～50 d 生根，翌年春季移栽。

3）埋根育苗

埋根育苗在 3 月挖取嫩根，截成 10～20cm 长的根段，埋深 5～7cm，随挖随埋，容易成活。

4）分株育苗

5～6 月黄刺玫生长旺盛期，对其进行重短截，加强水肥管理，半月后将萌生许多萌蘖。翌年春天将植株整个挖起，用利刀将植株以每 4～5 枝为 1 株进行分割，植株伤口用硫黄粉糕涂抹消毒，分割后的植株即可用来栽培。

3. 病虫害防治

苗期注意防治白粉病、煤污病、叶枯病、三节叶蜂及黄刺蛾等病虫害。

（1）白粉病。危害叶片和新梢。防治方法：发病时可喷洒 25%粉锈宁可湿性颗粒 1 000 倍液或 50%多菌灵可湿性颗粒 800～1 000 倍液或 75%百菌清 1 000 倍液，每 7d 喷洒 1 次，连续喷 3～4 次即可。

（2）煤污病。危害叶片及嫩枝。防治方法：初冬落叶后，用 3～5°Bé 石硫合剂喷洒，生长季节用 100 倍波尔多液进行防治。

（3）叶枯病。发生于叶片。防治方法：发病初期喷洒 70%代森锰锌可湿性颗粒 800 倍液或 70%甲基托布津可湿性颗粒 1 000 倍液或 75%百菌清 800 倍液，每 10d 喷洒 1 次，连续喷 3～4 次。

（4）三节叶蜂、黄刺蛾。三节叶蜂危害嫩茎，黄刺蛾吸食叶片。用 20%除虫脲悬浮剂 7 000 倍液喷杀月季三节叶蜂的幼虫，用 48%乐斯本乳油 3 500 倍液喷杀玫瑰三节叶蜂的幼虫，用 BT 乳剂 500 倍液喷杀黄刺蛾。

叉子圆柏（*Sabina vulgaris* Ant.）

一、生物学特性

别名 沙地柏、臭柏、爬地柏、新疆圆柏。

分类 柏科（Cupressaceae）圆柏属（*Sabina* Mill.）常绿匍匐状针叶灌木树种，高 1～2m，匍匐茎长 3～5m。

分布 广布种，分布在东经 0°～119°、北纬 31°～55°，垂直分布海拔 200～3 300m。在我国主要分布于内蒙古、甘肃、陕西、宁夏、新疆及青海等地。毛乌素沙地有成片集中生长区。

特性 耐高温、耐寒、耐旱、耐瘠薄、耐风蚀、耐沙埋。在 43.0℃高温和－43.5℃低温条件下，能正常生长。耐沙埋，较耐风蚀。根系发达，主根深达 3.6m，侧根长 2.6m。在地中海气候、山地气候和干旱、半干旱气候区均可生长。多生长于固定或半固定沙地和山前冲积平原及黄土高原的草坡、石质山地。能在钙质土、微酸性土和微碱性土壤上生长。对空气中二氧化硫有较强的抗性。

用途　防风固沙、水土保持的良好树种，也是较好的能源树种。枝叶含挥发油，含油率为1.5%～1.6%，是调制化妆品和香精的原料。嫩枝叶营养丰富，可作饲料。树皮和枝叶还具有较高的药用价值。

二、育 苗 技 术

1. 育苗方法

叉子圆柏的育苗方法有播种育苗、扦插育苗和压条育苗，生产上以扦插育苗为主。

1）播种育苗

（1）采种。果实6月成熟，成熟期为3年，采收黑褐色或紫褐色、果皮有皱不光滑且呈干燥状态的果实。采回后压烂，于40～50℃水中搓洗，去除果皮，种子晾干贮藏。千粒重20～26g。

（2）育苗地准备。选择地势平坦、向阳、无盐碱的沙土作育苗地。秋季深翻、整地、作床，灌足底水。

（3）种子处理。叉子圆柏种子发芽率低，且休眠期长，有隔年发芽特点，因此，需进行冬埋催芽处理200d左右，待春季取出播种。也可在播种前用60～80℃温水浸种4～7d，每天换水1次，发芽率可达77%。

（4）播种。春季播种，或7月上旬至8月下旬播种。采用平床条播方式，行距15～20cm，播后覆土1.0～1.5cm，立即灌水。每公顷播量150～225kg，产苗量为45万株，当年苗高5～7cm，地径0.2cm左右。

（5）苗期管理。播后保持土壤湿润，浇水要勤，量要小。及时除草松土。6～7月适当遮荫。苗木速生期施肥1～2次，每次每亩施尿素5kg。

2）嫩枝扦插育苗

（1）采条。春末至早秋植株生长旺盛时，选择生长健壮、粗0.4cm左右的1年生半木质化或木质化的枝条作种条，截成长10～15cm插穗，随采随插。

（2）插穗处理。插前用萘乙酸（NAA）500mg/L的溶液速醮插穗基部，随醮随插，或用100ppm①浓度浸泡13h，然后用清水洗净后扦插，也可用ABT1号生根粉2×10^{-4}浓度速蘸插穗，成活率可达94%以上。

（3）插床及基质准备。在大棚（或温室）内，作4.5m × 1m，高0.25m的插床，将河沙作为基质填入床内，插床上设置1m高的拱形塑料棚，以调节温度和湿度。扦插前灌足底水，并用0.2%高锰酸钾溶液进行土壤消毒。

（4）扦插。扦插株行距为3.5cm × 5cm，深度3cm，垂直扦插，插后压实、浇水，然后封严塑料棚。

（5）苗期管理。保持棚内湿度90%以上，温度不超过35℃。夏季高温期，每天喷水

① 1ppm=1mg/L，下同。

1～2 次，并通风 5～10min。如温度过高，可在塑料棚上方喷水降温。当插穗生根率达到 50%以上，幼苗平均根长 2.5cm 时，将苗移入直径 8.5cm、高 7.5cm 的容器内，浇足水，放在荫棚下缓苗。15d 后将容器苗移到育苗床上，成活率可达 99%。

3）硬枝扦插育苗

（1）采条。选用 2～3 年生、粗 0.4～0.8cm 枝条作种条，截成 10～15cm 插穗。

（2）插穗处理。扦插前用水浸泡插穗 6～7d，然后用 ABT1 号生根粉 100mg/L 溶液浸泡基部 2～3h 即可扦插。

（3）育苗地准备。选择排水良好、灌溉方便、肥沃疏松的沙壤土或壤土作育苗地。垄作和床作均可。

（4）扦插。春、夏、秋均可扦插，以早春和秋季为好。扦插方法有平卧埋条、直插和斜插 3 种方式，以平卧埋条成活率最高。

平卧埋条：苗床上开沟后，将插条平放于沟中，覆土 3～5cm，以不露埋条为宜，随后踏实，并浇透水，保持土壤湿润，温度 15～20℃。

直插方式：床作或垄作，株行距各为 10cm。剪去插穗下部 1/3 处以下的针叶后，即可进行扦插。扦插时，先作插孔，然后将插穗插入孔中，插后踏实土壤，保证插穗底部要和土壤贴实，随后浇透水，扦插深度为插穗的 2/3。

斜插方式：扦插深度为插条长度的 1/3～2/3，斜插角度为 20°～45°，扦插季节以春季为好。

6～8 月扦插，可采用全光喷雾育苗设备，或在苗床上方搭遮荫网降温、遮荫，每半月浇 1 次水，并时常叶面喷水，3d 左右 1 次。扦插成活率可达 90%以上。

4）压条育苗

选用 3～5 年生枝条，截成长 1m 以上的种条，去掉梢部、细枝、树叶，将大头插入栽植穴，深度 40～50cm，填土后，将种条平埋于地面，留梢部外露向上即可。生根率可达 90%。

2. 病虫害防治

叉子圆柏病虫害较少，但在育苗时，要远离果园，以免感染锈病。

沙柳（*Salix psammophila* C. Wang et Ch. Y. Yang）

一、生物学特性

别名 蒙古柳。

分类 杨柳科（Salicaceae）柳属（*Salix* L.）灌木，树高 3～4m。有波状沙柳、白毛沙柳、大序沙柳、小序沙柳 4 个类型。

分布 在我国主要分布于毛乌素沙地、库布齐沙漠及宁夏河东沙地，在新疆、甘肃、青海、西藏、河北、山西、内蒙古等地也有分布。

特性 能耐－30℃的低温和 60℃高温。不耐风蚀而耐沙埋，耐旱性强，当沙地含水量达 2%时，仍能正常生长。沙柳主根不明显，水平根极其发达，扦插当年水平根可达 1m 左右。沙柳对土壤要求不严，在沙地、滩地、河边、梁地及山麓均可生长，在地下水较高的沙地、沙质土壤、湿滩地上生长良好，而在干旱流沙地、梁地、低山地、盐碱滩和黏重土壤上生长不良。

用途 西北沙区丘间地、湿滩地的主要固沙造林树种。窄带防护林可使带后 5～15m 内平均风速降至 66%～69%。林内湿度比流沙地提高 10%。沙柳营养价值高，可作羊、骆驼等牲畜的饲料。热值为 4 609kcal/kg，是优质薪炭林树种。可作造纸原料和柳编材料。枝叶可作绿肥。皮可提取制革原料，皮、根可入药。

二、育苗技术

1. 育苗方法

扦插育苗、干苗培育、水插育苗、播种育苗等。

1）扦插育苗

（1）采条。冬季在健壮母株上采集粗 1～2cm 的 1～2 年生枝条作种条，按湿沙层积法，成行摆放在深沟内，然后覆沙 30～40cm，贮藏越冬。翌年春将种条截成长 15～20cm 插穗准备扦插。

（2）育苗地准备。选择排水良好、土层深厚的沙壤土作育苗地，秋季整地、施肥、耙地、作床，床宽 2 m，长以地势而定，灌足底水。

（3）插穗处理。插前将插穗放入水中浸泡 1～2d 后，即可扦插。

（4）扦插。于 4 月上旬扦插，株距 20～40cm，行距为 50～60cm，每公顷插 37 500～52 500 株为宜。扦插时将插条与土面持平，插后灌水。如培育大苗，株行距可采用 40cm × 50cm 或 40cm × 60cm。

2）干苗培育

干苗指 1～3 年生无根带梢的柳干。干苗宜运输，宜栽植，尤其适合低湿地造林。培育干苗可在育苗地或立地条件好的林地进行。第 1 年按 1m × 1m 或 1m × 2m 株行距栽植扦插苗，当年冬季平茬后加强管理，翌年春在平茬处可得到大量萌条，每株保留 3～5 根萌条，冬季再平茬，如此反复平茬可培育出高 4～5m、地径 4cm 的 1 年生干苗，每公顷产干苗 30 000～37 500 根。

3）水插育苗

水插育苗常用于繁殖优良无性系和新品种。水插法最好在温室内进行，方法是将塑料薄膜垫入插床底部四周，使插床成为不漏水的浅池，然后在塑料薄膜上撒一层 3～5cm 的沙土即为插床。插条长度为 3～5cm，粗为 0.5～0.9cm，上下各保留 1 个芽或茎节，扦插时将插条插入床中，以固定插条为标准，然后灌水，使上部芽露出水面，室温保持在 15～20℃，插后 7 d 即可产生不定根，插后 45～60d，便可移到室外苗圃，1 年生苗高可达 3m 左右。1 株苗高 2m 的实生苗，经水插育苗，1 年可繁殖 400 株苗木。

此外，用单芽穗条横排在沙床内，上覆 1cm 沙土，进行芽插育苗，也是加速繁殖的方法。

4）播种育苗

（1）采种。5 月果实成熟。当有 50%的果实开裂露白时及时采种，经摊晒、揉搓，去除杂物后，得到纯净种子。种子千粒重为 0.1～0.37 g，发芽率为 70%～96%。

（2）育苗地准备。选择地下水较高、土层深厚的沙质土壤作育苗地。秋季深翻、整地、作低床，床面宽 1m，步道宽 30cm，步道高 15～20cm，灌足底水。

（3）播种。将种子拌入细沙进行条播，播带宽 5cm，间距 30～50cm。每公顷播种量为 7.5～15kg，播后覆土，随后小水浸灌，灌水量低于床面 3～5cm。

（4）苗期管理。适时浇水，保持土壤湿润。在 7～8 月苗木速生期，追肥 2～3 次，并要及时松土除草和间苗。当幼苗长出 2 个真叶时，进行第 1 次间苗，当长出 4～5 片真叶时，进行第 2 次间苗，每平方米留苗 60～70 株，每公顷可产苗 36～42 万株。

2. 病虫害防治

（1）沙柳网蝽。成虫和幼虫危害叶背，7～8 月是危害盛期。防治方法：在沙柳展叶后和沙柳网蝽幼虫期，喷洒 1500 倍乐果乳油液进行毒杀。

（2）柳天蛾、柳尺蠖、金花虫等。危害苗木叶片及嫩梢。防治方法：幼龄期喷洒甲氰菊酯 20%可湿性粉剂 1 500～2 000 倍溶液进行防治。

杞柳（*Salix integra* Thunb.）

一、生物学特性

别名　簸箕柳、稼柳、白条。

分类　杨柳科（Salicaceae）柳属（*Salix* L.）落叶灌木，高 2～4m。

分布　分布于黄河及淮河流域，在陕西、新疆、内蒙古、辽宁、河北、河南、江苏等地均有分布。

特性　喜光树种，抗寒、抗旱并耐水湿，在极端最低温－41.5℃、冻土层达 1.2m 时，根部无冻害，枝条生长正常。对土壤要求不严，在沙土、沙壤土、壤土、黏壤土、黏土上均能生长，喜生于湿润、肥沃的沙壤土，在渠坡、低湿地、土壤总含盐量 0.4%～0.6%的条件下，生长良好。

用途　重要的防风固沙和经济林树种，并适合于沟渠和坡面造林。枝条是良好的包装材料，可用于编织筐、篮、篓、箱等，也可制作工艺品。枝皮含有水杨酸，可入药。树叶可制肥料。

二、育 苗 方 法

1. 栽培品种

栽培种有白皮杞柳、红皮杞柳（红皮柳）、青皮杞柳和二生子（河北），其中，白皮杞柳性状优良，红皮杞柳次之，其后为青皮杞柳、二生子。

2. 育苗方法

育苗方法主要为扦插育苗，方法如下。

（1）采条。选择生长健壮、无病害、直径为 0.8～2.0cm 的 1 年生枝条作种条，剪制成 15～20cm 插穗。寒冷地区在秋季落叶后采条，采用深坑层积湿沙贮藏，翌年春季扦插。温暖地区可在春季采条，随采随插。一般成活率可达 95%以上。夏季扦插选用粗度大于 0.7cm 的伏条作种条。

（2）育苗地准备。选择地势平坦、土层深厚、土质肥沃、有灌水条件的沙壤土、中壤土或轻壤土作育苗地。秋季深翻（30cm），灌足冬水，翌年春季再结合深翻每公顷施厩肥 45t，耕细耙平后，打耕作畦，畦长 20m，宽 2.4m。

（3）扦插。春季扦插在土壤解冻后进行，夏季扦插 7 月下旬到 8 月上旬进行。畦插或沟插，畦插行距为 60cm，每米 10 株，插后踏实，立即浇水。沟插时开沟深 15cm，宽 30cm，沟距 80cm，沟长 30～50m，采用沟植沟灌方式，即扦插之前，先顺沟灌水，然后在沟的两侧水线以上 2cm 处各插 1 行，每米 10 株。

（4）苗期管理。年灌水 6～10 次，幼苗期应及时除草松土，年除草松土 4～5 次。6 月中旬至 7 月底苗木速生期结合灌水追肥 3～4 次，每公顷施尿素 90～150kg。杞柳扦插苗的腋芽萌生力强，侧芽多，为保证苗木质量、促进高生长，应及时进行摘芽处理。

3. 病虫害防治

苗期注意防治杨柳褐斑病、柳锈病、斑枯病及柳树金花虫、柳毒蛾、柳天蛾等病虫害。

（1）杨柳褐斑病、柳锈病、斑枯病。危害苗木叶片。防治方法：放叶后，每 10～15d 喷洒 1 次 0.1～0.3°Bé 的石硫合剂，或 65%可湿性代森锌 400～500 倍液，或 65%可湿性福美锌、福美铁，各 300～500 倍液。

（2）柳树金花虫、柳毒蛾、柳天蛾。危害苗木嫩梢及叶片。防治方法：喷洒 50%马拉松乳剂 800 倍液，或 50%二溴磷乳剂或 50%杀螟松 800～1 000 倍液，或 40%乐果乳剂 1 000 倍液，或 25%亚胺硫磷乳剂 1 000 倍液进行毒杀。

红瑞木（*Swida alba* Opiz）

一、生物学特性

别名　凉子木、红瑞山茱萸。

分类　山茱萸科（Cornaceae）梾木属（*Swida* Opiz）落叶灌木，灌高达 2m。

分布　主要分布于我国内蒙古、黑龙江、吉林、辽宁、河北、山东、江苏、陕西等地。朝鲜、蒙古、俄罗斯也有分布。

特性　喜光树种，稍耐阴，抗病虫害，喜生于河谷、溪流旁及杂木林中。喜温暖湿润，在阳光充裕，气候湿润的地区生长旺盛，花期长，结实量高。耐寒性强，在年最低气温为−35℃的温带地区露地栽培能正常生长发育。较耐旱，在年降水量 300～400mm

地区，在春季只要每日灌水 1 次，即可保证生长良好。耐瘠薄，对土壤要求不严，除强酸性土壤外，在各类土壤上均能正常生长，但在排水良好、疏松、含腐殖质较高的中性壤土上生长最佳。

用途 红瑞木枝条终年呈红褐色，秋叶鲜红色，果实洁白，绚丽多彩，可作绿篱或庭院、街道绿化美化的优良树种。此外，它根系发达，耐潮湿，可植于河边、湖畔、堤岸上，可护岸固土。种子含油约 30%，可供工业及食用。茎秆可药用。

二、育 苗 技 术

1. 育苗方法

红瑞木的育苗方法主要有播种育苗和扦插育苗。

1）播种育苗

（1）采种。种子成熟期为 8～9 月，可分期进行采集。采集后堆放，待果皮腐烂后去除果皮和果肉，洗净、晾干、去杂得纯净种子。种子千粒重 18g。

（2）育苗地准备。选择灌溉条件良好、土质疏松、肥沃、富含腐殖质的酸性土壤（pH 5.0～6.5）作育苗地。秋季翻地，翌年春整地作床，每平方米施 35～40kg 腐熟有机肥与床面土混合，随后搂平床面，浇透底水，待床面稍干后便可播种。

（3）种子处理。播种前 60～90d 将种子混 2～3 倍湿沙（沙的含水量为沙子最大持水量的 60%）置于沟内沙藏，或装入缸、木箱内于窖内沙藏。翌年 4 月中旬将种沙取出，筛除沙子，白天晾晒种子，晚上收入室内或用草帘盖好，每天勤翻动、勤浇水，保持种子湿润，促进其发芽。当 20%～30%的种子裂嘴后便可播种。或春播前 20～30d 将种子浸泡 1d，混湿沙置于 10～20℃温度下，保持 60%水分，20～30d 即可发芽播种。

（4）播种。4 月下旬至 5 月初播种。采取开沟条播方式，沟距 8～10cm，沟深 2～3cm，将种子均匀撒入沟内，覆土 1～1.5cm，稍加镇压。播种量每平方米 150～250g。

（5）苗期管理。播后 10d 左右出苗，出苗前保持床面湿润，灌水要量小次多。7～8 月苗木速生期要加强肥水管理，适时松土除草。生长后期，停止灌溉。越冬前后灌 1 次封冬水。当年生苗高可达 15cm。

2）露地扦插育苗

（1）采条。春季树液开始流动但在芽萌动前，选取母株上生长健壮、粗 0.5～1.0cm 的 1 年生枝条作种条，剪成 10～15cm 插穗，以保留 3 个芽为准，上端离芽 1.5～2cm 处平剪，下端离芽 3～5cm 处剪成马蹄形。

（2）育苗地准备。同播种育苗。

（3）插条处理。随采随处理随扦插效果最佳。用 100～150mg/L 的 ABT1 号生根粉药剂处理插条基部 4～5h，成活率可达 80%。

（4）扦插。扦插采用垂直插和斜插两种方法。选用粗度是插条 2 倍的小铁扦作引锥沿线扎孔，后将插条插入土中 9/10，插条上端留出一个芽，继而顺孔缝四周夹挤踏实，间距 15～20cm，插后及时浇水。或采用膜上扦插方式。膜上扦插能提高地温，促进插穗生根，提高扦插成活率。

（5）苗期管理。及时浇水，保持土壤湿润。在根系尚未长成时（通常露地硬枝扦插生根时间较长，一般需要 60～90d），除草松土要浅，尽量避免摇动插条。春末夏初，结合浇水追施化肥 2～3 次。当年生苗高 10～20cm，从生枝 4 个以上，少部分扦插苗当年开花结实，第 2 年春季即可出圃。

3）温室扦插育苗

（1）扦插基质配置。选用草炭土和珍珠岩为基质，以 2：3 的比例充分混匀，边搅拌边喷洒 0.3%的高锰酸钾溶液对基质进行消毒。配好的基质需堆放 1d 后使用。

（2）容器的选择。选用 7cm × 11cm 的营养钵较为适宜。

（3）基质填装。基质装填时松紧适宜，稍作镇压。将装填好的营养钵摆放在苗床上，然后喷透水。基质面以低于杯口 0.5～1cm 为宜。

（4）采条。可在秋末冬初采集后沙藏，也可在翌年春季芽萌动前采集，以春季随采随插较好。3 月上旬，在芽萌动之前，选择生长健壮、无病虫害、粗 0.5～1.0cm 的 1 年生枝条作为种条，剪成长 8～10cm 插穗，每插穗具有 2～3 个饱满芽。上剪口平齐，离上芽 1～1.5cm，下切口呈马蹄形，距芽 3～5mm。切口要平滑，防止劈裂表皮及木质部。

（5）插穗处理。插前将剪好的插穗放入流水中浸泡 2～3d，若采用容器浸泡，应每天早晚换 1 次水。硬枝扦插的插穗最好用 500mg/L ABT1 号生根粉溶液进行速蘸处理，其效果较好，生根率可达到 90%以上。

（6）扦插。将插穗直插入基质中，扦插深度以上芽露出基质表面为准，插后要压实基质，使插穗与基质密接，插后立即喷 1 次透水。

（7）苗期管理。定期喷水，保证插穗湿润、基质湿度适中（含水量以 30%～50%为宜）。生根前，温室内的温度控制在 15～25℃，湿度 80%～90%，适当遮荫，定期通风。展叶后保证叶片湿润，并逐步降低空气湿度，增强光照强度，加大通风，提高苗木的抗性。插后 10d，应及时对叶面喷施腐殖酸型复合喷淋肥 0.125%溶液，间隔期为 8～10d。生根量少时，叶面肥喷施浓度为 0.17%，根系大量形成后，叶面肥喷施浓度为 0.2%。及时除草。生根率可达 90%以上。生根后，经炼苗 10d 左右，移植到大田培育。

2. 病虫害防治

红瑞木苗期易患茎腐病，发病期可每 5～7d 喷 1 次双效灵 500 倍液进行防治。如果是留床苗，可在新芽萌发前喷洒 0.4～0.5°Bé 的石硫合剂进行预防。

甘蒙柽柳（*Tamarix austromongolica* Nakai）

一、生物学特性

别名　红柳、沙柳。

分类　柽柳科（Tamaricaceae）柽柳属（*Tamarix* L.）落叶灌木，高 1.5～6m。

分布　分布在东经 100°～112°、北纬 33°～42°，沿黄河上游青海省以东到陕西北部的神木、绥德、米脂一带沿河冲积平原区均有分布。在甘肃河西走廊、新疆吐鲁番和塔里木盆地等有栽培。

特性　喜光阳性树种，但在阴坡上也能正常生长发育。抗旱、抗寒、耐风蚀沙埋、耐盐碱、耐水湿。在氯化物、硫酸盐为主的盐碱化土壤中，当土壤含盐量 0.65%时，扦插成活率仍可达 60%以上。枝干萌蘖力极强，喜欢在地下水位较高、疏松、湿润、中性偏碱的沙质壤土上生长。

用途　我国特有植物种，也是我国水土保持和薪炭林的优良树种。枝干萌芽能力极强，平茬后萌发出来的枝条长而光滑，可做各种用具的编织材料。木材热值较高，是较好的能源树种。

二、育 苗 技 术

1. 育苗方法

播种育苗和扦插育苗为主，方法同柽柳。

2. 病虫害防治

苗期注意防治柽柳条叶甲，成虫和幼虫取食茎叶和幼嫩枝梢。防治方法：①加强苗木、种苗检疫，发现卵及时剪除焚烧。②冬灌时结合清除落叶，破坏成虫越冬场所。夏灌利用洪淤覆盖化蛹场所，破坏成虫羽化场所。③幼虫期喷洒 20%阿维灭幼脲 1 500 倍液或 5%阿维除虫脲 3 000 倍液。

柽柳（*Tamarix chinensis* Lour.）

一、生物学特性

别名　中国柽柳、红柳、红荆条、三春柳。

分类　柽柳科（Tamaricaceae）柽柳属（*Tamarix* L.）落叶灌木或小乔木，高 3～6m，稀 10m。

分布　主要分布于我国黄河中下游、海河流域及淮河流域的平原、沙丘间地及盐碱地区，在西北沙区以多枝柽柳（*Tamarix ramosissima* Ledeb.）为最常见，在辽宁南部、江苏北部、广东、广西、福建等省、自治区也有栽培。

特性　喜光树种，不耐庇阴，对气候适应性强，在 47.6℃高温和－40℃低温的生境中，能够正常生长。抗风蚀、耐旱、耐水湿，耐盐碱性能尤为突出，为排盐性盐生植物。叶能分泌盐分，插穗、带根苗木和大树分别在含盐量 0.5%、0.8%和 1%的盐碱地及重盐碱地上正常生长，并有降低土壤含盐量的效能。此外，还具有生长快、寿命长、根系发达、深根性、萌蘖力强、耐修剪与沙埋等特性。

用途　西北、华北地区盐碱地造林、防风固沙造林的优良树种。枝条可作筐、篮、耙磨等用料。木材热值高，为 18 807～20 389kJ/kg，仅次于梭梭，是沙区主要燃料之一。细枝嫩叶为优良饲料。种子可作染料。枝叶可提取单宁；枝叶能入药，可解毒、祛风、透疹、利尿。既是蜜源植物又是绿化树种。

二、育苗技术

1. 育苗方法

柽柳容易繁殖，常用的育苗方法有播种育苗和扦插育苗。

1）播种育苗

（1）采种。蒴果 8～10 月成熟，当大部分蒴果变黄或呈褐色，少部分果实开裂时，即可采种。采收后及时晾干，使蒴果开裂散出带冠毛的种子，干燥贮藏。种子贮藏期一般不超过 1 年。

（2）育苗地准备。选择交通方便、地形平坦、有灌溉条件、土壤疏松的细沙土、沙壤土、壤土及亚黏土作育苗地，其 0～30cm 土层含盐量应小于 0.7%，pH7.0～8.0。结合深翻地（25～30cm），每公顷施有机肥 15～22t。整地作畦，畦面宽 1～2m，长 5～8m，步道高于畦面 30～40cm，宽 30cm。

（3）播种育苗。春播或夏播，春播在 4 月进行，夏播在 6 月进行，以春播为好。因种子小，多采用水面播种法。播前灌足底水，待水全部渗入土壤后，将种子均匀撒播于畦面上，每平方米播 10g 带果壳的种子。播后覆盖腐殖质土，厚度以种子隐约可见为宜，覆盖塑料薄膜或稻草，保持畦面湿润。

（4）苗期管理。播后 3～4d 幼苗即可出土，此时可去除薄膜，若覆盖物为稻草，可分次逐渐撤掉。播后适时洒水，保持土壤湿润。苗高 3～5cm 时，结合灌水追施尿素 1 次，每公顷 150kg 左右。及时松土、除草、间苗，苗木密度应控制在每平方米 500～600 株左右。当年苗高可达 50～80cm。

2）扦插育苗

（1）采条。选用 1 年生健壮母株上的粗 1～2cm 的萌条作种条，将种条剪成 10～20cm 长的插穗。

（2）育苗地准备。应选用地势平坦、排灌方便、土层深厚的沙壤土作为扦插育苗地。沙区一般采用低床作业方式。床面宽及步道高、宽与播种育苗畦相同。

（3）插穗处理。插前将插穗浸水 3～5d 后即可扦插，或用萘乙酸（100～200ppm 浸泡 12h）或 ABT1 号生根粉（150ppm 浸泡 3h）溶液处理。

（4）扦插。春季、秋季均可扦插。春季扦插应在土壤解冻后进行。扦插行距为 20cm，株距 8～10cm，插穗露出地面 1/5～1/4，插后用地膜覆盖。每公顷可扦插 75～90 万株，成活率可达 90%以上。秋季扦插在 10～11 月进行。将备好的插穗，按株距 15～20cm、行距 30～40cm 插在苗床上，插穗上端与地面持平，插后立即浇水，待水渗下后松土，并将插穗行做成长垄，高 15cm，以保持土壤水分。翌年春季萌芽前，把垄去掉。当年生苗高可达 1.5m。成活率高于春插。

（5）苗期管理。柽柳插穗易产生不定根，插穗成活率较高，管理容易。插后保持床面湿润，当年高生长可达 1m 以上，即可出圃造林。

2. 病虫害防治

柽柳苗期注意防治白粉病、锈病及柽柳条叶甲。

（1）白粉病是柽柳苗期主要病害之一，危害叶子。要注意通气，每半月可喷施 1 次甲基托布津或百菌清进行防治。

（2）锈病主要危害叶子，严重时叶片脱落，多发生在秋分前后。发病前可喷洒 240～360 倍的波尔多液，发病期每 10d 喷洒 1 次敌锈钠 200 倍溶液进行防治。

（3）柽柳条叶甲。防治方法参照甘蒙柽柳。

塔克拉玛干柽柳（*Tamarix Taklamakanensis* M. T. Liu）

一、生物学特性

别名 沙生柽柳。

分类 柽柳科（Tamaricaceae）柽柳属（*Tamarix* L.）落叶灌木，高 1～4m。

分布 仅分布在新疆塔里木盆地中心地带。在东经 76°～89.5°、北纬 37°～41.5°，海拔 800～1300m，其分布界线与塔克拉玛干沙漠的流沙范围基本吻合，分布面积达 30 万 km^2。

特性 喜光、耐旱、耐高温，在干燥、炎热、多风、少雨的流沙中，生长旺盛，呈块状或团状分布于沙丘和沙地上，多为纯林。根系发达，具有明显的主根和发达的水平侧根，成年植株主根可深达 6m 以上。不耐水湿，在黏土地区及潮湿的河漫滩冲积沙壤土上生长不良。新萌生枝条生长迅速，平茬后，根基部能萌发出大量枝条，2 年生株高可达 3m 多。在流沙区寿命可达 50 年以上。

用途 沙漠地区优良固沙树种。

二、育 苗 技 术

1. 育苗方法

塔克拉玛干柽柳用播种育苗和扦插育苗均可。

1）播种育苗

（1）采种。9～10 月选择 10 年生以上生长健壮的母株采种，采收后及时摊开晾晒，晾干后将种子与冠毛剥离，去掉杂质，装入瓶内于干燥处贮藏。种子千粒重 410mg 左右，发芽率在 93%以上。

（2）育苗地准备。选择地势平坦的沙壤土作育苗地。整地前先灌足底水，土壤湿度适宜时，作苗床。

（3）播种。春季播种。播种前将种子温水浸泡 2～3h。条播和撒播均可，以开沟条播为好，行距 40cm，沟深 1cm。播种量不宜过多，且要均匀。播后覆沙 0.5cm，然后浇水，3d 即可出苗

（4）苗期管理。幼苗出土后，每周灌水 1 次，保持土壤湿润。30d 后，每月灌水 1～2 次，7 月中旬后酌情减少灌水次数。适时松土、除草。1 年生苗高可达 70cm，基径达 0.5cm。

2）扦插育苗

（1）采条。在 1 年生健壮母株上选择粗 1～2cm 的萌条作种条，将种条剪成长 40cm 的插穗。

（2）育苗地准备。育苗地应选择在地势平坦、土层深厚、排水良好的沙土地上。结合深翻地每公顷施有机肥 15～22t。整地作床，宽 1～2m，长 5～8m。

（3）扦插。秋季扦插，插前将插条浸泡 1～2d，株行距为 8cm × 40cm，插后立即灌水，成活率达 80%以上。

（4）苗期管理。苗期应适时浇水和行间松土除草。入冬前苗木上端可埋土以防冻害，翌年春季扒开。

2. 病虫害防治

病虫害防治参照柽柳。

四合木（*Tetraena mongolica* Maxim.）

一、生物学特性

别名　油柴。

分类　蒺藜科（Zygophyllaceae）四合木属（*Tetraena* Maxim.）强旱生落叶小灌木，高 30～50cm。

分布　其分布范围非常狭窄，分布于内蒙古西部巴彦高勒至宁夏东部石嘴山之间，且零星散见于俄罗斯、乌克兰部分地区。多生于山麓地带、石质低山、沙砾质岗坡地及山前洪积扇区。

特性　喜光植物。耐瘠薄、耐高温、耐寒，夏季可耐 68.5℃地温，且在年均温 9.7℃、最低气温–32.6℃条件下，旺盛生长。抗干旱能力极强，在土壤含水量为 1%以下、年降水量低于 139.8mm、年蒸发量高达 3 217.7mm 的沙地上生长良好。具一定的耐盐碱性能，在 pH8.4～9.2 的草原化荒漠地带可正常生长、开花、结实，根系发达，抗风蚀、耐沙埋。

用途　为古老的残遗单种属植物，被列为国家二级重点保护品种和内蒙古一级重点保护植物，对研究古地中海植物区系和植被的起源具有十分重要的科学意义。荒漠草原及荒漠地带固沙造林优良树种，黄河流域低山山坡水土保持树种。枝叶营养丰富可作优良牧草。枝条坚硬质脆含油性，易燃烧，为极好的薪材。

二、育 苗 技 术

1. 育苗方法

四合木自然繁衍能力很低，但目前仍以播种育苗和扦插育苗为主。

1）播种育苗

（1）采种。果熟期 8～9 月，种子无休眠期，并且种子不耐贮藏，采后应立即播种，发芽率可达 94%。

（2）育苗地准备。选择土壤疏松、透气性良好的沙壤土作育苗地。播前要翻耙整地，施足基肥，灌足底水。

（3）种子处理。播前种子要用 0.2%～0.5%的高锰酸钾溶液消毒 30min，于 30℃温水浸种 24h 后即可播种。

（4）播种。种子发芽的最适温度为 25℃左右，内蒙古西部最适播种时间为 4 月中旬至下旬。开沟条播，沟深 1cm，沟距 30～50cm，播种深度 1cm，将种子均匀撒入沟内，覆土厚度 0.5～0.6cm，播后轻轻踏实。每天洒水 1 次，种子发芽率为 86%。如温室内育苗，可将泥炭、腐熟羊粪、细沙按 2∶1∶1 比例混匀作为播种基质。播前浇头水，采用点播，播后覆沙 0.3～0.4cm，用塑料布覆盖。待出苗率达到 50%～60%时，撤掉塑料布。5 月中下旬将小苗移至室外炼苗。

（5）苗期管理。苗期浇水少量多次，早晚浇灌。为了提高结实，可酌情施入磷肥和有机肥，但不能过量。

2）硬枝扦插育苗

（1）采条。4 月上旬，选择生长健壮、无病害的 1 年生枝条作种条，截成长 20cm、粗 0.5～1.5cm 的插穗。

（2）插穗处理。用 ABT1 号生根粉作生根处理。

（3）扦插。于 4 月下旬开始扦插。株行距 1m × 0.5m，深度以 10～15cm 为宜，插后填土踏实，并立即浇水，不宜大水漫灌。

（4）苗期管理。同播种育苗。

3）无性繁殖技术

由于受自然环境的强烈胁迫，四合木种子结实率很低，且饱满度不高，仅靠种子繁殖远不能满足生产需要。因此，需探索四合木无性繁殖的技术与途径，应用组织培养等技术，提高四合木规模化繁殖。

2. 病虫害防治

苗期注意防治灰斑古毒蛾及红缘天牛，用灭幼脲 800 倍液、“绿色危雷”400 倍液或植物制剂苦烟乳油 800 倍液喷雾毒杀。

荆条 [*Vitex negundo* var. *heterophylla*（Franch.）Rehd.]

一、生物学特性

别名 牡荆。

分类 马鞭草科（Verbenaceae）牡荆属（*Vitex* L.）落叶灌木，高 1～5m，小枝四棱。

分布　中国北方地区广为分布，常生于山地阳坡，形成灌丛。此外，安徽、江苏、湖北、四川等地也有分布。

特性　耐寒、耐旱，耐瘠薄。喜阳光充足，多自然生长于山地阳坡的干燥地带，或在盐碱砂荒地与蒿类自然混生。其根茎萌发力强，耐修剪。

用途　茎皮可以可供造纸及人造棉。枝条坚韧，为编筐、篮的良好材料。也可栽培作为观赏植物，也是优良的蜜源植物，可得荆条蜜。是北方干旱山区阳坡、半阳坡的典型植被，荒地护坡、防风固沙的优良植物种。

二、育苗技术

1. 育苗方法

荆条育苗主要采用播种育苗，方法如下。

（1）采种。9 月中旬，果实由绿色变为灰黑色时采集种子，置于弱光下晾干，搓擦种子去掉种子表面蜡质，除去杂物，干藏备用。

（2）育苗地准备。选择地势平缓、土层较厚、用水方便的地块作育苗地。春季土壤解冻后，结合整地每公顷施有机肥 15～22t。

（3）种子处理。荆条种子具有长期休眠的特性，当年不能发芽。自然环境下需经过 2 个冬季和 1 个夏季，种子才可能萌发，所以播种前必须进行催芽处理。在 45℃温水，加入 0.5%高锰酸钾或 1%生石灰，搅匀溶解，将种子倒入其中浸泡 2h，清除水面次种，并反复揉搓种子去除表皮蜡质，再浸泡 48h 后进行湿沙贮藏催芽。种子与沙以 1∶3 混匀，挖坑贮藏，越冬时注意防止冻害。翌年春，将种沙移至温暖向阳处摊开催芽，厚度 5～10cm，上覆塑料布，并适时洒水保持湿度，待种子 1/3 露白时即可播种。

（4）播种。3 月中旬至 4 月初播种。开沟条播，沟深 3～5cm，行距 20cm，播后覆土 1～1.5cm，每亩播种量 4.5kg，播后畦面上盖苇帘，保持土壤湿润，7～10d 后即可出苗。待苗出齐后揭去苇帘。

（5）苗期管理。注意及时浇水、松土与除草。

2. 病虫害防治

荆条病虫害不多，一般不需特别防治。

霸王（*Zygophyllum xanthoxylon* Maxim.）

一、生物学特性

别名　胡迪日。

分类　蒺藜科（Zygophyllaceae）霸王属（*Zygophyllum* L.）强旱生落叶灌木，株高 0.5～1.5m。

分布　主要分布在我国西北部内蒙古、宁夏、甘肃、新疆、青海等地，在亚洲中部、俄罗斯、地中海沿岸、非洲等地也有分布。

特性 典型的荒漠植物。多生长在干旱的沙地、荒滩地、低丘山坡、山前平原、戈壁及多石砾地方。适应性广，在不同沙地类型上均能生长，在疏松的固定、半固定沙地上生长良好。对土壤、水肥条件不严格，当0～100cm沙层内的平均含水率为3.6%～5.0%时，成活率可达86%以上。主侧根发达，抗风蚀，如根被风蚀50cm，仍能正常生长。萌生力差，不耐沙埋，若沙埋超过株高1/2时，生长不良。

用途 西北地区固沙的优良树种之一。霸王材质坚硬、易燃、耐燃，热值为19 979kJ/kg，是优良的薪炭林树种。枝叶营养丰富，可作优良饲料。

二、育苗技术

1. 育苗方法

霸王育苗方法有播种育苗、扦插育苗、容器育苗。

1）播种育苗

（1）采种。8月上旬果实成熟。选择生长健壮、无病虫害的母株采种，摊晒晾干，干后轻轻揉搓，去除蒴果的宽翅和杂质后贮藏越冬。保存期间注意防潮、防虫。

（2）育苗地准备。选择地势平坦、有灌溉条件、土壤疏松的沙壤土作育苗地。播前深翻土地，耙细整平，施肥灌水。

（3）种子处理。将处理干净的种子用500倍液的甲基托布津溶液浸泡4h，然后用清水洗净，再用清水浸种10h后，置于室内催芽，室内湿度60%以上，温度20～25℃ 。每天翻动2～3次，以免种子腐烂。当1/3左右种子露白时即可播种。

（4）播种。播种时间为4月下旬至5月上旬，采用沟播，沟距为30 cm，播幅为5～8cm，播后覆土1.5cm，略加镇压，播后立即灌水。每公顷播种量90kg左右。

（5）苗期管理。播后要注意保持苗床土壤湿润，及时浇水，灌水后要及时松土除草，根据苗木生长情况，适时间苗，全年应施肥1～2次。

2）扦插育苗

（1）采条。入冬以后选择粗壮、无干梢的枝条贮藏，翌年春季扦插，或春季直接采条扦插。

（2）插穗处理。采用层积沙藏法处理插穗20d左右。

（3）扦插。于4月下旬开始扦插。株行距1m × 0.5m，深度以10～15cm为宜，插后填土踏实，并立即浇水，不宜大水漫灌。

（4）苗期管理。同播种育苗。

3）容器育苗

（1）采种。同播种育苗。

（2）种子处理。同播种育苗。

（3）土壤基质处理。容器袋填充的土壤基质，应以透气性好、保墒性好、肥力足的基质为佳。混好的基质过1.0cm的筛网后，装填容器袋，播种前15d，用2%～3%的硫酸亚铁溶液消毒，播前灌足底水。

（4）播种。适时早播，当地面温度达到 5℃时即可。每穴播种 3 粒，播后覆细沙或森林腐殖土 0. 5～1cm，并用 800～1000 倍液的代森锌溶液进行土壤消毒，灌透水。

（5）苗期管理。苗木生长适宜的温度 18～28℃，相对湿度 80%～95%。出苗半月后，每10d结合淋水施0.1%尿素。子叶期过后幼苗对水分与养分的需求量增大，每天喷水 2～4 次，做到既保持床面湿润又不积水，施肥以复合肥为主，并及时除草、间苗，每容器留 1 株苗。

2. 病虫害防治

霸王花抗病虫能力较强，一般很少发生病虫害，但有时会有蜗牛咬食嫩茎，需要在晚上人工捕捉。

参考文献

崔建宁，陈彦云. 2010. 资源植物罗布麻的育苗技术,现代园艺. (1): 23～24

丁素平. 2011. 紫穗槐育苗技术. 河北林业, (3): 43

冯波. 2010. 多浆旱生植物霸王组培再生体系的建立(D). 兰州大学硕士学位论文

郭振义，李耀辉. 2008. 胡枝子播种育苗技术. 水利天地, (8): 30

哈有俊. 2013. 小叶锦鸡儿育苗和造林技术要点. 农技服务, 30(6): 611～612

韩恩贤，韩刚，刘卫星. 2003. 杠柳育苗试验初报. 陕西林业科技, (2): 19～20

韩琳娜，刘会，马萌萌，等. 2009. 柽柳组培快繁技术. 林业科技开发, 23(3): 107～109

黄道银，李泽民，金延文. 2001. 火炬树育苗技术. 山东林业科技, (S1): 36

贾玉华，刘果厚，周峰冬,等. 2006. 四合木扦插繁殖的研究. 内蒙古农业大学学报, 27(2): 71～74

菅有旺，张文彬，郝翠枝. 2007. 柽柳播种育苗技术. 内蒙古林业, (7): 29

奎万花，赵珍邦，黄生福. 2006. 小叶锦鸡儿的播种育苗技术. 中国林业, (10): 46

李春玲，石建宁. 2009. 丝棉木组织培养技术.安徽农业科学.37(30):1425～1426

李权生，朱洪武，耿蕾. 2011. 非洲霸王树的育苗技术. 江苏农业科学, (4): 230～231

李涛，高艳. 2012. 榆林地区柠条育苗与造林技术. 中国林业, (5): 55

李应鸿. 2009. 唐古特白刺大田育苗技术. 林业实用技术, (12): 25

刘金江. 2005. 良种沙棘嫩枝扦插育苗技术要点. 沙棘, 18(3): 22～23

柳奎，蔡成玺. 2010. 甘蒙柽柳育苗技术初探. 河北林业科技, (1): 11

马润宝. 2003. 叉子圆柏扦插育苗. 林业实用技术, (7): 28

年奎，王彬. 2012. 霸王硬枝扦插育苗技术研究. 青海农林科技, (2): 21～22

牛西午，杨慧珍，詹海仙，等. 2004. 小叶锦鸡儿的组织培养和快速繁殖. 西北植物学报. 24(8): 1502～1505

任凤琴，王学锋，萨日古拉. 2013. 红瑞木播种育苗技术. 内蒙古林业, (2): 24

沈吉庆. 2003. 花棒育苗技术. 林业科技, (3): 53

石美丽. 2009. 叉子圆柏组织培养和快速繁殖研究(D). 陕西:西北农林科技大学

苏唯婧，王家亮，周跃斌，等. 2012. 玫瑰播种育苗技术. 吉林林业科技, 41(6): 42

孙海莲, 阿拉塔, 王海明. 2012. 华北驼绒藜育苗移栽技术研究. 畜牧与饲料科学, (Z2): 80～84
汪之波, 高清祥, 孙继周. 2004. 稀有植物裸果木的组织培养及植株再生. 西北植物学报, 24(7): 1319～1321
王开芳, 赵萍, 侯立群, 等. 2006. 沙柳引种扦插育苗试验. 山东林业科技, (3): 37～38
魏玉虎. 2006. 白梭梭人工育苗技术. 新疆农业科技, (6): 42
吴建华, 王立英, 李健. 2010. 蒙古扁桃的组织培养与快速繁殖技术研究. 安徽农业科学,38(4): 1733～1734
杨海峰, 张国盛, 明海军. 2014. 沙柳组织培养的初步研究. 内蒙古林业科技, 40(1): 12～15
杨燕妮. 2013. 蒙古扁桃育苗技术浅析. 内蒙古林业, (4): 22
余晓丽, 张乃群. 2005. 野生黄刺玫的组织培养和快繁技术研究.西北林学院学报, 20(3): 93～95
张华, 车小凤, 逯向东, 等. 2006. 杜仲温室营养袋育苗技术. 林业实用技术, (11): 22
张涛, 王建召, 段大娟. 2007. 黄刺玫嫩枝扦插育苗试验. 林业科技, 32(4): 60～62
张晓娟, 马剑平, 刘世增, 等. 2011. 干旱区沙冬青育苗造林技术研究. 中国农学通报, 27(25): 31～36
张艳秋, 张天静, 孙敏杰, 等. 2008. 玫瑰组织培养快繁技术. 科技情报开发与经济, 18(28): 124～125
张志伟. 2008. 榆叶梅育苗技术. 河北林业, (6): 39
张智俊, 杨瑞光, 贺永光, 等. 2009. 霸王容器育苗技术. 内蒙古林业调查设计, 32(3): 42～53
赵健, 赵红贵, 沈效东, 等. 2012. 丝棉木嫩枝扦插育苗技术研究. 宁夏林业通讯, (2): 25～30
赵书珍, 高疆生, 段黄金, 等. 2000. 火炬树快速繁殖技术的研究. 中国农学通报, 16(6): 10～12
周秀娥, 李爱君, 武世强, 等. 2008. 驼绒藜播种育苗技术. 内蒙古林业调查设计, 31(6): 58～59

第十三章　经济林木繁殖技术

巴旦杏（*Amygdalus communis* L.）

一、生物学特性

别名　扁桃、巴丹木、婆淡树。

分类　蔷薇科（Rosaceae）李亚科（Prunoideae）桃属（*Amygdalus* L.）扁桃亚属植物，落叶小乔木，树高8～12m。全世界有40种，我国约有6种。

分布　巴旦杏分布在亚洲西部及地中海区域，我国集中分布在新疆南部地区海拔600～1 300m的平地和丘陵山地，青海、甘肃、陕西及山东等地也有少量栽培。

特性　喜光树种，抗寒性较差，能耐极端最低温－20℃。耐旱、耐高温性强，在极端最高温40℃，降水量仅58.4mm条件下，能正常生长。抗盐碱能力强，在土壤总含盐量0.3%～0.4%条件下生长良好，适生于肥沃、透气良好的沙壤土。在地下水位过高，黏性土壤上生长不良。

用途　巴旦杏是我国优良的木本油料树，种仁肥大，营养丰富，含油量高达61%，味道香美，其中，甜巴旦杏是高级食用油和食品工业的重要原料。木材纹理通顺而细直，是细木工制品的重要原料。树姿优美，花味浓香，可作风景树，是良好的蜜源植物。

二、育 苗 技 术

1. 栽培品种

主要栽培种有‘双果’、‘大巴旦’、‘尖嘴黄’、‘702’、‘双软’、‘晚丰’、‘多果’和‘纸皮’等。

2. 育苗方法

巴旦杏育苗方法有播种育苗、嫁接育苗等，生产上以播种育苗为主。

1）播种育苗

（1）采种。8～9月果实成熟。选择生长健壮、丰产的优良母株，采集发育充实、果实肥大、果形正且充分成熟的果实，去除果皮，采好的种子放在阴凉通风处晾干（不可在太阳下直晒），干后装袋保存。高产树或早熟品种，常因营养不足或发育时间短而影响种子质量，不宜作种。

（2）育苗地准备。选择背风向阳缓坡、地下水位低、地势平坦、土壤肥沃的沙壤土或壤土作育苗地。深翻施肥，整地作畦，畦长10～15m、宽2～3m。

（3）种子预处理。秋播种子不需进行处理，可直接播种。春播种子，播前依据种子休眠期长短、种壳厚薄、播种时期等因素，分期分品种进行层积处理。软壳品种提前 1 个月，薄壳提前 2～3 个月进行。

（4）播种。当春季气温稳定在 15℃时开始播种。秋播常在秋后土壤结冻前进行。多采用开沟条播方式，沟深 5cm，宽 6cm，将种子均匀撒入沟内，覆土 2～3cm，播后立即灌水。播种量据种子大小和轻重不同，软壳或薄壳一般为每公顷 150kg，中壳 225～300kg，每公顷产苗 10～12 万株。

（5）苗木管理。适时浇水，及时松土、除草。6 月结合灌水追施 1 次氮、磷复合肥，每公顷用量 450～600kg。8 月中旬控水，9 月下旬停止浇水，促进苗木成熟与木质化。苗高 1m 左右时进行苗木整形，剪去主干 50～60cm 以下的分枝。

2）嫁接育苗

（1）砧木选择。用作巴旦杏砧木的树种、品种很多，如桃巴旦、苦巴旦、石头巴旦、唐古特巴旦杏、欧洲李、桃、杏等。生产实践证明，共砧表现较好，虽生长较慢，但成活率高，愈合良好，寿命长，产量高，适应性强，其中，桃巴旦最为理想，嫁接后生长较快。

（2）嫁接。在生长季节进行，主要采用“T”形芽接法，成活率可达 90%以上。若在当年新枝上芽接，几乎都能成活。套接法较费工，但成活率可达 100%。休眠期主要采用劈接、舌接、靠接等方法，采用带木质部芽接亦可。

（3）苗期管理。嫁接前后适时施水，保持土壤湿润。夏季芽接，嫁接成活后，及时剪砧和解绑。及早抹除砧木上萌发的芽及幼梢。有风地区要进行绑扶。8 月下旬开始控水，促进苗木成熟。苗木越冬前应进行一次较大水量的回冬灌水。冬寒地区，嫁接苗要埋土越冬或起苗假植覆盖越冬，以防冻害。

3. 病虫害防治

（1）猝倒病。危害苗木基部根茎。可用 50%甲基托布津可湿性粉剂 1 500 倍液防治。

（2）褐斑病、白粉病。主要危害幼龄叶片。防治方法：①剪除清扫病枝、病叶，集中沤肥或焚烧。②用 70%甲基托布津 800～1 000 倍稀释液或 50%多菌灵 800～1 000 倍液喷雾防治。发病期，与保护性杀菌剂 50%代森锰锌 500～600 倍稀释液或 1：3：200 波尔多液轮换施喷。

（3）蚜虫、蚧壳虫。蚜虫危害叶片，蚧壳虫危害枝叶。喷洒 99%杀死虫乳油或 99%绿颖乳油 100 液杀蚜虫卵，3%啶虫脒乳油 2 500 倍液等杀成虫。蚧壳虫用 2.5%敌杀死乳油、2.5%功夫乳油 4 000 倍液喷施防治。

长柄扁桃（*Amygdalus pedunculata* Pall.）

一、生物学特性

别名 野樱桃、柄扁桃、毛樱桃、长梗扁桃。

分类 蔷薇科（Rosaceae）桃属（*Prunus* L.）落叶灌木，树高 2～3m。

分布　分布于我国陕西北部、内蒙古等地区。蒙古也有分布。

特性　长柄扁桃植株矮小，根系发达，其成年主根入地 10m，匍匐根蔓延 20～30m。该树种具备极强的耐寒、耐旱、耐瘠薄、抗风沙与病虫害侵袭的能力，树龄可达 200 多年。

用途　抗逆性和适应性极强，在沙漠地区、黄土丘陵地区、石砾山区均可栽植，是防沙治沙、水土保持、生态环境建设的优良树种。具有较高的经济开发价值，是长城沿线风沙地区生态建设和生物质能源林建设的优选树种。

二、育苗技术

1. 育苗方法

长柄扁桃育苗以播种育苗为主，方法如下。

（1）采种。7 月中下旬果实成熟，宜在果实开裂前集中时间采收，否则果实开裂，种子撒落，收集困难。果实采收后，去果肉，种子经晾晒风干后，于干燥通风处贮藏。

（2）育苗地准备。选择地势平坦、排水灌溉条件较好的沙壤土或黄绵土地作育苗地。深翻、平整、起垄。

（3）种子处理。冬季可对种子进行沙藏处理，或雪藏处理。翌年春季气温回升，种子发芽过快，要采取翻种、遮荫、洒水等降温措施。待种子有 2/3 裂嘴、气温适宜时，即可播种。未经沙藏或雪藏的种子，春季可在播种前 20d 左右进行快速处理，即先用 1%～2%高锰酸钾溶液浸种消毒，然后于 60～80℃的温水浸种催芽（3 份开水，1 份凉水），种子与水的比例为 1：1，注意随倒种子随搅拌，不停地搅动使水温在短时间内降至 45℃以下。待种壳破开，胚芽尖有水渗入时捞出，用羊粪和沙子进行层积沙藏处理。可用沙藏坑，深 1.5m 左右，种子上层覆 20～30cm 湿沙。15d 左右检查种子发芽情况，有 2/3 裂嘴发芽即可播种。秋播种子处理简单，用 45℃温水浸泡后，直接播种。

（4）播种。秋播、春播均可。开沟条播，沟宽 10cm，深度 3～5cm，沙区宜稍深播，以防风沙吹走覆土，造成种子裸露。播后覆水，做好防鼠害措施，每亩播种量 40～60kg。

（5）苗期管理。播种后经常灌水，保持土壤湿润，苗出齐后根据情况间苗，以亩产 2 万～3 万株为最佳。适时灌水、锄草与施肥。

2. 病虫害防治

长柄扁桃病虫害相对较轻，苗期注意防治褐腐病、红蜘蛛、蚜虫、扁桃蛾等病虫害。防治方法：褐腐病用 3～5°Bé 石硫合剂防治。红蜘蛛可用哒螨灵、螨死净防治。蚜虫可用 40%的乐果或 50%的对硫磷 2 000 倍溶液防治。扁桃蛾可用久效磷 1 500 倍溶液防治。

杏（*Armeniaca vulgaris* Lam.）

一、生物学特性

别名　杏子、家杏、普通杏、水晶杏、仁用杏。

分类　杏为蔷薇科（Rosaceae）杏属（*Armeniaca* Mill.）植物，乔木，高 5～12m。

分布　世界上共有 7 种，在我国分布最多。主要分布于东北、华北、华东、西北、西南地区，沙漠绿洲有栽培。

特性　杏树抗旱、耐寒、适应性强、稍耐盐碱、寿命长、结果早，是栽培管理较容易的树种之一。适生于山区平川地、丘陵、平原等各种沙质或黏质壤土，在深厚肥沃的土壤上，生长良好。

用途　杏果实营养丰富，同时具有良好的保健和医疗作用。杏仁是高营养的滋补品。杏果肉可以酿成杏酒和杏醋。杏仁更是制作高级点心的原料。杏仁油不仅可以食用，还可制作高级润滑油、香皂、涂料及化妆品等。杏核壳可制作活性炭。木材质坚色美，可以加工成工艺品。此外，杏树是一种很好的绿化，观赏树种，尤其在干旱少雨、土地瘠薄的荒山或风沙严重地区，杏树是防风固沙、水土保持的先锋树种。

二、育 苗 技 术

1. 栽培品种

以鲜食、加工为主的栽培品种有‘大阿克西米西’、‘克孜尔库曼提’、‘大红杏’、‘红荷包’、‘骆驼黄’、‘大鹅蛋’、‘金星’、‘明星’等，以仁用为主的品种有 ‘龙王帽’、‘一窝蜂’、‘白玉扁’、‘优一迟梆子’、‘克拉拉’、‘阿克胡安那’等。

2. 育苗方法

杏树育苗方法主要采用嫁接育苗，方法如下：

（1）选择砧木与接穗。目前尚无专用的杏砧木，生产上仍以一些近缘植物的实生苗作砧木，常用种类有西伯利亚杏（*A. sibirica*）、普通杏（*A. armeniaca*）、辽杏（*A. mandshurica*）、梅（*A. mume*）、桃（*Amygdalus persica*）、李（*Prunus salicina*）等。从性状优良的母树上选择生长健壮、粗度 0.8～1cm 的木质化枝条作接穗，如异地嫁接，可将接穗进行蘸蜡处理。

（2）嫁接。夏季嫁接于 6～7 月份，当砧木距地表 15～20cm 处的粗度达 1cm 左右时进行，常用“T”字形芽接法。杏的芽片较软，插入时应缓慢，防止芽片皱折影响成活；春季嫁接宜在砧木苗树液充分流动且接穗还未发芽时进行，宁晚勿早，常用劈接和腹接法。嫁接后用塑料薄膜包严。

（3）嫁接苗管理。①解绑与补接：春季嫁接在接穗抽出新芽后解绑，7～8 月芽接的，15d 左右即可解绑。如发现接芽发乌干瘪，应及时补接。晚期芽接可在翌年春树液未流动前解绑，以提高接芽的越冬能力。②剪砧：春季芽接可在接后立即剪砧，当年即可成苗。秋季芽接苗在翌年春季萌芽前剪砧，将接芽上方 1cm 处砧木剪去，剪口宜略向接芽相反方向倾斜，以利愈合。③支缚和除萌：在嫩枝长到 20～30cm 高时要进行支缚，以防风折，且使苗木正直。及时去除砧木上的萌蘖芽，要除小，除早、除净，一般进行 2～3 次，以手抹除芽为宜。④施肥浇水：当接芽萌发后，应及时浇水并追施速效氮肥，以利苗木生长。生长后期，控制浇水，停止追施氮肥，避免苗木徒长。

3. 病虫害防治

幼苗极易遭受蚜虫、金龟子等害虫危害。8 月嫁接苗旺盛生长期，结合叶面施肥，喷施氧化乐果 1 500～2 000 倍液防治蚜虫。金龟子可用砒酸铅 200 倍液并加黏着剂进行防治。

平榛（*Corylus heterophylla* Fisch. ex Trautv.）

一、生物学特性

别名　榛子、山板栗、尖栗、棰子。

分类　桦木科（Betulaceae）榛属（*Corylus* L.）落叶丛生灌木，株高 1～2m。

分布　分布于亚洲、欧洲及北美洲，我国主要分布于黑龙江、吉林、辽宁、内蒙古、河北、山西和陕西等地，尤其在东北大兴安岭、小兴安岭资源蕴藏量大，品质好。

特性　喜光树种，根蘖繁殖能力极强，适应性强，耐寒、耐瘠薄，在无雪覆盖的冬季可耐－30℃的低温，在有雪覆盖下可耐－48℃的低温。主要生于山坡、山冈或柞树林间的阳坡或平地上，对土壤适应性较强，在微碱性到微酸性（pH 5.4～8.0）的土壤上均可正常生长结实。在湿润、腐殖质丰富、中性或微酸性的棕色森林土上生长良好，结实较多。在光照充足、土壤肥沃、排水良好、年降水量 300～1 100mm 的平原丘陵地带可连片集中分布。开花期为 3 月下旬至 4 月中下旬，果实成熟期为 8 月下旬至 9 月上旬。

用途　平榛为优良的坚果树种，现已发展成为世界上仅次于巴旦杏的四大坚果树种之一。其果仁可食，风味独特，营养丰富，为人们喜爱的干果食品。榛子脂肪中含 50%的亚油酸，可起到预防心脏病的作用。其皮、叶、总苞含鞣质，可制作烤胶。叶是良好的饲料。木材坚硬细腻，是细木家具、手杖、伞柄的优良材料。在山区平榛还有水土保持的作用。

二、育 苗 技 术

1. 育苗方法

平榛育苗方法有播种育苗、分株育苗等，以播种育苗为主。

1）播种育苗

（1）采种。8～9 月份果熟期，选择果大、壳薄、发育充实、无虫害的优良母树采集榛果，阴干后贮藏。

（2）育苗地准备。选择地势平坦、土层深厚、肥沃、排水良好的沙壤土作育苗地。结合整地每亩施肥 3 000～4 000kg，作垄，垄宽 60cm，垄面镇压。

（3）种子处理。种子需进行低温层积催芽处理。先将种子混湿沙低温贮藏，种沙比为 1∶3，湿度为沙子最大含水量的 60%，温度为 0～5℃，时间一般为 60～90d，注意通风。播种前将种沙取出，温度保持 20～25℃，每天翻动种子 2 次，保持一定湿度，待

25%～30%的种子发芽即可播种。

（4）播种。春播、秋播两季均可，以春播为主。于3月下旬至4月上旬进行条播，垄上开沟，沟深5～6cm，行距50～60cm，将沙藏种子过筛后均匀撒在沟底，株距3～4cm，每公顷播种量150～750kg。播后覆土2～3cm，轻微镇压，15d左右即可出苗。

（5）苗期管理。注意加强肥水管理，6月中旬追施1次氮肥，及时中耕除草。秋季或翌年春季出圃定植。

2）分株育苗

春季将预备繁殖的母株在萌芽前平茬，促进株丛萌发根蘖苗。秋季落叶后或翌年春季萌芽前，将母株全部挖出，分成若干小丛或单株，或在母株周围挖取根蘖苗，保留母株。分株苗需保留20cm长的根段和一定数量的须根，保留枝条1～2个。

2. 病虫害防治

（1）白粉病。危害幼苗新梢、幼芽及幼叶。防治方法：①清扫清除病枝、病叶，集中沤肥或烧毁。②于5月上旬至6月上旬，喷50%多菌灵可湿性粉剂600～1 000倍液，或50%甲基托布津可湿性粉剂800～1 000倍液、15%粉锈宁可湿性粉剂1 000倍液均可，7～8月如果雨量偏大可再防治一次。

（2）象鼻虫。危害幼苗的幼芽、芽苞、嫩叶及幼茎，严重影响苗木产量和质量。防治方法：5月中旬到7月上旬，在成虫产卵前的补充营养期及产卵初期，用50%睛松乳剂和50%氯丹乳剂以1：4比例混合，再用其400倍液喷洒毒杀。

平欧杂种榛（*Corylus heterophylla* Fisch. ex Trantv.×*Corylus avellana* L.）

一、生物学特性

别名　杂交榛子、大果榛子。

分类　以平榛（*Corylus heterophylla* Fisch. ex Trantv.）为母本，欧洲榛（*Corylus avellana* L.）为父本，通过种间杂交获得的后代，为我国目前榛属植物的主要栽培种。

分布　从1999年鉴定平欧杂种榛优良品种后，2000年开始在全国推广，许多省份、地区引种试栽，到2011年全国栽培面积达11.7万亩，主要分布在辽宁、新疆、山西、黑龙江、北京、吉林、河北、山东、内蒙古、陕西、甘肃和天津等地。

特性　坚果大，单果重2.0～3.5g，是野生榛子的2～3倍。出仁率高达40%～50%（野生平榛出仁率30%左右），果仁风味及营养成分优于进口的欧洲榛子。结果早、产量高，幼树2～3年生开始结果，4～5年生亩产量40～60kg，10年以上树的亩产量200～250kg。抗寒，适应性强，可耐低温－35℃。适应各种土壤（pH 5.5～8），栽培成本低，经济效益高，但栽培年限较短。

用途　干果营养丰富可加工制成多种榛仁巧克力、各种糖果、各种糕点、各种冰淇淋。可加工制成榛子粉、榛子乳、榛子酱等高级营养品。榛子油有保健作用，亚油酸高达 50%。

二、育 苗 技 术

1. 栽培品种

主要有‘达维’、‘平顶黄’、‘玉坠’、‘薄壳红’、‘金玲’、‘平欧 69 号’、‘平欧 28 号’、‘平欧 15 号’、‘平欧 210 号’等。

2. 育苗方法

平欧杂种榛育苗方法主要有压条育苗、扦插育苗和嫁接育苗。

1）压条育苗

（1）嫩枝直立压条。采用高空压条法。春季萌芽前对母株进行修剪，将母株基部的残留枝从地面全部剪去，促使母株发出基生枝。待基生枝生长到 50～70cm 高且基部达半木质化时，摘除距地面 20～25cm 高的当年基生枝叶片（萌条长度超过 70cm 的要将顶梢轻剪），用 22#～24#细铁丝距地面 3～5cm 处横溢，以铁丝不从茎上下滑为紧度，在横溢上方 5～10cm 内，涂抹生根促进剂，用 20～25cm 高的油毡距外围萌条 10cm 处围成一圈，圈内填满湿润的锯屑等填充物。管理期间保持锯屑湿润，经常在锯屑上洒水，待生根后即可切离母株。

（2）硬枝直立压条。采用培土压条法。春季萌芽前，每株除中心位 1～3 个萌生枝作主枝外，其余 1 年生萌生枝均用细铁丝横缢或环剥 1 圈，宽度 1mm 以下，在横缢或环剥位置之上 10cm 左右用快刀纵切 2～3 刀，深度至韧皮部，涂抹生长素。用湿土或湿木屑培起来，全年保持所培土湿润状态，秋季落叶后起苗。

（3）普通压条。早春萌芽前，沿母株株丛周围挖 1 条环形沟，沟深宽各 20cm。从母株上选离地面近的发育良好的 1 年生枝弯向沟内，将其准备生根的基部用细铁丝横溢或环剥 1mm 宽，并涂抹生长素，以 1 000mg/L 的 ABT 生根粉 1 号、2 号溶液为宜。将枝条横溢部用木钩固定在沟内，埋土、踏实，充分灌水，使枝条与土壤密切结合。保持压条先端要露出地面，必要时绑扶支柱使之直立向上生长。秋季落叶时将压条苗与母株分离。一般每个母株每年可压条 20～30 株苗木。

2）其他育苗方法

（1）嫩枝扦插育苗。利用当年新生嫩枝在棚内保湿条件下进行。参照枣嫩枝扦插。

（2）嫁接育苗。砧木以平榛为主。平榛种子播种后翌年春季即可嫁接，当年可以成苗。

3. 病虫害防治

病虫害较轻，苗期注意防治白粉病和象鼻虫等食叶性害虫。防治方法参照平榛。

山楂（*Crataegus pinnatifida* Bunge）

一、生物学特性

别名　红果、山里红、赤枣子、柿楂子。

分类　蔷薇科（Rosaceae）山楂属（*Crataegus* L.）小乔木或灌木，高6～7m。

分布　全世界约有千种，广泛分布于北半球，我国陕西、甘肃、宁夏、新疆、青海等地广为栽培，在黑龙江、辽宁、山东、河南、山西、河北、江苏、浙江等省均有分布。野生山楂嵩山最多，生于山坡林边或灌木丛中，海拔 100～1 500m。

特性　耐旱、耐贫瘠、耐寒、耐高温，抗风、抗洪涝，可耐极端最低温－40℃和最高温 43℃。对环境适应能力强，但不同品种对环境的要求差异较大。对土壤要求不严，河滩沙土、山地砾石壤土均能生长，喜沙质土壤或壤土，土壤以中性、微酸性为宜。在土层较厚、环境湿润的半阴坡或水源条件较好的阳坡生长结果较好。

用途　山楂果实营养丰富，且药用价值广泛。树冠整齐、花果鲜美，是宅园绿化的良好观赏树种。

二、育 苗 技 术

1. 栽培品种

主要栽培品种有‘大金星’、‘敞口’、‘铁球’、‘豫北红’、‘山西有粉口’（‘绛县红果’）、‘湖北山楂’和‘云南山楂’等。

2. 育苗方法

山楂苗木方法有播种育苗、嫁接育苗和扦插育苗，以播种育苗和嫁接育苗为主。

1）播种育苗

（1）采种。于9月果实刚着色时采集（此时种子已基本成熟，而种核还没有完全骨质化，缝合线不太紧，有利于出苗）。果实采集后，将果肉压开，用水淘搓去除果肉和杂质，种子于清水中浸泡10d 左右，每2d 水换1次，经去杂、晾晒后，沙藏。种子发芽率可达95%以上。

（2）育苗地准备。选择土层深厚、土质疏松的平地、丘陵或背风向阳缓坡地为育苗地，以东南坡向最宜。结合深翻地每亩施基肥 5 000～10 000kg。整地作畦，畦宽 1.0～1.2m，长 10m 左右，南北走向。

（3）种子处理。种子需经沙藏处理，入冬前挖50～100cm 深沟，将种子与3～5倍湿沙混匀放入沟内，上覆10cm 湿沙至地面，坑中间立秸秆作为通气孔，结冻前盖土30～50cm。沙藏时间180～210d，待种子40%露白即可播种。

（4）播种。多春播。播种前灌足底水，待土壤不黏时开沟条播，行距20cm，宽3～5cm，播种深度3～4cm，每米播种200～300粒，每公顷播种量375～450kg。播后畦面上可覆盖湿沙1cm 或覆地膜，以利出苗。

（5）苗期管理。出苗后及时撤膜，2～4片真叶时，进行间苗、补苗，补苗应结合浇水，留苗株距10cm左右。5～6月苗木速生期，结合浇水，每亩追施尿素5～10kg，6～7月再施肥一次，及时松土除草。苗高30cm时应摘心，促使主茎加粗生长。

2）嫁接育苗

（1）选择砧木与接穗。选择适宜本地环境的优良品种，在健壮、丰产、无病虫害的母树外围剪取生长充实、芽饱满的已木质化的当年生枝作接穗。夏、秋季采下的接穗，应立即剪除叶片，保留叶柄，用湿布包裹，外裹塑料布，置阴凉处贮藏备用。落叶后采剪的接穗，应选择背阴处挖沟湿沙贮藏，温度0～5℃，备翌年春天嫁接。

（2）嫁接。采用芽接或枝接，以芽接为主，多采用“T”型芽接和带木质部芽接。“T”型芽接在砧木和接穗都离皮时采用，春季、夏季、秋季均可进行，以秋季为主。翌年春剪砧木培育成苗，嫁接成活率可达95%以上。带木质部芽接在砧木和接穗不离皮时采用，春季、秋季均可进行，成活率也可达90%以上。枝接在早春树液开始流动而接穗芽尚未萌动时进行，多用于较粗砧木。

（3）接后苗木管理。芽接15d左右解绑，发现未成活芽应及时补接，抹除砧木萌芽，在接芽上0.5cm处剪砧，促使接芽萌发成苗。秋季芽接宜在翌年春季进行剪砧。苗木速生期及时施水追肥 、中耕除草。

3. 病虫害防治

立枯病是危害幼苗的主要病害，以幼苗根茎部干枯为特征。防治方法：在播种前每亩撒施1.5～2.5kg硫酸亚铁，或在播种时浇灌300倍硫酸亚铁溶液，待苗木长出3～4片真叶时再浇灌1次。

麻黄（*Ephedra sinica* Stapf）

一、生物学特性

分类　麻黄科（Ephedraceae）麻黄属（*Ephedra* L.）草本状小灌木，高30～60cm。

分布　广域性植物，分布于亚洲、美洲、欧洲东南部和非洲北部。在我国除长江下游，珠江流域外皆有分布，集中分布在北纬35°～39°，降水量400mm以下的干旱、半干旱的荒漠草原风沙区，包括西北、华北、东北的部分地区。

特性　喜光植物，在光照充足条件下可得到优质麻黄碱。具有耐寒、耐热、耐旱、对高温适应性强的特点，在持水量4%～6%的沙地上能正常生长，怕涝不耐湿。对土壤要求不严，除盐碱地和沼泽地外，在沙土、壤土、旱地、平原及贫瘠的土地上均能正常生长，以沙质壤土或沙土最好。根系发达，主根可达2m以下，径2～5cm，最粗达20cm以上，侧根多分布于0～20cm土层。

用途　经济价值高，具有很高的药用价值，可提取麻黄碱，有解热镇痛、扩张气管等多种医疗作用。

二、育 苗 技 术

1. 育苗方法

麻黄育苗方法以播种育苗和扦插育苗为主。

1）播种育苗

（1）采种。果实成熟期为 7～9 月，选择优良健壮母株，采集成熟饱满的果实。将果实置于清水中浸泡，待果实发软时，去除果皮，过滤杂质，晒干种子，于干燥通风处保存。或者可以将采集的种子晒干，用脱粒机去除种皮，于干燥通风处保存。

（2）育苗地准备。选择背风向阳、地势平坦、地下水位较低、有灌溉条件、排水良好且富含腐殖质的沙质土和沙壤土作育苗地。沙区育苗地应设立防风措施。秋季将克菌丹拌成药土，均匀撒在育苗地上，结合深翻地每公顷施有机肥 75t、磷酸二铵 450kg、钾肥 300kg。翌年春季结合整地每公顷施入 225kg 硫酸亚铁进行土壤消毒。

（3）种子处理。种子无休眠期，播前先将种子用 1%的硫酸铜溶液浸泡 2～3h，捞出晾至能撒开种子为宜。为防止猝倒病，可用克菌丹拌成药土（药用量为种子用量的 0.5%，黏土为药量的 10～15 倍）与种子拌匀播种。

（4）播种。4 月初至 9 月中旬均可播种， 5 月上旬最为适宜，最好不要在 7 月播种。采用撒播方式，播后覆土 0.5～1cm，播种量为每公顷 120～150kg。

（5）苗期管理。播种后 7～10d 可出苗，25d 左右苗出齐，此间保持苗床土壤湿润，一般每 2d 浇 1 次水。待苗出齐后，每 7d 浇 1 次水，苗床不能积水，适时除草。冬灌是麻黄萌蘖期管理的主要环节，适宜的冬灌时间为 11 月上旬。翌年春土壤解冻，麻黄返青时灌第 1 次春水，以后每 10d 左右灌水 1 次。5 月上旬和 6 月上旬各追 1 次尿素（每公顷 225kg），并结合叶施肥（喷施磷酸二氢钾）。8 月苗木即可出圃。每公顷出苗量为 750 万株左右。

2）扦插育苗

（1）采条。选取生长旺盛、健壮的当年生枝条作种条，采取上部的 3～5 节嫩枝，将种条剪成长为 15～20cm 的插穗。

（2）育苗地准备。同播种育苗。

（3）扦插。随采随插，扦插深度为 3～4cm，株行距为 5cm×5cm，扦插后将插条基部土壤压实，随插随喷水。

（4）苗期管理。参照播种育苗。

2. 病虫害防治

苗期易发生立枯病。防治办法：①出苗后 1～2 周浇灌 2 次硫酸亚铁，每公顷 150kg，效果较好。②叶面喷施抗古宁、福美多、多菌灵等药剂，也可达到良好的防治效果。

杜仲（*Eucommia ulmoides* Oliv.）

一、生物学特性

别名　思仙、木棉、玉丝皮、丝棉木等。

分类　杜仲科（Eucommiaceae）杜仲属（*Eucommia* Oliv.），落叶乔木，树高可达20m，胸径可达40cm。

分布　我国特产，世界上只此1种。在我国分布范围很广，北京、甘肃、陕西、山东、浙江、重庆、云南、广西、贵州、四川等地均有分布，在年降雨量650mm以上、年积温3 200℃以上、海拔1 300m以下、土壤条件较好的地区适宜栽培。

特性　喜光树种，对气候适应幅度较广，耐寒性较强，能耐－20℃低温。对土壤要求不严，在酸性土、中性土、微碱性土及钙质土上均能生长，在土层深厚、疏松、肥沃、湿润、排水良好的土壤条件下生长良好。深根性树种，适宜在山脚及中下部生长，在裸露的石灰岩山、岩缝间残存的石灰土上，也能生长良好。

用途　树皮干燥，是中国名贵滋补药材。全树除木质部外，均含有硬橡胶，是制造各种电器特别是海底电缆必需的绝缘材料。山区水土保持的优良树种。木材是良好的建筑用材。

二、育 苗 技 术

1. 栽培品种

可选用‘华仲1号’、‘华仲2号’、‘华仲3号’。

2. 育苗方法

杜仲的育苗方法以播种育苗为主，方法如下。

（1）采种。9月下旬至10月上中旬选择生长健壮、树皮光滑、无病虫害和未剥皮利用的20年以上的壮年树作采种母树，选择晴天进行采种。种子成熟的特征是果皮呈栗褐色、棕褐色和黄褐色，有光泽，种粒饱满，且手感坚硬，种翅失水明显。剥开种皮后，胚乳呈白色，子叶扁圆筒形，米黄色。种子采集后于阴凉通风处阴干，净种后即可贮藏。种子短命，可混湿沙低温密封保存，温度1～5℃，1年后种子发芽率可达在80%以上。

（2）育苗地准备。选择地势平坦、光照充足、富含有机质的壤土或沙壤土做育苗地。秋季耕翻，深度以30cm为宜。翌年春天，结合整地每公顷施有机肥30～45t，加施多元素复合肥 0.5t，如果地块病虫害严重，每公顷施撒 3%的辛硫磷颗粒剂及五氯硝基苯各40～45kg，酸性土壤每公顷撒0.3t石灰消毒。做畦，畦长5～20m，畦宽0.8～1.2m，畦背不可小于30cm且要踏实。

（3）种子处理。杜仲种皮含大量杜仲胶，对种胚束缚力很强，播种前需进行催芽处理，生产上常采用以下两种方法：①层积催芽：南方地区于播种前30～40d进行，北方地区于播种前40～50d进行。种子与湿沙比例为1∶3，湿度以手握沙子后能成形为宜，于室内通风阴凉，每 10～15d 检查翻动 1 次，防止过分潮湿而使种子霉变。翌年春天及时注意种子变化，种子露白即可播种。②温水浸种、混沙增温催芽法：将种子浸入 40～45℃温水中 24h，也可用 30℃温水浸种 3d，每天换水 1 次，换水时除去漂浮种子。将其混入 3 倍于种子重量的湿沙内，堆成厚度为 30～40cm 的平堆，其上覆盖新塑料布透光、保湿、增温，每天翻动一次，并酌情喷水保持种子湿润。5～7d 即可露白，待露白种子占 25%～30%时，即可播种。

（4）播种。春播、秋播和冬播均可。多用条播，行距 20～30cm，播种沟深度 3～4cm，播后覆土 1～2cm，再盖草或盖膜。每公顷播种量 90～120kg，每公顷产苗木 22.5 万～30 万株。

（5）苗期管理。及时除草，保持圃地无草、土壤疏松。幼苗刚出土时用手除草为宜，免伤幼苗，当苗木生长 3～4 片真叶时，结合中耕除草进行施肥，每公顷施尿素 75～150kg，8 月以前每月除草施肥 1～2 次。多雨地区、洪涝季节要避免土壤积水。

3. 病虫害防治

杜仲苗期主要病虫害有根腐病、立枯病、地老虎、蛴螬、蝼蛄等。

（1）根腐病、立枯病。危害幼苗根部、茎部。防治方法：①种子催芽前置于多菌灵的水溶液或 1%的高锰酸钾溶液中浸泡 30min 进行消毒。②发现染病植株必须及时清除，然后撒生石灰于病穴中，同时注意保持植株间通风。③发病时，根腐病可用根腐宁 800 倍液灌根，立枯病可喷施甲霜恶霉灵 1 000 倍液，成株期可每隔 7～10d 喷 1 次 1%波尔多液，连续喷洒 2～3 次。

（2）蛴螬、蝼蛄、地老虎。危害萌发种子、幼苗根茎。防治方法：①及时清除杂草，肥料使用时，必须充分腐熟，减少其产卵。②在蛴螬虫害严重时，可选用绿僵菌防治。蝼蛄可用诱虫灯进行诱杀，也用敌百虫做毒饵毒杀。地老虎可用 50%辛硫磷乳油 800 倍液、90%敌百虫 600～800 倍液或 2.5%溴氰菊酯 2 000 倍液喷雾毒杀。

无花果（*Ficus carica* L.）

一、生物学特性

别名　映日果、奶浆果、蜜果、明目果、文仙果。

分类　桑科（Moraceae）榕属（*Ficus* L.）灌木或小乔木，高 3～10 m。

分布　原产于亚洲西部及地中海地区。我国南北各地均有栽培，长江以南及新疆塔里木盆地栽培较多。

特性　喜温暖湿润海洋性气候，喜光、喜肥。耐贫瘠、较耐干旱、耐盐碱，在土壤含盐量 0.3%～0.4%条件下生长正常。不耐寒、不抗涝，－12℃低温下新梢即发生冻害，－20℃时地上部分会死亡。在厂矿周围，特别是广大的沿海滩地区可栽培，在向阳、土层深厚、疏松肥沃、排水良好的沙质壤或黏质壤土上生长良好。

用途　叶片宽大，果实独特，是优良的庭院绿化和经济树种。对于二氧化硫等有毒气体有较强的吸附和抗御能力，能消除污染，净化空气。叶、果、根均可入药。

二、育苗技术

1. 栽培品种

主要栽培品种有‘布兰瑞克’、‘棕色土耳其’、‘加州黑’、‘蓬莱柿’、‘玛斯义陶芬’、‘阿尔巴尼亚1号’、‘新洋88’、‘绿抗1号’及引进品种‘布兰瑞克’和‘卵圆黄’。

2. 育苗方法

无花果枝条极易生根，根蘖性强，用扦插、压条、分株和组织培养等方法均可繁育苗木，其中扦插育苗最常用。

1）硬枝扦插育苗

（1）采条。秋季落叶后从生长旺盛母株主干下部采集1～3年生、节间短、1～1.5cm粗的健壮枝条作种条，剪成40～50cm长插条，于清水中浸泡3d，开沟贮藏，行距50cm，将插条斜插入土2/3，填土压实浇水，保持土壤湿润。或湿沙层积贮藏，参照葡萄种子处理。

（2）育苗地准备。选用土壤肥沃的沙壤和有机质含量高的土壤作育苗地。结合耕翻每亩施有机肥2 000～3 000kg。整地做床，床宽50cm，床高33cm，扦插前灌足底水。

（3）插穗处理。将种条剪成长20cm左右插穗，保留2～3个芽，上切口距离第1个芽1cm左右，用0.1%的ATB生根粉浸泡30min后即可扦插。

（4）扦插。春季土壤解冻后进行扦插，多在苗床内按行扦插，行距50cm，深度17～18cm，株距10～15cm，插后灌水。或将地做垅，垅高35cm，垅距35cm，随作垅，随扦插，随浇水。

（5）苗期管理。愈伤组织形成期，对温度要求较高，应及时提高地温，并加强水分供应。插穗愈合生根后视土壤墒情浇水，保持土壤湿润，避免浇泥浆水。冬季做好防寒措施。营养生长期，每月施肥1次，以氮肥为主的复合肥为宜。

2）嫩枝扦插育苗

（1）采条。9月中下旬，选择节间短、生长健壮的当年生枝条作种条，剪制成20～25cm插穗，保留2～3片叶，上剪口距芽2cm左右，下剪口在节下1cm左右。

（2）苗床准备。设置苗床，床宽1.0～1.2m、深25～30cm，床内基质为腐殖质土和河沙，比例为2∶1，厚度20cm左右，其上再覆以5～10cm的细沙或锯末，平整后备用。填充前基质需用70%甲基托布津500倍液消毒灭菌。

（3）插穗处理。扦插前，将插穗每30～50根捆成1捆，先用0.2%高锰酸钾浸泡下端5s，再用ABT2号生根粉50mg/L溶液浸泡30min。

（4）扦插。先在苗床上按20cm×15cm的行株距插孔，再将插条插入孔中，压实、喷水。每插完一畦后立即喷布70%甲基托布津1 000倍液，然后搭上小拱棚。

（5）苗期管理。及时施水保持土壤湿润，棚内温度控制在20～30℃，及时除草、拔除病株。3～4月逐渐揭开拱棚炼苗。4月下旬至5月上旬即可起苗。

3. 病虫害防治

无花果较少发生病虫害。

黑核桃（*Juglans nigra* L.）

一、生物学特性

别名 美国黑胡桃。

分类 胡桃科（Juglandaceae）胡桃属（*Juglans* L.）落叶乔木，树高可达 30m，胸径 1.0～1.5m。

分布 分布于北美洲及拉丁美洲，集中分布于美国的东半部和加拿大南部，东南亚地区广泛种植，我国华北、西北和华中地区均有栽培。

特性 适应性非常强，亚热带、寒温带气候均可生长，以亚寒带大陆性最适宜。对土壤条件要求不严，可在 pH4.6～8.2 土壤生长，在土层深厚、肥沃、排水良好的壤土、沙壤土或冲积土上生长良好。亲和力强，耐旱、耐寒性强，根深干高、寿命长，易管理。

用途 黑核桃是果材兼优、多用途的珍贵阔叶树种。黑核桃仁营养丰富，是畅销的珍贵营养食品。材质细致均匀、纹理通直，材面具光泽，是高级家具、工艺雕刻、建筑装饰、高级细木工产品优质用材。果壳为重要工业原料。黑核桃为旱生植物，是旱区平原绿化、农田防护林建设、水土保持及沙地造林的优选树种。

二、育 苗 技 术

1. 栽培品种

栽培品种有东部黑核桃、北加州黑核桃和小黑核桃等，以东部黑核桃最具经济价值。

2. 育苗方法

黑核桃育苗方法主要有播种育苗和嫁接育苗。

1）播种育苗

（1）采种。选择适应性强、生长健壮的盛果期树作为采种母树，采收选择青皮、自然开裂、充分成熟的黑核桃优良种子，低温湿沙贮藏，温度 0～5℃。

（2）育苗地准备。选择酸碱度在 pH7.5 以下沙壤土作育苗地，秋季结合深翻地每亩施有机肥 1 500～2 000kg，播前整平做畦，畦宽 1m，畦长以地势而定。

（3）种子处理。播种前种子需进行层积催芽。先将种子在室温（10～15℃）下浸种 5～6d，用 0.5%高锰酸钾溶液温水浸泡 2h 消毒处理，随后将种子混 2 倍湿沙于 2～5℃条件下积催芽 120～150d，发芽率可达 75%。或层积 60～80d 后，用赤霉素浸泡 6h 或生根粉浸泡 12h，直接采用升温催芽，发芽率亦可达 80%。黑核桃种子只有达到或接近饱和含水率时，才开始萌发，种子需要在层积过程中继续缓慢吸水，所以，层积催芽过程中应及时调节沙子湿度，每 10d 翻动一次。

（4）播种。3 月下旬至 4 月上旬土壤温度达 10℃以上时进行播种。条播，行距 30～40cm，株距 10～15cm，播后覆土 5～10cm，随后覆膜。播种时种子的缝合线要与地面垂直，种尖向一侧摆放，以防幼根、幼茎弯曲生长，出苗较迟缓。

（5）苗期管理。播后 10d 左右幼苗出土，及时破膜放风，以防烧苗。幼苗出齐后及时施肥、浇水，共 3～5 次。前期以氮肥为主，7～8 月份追施 1 次速效磷、钾肥。适时中耕除草。出土前不可浇水。

2）嫁接育苗

（1）选择砧木和接穗。一般以核桃苗为砧木。选取采穗圃内生长健壮、芽饱满、无病虫害、髓心较小、粗度 0.8～1.5cm 当年生木质化或半木质化的枝条制作接穗。芽接时将接穗去掉复叶，留 1～2cm 长叶柄，浸水 12～24h 放入 4℃的冷库中贮藏备用。硬枝接在发芽前 20～30d 采集接穗，也可在落叶后采集低温沙藏，温度 0～3℃。

（2）嫁接。多采用方块芽接和硬枝接。

① 方块形芽接。平均气温达 25～30℃，雨季来临之前进行，以 6 月中旬至 7 月上旬为宜。嫁接时使用特制的双刃嫁接刀在砧木皮部离地 5cm 处选光滑面横切，从一侧再纵切一刀深达木质部，呈“匚”状。用同样的方法从接穗上取芽，根据砧木的粗度决定芽块的宽度。芽块取下后迅速挑开砧皮，贴上接芽，根据大小撕去另一边砧皮，以芽块正好嵌入为好。用塑料条自下而上绑严扎紧。捆绑时用拇指压紧叶柄处确保芽片生长点与砧木吻合，芽和叶柄外露。在芽块的下方纵切一刀深达木质部，形成放水槽，使伤流从刀口流出。操作过程要快，并注意保持形成层清洁。

② 硬枝接。在砧木发芽至展叶期进行，以 4 月下旬成活率最高。多采用舌接。嫁接时在接穗下端芽的背面削成 3cm 左右长的斜面，然后在削面由下往上 1/3 处顺着接穗向上劈，劈口长约 1cm，成舌状。砧木上削成 3cm 左右长的斜面，削面由上向下 1/3 处，顺着砧干往下劈，劈口长约 1cm，和接穗的斜面部位相对应。将接穗的劈口插入砧木的劈口中，使接穗和砧木的舌状部位相互交叉，对准形成层，向内插紧。如果砧木和接穗粗度不一样，要在砧穗插合时使两者一边形成层对准、密接为宜。

（3）接后管理。芽接 7～10d 伤口基本愈合，应及时浇水，随时抹除砧木萌芽，促接芽生长。20d 左右解绑，以接芽上方 1cm 处剪砧；硬枝接在苗高达到 30cm 时及时解除绑缚物。加强肥水管理。入冬前埋土防寒或起苗假植防寒。

3. 病虫害防治

黑核桃虫害较少，苗期预防立枯病、猝倒病，8 月嫁接苗旺盛生长期，喷施氧化乐果 1 500～2 000 倍液防治蚜虫。

核桃 （*Juglans regia* L.）

一、生物学特性

别名　胡桃。

分类　胡桃科（Juglandaceae）胡桃属（*Juglans* L.）落叶乔木，树高 10～30m。本属约 18 种，我国 4 种 2 变种。用于经济栽培的核桃主要有 2 种：核桃（*J. regia*）和泡核桃（*J. sigillata*）。

分布　在我国分布很广，青海、甘肃、新疆、辽宁、山东、河北、福建、江西、湖南、江苏、浙江、四川、贵州、云南等地均有分布，黄河中下游地区栽培比较集中，是我国核桃主产区。

特性　喜光树种，耐干冷，能耐－40℃极端最低温，不耐湿热，在极端最高温 41.5℃、空气相对湿度 30%时能正常生长。喜深厚肥沃、疏松湿润、微酸至弱酸性排水良好的沙壤土。稍耐盐碱，在土壤总含盐量 0.3%时生长正常，超过 0.5%时，幼树成活率低，生长不良。

用途　核桃是一种重要的木本油料和用材树种。核桃仁矿质元素和维生素含量仅次于杏仁，具有很高的营养价值和保健功能。树皮、种苞可提取栲胶和染料。核桃树高大，枝干挺秀，是良好的行道树和观赏树种。木材纹理致密美观，材质坚硬，是世界性优良材料。核桃多年来，一直受到国内外的重视，被誉为世界四大坚果（核桃、扁桃、榛子和腰果）之一。

二、育 苗 技 术

1.栽培品种

包括早实核桃‘薄丰’、‘薄壳香’、‘辽宁 1 号’、‘绿波’、‘陕核 1 号’、‘西林 1 号’、‘扎 343’、‘温 185’、‘新新 2’、‘中林 1 号’，晚实核桃‘晋薄 1 号’、‘晋龙 1 号’、‘西洛 1 号’、‘冀 82－05’、‘京 746’、‘大水泉 29’，和泡核桃‘漾濞泡核桃’、‘三台泡核桃’和‘细香泡核桃’、‘云新系列’（泡核桃和核桃的杂交种）、‘黔 2 号’、‘黔 3 号’。

2. 育苗方法

核桃育苗方法有播种育苗和嫁接育苗。

1）播种育苗

（1）采种。当果实由绿变黄、有 1/3 以上绽裂时即可采收。采收时未脱皮的果实可在室内堆积 3～5d 后人工脱皮，也可喷洒乙烯利和萘乙酸混合液促进核桃种苞开裂。脱皮后的坚果晾晒贮藏。秋播种子不必干透。春播的种子，应充分干燥（含水量低于 8%），干燥贮藏或湿沙层积贮藏。

（2）育苗地准备。选择深厚肥沃、疏松湿润、微酸至弱酸性排水良好的沙壤土作育苗地。深耕做垄，结合整地每亩施土杂肥 5 000kg，随后压地保墒。春播前再浅耕 1 次，耙平后播种。

（3）种子处理。秋播的种子，可不经处理直接播种。春播的种子，需要经过处理才能促进种子发芽，常用催芽方法：①冬季层积催芽，贮藏前先将种子倒入 90～100℃水中浸泡 1～2min，以杀死种子表面的病原菌，然后水选，去掉漂浮于水上不饱满的种子，剩余种子用冷水浸泡 2～3d 后进行沙藏。②播前烫种催芽，将干核桃倒入 1～2 倍于核桃种子的沸水，迅速搅拌 2～3min，待不烫手时加入冷水，浸泡数小时后捞出播种。此法多用于中厚壳核桃种子，薄壳或露仁核桃不宜采用，以免烫伤种子。③播前 8～10d 浸种催芽，可先用 80℃的热水，随倒入随搅拌，待水温降至常温后，浸泡 7～8d，也可直接用冷水浸泡 9～10d，每天换水 1 次，冷水浸泡过的种子可在日光下曝晒几小时，待 90%以上种子裂口后即可播种。

（4）播种。开沟点播，行距 50cm，株距 20cm，深度为种子大小的 3～5 倍。秋播宜在土壤结冻前（北方 10 月中下旬至 11 月）进行，冬季严寒和鸟兽危害严重的地区不宜秋播。春播在土壤解冻后进行。播后覆土 5～8cm。播种量与种子的大小有关，每公顷 1 500～2 600kg。适时灌水，以保持土壤湿润。

（5）苗期管理。秋播在翌年 4 月下旬～5 月上旬出苗，春播多在播种后 20～30d 出苗。北方 5～6 月雨季到来前的干旱期，需灌水 2～3 次。结合灌水追肥，每次每公顷施尿素或硫酸铵 150kg 左右。进入雨季，可追施磷钾肥 2 次，还可用 0.3%的尿素或 0.3%磷酸二氢钾进行叶面施肥。注意排水防涝、中耕除草。8 月下旬至 9 月上旬对苗木进行摘心，以防越冬抽条。

2）嫁接育苗

培育核桃优良无性系苗木时采用嫁接育苗。

（1）选择砧木和接穗。我国常用的核桃砧木有核桃、核桃楸、野核桃等，以核桃（共砧）最为普遍。接穗采集：

① 硬枝接穗：核桃落叶后到翌年春季萌芽前均可采集，以萌芽前 10～20d 采集的接穗嫁接成活率较高，随采随接成活率更高。对于北方核桃抽条严重或枝条易受冻害的地区，以秋末冬初采集为宜。选择树冠外围长 1m 左右、粗度 1.0～1.5cm、发育充实健壮、髓心较小、无病虫害的发育枝作种条，不需剪截直接低温贮藏，温度 0～5℃。如果贮藏时间在 1 周以内，可直接进行蜡封，然后放于阴凉处贮藏，温度应低于 9℃。

② 嫩枝接穗：选择树冠外围生长健壮的木质化或半木质化新梢，采下后立即去掉复叶，保留 0.5～1.0cm 的叶柄。随接随采，如异地嫁接，需尽快用塑料薄膜包严，于 3～10℃的低温条件贮藏，时间不超过 3d。

（2）嫁接。有硬枝嫁接、嫩枝嫁接、芽接和当年生子苗嫁接等方式。

① 硬枝嫁接，在砧木萌芽到展叶期进行，方法采用插皮舌接、舌接、劈接、插皮接（皮下接）等。用作硬枝嫁接的砧木，如土壤湿度较大，伤流较多的情况下，可在嫁接前 1～2d 剪砧“放水”。

② 嫩枝嫁接，多在 5～7 月新梢旺盛生长期进行，要求接穗达到半木质化。主要采用插皮舌接、劈接和舌接。接后要避免阳光直射导致接穗和接口温度过高，影响成活。

③ 芽接，多在 6～8 月新梢速生长期进行。方法主要有方块芽接和“T”字形芽接。方块芽接要求砧木为 1～2 年生或当年生新梢。“T”字形芽接的时期为砧木和接穗易离皮时。西北地区一般在 7 月中旬～9 月初，可嫁接时间较长。

（3）嫁接后管理。

① 检查成活和除萌：芽接后 15～20d 可检查成活。硬枝嫁接和嫩枝嫁接分别在接后 50～60d 和 30～40d 检查成活。及时去除砧木上萌蘖。硬枝嫁接未成活的植株，可选留一个生长健壮的萌蘖枝，其余全部去除，以促使萌蘖枝的旺盛生长，为夏季嫩枝嫁接或芽接做好准备，也可留作翌年嫁接。

② 遮荫和绑扶：生长在沙土地上的核桃硬枝嫁接苗木，为防止地面高温灼伤枝皮和表层根系，应在 5 月的中旬用秸秆杂草对核桃根颈和接口处遮荫保护。嫩枝嫁接苗，用下面开口的纸袋罩住接穗和接口，待接穗长出 3～5cm 时去掉纸袋。风大地区，当新梢长到 30～40cm 时，应及时在苗旁立支柱绑扶。

③ 剪砧与解绑：核桃芽接如果当年不使接芽萌发，可不剪断砧木。如果要求当年萌发，可在接芽以上剪留 1～2 片复叶，也可在接后 5～7d 剪留 2～3 片复叶，当接芽新梢长到 20cm 以上时，从接芽上 2cm 处剪除砧木多留的枝叶。硬枝嫁接成活的苗木，可在接穗新梢长到 40～50cm 时解绑。嫩枝嫁接苗和芽接苗可在移栽后解绑。

④ 肥水管理：嫁接苗成活之前一般不施肥灌水。当嫁接苗长到 10cm 以上时，应及时施肥、灌水。前期以氮肥为主，后期少施氮肥，增施磷肥，以防徒长。室内嫁接可在 8 月下旬至 9 月上旬对苗木摘心，防止越冬抽条。室外嫁接苗要培土防寒。

3. 病虫害防治

核桃苗常见的病害主要是细菌性黑斑病、炭疽病。危害苗木新稍和叶片。发病时间 6～9 月。防治方法除人工清除病源外，可在 6 月喷布等量式波尔多液 300 倍液，7 月下旬后可加大浓度为 200 倍液，每隔 15～20d 喷一次。也可与甲基托布津交替喷洒，浓度为 1 500 倍液。

宁夏枸杞（*Lycium barbarum* L.）

一、生物学特性

别名　枸杞。

分类　茄科（Solanaceae）枸杞属（*Lycium* L.）落叶灌木，树高 1.6～1.8m。

分布　在我国河北、内蒙古、山西、陕西、甘肃、宁夏、青海、新疆等地都有天然分布，甘肃河西走廊及青海是集中分布区。

特性　喜光树种，耐干旱，在降水量 226.7mm，年蒸发量 2 050.7mm 的干旱区能生长。耐寒，能耐极端最低温－41.5℃。对土壤要求不严，耐盐碱，在表土含盐量 1.0%条件下能正常生长。生长快，枝插苗当年即可开花结果，一般寿命 60～70 年。

用途　既是生态建设树种，也是经济树种。是盐碱地造林的先锋树种。宁夏枸杞化学成分丰富，是名贵的中药材和很好的滋补品。

二、育 苗 技 术

1. 栽培品种

宁杞 1 号、宁杞 2 号以及大麻叶是主要栽培品种。

2. 育苗方法

宁夏枸杞育苗方法有扦插育苗、播种育苗、根蘖和组培等，生产上以扦插（硬枝扦插）育苗为主。

1）硬枝扦插育苗

（1）采条。12 月至翌年 2 月下旬树体休眠期，选择健壮、植株冠中部、上部无破皮、无虫害优良母树，采取 1 年生、粗度 0. 5～0. 8 cm 的中间枝或结果枝作种条，存放于地窖或冷藏库内用湿沙土覆盖，高度不超过 1 m，温度 0～5℃，保证湿度适宜。

（2）育苗地准备。选择地势平坦的沙壤土作育苗地，秋季结合深翻地每亩施有机肥 2 500～5 000kg，并施磷肥 50kg、钾肥 6kg，氮肥可不施。每亩施辛硫磷 0.5～0.8kg 防地下害虫。精细整地，做成平畦，畦宽 1.2～1.5m。扦插前，再用多菌灵消毒苗床。

（3）插穗处理。2 月下旬至 3 月上旬，剪制插穗，长度 10～13cm，上端平齐，下端成 30 度马蹄形。用生根剂（15～20mg/kg 的萘乙酸水溶液等）浸插穗下端 24h 后待插。或生根剂浸泡 2～10 h 后（以插穗吸收溶液后其上口髓心湿润为好）作热催根处理，具体方法：选择室内或遮光温室，制作温床，床底整平并铺干锯末、珍珠岩或干羊粪等保温基质 3～5cm，保温基质上铺塑料膜或塑料板，防止水分渗漏。塑料膜（板）上覆床土 3～4cm 整平压实，然后再平铺细河沙 5cm 左右。催根时，先对温床洒水增湿，以手握成团不滴水为宜，并喷洒 0.5%高锰酸钾溶液进行床面消毒。将插穗按捆整齐摆放在床面上，上撒干细河沙使插穗基部 2/3 填充河沙。床温控制在 25～28℃，注意保湿。当大部分插穗出现愈伤组织、个别插穗根长 1 cm 时停止催根，立即扦插。整个过程 8～15 d。

（4）扦插。3 月中旬至 4 月上旬开沟扦插。行距 40cm，株距 10cm。将插穗摆在沟壁一侧，覆土踏实。插穗上端露出地面约 1cm，覆盖地膜。

（5）苗期管理。插穗发芽后及时揭去地膜，保持土壤湿度、松土除草、防虫与追肥。苗高 50～60cm 时摘心，同时抹去主干下部芽，控制高生长促发上部侧枝。

2）嫩枝扦插育苗

（1）采条。5～8 月份，日平均气温稳定在 18℃后，在优良品种树上剪取半木质化枝条作种条。

（2）育苗地准备。同硬枝扦插育苗。

（3）插穗处理。扦插前，将种条截成 5～8cm 长的插穗，下端速蘸 400mg/kg 萘乙酸+滑石粉调制成的生根剂，随后扦插。

（4）扦插。先在苗床上按株行距 5cm × 10cm 作插孔，将插穗插入孔中，轻轻压实，插深 1.0cm～1.5cm，插后喷水，并施喷 1‰多菌灵水溶液防病。

（5）苗期管理。扦插后每天喷 2～3 次水，保持土壤及插条湿润，注意遮荫。生根后撤去遮荫棚。

3） 播种育苗

（1）采种。果实于 6～10 月下旬成熟，选择优良母树，采摘果大、色鲜艳、无病虫斑的成熟果实。采摘后，用 30～60℃温水浸泡，搓揉种子，洗净，晾干，于阴凉干燥处贮藏。

（2）育苗地准备。同硬枝扦插育苗。

（3）种子催芽。播种前用种子与湿沙 1：3 混合，置 20℃室内，待 30%种子露白时即可播种，或用清水浸泡种子 24h，进行播种。

（4）播种。春、夏、秋季均可播种，以春播为主。3 月下旬至 4 月上旬进行，按行距 40cm 开沟条播，深 1.5～3cm，覆土 1～3cm。

（5）苗期管理。幼苗出土后，根据土壤墒情，适时灌水、松土除草。苗高 6～9cm 时定苗，株距 12～15cm。结合灌水， 5、6、7 月各追肥 1 次。

3. 病虫害防治

主要防治枸杞蚜虫、枸杞木虱、负泥虫等虫害。

（1）枸杞蚜虫。群集危害枸杞幼嫩枝、叶，1 年多代。防治方法：喷 0.3% 苦参碱水剂 800～1 000 倍液或 10%吡虫啉可湿性粉剂 800～1 000 倍液。

（2）枸杞木虱。吸食叶片汁液。1 年 3～4 代。防治方法：喷 10%蚜虱净 3 000 倍液或 10%吡虫啉可湿性粉剂 800～1 000 倍液。

（3）负泥虫。啃食叶片，1 年 3 代。防治方法：喷 20%杀灭菊酯 2 000～3 000 倍液或 5%凯速达 1 500～2 000 倍液。

黑果枸杞（*Lycium ruthenicum* Murr.）

一、生物学特性

别名　黑枸杞、苏枸杞、墨果枸杞。

分类　茄科（Solanaceae）枸杞属（*Lycium* L.）棘刺灌木，高 20～50cm。

分布　分布于我国陕西、内蒙古、青海、新疆、甘肃、宁夏等地。中亚、高加索和欧洲也有分布。

特性　抗逆性强，耐干旱、耐盐碱，能忍耐 38.5℃高温，较耐寒，在－25.6℃下无冻害。萌生能力强，对土壤要求不严，在荒漠、戈壁、荒山、高山沙林、干河床、荒漠河岸及荒坡上均能形成灌丛。喜生于盐碱荒地、盐化沙地、盐湖岸边、河滩等各种盐渍化生境土壤中。

用途　是防风固沙、保持水土、改良土壤的优良植物资源，具有极高的生态学应用价值。其浆果含有丰富的营养成分和活性物质，具有很好的保健价值、药用价值等。为我国西部特有的沙漠药用植物品种。

二、育 苗 技 术

1. 育苗方法

黑果枸杞育苗方法以播种育苗为主，也可采用容器育苗。

1）播种育苗

（1）采种。7～10 月种子成熟，当果实由绿变紫黑色时选择生长旺盛、植株较高、结果量大的母株及时采摘，浆果于向阳通风处晾干，低温贮存，温度－5～1℃，或将浆果采取纱布包裹水洗脱粒，晾干，于干燥通气处贮藏。

（2）育苗地准备。选择地势平坦、灌溉方便、土层深厚、pH 为 8 以下、碱盐量不超过 0.3%的沙壤土作育苗地，忌普通枸杞的土地及菜地。秋季结合深翻地每亩施入 2 000kg 左右腐熟有机肥，灌足底水。翌年春浅耕细耙做畦，畦宽 1.2m，畦长以地势而定。

（3）种子处理。4 月中旬将贮藏的干果净化处理，于清水中泡开，洗出种子，直到清水为止，随后用 0.3%～0.5%的高锰酸钾浸泡种子 2～4h 作消毒处理，按种沙比 1∶3 的比例湿沙层积催芽，温度为 20℃左右，每天要翻动 4～5 次，并在草帘等覆盖物上洒水，湿沙及覆盖物湿度以用手握不滴水为宜，待种子露白即可播种，发芽率可达 90%。未经层积催芽的种子，播种前可用 40℃温水浸种 24h 后直接播种，发芽率也很高。

（4）播种。3 月下旬至 4 月中旬，开沟条播，行距 30cm，深度 0.5～1cm。种子掺细沙混匀，均匀播入沟内，稍覆细沙，轻镇压后浇水，保持土壤湿润。若无浇水条件或水源不足时，播后用地膜覆盖，再在地膜上面全面覆土 1.5～2cm，以透不进阳光为宜，待出芽后揭去地膜。

（5）苗期管理。适时灌水、松土除草，保持土壤湿润。6～7 月苗高 3～5cm 时间苗、定苗，留苗株距 10～15cm。结合灌水追施速效氮肥 2～3 次。

2）容器育苗

（1）容器选择。选择保水性好，直径 5cm 左右、高 12cm 左右的育苗容器为宜。

（2）基质配制。采用沙土 10%～20%、农业区沙壤土 60%～80%、腐熟的羊粪 10%～20%，混匀碾碎后过筛，每立方米基质施 2%～3%的硫酸亚铁粉药土 10kg，混匀后堆放 3～4d 进行消毒。

（3）整地作床。于 4 月上旬翻耕作床，选择低床，床宽 1.2m，深 12cm，床底整平踏实，四壁垂直，使容器排列在床内与地面同高。将营养土装入容器，营养土离容器口 1～1.5cm。播种前灌透水，2～3d 后即可播种。

（4）播种。播种时每个容器 3～4 粒，覆湿沙厚度 1～1.5cm。播种 1～2d 后洒水。

（5）苗期管理。播种后随时观察床面的墒情适时浇水保持床面湿润，7d 左右开始出苗。及时除草。当苗高 3～4cm 时间苗，每个容器留苗 1 株，并结合喷水施撒尿素 1 次。在幼苗期和速生期要结合喷水施浓度 0.2%左右的氮肥和磷肥。

2. 病虫害防治

苗期主要防治白粉病及实蝇、蚜虫等虫害。

（1）白粉病。危害叶片。防治方法：45%硫黄胶悬剂 200～300 倍液喷雾或 50%退菌特 600～800 倍液喷雾，每 2d 喷 1 次，连续 2～3 次。

（2）实蝇、蚜虫。危害幼嫩枝叶。防治方法：随时摘除虫果，集中焚烧。7～8 月用 40%乐果乳剂 1 500 倍液喷雾每 7～10d 喷 1 次，连续 3 次。

新疆枸杞（*Lycium dasystemum* Pojark.）

一、生物学特性

别名　甘枸杞、红枝枸杞、毛蕊枸杞。

分类　茄科（Solanaceae）枸杞属（*Lycium* L.）落叶灌木，高 0.5～1m。

分布　分布于我国新疆北部（人工栽培）、甘肃、青海。中亚也有分布。生于海拔 1 200～2 700m 的山坡、沙滩或绿洲。

特性　喜冷凉气候，耐寒力很强，春季气温 6℃以上时，开始萌动，7℃左右，种子即可萌发，幼苗可抵抗－3℃低温，成年株－25℃下无冻害。抗旱能力强，根系发达，在干旱荒漠地仍能生长。可耐轻中度盐渍土，多生长在碱性土和沙质壤土，适宜在光照充足、土层深厚肥沃的壤土上栽培。

用途　浆果多汁，能益肾明目，为名贵中药材，有保健强身作用，可药用，也可制作饮料。

二、育 苗 技 术

1. 栽培品种

栽培品种主要有‘精杞 1 号’、‘大麻叶’等。

2. 育苗方法

新疆枸杞育苗方法有播种育苗、扦插育苗、分株育苗，以播种育苗为主。

1）播种育苗

（1）采种。选择 6 年以上、生长健壮、果大色红、无病虫害的优良母株，当果实由绿转红色时，及时采摘。浆果于向阳通风处晾干，低温贮存，温度－5～1℃，或将浆果采取纱布包裹水洗脱粒，晾干，于干燥通气处贮藏。

（2）育苗地准备。选择近水源、易排涝、含盐量 0.2%以下的沙质壤土或轻壤土作育苗地。夏季深耕 21～27cm，充分日晒。秋季结合耕翻地每亩施有机肥 2 000～5 000kg，翌年春季播种前浅耕细耙作畦，畦宽 1m。

（3）种子处理。用 35～40℃的温水把干果泡软，洗出种子，晾干后备用，种子发芽率一般在 90%左右。

（4）播种。播种期以 4 月下旬至 5 月上旬为好，6～7 月亦可播种。开沟条播，沟深 0.9～1.5cm，沟距 30cm。将种子掺细沙均匀撒播，每亩播种量 400～700 g。播后畦面可覆盖麦秸、稻草或薄膜，出苗后去除。

（5）苗期管理。播种后 5～7d 即可出苗。及时锄草。7 月以前多施水，结合施水追肥 2 次，每次每亩用尿素 5～7.5kg，加速幼苗生长。8 月以后少灌或不灌水，促进幼苗木质化。待苗高 6cm 时，按株距 6cm 间苗，苗高 18～27cm 时，按 12～15cm 留苗。

2）扦插育苗

在春季树液开始流动、萌芽放叶前，选择前一年的徒长枝制作插穗，长 12～18cm，上端平口，下端斜口。按株距 12～18cm 斜插于苗床，插后立即灌水，保持土壤湿润，成活率达 95%以上。

3）分株育苗

（1）培育母株。春季解冻后，植株萌芽放叶前，按株行距 2～2.5m × 2m 挖 30cm 见方的穴，每穴施入少量的农家肥与表土混匀，栽入苗株，随后立即浇水。

（2）田间管理。

① 翻园、中耕锄草：对定植成活的母株苗每年 2 次翻园晒土，以增强土壤的透气性和保墒，促进根系发育，第 1 次可在土壤完全解冻后浅翻 12～15cm，第 2 次入冬前，深翻 21～24cm。翻土应在植株主干外 15～20cm，侧根可部分切断，勿使主根松动。注意中耕锄草，中耕深度为 6～9cm。

② 施肥灌水：在 10 月下旬至 11 月中旬（上冻前）在树的一侧开半环形沟，施入有机肥，每株施肥 500～1 000g，施后盖土，拍实浇水。也可结合浇冻前水进行施肥。

（3）分株移栽。春季，直接挖取母株根茎下部或距母株 10～25cm 的水平根上的分苗进行移栽。

3. 病虫害防治

苗期常有蚜虫、木虱、枸杞负泥虫、实蝇等虫害。防治方法参照宁夏枸杞和黑果枸杞。

山丁子 [*Malus baccata*（L.）Borkh.]

一、生物学特性

别名　山荆子、山定子、林荆子。

分类　蔷薇科（Rosaceae）苹果属（*Malus* Mill.）落叶乔木或灌木，株高 10～14m。

分布　分布于华北、东北各地，西北各沙区也有栽培。

特性　喜光，耐寒性极强（有些类型能抗–50℃的低温），耐瘠薄，不耐盐，深根性，寿命长，多生长于花岗岩、片麻岩山地和淋溶褐土地带海拔 800～2 550m 的山区。

用途　山丁子除具有观赏价值外，还有许多用途。幼苗可作为苹果、花红和海棠果的嫁接砧木。很好的蜜源植物。木材纹理通直、结构细致，可用于印刻雕版、细木工、工具把等。嫩叶可代茶，还可作家畜饲料。山丁子果的营养成分高于苹果，其中，有机酸的含量超过苹果的 1 倍以上。果实成熟后可直接食用，也可在未熟软时以冰糖煮制或蒸制，是酿酒和调制纯绿色饮品的最佳原料，适用于加工果脯、蜜饯和清凉饮料。树皮可做染料。

二、育苗技术

1. 栽培品种

主要有沁源山荆子、蒲县山荆子、黄龙山荆子、绿茎红果山荆子、紫茎紫果山荆子、大果山荆子、雁北山荆子和耐盐山荆子等。

2. 育苗方法

山丁子育苗方法多采用播种育苗，方法如下。

（1）采种。9 月下旬种子成熟。果实采收后于水中浸泡 5d 以上，待果肉完全腐烂，弃去果肉，用清水充分冲洗种子，于阴凉通风处晾干贮藏。

（2）育苗地准备。选择灌水方便、排水良好、土壤肥沃的地块作育苗地。每公顷施堆肥 70～80t。整地作床，床宽 lm、高 15cm。山丁子不宜重茬连作，可选前茬为农作物（如玉米、高粱，大豆及茄子、青椒等）或针叶树的育苗地。

（3）种子处理。①层积处理法：在播种前45d 进行。先用30℃温水浸种1d（陈贮种子浸种2d），种子捞出后控干，用5/1 000的高锰酸钾水液浸种1h 消毒，随后将种子与河沙按体积比1∶2均匀混合，层积催芽。河沙保持饱和持水量的60%，温度2～5℃，经常翻动。播前7d，提高种沙温度至15～20℃，每天翻动1次，待1/3种子裂口时，即可播种。②雪藏法：在冬季积雪再溶化时进行雪藏。播种前30d，用化雪水浸种1d，用5/1 000的高锰酸钾水溶液消毒1h，湿沙层积催芽，种沙温度随春季气温回升而变，每天翻动1次，30d 后即可播种。

（4）播种。4 月下旬播种。撒播或条播。播后覆土 0.5～0.8cm，稍作镇压，随后浇水。

（5）苗期管理。适时适量浇水保持土壤湿润，15d 左右出苗。及时除草、松土。当幼苗长出 2～3 片真叶时开始间苗。速生期之前，间苗 2～3 次，每平方米留苗 100～150 株。7 月结合灌水，每 10d 追施尿素 1 次，8 月初停止施肥。土壤结冻前要进行假植越冬，以防冻害。

3. 病虫害防治

苗期主要病害有立枯病，防治方法参照平榛。叶部害虫可用乐果毒杀。

虎榛子（*Ostryopsis davidiana* Decne.）

一、生物学特性

别名　棱榆、胡榛子、毛榛子、野榛子。

分类　桦木科（Betulaceae）虎榛子属（*Ostryopsis* Decne.）丛生灌木，高 1～3m。

分布　我国特有植物，分布于内蒙古、河北、山西、陕西、甘肃、辽宁及四川等地。生长于海拔 800m 至 2 400m 的地区。

特性　具有较强的抗旱和耐瘠薄能力。耐阴，能在林间隙地和森林采伐迹地形成大片茂密灌丛，也能在林冠下生长，是山杨林、白桦林、侧柏林和油松幼林下的优势灌木之一。适应性强，在阴坡、半阴坡、半阳坡及阳坡上均能生长，且多见于坡度很陡的陡坡地或破碎陡崖地。

用途　树皮及叶含鞣质，可提取栲胶。种子含油，供食用和制肥皂。枝条可编农具，经久耐用。为沙区坡地、丘陵保持水土的优良灌木树种，又为沙区的良好燃料。

二、育苗技术

1. 育苗方法

虎榛子育苗方法有扦插育苗、播种育苗、分株育苗及压条育苗等，生产多采用分株育苗和压条育苗。

1）播种育苗

（1）采种。6 月下旬，当总苞开始变黄时及时采收。于阴凉通风处晾干，去果壳，干后贮藏。种子千粒重 17.08g，发芽率 88%。

（2）育苗地准备。选择土质松软、湿润、有机质多、pH 4.9～6.0、排水良好的平地或缓坡地作育苗地，视土壤情况适当施肥，整地作床。

（3）种子处理。播前用 60～70℃的温水浸种，搅拌使水降温至 10～20℃，泡 24～48h，当种子膨胀后捞出播种。

（4）播种。条播，播种深度 3～4cm，行距 20～25cm，覆土厚度 2～3cm，每亩播种量 10kg。

（5）苗期管理。播后 10d 后出苗，苗期需适当遮荫。苗高 3～4cm 时间苗。

2）分株育苗

多采用保留母株分株法，当幼苗生长到 50cm 左右时，及时切断连接母树的根状茎，促进子苗生根。其他方面参照新疆枸杞分株育苗。

3）压条育苗

多采用普通压条方法。参照平欧杂榛压条育苗。

2. 病虫害防治

虎榛子病虫害较少，苗期会有白粉病和象实虫虫害。

（1）白粉病。危害幼苗新梢、幼芽及幼叶。防治方法参照平榛。

（2）象实虫。取食嫩枝、幼芽及幼叶。防治方法：在成虫产卵前补充营养期及产卵初期，即 5 月中旬至 7 月上旬，用 60%的 D-M 合剂 0.33%的溶液毒杀成虫，喷洒 2～3 次，间隔时间 15 d。

阿月浑子（*Pistacia vera* L.）

一、生物学特性

别名　开心果。

分类　漆树科（Anacardiaceae）黄连木属（*Pistacia* L.），落叶小乔木，高 4～7m。

分布　世界阿月浑子主要分布在地中海沿岸各国及中亚地区，我国集中分布在新疆天山以南喀什地区，尤以疏附县和疏勒县栽培较多。

特性　本属约有 20 种，分为中亚类群和地中海类群，我国新疆栽培的品种属于中亚类群，适应性很强。喜光树种，不耐庇荫和潮湿，在向阳山坡生长良好。能耐－32.8℃低温和 43.8℃高温。耐旱力极强，在年降水量 80mm 的干旱气候条件下正常生长，在降水量 200～400mm 的地区，生长发育良好。对土壤条件要求不严，在瘠薄土壤和干旱的石沙土上也能生长和结实。不耐盐碱，适宜在土层深厚、疏松、排水良好的中性或微碱性的石灰质壤土、轻壤土或沙壤土上生长。阿月浑子是深根性树种，主根深入土层可达 7m，水平根可达 10～15m。

用途　阿月浑子是一种珍贵的木本油料树和干果树，果实含丰富的脂肪和多种营养物质，营养价值很高，在工业及医药上还有广泛的用途。适应性强，是我国干旱的半沙漠地带和丘陵山地很有发展前途的经济树种，也是街道两旁、房前屋后及庭院栽培的良好绿化树种。

二、育苗技术

1. 栽培品种

主要有早熟阿月浑子、短果阿月浑子和长果阿月浑子。

2. 育苗方法

阿月浑子育苗方法包括播种育苗、嫁接育苗、压条和根蘖育苗等。生产中多采用播种育苗和嫁接育苗。

1）播种育苗

（1）采种。8～9 月果实成熟，用高枝剪将优良品种的果穗采下，当天去掉果皮，用清水浸选，清除秕种和杂物，于阴凉通风处阴干。种子要低温干藏，温度 1～5℃，保持通风良好。阿月浑子种子能保存 2～3 年，隔年种子发芽率仍可达 70%～80%。

（2）育苗地准备。选择地势平坦、阳光充足、排水良好、土壤深厚肥沃富含石灰质的沙壤土或壤土的地块作育苗地。结合整地每公顷施入充分腐熟的有机肥 60t 和氮磷钾复合肥 750kg，并用 50%多菌灵和硫酸亚铁粉剂进行土壤消毒，防治地下害虫。作南北走向的低床，床深 10cm 左右，床面宽 90～100cm。

（3）种子预处理。进行冬季沙藏处理。将种子在水中浸泡 3～5d，每天换水 1 次，用 0.1%的高锰酸钾溶液消毒灭菌 15～20s，捞出控水后拌 4 倍湿沙贮藏于坑内，湿度以手握成团不滴水为宜，坑深 1～1.2m。45～60d 种子露白即可播种。或将种子放入 40℃的温水中，浸泡 12～15h，随后于 28～30℃的温室内催芽 9～10d，待种子 1/3 露白及时播种。秋播种子可随采随播，不需处理。

（4）播种。春播、秋播均可。春播在土壤解冻后，地温达 10℃以上时进行。秋播可在土壤结冻前进行。播种方法多采用条播和穴播，深度 2～3cm，播后轻轻压实，可覆盖秸秆或地膜，以保持土壤湿度。播种前应在播种行沟（穴）里喷洒 15%的石炭酸液，以防鼠害、鸟害。每公顷播种量 90～120kg，产苗量 7.5～12 万株。

（5）苗期管理。出苗后及时去除地膜等覆盖物。实生苗最初地上部分生长慢，当年生长量只有 15～30cm，故应及时除草，以防遮荫。适时施水、松土。苗高 3～4cm 时开始间苗，苗高 15cm 时结合中耕除草进行定苗，株距 10～15cm。5 月可施喷 0.2%～0.3%的磷酸二氢钾 3～5 次，间隔 7d。6～7 月多施氮磷钾混合肥，8 月后钾肥为主，停止施氮肥。阿月浑子直根性强，侧根不易产生，可于 7 月下旬至 8 月上旬，用锋利的铁锹，从苗旁 5～8cm 处向下斜切入土深 20cm，切断其主根，并随之灌水，以促侧根产生。苗木浇水前，进行修垄，根茎部培土，防止水淹。浇水后及时松土除草，保持根茎部位通风透光。入冬前可进行茎部埋土保护越冬。

2）嫁接育苗

嫁接育苗可促进阿月浑子提早结果，并可以调节雌、雄株比例。

（1）选择砧木和接穗。阿月浑子采用共砧，嫁接成活率高，但寿命短，抗性差，坚果有变小的趋势，不抗虫。一般在气候温暖、空气湿度不大、光照充足的地区，可选用共砧。黄连木用作阿月浑子的砧木，嫁接苗发育健壮，结果早，果实大，品质有所提高，是阿月浑子的优良砧木。从生长发育健壮、丰产、优质的母株上采集当年生枝条作接穗。若从外地采取接穗可将接穗贮藏于 5～6℃的湿沙中保存。

（2）嫁接。在春季树液开始流动至萌芽前进行，以 3 月下旬至 4 月上旬为宜，也可在 6 月下旬至 7 月上中旬生长季嫁接，或在秋季 8 月中下旬至 9 月上旬进行。春季多采用劈接、靠接、舌接。生长季节，以芽接为主，最好是随采随接。

3. 病虫害防治

阿月浑子病虫害较少，苗期会发生猝倒病，可喷施 50%甲基托布津可湿性粉剂 1 500 倍液进行防治。浇水后及时松土，保持根茎部位通风透光，可有效防止腐烂病。

石榴（*Punica granatum* L.）

一、生物学特性

别名　安石榴、金庞、酸石榴。

分类　石榴科（Punicaceae）石榴属（*Punica* L.），落叶小乔木或灌木，高 3～5m，稀达 10m。

分布　原产于中亚的伊朗、阿富汗等地，全世界的温带和热带都有种植。我国陕西、山东、四川、云南等地集中栽培。

特性　喜光，在温暖地带生长良好，冬季休眠期能耐短期低温。对土壤酸碱度的适应性较强，在 pH 4.5～8.2 内均能生长，以富含石灰质的疏松肥沃的壤土和沙壤土最为适宜。

用途　石榴果汁多味甜，营养丰富，且具有杀虫收敛、涩肠止痢、治疗创伤性出血等功效。果皮和根皮富含鞣质，可作鞣皮、棉、麻印染行业的原料。石榴的嫩梢幼叶还可制茶。石榴植干弯曲，叶片碧绿，花期长，花果繁多，既是美化、绿化、净化环境的优良树种，又是盆栽制作高级盆景的优质材料。

二、育 苗 技 术

1. 育苗方法

石榴育苗方法有扦插育苗、播种育苗等，以硬枝扦插应用最广。

1）扦插育苗

（1）采条。秋季落叶后从结实量多、品质好、生长健壮的母树上剪取基部粗 0.5～1.5cm 的 1～2 年生枝作种条，剪去茎刺，每 100～200 根 1 捆湿沙（土）层积贮藏，参照葡萄插条贮藏。

（2）育苗地准备。选择灌水条件好、土层肥沃的轻壤土作育苗地。秋季结合深翻地每公顷施有机肥 30～45t。春季作畦，畦长 10～20m，宽 1m。

（3）插穗处理。春季萌芽前后，将插条取出洗去泥沙并剪去基部 3～5cm 失水霉变部分，剪制插穗。插穗长 12～15cm，下端呈马蹄形，上端平齐，距芽眼 0.5～1.0cm，用清水泡 12～24h，或用 50mg/kg ABT2 号生根粉溶液浸泡基部 2h，即可扦插。

（4）扦插。扦插前灌足底水。株行距为 30cm × 10cm，上端高出地表 05～1.0cm。插后踏实，立即浇水，使插条与土密接，地皮稍干立即松土保墒。

（5）苗期管理。发芽初期，浇水不宜过多过勤。苗高 3～5cm 时，视墒情浇透水，苗高 20cm 左右时不可缺墒。9 月中旬以后每半月喷 1 次 0.5%磷酸二氢钾，促苗健壮。及时松土保墒。

2）播种育苗

（1）采种。入秋后采摘成熟的果实，剥去果皮，在水中轻揉淘洗种子清除肉质外种皮，阴干后层积贮藏或干藏。含水量降至 10%的石榴种子在低温（1～5℃）下可以保存 2 年。

（2）种子处理。种子无生理休眠习性。播前浸种 4h，在 25℃恒温条件下 28d，发芽率达 90%，或可进行短期催芽层积处理。

（3）播种。3 月下旬播种，播后覆土 1.5cm。

2. 病虫害防治

石榴苗期主要有干腐病、褐斑病和黄刺蛾等虫害。

（1）干腐病。危害幼树枝干。防治方法：及时去除病枝，可用波美5度石硫合剂或1∶1∶160波尔多液喷洒病部。

（2）褐斑病。危害幼龄叶片。防治方法参照巴旦杏。

（3）黄刺蛾。幼虫吸食叶片。防治方法参照元宝枫。

杜梨（*Pyrus betulifolia* Bunge）

一、生物学特性

别名　棠梨、土梨、梨丁子。

分类　蔷薇科（Rosaceae）梨属（*Pyrus* L.）落叶乔木，株高10m。

分布　分布广泛，我国辽宁、内蒙古、河北、河南、山东、山西、陕西、甘肃、湖北、江苏及浙江等地均有分布。

特性　喜光树种，抗逆性极强，耐寒、耐旱、耐瘠薄、耐盐碱，在极端最低温－30℃的地方，生长良好而无冻害。对旱涝适应性强，能在干旱荒山、沟坡及陡崖石缝中生长，也很抗涝。在土壤含盐量为0.4%，pH 值为8.5的土壤上能旺盛生长。深根性树种，主根明显，可深入黄土层中达11m，侧根发达，须根多，保水固土作用强。适应各种土壤，在砂砾岩母质和石灰岩母质上也能生长。

用途　是干旱瘠薄沙荒地造林的主要先锋树种，也是改造灌木林分的理想树种，还是西北地区应用最广的梨砧木。杜梨木材致密坚硬，纹理通直，色泽美观，黄褐色至红褐色，可制作家具、文具、算盘珠、细木工雕刻等各种器具，也是炊具优良用材。果实可生食或制作饮料，是人体所需的天然补品，也可酿酒，又可入药。种子含油率20%以上，油可食用或工业用。树皮含单宁可提制栲胶及做黄色染料，供食品、绢、棉、纸等着色及染色。花是很好的蜜源，医药价值高。

二、育 苗 技 术

1. 育苗方法

杜梨的育苗方法有播种育苗、根蘖育苗等，以播种育苗为主。

1）播种育苗

（1）采种。9月果实（肉）变为褐色即可采种。采回果实堆积沤烂，10d 后揉搓淘洗，除去果肉，淘出种子，于通风干燥处晾干，忌曝晒。种子千粒重约14g，发芽率65%左右。晾干的种子混湿贮藏，种子与湿沙之比为3：1，拌匀后置于室外背阴的贮藏坑（池）内，为防止种子脱水，可再盖10cm 左右的湿沙。

（2）育苗地准备。选择土壤肥沃、盐碱轻的沙质壤土或壤土作育苗地。结合耕翻每亩施有机肥2～3t，平整作床，床宽1.2m，长10m。

（3）种子处理。秋播种子无需催芽，春播种子经层积催芽露白时及时播种，如未经层积催芽的，可用0.005%胡敏酸钠和30%尿水中浸泡8h 左右进行播种，或将种子放在30～40℃温水中浸泡24h，捞出后置于背风向阳处，促进种子萌发，要经常搅动，保持湿润，当有1/3的种子露白时即可播种。

（4）播种。多秋播。采用开沟条播方式，行距30cm，播幅宽5～8cm，深3～4cm，将种子均匀撒入沟内，覆湿润细土1.0～1.5cm，每亩播种量1.5～2.0kg。可在其上再覆盖一层秸秆或锯末，以保持床面湿润，防止土壤板结。

（5）苗期管理。出苗后，要及时去除覆盖物。当幼苗长有2～3片真叶时，按株距10cm进行间苗，每亩留苗22 000株。整个生长期，要进行5～6次松土除草。6～7月施肥2次，每亩施氮肥10～15kg。当年生即可移栽或供芽接梨苗。

2）根蘖育苗

杜梨容易发生根蘖，可在树冠外开沟断根，然后填土平沟，促发根蘖，加强肥水管理，秋季苗木落叶后移栽。移栽前灌水，为了保护母树，一年不能取苗过多，断根部位也要每年更换。

2. 病虫害防治

苗期注意防治梨网蝽、铜绿丽金龟等虫害。

（1）梨网蝽。吸食叶片。防治方法：3月下旬至4月上旬地面撒施西维因毒土，杀灭越冬成虫。5～6月叶面可喷50%敌敌畏乳油1 000倍液，或50%杀螟松乳油1 000～1 500倍液，或50%马拉硫磷乳剂1 000～1 500倍液等。

（2）铜绿丽金龟。吸食叶片。防治方法：可用40%好劳力乳油200～300倍液或40%安乐民等药剂毒杀成虫，喷施布石灰过量式波尔多液，对成虫也有一定的趋避作用。

五味子 [*Schisandra chinensis* (Turcz.) Baill.]

一、生物学特性

别名　五梅子、山花椒。

分类　五味子科（Schisandraceae）五味子属（*Schisandra* Michx.）多年生落叶藤本。

分布　分布于黄河流域以北，我国主要分布在黑龙江、吉林、辽宁、内蒙古、河北、山西、宁夏、甘肃、山东等地，其中东北是五味子最集中产区。俄罗斯、朝鲜、日本也有生产。

特性　喜湿润而阴凉的环境，但不耐积水。无主根，只有少数须根，不耐干旱。喜肥沃微酸性土壤。耐寒，需适度蔽荫，幼苗前期忌烈日照射，但长出 5～6 片真叶后，则要求阳光充足。

用途　五味子以果实入药，有敛肺、滋肾、生津、涩精的功效。主治神经衰弱、肺虚咳喘、自汗盗汗、遗精遗尿、久泻久痢等症。

二、育 苗 技 术

1. 育苗方法

五味子育苗方法有播种育和压条育苗，以播种育苗为主。

1）播种育苗

（1）采种。秋季收获果粒大、均匀一致的果穗作种，单独晒干或阴干，于干燥通风处贮藏。

（2）育苗地准备。选择肥沃的腐殖土或沙质壤土作育苗地。据不同地势作床，低洼易涝、雨水多的地块可做成高床，床高15cm左右，干旱、雨水较少的地块可做成平床，床宽1.2m。床土要保证15cm以上的疏松土层，每平方米施腐熟有机肥5～10kg，与床土充分搅拌均匀。

（3）种子处理。结冻前将果实用清水泡开，搓去果肉，除掉秕粒。种子清水浸泡5～7d，每2d换水1次，使种子充分吸水，低温层积催芽。将种子与湿沙按1：3比例混匀，放入室外0.5m左右的坑中，上面覆盖10～15cm的细土，再盖柴草或草帘。翌年5～6月即可裂口播种。种子也可进行室内层积催芽，2月下旬将去除果肉的种子拌上湿沙贮藏，温度保持5～15℃，种子露白即可播种。

（4）播种。5月上旬至6月中旬进行，也可于8月上旬至9月上旬播种当年鲜种。可条播或撒播。条播行距10cm，覆土1.5～3cm。每平方米播种量30g左右。

（5）苗期管理。播后注意遮荫，及时浇水，使土壤湿度保持在30%～40%，待苗长出2～3片真叶时撤掉遮荫帘，翌年春季即可移栽。

2）压条育苗

早春选取健壮植株枝条，清除附近枯枝落叶和杂草，将枝条隔段埋入土中，深度10～15cm，踏实浇水。保持土壤湿润，待枝条长出新根后，于晚秋或翌年春季剪断与母株相连的枝条，进行移栽。

2. 病虫害防治

苗期常见根腐病、叶枯病、白粉病和黑斑病等病害。

（1）根腐病。5月上旬至8月上旬发病，危害幼苗根部、茎部。防治方法：选地势高燥排水良好的土地种植；发病期可用50%多菌灵500～1 000倍液根际浇灌。

（2）叶枯病。5月下旬至7月上旬发病，危害叶片。发病初期可用50%托布津1 000倍液和3%井冈霉素50mg/L 溶液交替喷雾，喷药次数可视病情确定。

（3）白粉病和黑斑病。多发生在6月上旬，危害叶片。这两种病害始发期相近，可同时防治。防治方法：5月下旬施喷1∶1∶100倍等量式波尔多液进行预防，每7～10天喷1次；发病期，白粉病施喷粉锈宁或甲基托布津可湿性粉剂800倍液，黑斑病施喷代森锰锌50%可湿性粉剂600～800倍液。如果两种病害都呈发展趋势，可将粉锈宁和代森锰锌混合配制同时施喷。

葡萄（*Vitis vinifera* L.）

一、生物学特性

别名 草龙珠、赐紫樱桃、菩提子。

分类　葡萄科（Vitaceae）葡萄属（*Vitis* L.）多年生落叶藤本植物。

分布　我国地域辽阔，不同生态环境条件下具有不同特点的葡萄栽培区域。包括新疆、黄土高原、晋冀北、环渤海湾产区、黄河故道产区及南方欧美杂交种产区等。

特性　葡萄喜光、喜温、耐大气干旱。在极端最高温47.6℃、降水量100mm以下、蒸发量2 837mm、空气相对湿度30%以下，且有灌溉条件的地区能够正常生长。葡萄较耐盐碱，在土壤总含盐量0.4%的条件下生长良好。对土壤要求不严，在沙土、沙壤土、轻黏壤土上，均能生长。以向阳缓坡较肥沃的沙壤土为最好　。

用途　葡萄含有多种营养物质，除鲜食外，主要用于加工、制汁、制干、制作罐头，酿制而成的葡萄酒是一种营养保健型饮料，含有大量的氨基酸和维生素。葡萄生长快、结果早、产量高，是沙荒地和贫困地区脱贫致富的支柱产业。

二、育 苗 技 术

1. 栽培品种

优良鲜食品种有‘京秀’、‘京玉’、‘京优’、‘香妃’、‘晚红’，优良酿酒品种有‘赤霞珠’、‘意斯林’，制干品种有‘无核白’、‘琐琐葡萄’等，制汁品种有‘康可’、‘康拜尔’等。

2. 育苗方法

葡萄茎段再生能力很强，易于生根，扦插育苗是主要的育苗方法。

1）*硬枝扦插育苗*

（1）采条。秋季修剪时，在品种纯正的健壮植株上选择节间适中、芽眼饱满的成熟枝条作种条，将种条剪成6～8节一段，然后50根一捆，进行湿沙层积贮藏。在挖好贮藏沟将种条按层摆放，一层插条一层湿沙，湿沙湿度为手握成团不滴水，种条以3层为宜，中间每隔2m左右竖一直立的草捆，以利上下通气。种条摆好后，其上可再覆一层草秸，最后覆土20～30cm，寒冷地区覆土厚度可适当增加，沙藏温度保持1～5℃。春季温度上升时，注意翻倒，以防发霉。

（2）育苗地准备。选择地势平坦、土层深厚、土质疏松肥沃、灌溉条件良好的地块作育苗地。秋季结合深翻地每亩施有机肥3～5t，灌足底水。翌年早春土壤解冻后及时耙地保墒。扦插前整地作畦或作垄。可作平畦或高畦，平畦主要用于较干旱的地区，以利灌溉，高畦与垄主要用于土壤较为潮湿的地区，以便能及时排水和防止畦面过分潮湿。苗床大小据地形决定，一般宽1m，长8～10m。

（3）插穗处理。扦插前取出种条剪制插穗，要求插穗长度12cm左右，含1～2芽，顶芽饱满，上端距顶芽2cm左右平剪，下端斜剪呈马蹄形。将插穗用清水浸泡24h，吸足水后用吲哚丁酸或ABT生根粉等生长调节剂进行催根，随后扦插。也可温床催根，床面用湿沙、蛭石均可，温度25～28℃，当有1～2cm的幼根出现时，降温炼苗2d，随即扦插。

（4）扦插。东西成行，平畦扦插、高畦扦行距30～50cm，扦插株距15cm左右，扦插时，插条斜插于土中，地面露 1 芽眼，要使芽眼处于插条背上方，这样抽生的新梢端直。垄插一般行距 50～60cm，株距 15～20cm。扦插时，在垄南侧插孔，将插条放入孔内，顶芽朝南，埋土以顶芽刚露出为好，随后灌水，待水下渗后，顶芽上再覆土将顶芽盖好，可地膜覆盖。

（5）苗期管理。插穗生根前要适时浇水，保持土壤湿润。7 月上中旬苗木进入迅速生长期，追施速效肥 2～3 次。及时中耕、松土除草。8 月减少或停止灌水施肥，进行主梢、副梢摘心，保证苗木生长健壮，促进加粗生长。

2）嫩枝扦插育苗

（1）采条。嫩枝扦插在夏季进行，选健壮半木质化枝条快速剪制插穗，每插穗包含 2～3 个节，以最上节芽刚萌动为好，留顶芽全叶或半叶。

（2）苗床准备。温室（棚）内作床，也可采用全光喷雾设备，苗床宽 1m 左右，苗床基质用湿沙、蛭石均可，厚度 15～20cm。

（3）插穗处理。扦插前，插穗基部用生长调节剂浸泡催根。

（4）扦插。将插穗以 15cm×30cm 株行距，直立插在苗床内，插后立即浇水。

（5）苗期管理。湿度保持 95%，温度 25～28℃，适当遮荫通风，15d 便可生根。其他管理同硬枝扦插。

3）单芽扦插育苗

单芽塑料营养袋工厂化育苗技术，是一种快速育苗方法，广泛应用于酒葡萄品种和名贵葡萄品种的繁育。

（1）工厂化育苗设施。依据育苗数量建造相应数量的节能温室，每平方米温室净面积可育苗 400 株。每公顷出苗约 300 万株。同时设立催根用的电热温床，一般每平方米温床可容 6 000 余插条。

（2）单芽育苗技术。

① 种苗选择和催根：选择芽眼饱满、充分成熟的枝条冬贮后剪截种苗，剪截时以芽眼为中轴，芽上留 1cm，下留 5cm 平剪截。种条剪后用清水浸泡 12～24h。

② 电热温床催根：在温室设电热温床。床下部垫 5cm 草垫，然后铺一层塑料膜并覆沙 2cm，布电热线，床边部位布线间距 4～5cm，中间部位 5～6cm，再覆沙 6～7cm。扦插前床面施水，将经过浸泡的种条速蘸 BF1 号或 BF2 号缓释催根剂（浓度 800～1 000ppm）插于温床，每平方米插 6 000 个左右。保持温床湿度，温度 25～28℃。12～15d 种条即可生根、萌芽。

③ 营养土配制与扦插：营养土要肥沃、疏松、透气性良好，肥沃沙壤土可掺少量腐熟的有机肥直接装袋。将配好的营养土装入营养袋（袋大小以每平方米 400 个为宜），整齐摆放于温室内，然后灌水。将已生根的单芽条插入营养袋，芽眼露出土外，紧贴土面。

④ 苗期管理：插后 1 周内，袋内湿度不宜太大，以不旱为原则，空气相对湿度 75%～80%，温度 25～28℃。苗木生长过程中，可适时进行叶面施肥，一般喷 0.1%的尿素或磷酸二氢钾，每月 2～4 次。

3. 病虫害防治

苗期注意防治葡萄白腐病、葡萄霜霉病、葡萄小叶蝉等病虫害。

（1）葡萄白腐病、霜霉病。危害苗木嫩梢及叶片。防治方法：加强管理，及时清除病残枝叶，集中焚烧。发芽前地面施喷 5 波美石硫合剂预防白腐病，6 月中旬施喷 86.2%氧化亚铜（铜大师）水分散粒剂 1500 倍液、75%百菌清可湿性粉剂 600 倍液或 50%多菌灵可湿性粉剂 600 倍液等防治；霜霉病以防为主，增施磷钾肥，定期喷 86.2%氧化亚铜（铜大师）水分散粒剂 1500 倍液、180～240 倍石灰少量式波尔多液或 78%的科波可湿性粉剂 600 倍液，发病后施喷 58%瑞毒霉锰锌 600 倍液或 40%乙磷铝可湿性粉剂 200～300 倍液。

（2）葡萄小叶蝉。危害叶片。防治方法：发芽前结合防治其他病害喷 5 波美石硫合剂消灭越冬成虫。5 月中下旬施喷 10%吡虫啉可湿性粉 4 000～6 000 倍液、20%的灭杀菊酯 2 000 倍液进行毒杀。

枣（*Ziziphus jujuba* Mill.）

一、生物学特性

别名　红枣、枣子。

分类　鼠李科（Rhamnaceae）枣属（*Ziziphus* Mill.）多年生落叶乔木，高 6～12m，胸径 30～70cm。该属植物约有 100 种，我国有 18 种，但在果树栽培上主要为中国枣（简称：枣），原产我国。

分布　我国枣树栽培地域宽广，目前只有黑龙江、吉林、新疆北部及青海、西藏高原等少数地区没有栽培。高纬度地区多分布在海拔 100～600m 的丘陵、平原、丘陵地和河谷地带，在低纬度的云贵高原，枣可生长在海拔 1 000～2 000m 的山岭梯田上。目前主要产区在山东、河北、山西、河南、陕西 5 省。

特性　萌芽能力强，易发生根蘖长成树林。水平根系发达，深度较浅。适应性强，能耐寒、耐热，耐旱、耐涝。枣树对土壤要求不严，除沼泽和重度盐碱土外，山地、丘陵、高原、平原、河滩均有枣树生长，最宜在土层深厚肥沃、排水良好的土壤上栽培。

用途　枣原产我国。枣果实营养丰富，是我国历来的大众滋补食品。枣含有多种维生素，尤其是鲜枣中的维生素 C 含量较高，还具有一定的药用价值，对改善肝功能、治疗心脑血管疾病等都有一定的疗效。除鲜食外，还可制作干品、枣汁、枣酒、饮料等。枣花蜜属上等蜂蜜，营养价值高。枣木是制作高档家具、木雕工艺品的上等材料。

二、育苗技术

1. 栽培品种

主要有‘金丝小枣’、‘大平顶’、‘官滩枣’、‘灰枣’、‘哈密大枣’、‘鸡心枣’、‘灵宝大枣’、‘林泽小枣’、‘相枣’、‘赞皇大枣’、‘中阳木枣’、‘板枣’、‘敦煌大枣’、‘晋枣’等。

2. 育苗方法

枣树育苗方法有播种育苗、分株育苗、扦插（包括根插、硬枝扦插和嫩枝扦插）育苗、嫁接和组织培养等。其中分株、嫁接和嫩枝扦插育苗应用广泛。

1）播种育苗

（1）采种。9 月果实成熟时采摘，弃去杂质和劣质果，剥离果肉，种子晾晒干燥后贮藏。

（2）育苗地准备。选择肥沃、深厚、排水良好、地下水位 60cm 以下的沙壤和壤土作为育苗地。前茬最好是禾本科或豆科作物，忌用菜地和棉田。结合深翻地每公顷施有机肥 45～60t，并施加 300kg 尿素、750kg 过磷酸钙。整地作畦，畦面宽 70cm，畦埂宽 30cm。

（3）种子预处理。于 11～12 月进行低温层积催芽处理。未经层积催芽的种子，可倒入 70～75℃热水，搅拌到自然冷却后，再浸泡 2d，然后播种，但出苗率较低，需增加 1 倍播种量。采用破核取得的种子，需在 25℃条件下浸种 2d，再用 50%多菌灵 400～500 倍液浸种 5～10min，即可播种。

（4）播种。开沟条播，沟距 30～40cm，深 2～3cm，种核（或种子）点播沟底，间距 12cm，每点 3～4 粒，覆土 2cm 后覆盖地膜。每平方米播种量约 25g。

（5）苗期管理。枣树实生苗幼苗期生长较慢，不耐干旱，须及时浇水。当幼苗长到 3～4 个真叶时，进行间苗、补苗，每穴留健壮苗 1～2 株。苗高 15cm 和 30cm 左右时，分别追肥 1 次，每次每公顷施 300kg 磷酸二铵或等量的其他氮肥。砧木苗培育过程中，苗高 40cm 左右时，注意清除主茎基部 10cm 内分枝，不留残茬，苗高 60cm 时，主茎摘心促加粗生长，中上部的二次枝分次摘心，长度控制在 20cm 左右。

2）分株育苗

利用枣树根容易形成不定芽的特性，培育根蘖苗（根生苗），目前北方枣区仍广泛应用。有如下几种方法：

（1）全园育苗。在枣树休眠期，全面浅翻枣园，深 15～20cm（近树干稍浅，注意不要切断直径 2cm 以上的大根），刺激浅层根系萌生根蘖苗，2 年后即可起苗出圃。培育距离母树树干 2m 以外根蘖苗，根系好，易成活。

（2）开沟育苗。春季发芽前，在树冠外围挖宽 30～40cm、深 40～50cm 的育苗沟，切断沟内所有直径 2cm 以下的小根，并用快刀削平断根伤口，然后回填松散湿土。5～6 月，苗高 20cm 左右时，进行间苗，每丛留 1～2 株壮苗，再填土 1 次，同时每株母树施有机肥 50～100kg、过磷酸钙 1～2kg、尿素 0.5～1kg。适时浇水促根蘖生根，翌年秋末即可出圃。

（3）根蘖归圃育苗。又名二级育苗。即将优良品种枣树散生的小根蘖苗，移入苗圃集中培育。圃地结合深耕每公顷施有机肥 45 000kg、750～1 500kg 过磷酸钙、300～450kg 尿素，作宽 70cm、长 20～30m 的畦。根蘖移栽北方多在 4 月中旬进行，随挖苗随移栽，或假植到入冬前或翌年春季解冻后再栽植。栽种时大小苗分开，每畦 2 行，株距 15cm，深度 5～10cm。栽后及时灌水，覆盖地膜保湿保温。翌年生长期注意施肥，调整长势。苗高 1～1.2m 时，摘心控制生长，促苗茎加粗，根系发育。翌年秋季落叶后即可出圃。

3）嫁接育苗

枣树嫁接苗比根蘖苗早 1～2 年进入结果期，近年应用广泛。

（1）选择砧木和接穗。常用砧木有共砧和酸枣两种。选择直径大于 0.5mm、成熟良好的 1～3 年生发育枝或结果基枝制作插穗。在早春 2～3 月树液流动前剪取的接穗，需蜡封冷藏，温度 1～5℃。

（2）嫁接。在春季发芽到发芽后 3～4 周，也可在夏季 7～8 月高温季节进行。常用方法有以下几种：

① 插皮接（皮下接），接穗粗度要求 0.5～0.6cm 以上。砧木接口径粗要求大于 0.8cm，在砧木距地面 10～20cm 处嫁接。高接换头部位的粗度不宜超过 2cm，过粗会使接口不牢固，全部愈合所需时间长。

② 舌接，粗度 2.9～4.0mm 的细穗、细砧，用舌接法嫁接，一般在砧木距地面 10～20cm 处嫁接，夏秋季进行，要高留砧桩，且保留砧桩的叶面，增加贮藏营养，以利越冬。

③ 芽接，适宜在发芽后 3～4 周和 6～8 月砧木离皮、气温高的时期进行。枣树 1 年生枝的枝皮很薄，而且侧芽都在枝的折曲部位，要削取完好平整的芽片，必须附带较厚的木质组织。取芽时，先在芽上方 1.2mm 处横切 1 刀，深 2～3mm，再从芽下 1.5cm 处向上斜切到横切口，取下带木质部的芽片。芽片长 2cm 左右，上宽 4～6mm，横切上口中部厚 2～3mm。芽位于芽片的侧上方（从发育枝削取时）或正上方（从二次枝削取时）。在砧木距地面约 10cm 处进行“T”字形芽接。

（3）接后管理。接后管理要注意以下几方面。

① 及时补接：接后 5～7d，查看接穗有无长出愈合组织，如未长出，说明接穗没有成活，应及早补接。

② 剪砧和除萌，春季或 7～8 月上旬嫁接后，可在接口以上 15cm 处剪砧。8 月中下旬嫁接的在翌年春季发芽前剪砧。及时去除砧桩砧芽，待接芽长到 50cm 左右，基部木质化后，进一步剪除接口以上砧桩，有风害之地，起苗后再剪除。

③ 放芽和除包，当接芽长 1cm 左右时，小心挑开包扎塑膜放出幼芽。放芽要及时。当接芽长 15cm 左右，解除塑膜。

④ 扶绑，当接芽 30cm 左右时，应进行扶绑，防止风害。扶绑的高度应距接口 25cm 左右。

4）嫩枝扦插育苗

（1）采条。5 月下旬至 8 月下旬，选择半木质化的发育枝、二次枝或枝径超过 2 mm 的脱落性枝作种条，在种条上截取 15～20cm 长插穗，以 2～5 节为宜，顶端在芽上 0.5cm 处剪平，底端削成 1cm 长的斜面。剪去下端 5cm 处的枝叶。

（2）苗床准备。扦插苗床适于在保湿、散热性能良好的温室、塑料大棚或小拱棚内。基质选用 1：1 的洁净的细沙和煤渣灰，厚度 15～20cm。扦插前用 50%多菌灵 1 000 倍液或 0.2%高锰酸钾水溶液淋透消毒基质 22h，随后用水充分淋洗。

（3）插穗处理。将剪制好的插穗，先用 50%多菌灵可湿性粉剂 1 000 倍液浸蘸防病，然后用 1/1 000 浓度的吲哚丁酸（或吲哚乙酸、萘乙酸等）浸泡基部 2～3cm，时间 5～10s 为宜。

（4）扦插。扦插株行距 10cm × 6cm，深度 2～4cm，在插穗能稳固站立的原则下，以浅为好。温度 19～30℃，空气湿度 90%为宜。

3. 病虫害防治

苗期注意防治枣疯病、枣尺蠖、枣食芽象等病虫害。

（1）枣疯病。病原为类菌质体，可导致枝叶丛生呈疯枝状，最后死亡。防治方法：去除病树，清除病源，防止苗木传病。加强管理，增加苗木抵抗力。生长季节，定期喷布菊酯类农药，消灭叶蝉等传病昆虫。

（2）枣尺蠖。危害嫩芽幼叶。防治方法：苗木基部撒药，阻杀雌蛾上树。施喷 4 000 倍溴氰菊酯、速灭丁毒杀幼虫。

（3）枣食芽象。危害嫩芽幼叶。防止方法：施喷 50%杀螟松乳剂 1 000 倍液进行毒杀。

参考文献

董启凤. 1998. 中国果树实用新技术大全落叶果树卷. 北京:中国农业科学技术出版社

杜小勇. 2009. 山楂育苗与嫁接技术. 山西林业, (3): 24～25

葛寒英. 2007. 文冠果育苗技术. 山西科技, (5): 155～156

何军, 焦恩宁, 巫鹏举, 等. 2009. 宁夏枸杞硬枝扦插育苗技术. 北方园艺, (2): 163～164

吉宏文. 2013. 新疆温室无花果扦插育苗技术. 现代园艺, (6): 29

见闻. 2008 五味子育苗新法. 北京农业. (34): 19

奎万花. 2011. 干旱区不同处理对金露梅嫩枝扦插成苗及苗期生长的影响. 中国农学通报, 27(10): 88～91

李宏, 刘灿, 郑朝晖. 2009. 石榴嫩枝扦插育苗技术研究. 安徽农业科学, (9): 4003～4004

李铭, 郑强卿, 姜继元, 等. 2010. 我国黑核桃引种及育苗技术研究进展. 湖南农业科学, (17): 123～126

李仁贵, 梁玉玲, 王德喜等. 2001. 麻黄嫩枝扦插试验研究初探.内蒙古林业, (12): 31

李胜, 杨德龙, 李唯, 等. 2004. 麻黄扦插育苗技术研究. 甘肃农业大学学报, (5): 540～542

罗伟祥, 刘广全, 李嘉珏, 等. 2007. 西北主要树种栽培技术. 北京: 中国林业出版社

任海萍, 李延东, 任海霞. 2011. 山丁子育苗技术. 农村实用科技信息, (12): 32

孙波. 2008. 杜梨播种育苗技术.安徽林业, (2): 43

吐迪汗, 帕丽达木・艾塔洪. 2012. 甘草育苗技术. 现代农业科技, (3): 192

王淑敏. 2009. 葡萄扦插育苗技术. 现代农村科技, (7): 28

王亚男, 王强. 2013. 山杏育苗技术. 内蒙古科技与经济, (16): 87～89

吴文霞. 2012. 杜仲嫩枝扦插育苗技术. 现代农业科技, (14): 152～153

张佳. 2013. 长柄扁桃育苗技术试验研究. 安徽农学通报, (12): 56～74

赵勇, 张莹, 胡万金, 等. 2009. 核桃育苗技术. 辽宁林业科技, (2): 61～62

周光, 阿里木江, 王凯. 2003. 阿月浑子育苗技术. 新疆林业, (3): 23

周景清. 2008. 金露梅的播种育苗技术. 河北林业科技, (1): 63

朱云霞, 王勇涛, 张秀华. 2013. 长白山野生平榛实生播种育苗技术. 特种经济动植物, (1): 52～53

第一～第十章植物拉丁名索引

豆梨	*Pyrus calleryana* Decne.	C1
杜梨	*Pyrus betulifolia* Bunge	C1
多枝柽柳	*Tamarix ramosissima* Ledeb.	C10
刚毛柽柳	*Tamarix hispida* willd.	C10
枸杞	*Lycium chinense* Mill.	C1,C4
构树	*Broussonetia papyrifera* (L.) L'Hér. ex Vent.	C1
灌木亚菊	*Ajania fruticulosa* (Ledeb.) Poljak.	C10
蒿叶猪毛菜	*Salsola abrotanoides* Bunge	C10
核桃	*Juglans regia* L.	C1,C3,C4,C6,C8
褐梨	*Pyrus phaeocarpa* Rehd.	C1,C3
黑松	*Pinus thunbergii* Parl.	C3
红豆杉	*Taxus chinensis* (Pilger) Rehd.	C3
红果沙拐枣	*Calligonum rubicundum* Bunge	C10
红砂	*Reaumuria songarica* (Pall.) Maxim.	C10
胡萝卜	*Daucus carota* L. var. *sativa* Hoffm.	C8
胡杨	*Populus euphratica* Oliv.	C1,C4
花椒	*Zanthoxylum bungeanum* Maxim.	C1
花旗松	*Pseudotsuga menziesii* (Mirb.) Franco	C1
华山松	*Pinus armandii* Franch.	C3
槐树	*Sophora japonica* L.	C1
黄柳	*Salix gordejevii* Y.L.Chang et Skv.	C10
灰胡杨	*Populus pruinosa* Schrenk	C10
火炬松	*Pinus taeda* L.	C4,C8
尖叶盐爪爪	*Kalidium cuspidatum* (Ung.-Sternb.) Grub.	C10
君迁子	*Diospyros lotus* L.	C1
梨	*Pyrus* spp.	C1
李	*Prunus salicina* Lindl.	C3
里海盐爪爪	*Kalidium caspicum* (L.) Ung.-Sternb.	C10
栎树	*Quercus* L.	C1,C6
连翘	*Forsythia suspensa* (Thunb.) Vahl	C6
铃铛刺	*Halimodendron halodendron* (Pall.) Voss.	C10
裸果木	*Gymnocarpos przewalskii* Maxim.	C10
落叶松	*Larix gmelinii* (Rupr.) Kuzen.	C1,C2,C5,C8
马尾松	*Pinus massoniana* Lamb.	C4
毛白杨	*Populus tomentosa* Carr.	C3

塔里木沙拐枣	*Calligonum roborovskii* A. Los.	C10
塔落岩黄芪	*Hedysarum laeve* Maxim.	C10
桃	*Amygdalus persica* L.	C1
驼绒藜	*Ceratoides latens* (J.F.Gmel.) Reveal et Holmgren	C10
文冠果	*Xanthoceras sorbifolium* Bunge	C5
乌丹蒿	*Artemisia wudanica* Liou et W. Wang	C10
梧桐	*Firmiana platanifolia* (L. f.) Marsili	C1
西伯利亚白刺	*Nitraria sibirica* Pall.	C10
细穗柽柳	*Tamarix leptostachys* Bunge	C10
细枝岩黄芪	*Hedysarum scoparium* Fisch. et Mey.	C10
细枝盐爪爪	*Kalidium gracile* Fenzl	C10
小叶锦鸡儿	*Caragana microphylla* Lam.	C10
新疆亚菊	*Ajania fastigiata* (C.Winkl.) Poljak.	C10
新疆杨	*Populus alba* L. var. *pyramidalis* Bge.	C6
杏	*Armeniaca vulgaris* Lam.	C1
盐爪爪	*Kalidium foliatum* (Pall.) Moq.	C10
杨树	*Populus* L.	C4,C5
银砂槐	*Ammodendron bifolium* (Pall.) Yakovl.	C10
银杏	*Ginkgo biloba* L.	C3,C5,C7
迎春花	*Jasminum nudiflorum* Lindl.	C6
油蒿	*Artemisia ordosica* Krasch.	C10
油松	*Pinus tabuliformis* Carr.	C1,C2,C4,C7,C8
榆树（白榆）	*Ulmus pumila* L.	C1,C3,C5,C10
圆柏	*Sabina chinensis* (L.) Ant.	C5
云杉	*Picea asperata* Mast.	C3,C5,C8
枣树	*Ziziphus jujuba* Mill.	C1,C3,C4
樟子松	*Pinus sylvestris* L. var. *mongolica* Litv.	C1,C2,C5,C10
珍珠猪毛菜	*Salsola passerina* Bunge	C10
榛子	*Corylus heterophylla* Fisch.	C1
中间锦鸡儿	*Caragana intermedia* Kuang et H. C. Fu	C10

Catalpa bungei C. A. Mey.	楸	C1
Ceratoides latens (J.F.Gmel.) Reveal et Holmgren	驼绒藜	C10
Corylus heterophylla Fisch.	榛子	C1
Crataegus pinnatifida Bunge	山楂	C3
Cunninghamia lanceolata (Lamb.) Hook.	杉木	C1
Cyclocarya paliurus (Batal.) Iljinsk.	青钱柳	C3
Daucus carota L. var. *sativa* Hoffm.	胡萝卜	C8
Diospyros kaki Thunb.	柿	C1
Diospyros lotus L.	君迁子	C1
Elaeagnus angustifolia L.	沙枣	C1,C5
Ephedra przewalskii Stapf.	膜果麻黄	C10
Eucalyptus robusta Smith	桉树	C7
Firmiana platanifolia (L. f.) Marsili	梧桐	C1
Forsythia suspensa (Thunb.) Vahl	连翘	C6
Fraxinus chinensis Roxb.	白蜡	C2,C5
Ginkgo biloba L.	银杏	C3,C5,C7
Gymnocarpos przewalskii Maxim.	裸果木	C10
Halimodendron halodendron (Pall.) Voss.	铃铛刺	C10
Haloxylon persicum Bge. ex Boiss.et Buhse.	白梭梭	C10
Haloxylon ammodendron (C.A.Mey.) Bunge	梭梭	C4,C10
Hedysarum fruticosum Pall. var. *lignosum* (Trautv.) Kitagawa.	木岩黄芪	C10
Hedysarum fruticosum Pall. var. *mongolicum* (Turcz.) Turcz. ex B.Fedtsch.	蒙古岩黄芪	C10
Hedysarum laeve Maxim.	塔落岩黄芪	C10
Hedysarum scoparium Fisch. et Mey.	细枝岩黄芪	C10
Helianthemum songaricum Schrenk	半日花	C10
Hibiscus syriacus L.	木槿	C3
Hippophae rhamnoides L.	沙棘	C1,C4,C6
Ilex macrocarpa Oliv.	大果冬青	C3
Jasminum nudiflorum Lindl.	迎春花	C6
Juglans regia L.	核桃	C1,C3,C4,C6,C8
Kalidium caspicum (L.) Ung.-Sternb.	里海盐爪爪	C10
Kalidium cuspidatum (Ung.-Sternb.)Grub.	尖叶盐爪爪	C10
Kalidium foliatum (Pall.) Moq.	盐爪爪	C10

Pyrus betulifolia Bunge	杜梨	C1
Quercus L.	栎树	C1,C6
Reaumuria songarica (Pall.) Maxim.	红砂	C10
Robinia pseudoacacia L.	刺槐	C1,C3,C5
Sabina chinensis (L.) Ant.	圆柏	C5
Sabina vulgaris Ant.	叉子圆柏	C1
Salix babylonica L.	垂柳	C3,C5
Salix gordejevii Y.L.Chang et Skv.	黄柳	C10
Salix kochiana Trautv.	沙杞柳	C10
Salix psammophila C.Wang et Ch.Y.Yang	北沙柳	C10
Salsola abrotanoides Bunge	蒿叶猪毛菜	C10
Salsola arbuscula Pall.	木本猪毛菜	C10
Salsola passerina Bunge	珍珠猪毛菜	C10
Zygophyllum xanthoxylon Maxim.	霸王	C10
Sophora japonica L.	槐树	C1
Tamarix hispida willd.	刚毛柽柳	C10
Tamarix leptostachys Bunge	细穗柽柳	C10
Tamarix ramosissima Ledeb.	多枝柽柳	C10
Tamarix taklamakanensis M.T.Liu	沙生柽柳(塔克拉玛干柽柳)	C10
Tamarix chinensis Lour.	柽柳	C4,C6
Taxus chinensis (Pilger) Rehd.	红豆杉	C3
Tetraena mongolica Maxim.	四合木	C10
Ulmus pumila L.	榆树（白榆）	C1,C3,C5,C10
Vitis vinifera L.	葡萄	C1,C3,C6
Xanthoceras sorbifolium Bunge	文冠果	C5
Zanthoxylum bungeanum Maxim.	花椒	C1
Ziziphus jujuba Mill.	枣树	C1,C3,C4